Histoire de la Terre

Histoire de la Terre

Henri et Geneviève Termier

Presses Universitaires de France

ILLUSTRATION DE COUVERTURE : PHOTO U.S.I.S.

ISBN 2 13 035187 5

1re édition : 1er trimestre 1979

108, Bd Saint-Germain, 75006

Sommaire

Avant-propos

Πάντα ρέι

Héraclite.

Les Sciences de la Terre ont passé par plusieurs crises de croissance depuis 150 ans : il a fallu découvrir successivement les dépôts tranquilles, les failles, les effondrements, étudier les séismes. Aux environs de 1900, les charriages dus à des mouvements horizontaux (tangentiels à la surface de la planète) donnèrent lieu à des discussions passionnées. La notion de géosynclinal (J. Hall, 1859 ; J. D. Dana, 1873) se révéla importante et se développa. La nature de l'écorce terrestre, supposée d'abord toute granitique, fut controversée. L'évolution des roches divisa les chercheurs en deux écoles antagonistes (magmatistes-métasomatistes). La théorie de la dérive des continents, dont le corps de doctrine fut publié en 1913 par Wegener, fut confirmée plus tard par les études paléomagnétiques et par celles des fonds océaniques (école de Ewing). La recherche des causes de ces mouvements crustaux reste à l'état d'hypothèses dont les deux principales se groupent sous les noms de « théorie des plaques » et de « théorie de l'expansion de la Terre ». La première est devenue officielle encore que bien des points restent obscurs. La seconde demeure séduisante.

L'expérience montre que chaque fois qu'une dispute scientifique sérieuse s'est produite sur un sujet intéressant les Sciences de la Terre, le temps ayant calmé les esprits et suscité la découverte de faits nouveaux, on en vient à des vues nuancées approchant une vérité où survit le meilleur de chaque hypothèse.

Aussi l'important n'est-il pas pour nous de faire triompher l'un ou l'autre modèle mais de reconstituer les grandes lignes de l'histoire de notre planète en essayant d'abord de comprendre la suite des événements jalonnés par des constatations précises. Pour cela, nous nous sommes exprimés par un texte et des tableaux ainsi que par des dessins abondamment commentés. Nos reconstitutions commençant à la naissance de la Terre, il ne faut pas cacher que l'exactitude de nos figures augmente au fur et à mesure que l'on avance vers les temps modernes, c'est-à-dire vers l'ensemble des observations que l'on peut faire aujourd'hui. Les continents d'autrefois n'ont acquis que progressivement leurs contours et leurs voisinages actuels. Aussi avons-nous souvent utilisé des termes purement paléogéographiques pour rappeler ce fait et éviter les confusions. Le lecteur qui se reportera aux cartes que nous avons publiées en 1952, lorsqu'il eût été fantaisiste de traduire par l'image les déplacements continentaux, pourra noter les changements et les progrès de nos connaissances.

Finalement pour résumer en quelques mots le propos de ce livre, nous dirions volontiers de l'histoire de la Terre : c'est un puzzle dont les pièces se cherchent, s'entrechoquent en se bousculant, se recouvrent, se soudent et se brisent dans les étincelles volcaniques d'un ballet de Titans, mû par un tapis roulant océanique qui grandit mais parfois s'enfonce pour s'abolir dans les profondeurs. Sur ces radeaux fragiles d'un jeu inégal, la Vie, qui ne fut d'abord que processus physico-chimiques, a édifié son domaine et posé les conditions d'une évolution dont la verve ne s'est jusqu'à présent jamais démentie.

Introduction

La notion de temps en géologie

La géologie est une science essentiellement diachronique, c'est-à-dire relative à des phénomènes qui se déroulent dans le temps.

L'idée du milliard d'unités-temps peut être fournie par le nombre de minutes écoulées depuis le zéro de l'ère chrétienne jusqu'en 1958 : on peut en compter exactement 1,035 089 280 milliard. Si l'on transpose la valeur de l'unité-temps de la minute à l'année, cela nous amène à il y a un milliard d'années, époque antérieure à l'apparition des animaux et pendant laquelle les conditions générales sur la Terre devaient être différentes de ce qu'elles sont aujourd'hui. Or, on a calculé que les temps géologiques ont débuté il y a 4 500 millions d'années.

Le million d'années équivaut à peu près à deux ans de notre système de réduction (une année totalisant 525 600 minutes). Il a pour le géologue de terrain une signification précise mais n'est « visible », c'est-à-dire vraiment identifiable, que dans certains cas, lorsque l'on peut se fonder sur l'évolution relativement rapide d'un groupe paléontologique, par exemple au Paléozoïque les Graptolithes et les Goniatites, au Secondaire les Ammonites.

Mais que représente ce million d'années qui paraît si court au géologue ? Dans l'histoire de l'Homme, c'est presque tout. Seuls les Australopithèques, qui ne sont pas tout à fait des Hommes, ont vécu il y a 3 millions d'années. Les Pithécanthropes datent d'entre 1 000 000 et 500 000 ans, l'Homme de Néanderthal d'un peu plus de 100 000 ans et l'*Homo sapiens* du gîte de Cro-Magnon, de 55 000 ans.

Rien d'étonnant par conséquent à ce que les temps géologiques soient difficiles à concevoir. Disons même plus : la Genèse envisage que Dieu créa le monde en six jours et, en remontant les chronologies, Adam daterait de 9 000 ans. Buffon qui, au XVIIIe siècle, entrevoyait des profondeurs, ne concevait guère plus qu'un laps de temps de 25 000 ans pour les débuts de l'histoire de la Terre.

Le temps géologique n'est pas considéré du même point de vue que le temps des astronomes. En utilisant l'année-lumière pour déterminer la *distance* des corps célestes, on spatialise le temps. Elle est définie comme étant la distance parcourue en une année à la vitesse de la lumière (300 000 km/s) ; ce qui donne environ $9{,}5 \times 10^{12}$ km. L'année-lumière est donc plutôt une mesure de longueur qu'une mesure de temps.

En géologie, nous ne spatialisons pas le temps. On peut citer, à la rigueur, quelques tentatives pour l'évaluer en épaisseur de roches sédimentaires, en mesurant le rythme de dépôt des couches qui leur ont donné naissance. Mais ces méthodes demeurent approximatives et ne peuvent passer pour une spatialisation.

Le temps géologique est essentiellement vectoriel et son irréversibilité s'inscrit dans tous les « programmes » géologiques. L'un des plus facilement accessibles est sans doute celui de l'évolution, phénomène progressif dont le sens ne peut être renversé. L'irréversibilité du temps est remarquable même en géochimie et en sédimentologie, bien qu'on puisse, pour les époques proches de nous, évoquer des cycles, c'est-à-dire des successions de stades avec retour au point de départ.

La géologie se place donc dans des temps vectoriels et irréversibles mais à une échelle très longue, qui est celle de l'Univers, puisque les calculs d'âges les plus élevés effectués par les astronomes sont du même ordre de grandeur que les mesures effectuées pour l'âge de la croûte terrestre, à savoir :

Croûte terrestre	: 4,5 milliards d'années
Terre	: 4,8 —
Soleil	: 7,5 —
Univers	: entre 12 et 15 milliards d'années.

La plupart des phénomènes géologiques doivent être confrontés aux deux notions qui caractérisent le temps géologique : 1 / *sa très grande durée*; 2 / *son irréversibilité*.

La très grande durée fait apparaître des conséquences inattendues, par exemple la plasticité des roches les plus dures et peut-être le rôle de l'attraction gravitationnelle dans l'enfoncement de météorites vers le centre de la Terre, nonobstant l'apparente rigidité de la croûte terrestre. Les couches sédimentaires ont été non seulement plissées par des actions tectoniques mais encore, dans certaines zones, elles se sont littéralement écoulées en formant des nappes recouvrant ou rabotant les paysages sous-marins ou subaériens.

En effet, tout ce qui bouge à l'échelle géologique paraît immobile à l'échelle humaine, qui est celle de l'année, à la rigueur du siècle. Enumérons avant d'y revenir quelques phénomènes majeurs :

— les mouvements de convection du manteau supérieur;
— la pétrogenèse (formation des roches);
— l'écoulement des roches;
— l'épeirogenèse (mouvements verticaux des continents);
— les grandes failles (plans transcurrents) qui s'enfoncent jusqu'à 700 km de profondeur (plans de Bénioff) et sont considérés comme des zones de subduction au niveau desquelles la croûte océanique plongerait dans le manteau terrestre au-dessous des continents;
— les déplacements continentaux (tectonique des « plaques »);
— les transgressions et les régressions de la mer;
— l'évolution des êtres vivants;
— les migrations d'organismes.

Ainsi le caractère diachronique de la géologie est-il présent dans tous les domaines, non seulement par la *chronologie*, qui nous oblige à considérer les evénements dans leur succession, mais aussi par leur *durée*.

La chronologie géologique fait dire, par approximation, que la géologie est une science historique. Mais il faut s'entendre sur ce terme. L'histoire est une chronique autant qu'une chronologie. Jusqu'aux temps modernes, les chroniques n'ont relaté que des faits officiels susceptibles de servir la gloire d'un Ramsès, d'un César, d'un Charles le Téméraire. La chronologie géologique n'est pas discriminatoire; avec l'histoire humaine, elle n'a en commun que les défauts de toute chronologie et la perte de nombreuses archives[1]. Au fur et à mesure que les datations isotopiques deviennent plus précises, plus nombreuses et qu'elles sont étendues au monde entier, nous disposons d'une « horloge indéréglable » (l'expression est de Rutherford) pour insérer dans l'histoire de notre planète tous les événements, quels qu'ils soient, dont on a pu déceler la trace.

Quant à la durée géologique, elle rend compte de beaucoup de phénomènes demeurés inexpliqués jusqu'à ce qu'on ait pris conscience de la longueur des temps impliqués. Prenons l'exemple de l'évolution. Il existe une sorte de

1. Un grand nombre d'organismes ont échappé à la fossilisation par des conditions extérieures ne la permettant pas (par l'absence d'enfouissement). Quant aux documents fossilisés en général, ils sont perdus de deux façons : d'une part les terrains enlevés par l'érosion, d'autre part ceux qui s'enfoncent vers le bas et sont détruits par le métamorphisme et la refusion.

divorce apparent entre les conceptions des biologistes et celles des paléontologues sur la façon dont s'est produite l'évolution et même sur l'acception de ce terme. Si nous voulons essayer d'étudier, dans le monde actuel, le mode de fonctionnement (le jeu) de l'évolution, nous choisissons un être capable de se reproduire *rapidement* parce que les savants veulent obtenir assez vite des résultats, leur vie étant brève (comme celle de tous les hommes), et nous étudions le plus grand nombre possible de générations. Des matériaux idéaux ont été trouvés : les Souris, les Drosophiles et les Bactéries. Sur les Souris ont été précisées les lois de l'hérédité; sur les Drosophiles, les mutations; sur les Bactéries, tous les mécanismes fondamentaux relatifs aux acides nucléiques. Les populations de Drosophiles sont mutantes, elles montrent des Mouches de teintes diverses, des Mouches sans ailes, des Mouches sans yeux, des Mouches difformes et des Mouches normales. Il est peu satisfaisant pour l'esprit de constater qu'aucune de ces mutations n'a apporté d'avantage à l'espèce, la Drosophile sauvage, déjà ancienne de plusieurs dizaines de millions d'années, restant le type le mieux adapté. Finalement une bonne partie des mutants sont peu viables. Si nous nous plaçons dans le domaine géologique, il est possible d'étudier des populations mutantes dans un même gîte, voire un même bassin, mais il est pratiquement impossible de distinguer toutes les générations successives. En revanche, si l'on considère ce qui s'est passé en un ou deux millions d'années, on est en mesure d'observer le résultat obtenu, c'est-à-dire finalement ce qui a subsisté de la population mutante, à condition, bien entendu, qu'il en soit resté quelque chose. Alors on s'aperçoit que l'on ne retrouve dans les couches supérieures que les types normaux, moyens, ceux qui n'attirent pas l'attention par des caractères excessifs, et cela est vrai à toutes les échelles, même pour une classe entière quand on en connaît l'histoire complète, par exemple celle des Trilobites. De ces faits, on peut déduire que l'histoire de l'évolution dépasse de beaucoup l'échelle de la vie humaine individuelle et qu'elle est d'ordre géologique. En revanche, nous avons vu plus haut que l'évolution des Hominidés n'excède guère, dans l'état actuel de nos connaissances, 3 à 4 millions d'années, c'est-à-dire en gros la durée de peu de zones paléontologiques.

Pour une carotte prélevée dans les abysses de l'océan Pacifique, le dépôt d'argile rouge serait de 1 à 2 cm en 100 ans (mesures par radioactivité). L'ordre de grandeur de ce phénomène cumulatif actuel, qui est le plus faible pour la sédimentation marine active, n'est pas tellement différent de celui de la croissance du squelette d'animaux marins tels que les Coraux : de 4 à 10 cm par an pour *Acropora palmata*.

Autre conséquence de l'échelle du temps géologique pour l'observateur humain, la faible importance de catastrophes comme les tremblements de terre, les raz de marée et les éruptions volcaniques, comparée à l'ampleur des phénomènes géologiques que nous observons, figés, ou que nous reconstituons. Combien se montrent déçus à l'idée qu'une chaîne de montagnes comme les Alpes s'édifia insensiblement, sans bruit et sans plus de victimes que les faits divers relatés chaque jour par les journaux ! Les quanta de mouvements orogéniques sont indistincts au cours d'une vie humaine; ils seront peut-être discernables au cours de plusieurs générations par des instruments de mesure très sensibles. Aussi faut-il abandonner l'espoir d'assister un jour à la mise en scène wagnérienne de la surrection en un court instant d'une grande chaîne de montagnes. Mais parmi les mouvements de quelque amplitude à l'époque actuelle, citons le taux d'érosion des Alpes, environ 0,6 mm par an, qui est à peu près compensé par leur soulèvement. La Scandinavie (qui reprend son équilibre après avoir été enfoncée par le poids des glaces) se soulève de 11,3 mm par an.

Les phénomènes tectoniques actuels les plus spectaculaires se manifestent par des séismes. On a pu mesurer les effets géologiques du tremblement de terre de San Francisco du 18 avril 1906 : il s'est traduit par un mouvement horizontal (décrochement) de la faille profonde (transcurrente) de San Andreas, qui atteignit 6,5 m près d'Olema. C'est une action instantanée d'une exceptionnelle ampleur. On évalue le déplacement total de la faille de San Andreas depuis le début de l'ère tertiaire à 480 km en 60 millions d'années (Crowell, 1962), soit 8 cm par an.

Dans la perspective géologique, la totalisation des mouvements les rend perceptibles mais elle peut être compliquée par des mouvements contraires au sens général. Il s'est produit des allées et venues des mers, des enfoncements suivis de relèvements. C'est donc la somme algébrique de ces mouvements positifs ou négatifs qui édifie la structure finale observée par les géologues.

Il est plus difficile d'aboutir à des chiffres précis en ce qui concerne les migrations d'organismes parce qu'elles font entrer en ligne de compte des paramètres assez nombreux : les translations possibles des points extrêmes (dérive des continents, tectonique des plaques) au cours de la migration et, depuis elle, les variations ou mutations subies par l'organisme au cours de son déplacement — les aptitudes possédées par l'espèce elle-même pour migrer — les facilités de déplacement ou les cloisonnements dus aux conditions générales (terres émergées, courants, climats, etc.). Il arrive que l'on puisse évaluer avec une approximation suffisante ces paramètres et alors mesurer avec exactitude le temps de migration d'une espèce donnée. Ce temps peut paraître « instantané » pour une Ammonite, Céphalopode marin nageur, à une époque sans barrières climatiques ni seuils émergés, et qui n'a pas trop muté : c'est le cas de *Macrocephalites macrocephalus* qui caractérise dans le monde entier la partie inférieure de l'étage callovien, il y a environ 155 millions d'années. Mais cette « instantanéité », répétons-le, ne s'applique sans doute pas à un « instant » inférieur à 1 million d'années.

Les phénomènes intratelluriques sont plus difficiles à mettre en évidence. Cependant seule une durée de l'ordre des temps géologiques peut expliquer les figures de Widmanstätten dans les météorites : on envisage 100 millions d'années. Des temps fort longs doivent être invoqués pour expliquer l'enfoncement des minerais métalliques dans les « placers » jusqu'au socle, et les géophysiciens vont plus loin en pensant que le noyau terrestre s'est accru régulièrement par les apports de météorites (6 à 10 t par jour actuellement) qui, il est vrai, peuvent atteindre le manteau facilement au niveau des fonds océaniques. D'ailleurs le rôle de la pesanteur est nécessaire pour expliquer certains des phénomènes qui se passent dans les roches éruptives et métamorphiques. La zone profonde, riche en termes basiques (comme les péridotites, les anorthosites, les lherzolithes), reçoit des matériaux légers, de substance granitique qui, en déséquilibre gravitationnel, montent lentement dans les couches superposées en se débarrassant progressivement de leurs matériaux les plus lourds[1]. Finalement les granites forment des massifs intrusifs dans les sédiments eux-mêmes dont ils métamorphisent les parties qui leur sont voisines. Ce phénomène ne peut être envisagé que si l'on dispose de millions d'années. Dans un drame comme le drame varisque, les derniers granites, qui ont apporté l'étain en Cornwall, sont datés de 290 millions d'années, alors que le géosynclinal paraît avoir existé au moins depuis 600 millions d'années et que les premières phases tectoniques se sont produites il y a 360 millions d'années.

Il en va de même pour les phénomènes de diffusion dans le solide (connus par les métallurgistes actuels sur quelques millimètres) qui ont été prouvés par des analyses chimiques sur plusieurs kilomètres dans le complexe d'Alnö en Suède (von Eckerman). La plupart des laves (si on en excepte le basalte normal, directement issu du sima[2], et la rhyolite normale, directement issue du sial[3] granitique) tirent leur composition chimique originale d'une « digestion » des roches traversées par le magma basaltique, phénomène très lent à l'échelle humaine. Le plus lent est sans doute celui qui aboutit aux roches alcalines par un véritable barbotage de roches encaissantes dans le magma basaltique.

Sortant du domaine des faits vérifiés, les accroissements de notre planète calculés par certains géophysiciens (pour le rayon du noyau : 1 mm par an pour Runcorn; ou pour le rayon du globe : 0,5 mm par an pour Egyed) sont tout à fait de l'ordre des chiffres que nous avons donnés plus haut. Mais évidemment ils ne sont pour le moment guère contrôlables (nous y reviendrons p. 35).

Finalement, il n'est sans doute pas un phénomène sur la Terre, cosmique, intratellurique, morphologique ou biologique qui ne se réfère à l'échelle des temps géologiques, infiniment plus grande que celle scandée par les dates historiques ou tout simplement par les battements de notre cœur.

Cycles, rythmes et pulsations dans l'histoire de la Terre

Les phénomènes périodiques abondent dans les témoins organiques et inorganiques de l'histoire de la Terre comme dans la nature actuelle. Ils peuvent

1. Un phénomène analogue mais plus rapide s'est produit et peut être observé aujourd'hui dans les massifs de sel qui s'élèvent au sein des sédiments, soit à la suite d'actions tectoniques (diapirs), soit simplement par différence de densité (dômes de sel).

2. Pour *sial* et *sima*, voir p. 27.

3. *Ibid.*

être considérés comme indices de relations entre des objets et des phénomènes apparemment indépendants et dont les liens sont d'ordre cosmique (le jour, le mois, la saison, les marées). Plus prosaïquement, on utilise les plus régulières de ces séquences comme des chronomètres géologiques.

PRINCIPAUX EXEMPLES

A | Rythmes cosmiques affectant les êtres vivants

	Durée
Rythme circadien (nycthéméral) : alternance nuit-jour affectant les êtres vivants (animaux et plantes) sauf à l'abri de la lumière (grands fonds marins, grottes) ; dépôts sédimentaires et croissance des tests.	24 h (1 jour)
Rythme tidal (lunaire) :	
— grandes marées lunaires de vive eau ;	14 jours
— grandes marées de morte eau (mise à sec d'une partie de la zone tidale).	28 jours
Rythme synodique (mois lunaire ; révolution synodique de la Lune) : influence sur la reproduction des Algues brunes et de tous les animaux.	28-30 jours
Rythme saisonnier : — influence sur la reproduction et la diapause sous climats polaires, tempérés et semi-arides (Algues rouges, Spongiaires, Cnidaires) ; — formes de réjuvénation (Algues brunes et rouges, Spongiaires) ; — zonation des bois et des écorces ; zonation des os des Vertébrés à sang froid.	3 à 6 mois
Rythme annuel : varves.	6 mois
Rythme solaire (éruption des taches solaires) : — bombardements intenses de rayons X et UV, protons rapides et nuages de plasma (rôle peut-être psychique) ; — action sur l'intensité du champ magnétique terrestre et sur les climats.	11 (et 22) ans

B | Pulsations cosmiques affectant les temps géologiques

Pulsations glaciaires :

a / Les grandes glaciations dans le passé :

- — il y a 1 900 millions d'années : glaciation de Cobalt-Gowganda
- — il y a 600 millions d'années : glaciation éocambrienne
- — il y a 450 millions d'années : glaciation de l'Ashgill (Ordovicien)
- — il y a 280 millions d'années : glaciation gondwane (Carbonifère)
- — entre 5 millions d'années et 10 000 av. J.-C. : glaciation plio-quaternaire.

b / Rythmicité ? des phases glaciaires et interglaciaires : exemple du Pléistocène (courbes de Milankovitch et de Simpson, fig. 1 *b*).
Rythmicité des variations de température des fonds océaniques (fig. 1 *a*).

FIG. 1 RYTHMES ET CYCLES

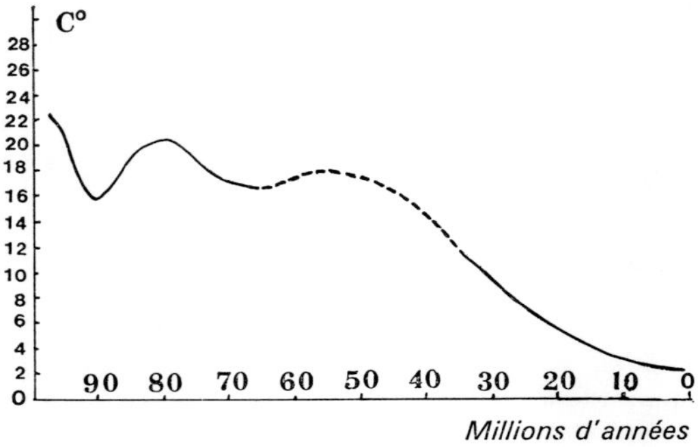

Fig. 1 *a* - Schéma des variations de la température moyenne de l'eau des fonds océaniques pendant les 100 derniers millions d'années
(rapport $^{16}O/^{18}O$, d'après C. Emiliani)

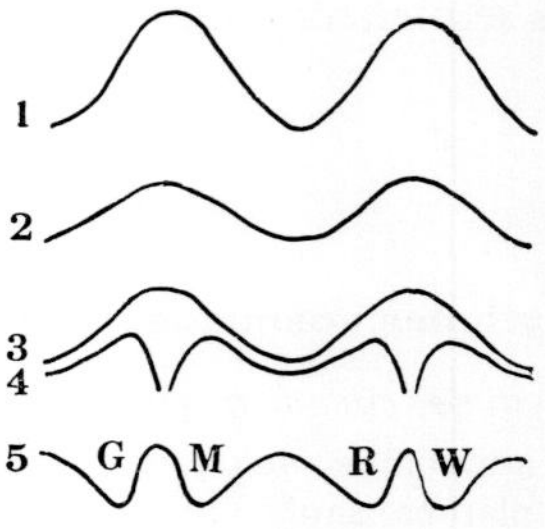

Fig. 1 *b* - Phénomènes cycliques en relation avec les glaciations quaternaires
(hypothèse de G. C. Simpson)

Les lettres sont les initiales des principales glaciations reconnues en Europe :
G = Gunz ; M = Mindel
R = Riss ; W = Würm
Les courbes représentent schématiquement :
1 : la radiation solaire
2 : la température
3 : les chutes de pluie
4 : l'accumulation de neige
5 : les avancées (vers le bas) et les retraits (vers le haut) de la glace
les retraits correspondant aux interglaciaires chauds et humides
(sauf l'interglaciaire Mindel-Riss qui fut frais et sec)

Pulsations de transgressions marines :

— transgressions téthysiennes
(ex. : Crétacé moyen)
— transgressions arctiques
(ex. : Ashgill ; Jurassique supérieur)
— transgressions circumpacifiques

transgressions glacio-eustatiques
(postphases glaciaires)

Autres alternances :

a / refroidissement rythmique des océans : ex. des derniers 100 millions d'années (fig. 1 *b*) ;

b / alternance de l'ouverture atlantique et de l'ouverture téthysienne ?

Cette alternance que nous avons mise en évidence (Termier et Termier, 1973, 77) est marquée le long de deux grands cercles : 1 / atlantique (ou protoatlantique)-arctique-Verkhoiansk ; 2 / téthysien-méditerranéen. Quand s'ouvre un fond océanique au niveau de l'un des cercles, l'autre tend à se suturer :

Millions d'années	*Protoatlantique (Iapetus) Atlantique-Arctique Oural ; Verkhoiansk*	*Téthys-Méditerranée*
1 500	Linéament (grandes fractures) de l'Iapetus	Linéament (grandes fractures)
600 450	Ouverture d'un fond océanique : transgressions arctiques du Cambrien moyen et de l'Ordovicien supérieur	Transgression téthysienne ? du Cambrien inférieur
400 à 380	Suturation de l'Iapetus → Orogenèse ardennaise → acadienne	Transgressions téthysiennes du Dévonien et du Carbonifère
290	Transgressions arctiques au Carbonifère supérieur et au Permien	
260	Suturation de l'Oural	Suturation de la zone varisque
200		Ouverture de fonds océaniques et transgressions téthysiennes du Trias supérieur et du Jurassique moyen (début de l'océan Indien)

Millions d'années	*Protoatlantique (Iapetus) Atlantique-Arctique Oural ; Verkhoiansk*	*Téthys-Méditerranée*
160	Linéaments de l'Atlantique	
150	Ouverture de l'Atlantique central Transgression arctique (Volgien) Suturation du Verkhoiansk	
100	Ouverture de l'Atlantique Sud Transgression arctique (Albien)	
95		Transgression téthysienne (« Cénomanienne »)
50	Ouverture de l'Atlantique Nord	Suturation de la Téthys (orogenèse alpine)
5		Ouverture de la Méditerranée

Notons que, malgré les apparences, la température des mers n'entre en jeu ici que pour les effets qu'elle peut avoir eu sur les êtres vivants là où elles ont déferlé.

Grandes épeirogenèses (suivies de pénéplanation)		
Eocambrienne	700	millions d'années
Taconique	450	—
Ardennaise	405	—
Bretonne	360	—
Mésocarbonifère	300	—
Névadienne	145	—
Danienne	64	—
Messinienne	6	—

C | Phénomènes apparemment non rythmiques

— l'évolution organique ;
— les déplacements continentaux par rapport à l'axe des pôles.

D | Les cycles de l'histoire de la Terre

Cycle géologique (cycle des phénomènes géologiques de Haug, 1903) :

Ensemble de phénomènes successifs : lithogenèse (sédimentation) ; orogenèse ; glyptogenèse (érosion).

Cycle géographique (cycle érosionnel) (Davis 1899-1905) :

(Très proche du cycle géomorphologique de Lawson, 1894).

— stade jeune, post-tectonique (reliefs élevés), érosion torrentielle ;
— stades intermédiaires (adultes, âgés) de démantèlement : pédimentation et bassins intramontagneux ;
— stade mûr : pénéplanation ; bassins endoréiques et évaporation.

Ce cycle présente des avatars selon les climats. L'exemple le plus facile à mettre en évidence est celui des zones arides et semi-arides.

Cycle sédimentaire (Gignoux 1913) (= cyclothèmes) :

Une formation transgressive sur une région émergée débute souvent par des conglomérats et des séries saumâtres, se continue par des séries marines de plus en plus fines (loin des côtes élevées) et se termine par une émersion progressive (régression) avec formations saumâtres et retour aux conditions précédentes. La séquence complète est la suivante : dépôts détritiques — dépôts colloïdaux — dépôts calcaires — dépôts charbonneux. Il s'est produit dans la plupart des séries géologiques des pulsations rythmiques dénotant l'alternance de transgressions et de régressions, elles-mêmes régies par d'autres rythmes.

Le rythme en partie climatique fourni par le peuplement végétal des continents stables influe sur le cycle sédimentaire (cycle biorhexistasique, Erhart 1955). C'est le lessivage par les cours d'eau : 1 / en cas de couvert végétal (forestier) d'une phase de carbonates, sels, silice colloïdale ; 2 / après la destruction de la forêt, le sol lui-même, phase résiduelle, est emporté sous forme de fer et d'argiles (kaoliniques) : il se dépose des couches rouges. L'exemple de ce cycle est celui des zones forestières intertropicales de type latéritique.

Rheid et rhéidité

La vie journalière donne à chacun de nous l'expérience des trois états de la matière : solide, liquide et gazeux, états qui sont clairement définis pour les substances usuelles par leurs températures de fusion et de vaporisation. Mais, comme nous l'avons dit au début de cet ouvrage, la géologie est obligée de tenir compte de laps de temps incomparablement plus grands que la vie humaine. Quand on envisage de très longues durées, le comportement des matériaux qui constituent la croûte terrestre et le manteau n'est pas celui que nous avons l'habitude de voir dans notre existence quotidienne. On peut briser la glace à coups de hache ou même de marteau (sollicitation brusque) mais les glaciers s'écoulent comme des fleuves (sollicitation lente) : leur vitesse va de 50 à 800 m par an. Un comportement semblable est celui du gypse et du sel (dans les diapirs). Tout le monde connaît les propriétés de la poix, mélange de résines et de goudrons végétaux.

S. W. Carey (1962) a proposé le terme *rheid* pour désigner un solide visqueux qui peut se comporter comme un liquide mais qui reste au-dessous de sa température de fusion, en mettant le temps nécessaire. La *rhéidité* est le temps requis par la déformation selon un écoulement visqueux qui est plus de 1 000 fois celui de la déformation élastique. Et l'auteur essaye une formule :

$$\text{rhéidité} = 1\,000 \times \frac{\text{viscosité}}{\text{rigidité}} \text{ secondes}$$

Celle de la glace serait donc : $1\,000 \times \frac{10^{13}}{10^{10}} = 10^6$ secondes (environ 12 jours).

Cette notion devra être approfondie au moyen de beaucoup d'exemples, en tenant compte de la pression et de la température. Les géologues de terrain voient souvent des roches dures comme les calcaires, les quartzites et les gneiss qui ont subi tantôt des déformations souples (flexures, plis, plissottements), tantôt des déformations cassantes (failles, décrochements), tantôt enfin des chevauchements et des charriages. Il y a tous les intermédiaires entre ces différentes modalités. La déformation intime des roches fait naître des structures qui permettent de déceler des torsions, des écrasements aboutissant à des laminages, et de la trituration (mylonites). C'est le champ immense de la tectonique qui s'attache à reconstituer les *phases* d'un plissement et à établir une chronologie spéciale s'ajoutant à la datation stratigraphique.

Se rattachent à la rhéidité, le *creep*, mouvement lent qui affecte des zones étendues à pente faible (voir Termier et Termier, 1956, I, p. 57) et le *rhéomorphisme* (voir Termier et Termier, 1955, p. 254). Quant aux glissements de terrain, il s'agit de masses ou de fragments de roches superficielles solides se déplaçant sur des pentes fortes grâce à une base composée de roches lubrifiantes (argiles, schistes, sel) : il n'y a pas transformation de la structure intime de ces roches.

Le pantocycle (Termier et Termier, 1961). *Fig. 2*

Les éléments chimiques présents sur la Terre sont constamment brassés, soit aux divers niveaux de température et de pression de la lithosphère, soit dans les solutions ionisées de l'hydrosphère, soit dans les dépôts sédimentaires, soit sous l'action des rayonnements extra-terrestres, soit enfin sous l'action des êtres vivants. Pour chaque élément, existent un ou plusieurs circuits, impliquant la possibilité de retours au point de départ : il s'agit donc de véritables cycles dont l'ensemble représente l'évolution géochimique. Celle-ci diffère aujourd'hui de ce qu'elle fut dans les temps passés. Les changements de la haute atmosphère et de la biosphère ont en effet profondément modifié la plupart de ces cycles. A l'ensemble des cycles élémentaires et de leur évolution au cours des temps géologiques nous avons donné le nom de *pantocycle*.

Causes de pulsations

a / *Subsidence :* c'est la tendance qu'a le fond d'un bassin à s'enfoncer sous des dépôts (deltaïques, récifaux), la profondeur restant à peu près constante. On lui doit les épaisseurs considérables atteintes par les sédiments dans certains bassins (plus de 10 km dans les géosynclinaux). La rythmicité des dépôts est l'enregistrement du taux de subsidence (ex. : bassin houiller franco-belge, récifs du Dévonien de Belgique).

b / *Epeirogenèse :* c'est la tendance qu'ont les boucliers continentaux à s'élever (ex. : Zaïre). Le rythme d'épeirogenèse suscite des rajeunissements du relief, donc la remise en route des cycles géographique et sédimentaire.

L'inversion des pôles magnétiques

Beaucoup de roches éruptives conservent une aimantation datant le plus souvent du moment de leur refroidissement (aimantation thermo-rémanente). La polarité de ce magnétisme est soit dans la même direction que l'actuel champ terrestre, soit en sens opposé. On a pu démontrer que le sens de polarité alterne de façon assez irrégulière mais fréquente au cours des temps géologiques. Il y a des « époques » normales, qui ont duré environ 1 million d'années, admettant des « événements » inversés ayant duré 10 000 ou

FIG. 2 PANTOCYCLE DE L'OXYGÈNE

Place de l'oxygène dans l'histoire de la Terre

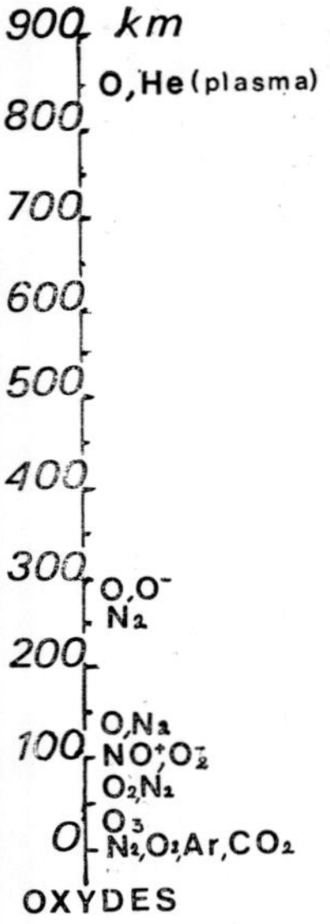

Fig. 2 *a* - Distribution de l'oxygène sur la Terre actuelle selon l'échelle kilométrique

Au-dessous de la surface de la croûte règnent les oxydes solides (de Fe, Mn, etc.) et à la surface, l'eau (H_2O) qui compose l'hydrosphère. Dans la basse atmosphère, un oxyde gazeux (CO_2) et l'oxygène moléculaire (O_2) que nous respirons. L'écran d'ozone (O_3) se situe vers 25 km. Dans l'ionosphère, l'oxygène ionisé (O_2^-, O^-) et même sous sa forme plasma, non chargée (O). Il n'y a plus d'oxygène au-dessus de 900 km.

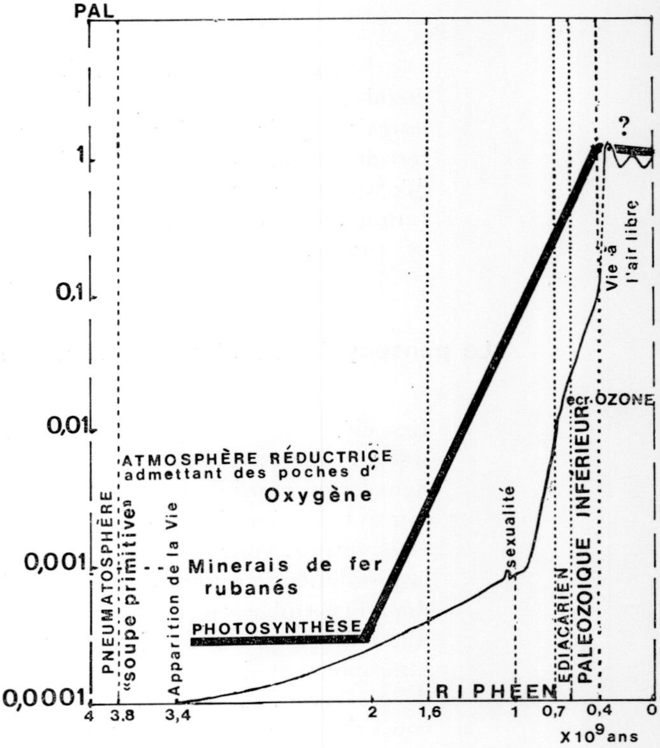

Fig. 2 *b* - Evolution de l'oxygène atmosphérique au cours des temps fossilifères.

La doctrine classique considère comme probable que celui-ci a été extrait des oxydes de la lithosphère et de l'eau de l'hydrosphère, puis libéré par la photosynthèse. Des auteurs (Dimroth et Kimberley, 1976) contestent cette façon de voir : si la présence de sédiments rouges est rare avant 1,7 milliard d'années, cependant dans la fosse du Labrador existent des schistes rouges antérieurs à 1,9 milliard d'années. Mais pour P. Cloud *(in litt.)*, cette teinte serait due à une oxydation bien plus récente (Crétacé ?)

On peut aussi penser que localement des réactions dégagèrent de l'oxygène dans l'atmosphère archéenne, laquelle devait être très hétérogène.

Fig. 2 *c* et *d* - L'oxygène dans le pantocycle

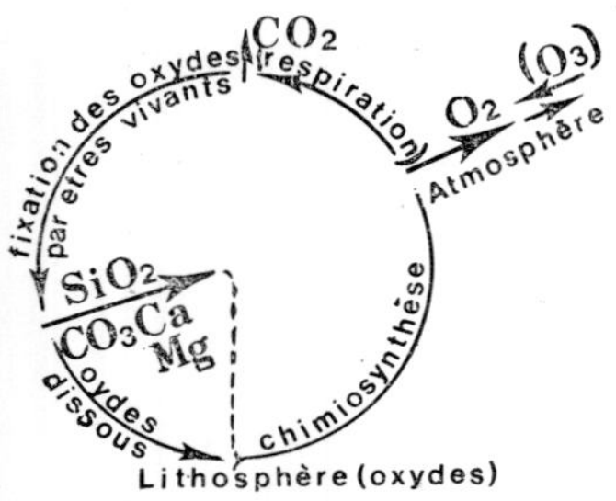

Fig. 2 *c* - Cycle simple pendant le début des temps géologiques (Archéen)

Début de la libération d'oxygène dans l'atmosphère et peut-être même du cycle de l'ozone, mais la respiration ne peut être considérée alors que comme un phénomène partiel et non comme l'un des processus énergétiques les plus importants de la Vie.

Fig. 2 *d*

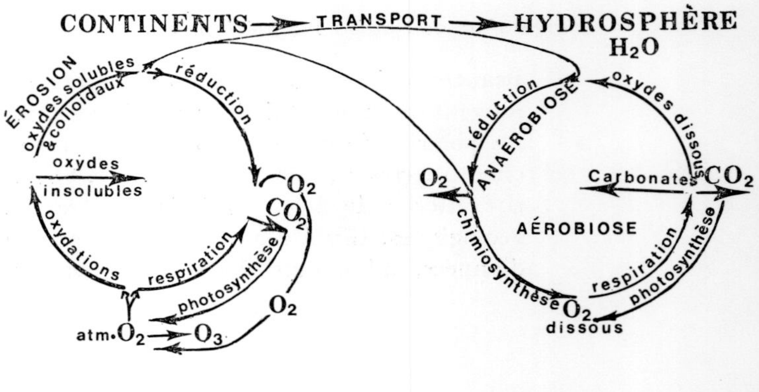

100 000 ans. L'étude de la succession de ces phases a suggéré de l'utiliser pour une chronologie parallèle à celle des géologues, à savoir les zones de fossiles et les âges isotopiques des roches. En outre, c'est cette méthode qui a permis de mettre en évidence l'expansion des fonds océaniques, celle-ci se faisant symétriquement par rapport aux *rifts* médio-océaniques, par bandes longitudinales de polarité alternée (Raff et Mason, 1961; Heirtzler, Le Pichon et Brown, 1966).

Finalement, la plupart des phénomènes d'accroissement se produisant dans la biosphère et l'hydrosphère sont soumis à tout ou partie de ces rythmes que, dans l'histoire géologique, les sédiments et les squelettes minéralisés ont enregistré souvent très fidèlement. Les concrétions encroûtantes [Stromatolithes, Lithothamniées, Sclérosponges (Stromatopores et Chaetetes), colonies massives d'Ectoproctes] offrent une croissance laminaire marquée par les rythmes sexuels et tidaux, donc tenant compte de leur emplacement par rapport aux zones littorales. Les tests d'Invertébrés benthoniques peu profonds (Bivalves, Gastéropodes, Polypiers) enregistrent les rythmes circadiens, synodiques, annuels et saisonniers. On peut en dégager une méthode pour évaluer la variation du nombre des jours contenus dans un mois au cours des temps géologiques.

Rappel de notions sur les enveloppes profondes de la Terre. *Tableau 1 et fig. 3*

La terre se compose aujourd'hui de :

1 / Un *noyau* dont on a de nombreuses raisons de penser qu'il ressemble aux météorites ferrifères. C'est la partie la plus dense de par sa composition en fer et peut-être en nickel. On a supposé que les pressions régnant au centre de la Terre peuvent avoir amené des éléments légers comme l'hydrogène à prendre une forme condensée d'état métallique, hypothèse qui n'est appuyée sur aucun élément d'observation.

Les météorites sont de trois sortes : 1 / les météorites ferrifères (90 % de fer, 6 à 8 % de nickel; densité : 6,5 à 7,9); 2 / les météorites pierreuses ou chondrites (péridot, fer, magnésium; densité : 3,5); 3 / les sidérolithes, pierreuses, avec du métal natif (densité : 3,2 à 6,5). Leur âge, d'environ 4 500 millions d'années, suggère qu'elles proviennent d'une planète appartenant au système solaire, ayant explosé au début de la formation de la croûte terrestre. Le poids total des météorites reçues chaque jour par notre globe a été évalué de 6 à 10 t.

Il est vraisemblable que cet apport de matière a commencé selon un taux de même ordre depuis la naissance de la croûte terrestre. En partant de 10 t par jour, on atteint un total de $16\,425 \times 10^9$ t. Or la masse de la Terre est

Tableau 1. — *Définition de la lithosphère et du manteau supérieur*

		Domaine océanique	*Domaine continental*	
Lithosphère à vitesse des ondes P = 6	Croûte	Roches volcaniques basiques (cf. basalte) *d* = 2,9, sima, épaisseur : 5 à 8 km	Roches acides (granite ou obsidienne) sial, *d* = 2,67 Vitesse de propagation des ondes P (1) : 5 à 6 km/s discontinuité de Conrad	Epaisseur 15-25 km
			couche intermédiaire : basaltique *d* = 2,77 (ou en partie gabbroïque) sima discontinuité de Mohorovicic (Moho)	Epaisseur 5-40 km 20-60 km
	Ecorce solide (dense) du manteau supérieur rigide 7,9 à 8,1 km/s		Roches ultrabasiques *d* = 3,3 jusque 120 km	
				base des plaques ?
Tectosphère	Radioactivité	Magma à olivine (atlantique)	Magma tholéitique (circumpacifique)	
	Asthénosphère (Barrell, 1914)	(il s'agit d'un magma, c'est-à-dire d'une substance pâteuse dont 10 % sont fondus)		
	= roches « molles » du manteau à vitesses lentes de propagation des ondes P 7,8 km/s à 8,6 km/s (base)			
	= zone de compensation isostatique			
	Réservoirs magmatiques du basalte des plateaux		Réservoirs des kimberlites (diamantifères)	
		« Roche » à forte teneur en olivine (dunite ?)		
	Zones de subduction	250 km		jusqu'à 250 km
		400 km		
	Zone de transition de Birch		Entre 400 et 900 km la densité et les propriétés mécaniques du manteau augmentent rapidement d'où une compressibilité anormale	
		720 km	Aboutissement des plans de Bénioff (séismes profonds)	
		984 km		

(1) P : ondes primaires de compression, produites par les séismes.

de 6 × 10²¹. Si l'on admet pour les météorites une densité moyenne de 4, le volume représenté serait de 4 106 km³, de beaucoup inférieur au volume des océans (lequel est de 1 370 323 × 10⁶ km³). Cependant certains auteurs pensent que le poids quotidien de météorites reçues par la Terre est, et surtout a été, de plusieurs millions de tonnes, par exemple à l'Antécambrien, à Sudbury (Canada) et à Vredefort (Afrique du Sud) (pour R. S. Dietz, il s'agirait d'une météorite géante ayant eu 2,3 km de diamètre). Dans l'hypothèse de Runcorn,

Fig. 3 - Les sphères terrestres

Notre planète se présente comme l'emboîtement de sphères concentriques de densité décroissante vers l'extérieur.

Le noyau

Au centre, le noyau, que l'on pense constitué de matériel métallique solide, analogue aux météorites ferrifères ; il paraît responsable du magnétisme terrestre. De toutes les planètes terrestres, seule la Terre possède un noyau et un magnétisme puissant (alors que Jupiter possède aussi un fort magnétisme et probablement un noyau métallique). Selon une succession d'hypothèses émises par de nombreux géophysiciens, le noyau terrestre ne serait pas originel mais résulterait de l'apport des météorites, et son accroissement aurait progressivement diminué l'épaisseur du manteau sans que soit modifié le volume de la Terre, multipliant de ce fait le nombre des cellules de convection ; ce serait le moteur de la dérive des continents. Les météorites, attribuées au groupe des astéroïdes (plus de 7 000 petites planètes), pourraient être les fragments d'une planète hypothétique (planète transmartienne) du même âge que la Terre, située entre Mars et Jupiter et dont le noyau aurait été métallique.
On a estimé la somme des météorites tombées sur la Terre à environ 6 à 10 tonnes par jour. En 4,5 milliards d'années, cela ne formerait qu'une couche de 13 cm à la surface du globe. On peut penser que cette estimation est nettement inférieure à la réalité et qu'à certaines périodes la somme des météorites atteignit quotidiennement plusieurs millions de tonnes. Mais nous n'avons pas de données précises sur ce sujet. Enfin il n'est pas absurde de concevoir que le noyau terrestre s'est formé *in situ* par différenciation gravitationnelle.

Le manteau

Le manteau comporterait une partie profonde et une partie superficielle visqueuse. Sous les boucliers continentaux, le mécanisme de transport de la chaleur est la conduction (non l'advection) jusqu'à 400 km. L'ensemble de cette zone est la *tectosphère* (Jordan, 1975) dans laquelle les mouvements sont transmis de façon cohérente. La base des plans de Bénioff (700 km), grandes failles inverses à la limite de la lithosphère continentale et de la lithosphère océanique, pourrait être celle de la partie accessible aux courants de convection. L'étage superficiel, l'*asthénosphère*, est le réservoir du volcanisme basaltique. La *lithosphère* a une épaisseur variable selon qu'il s'agit des océans ou des continents. Sa zone superficielle, la plus solide (la croûte), a pour base la discontinuité de Mohorovicic. L'*hydrosphère* et la *biosphère*, discontinues, reposent sur la surface externe de la lithosphère.

L'atmosphère

L'atmosphère comporte les enveloppes gazeuses de la Terre. A la base, la *troposphère*, très variable, est agitée par les vents, tandis qu'au-dessus la *stratosphère* est calme, renfermant des gaz à l'état moléculaire, tels que nous pouvons les respirer. L'*écran d'ozone* qui protège la surface terrestre des rayonnements dangereux est situé vers le bas de la stratosphère. Dans l'ionosphère, les gaz sont ionisés et passent vers le haut à du plasma (atomes non chargés). L'exosphère, sans oxygène, ne renferme plus que de l'hydrogène dans sa partie supérieure, l'hélium plus lourd restant au-dessous.

La magnétosphère

La magnétosphère est composée par les ceintures de Van Allen, respectivement entre 1000 et 4000 m, d'une part, puis entre 12000 et 16000 m, d'autre part ; ces ceintures ne sont pas présentes au niveau de l'axe des pôles terrestres. La magnétosphère contient les particules piégées par le magnétisme terrestre : essentiellement des rayons cosmiques et solaires, sous forme de protons, dont la surface terrestre se trouve ainsi protégée. Son existence dépendant du noyau terrestre, il faut en conclure que la vie sur la Terre ne peut avoir existé avant la formation de ces sphères.

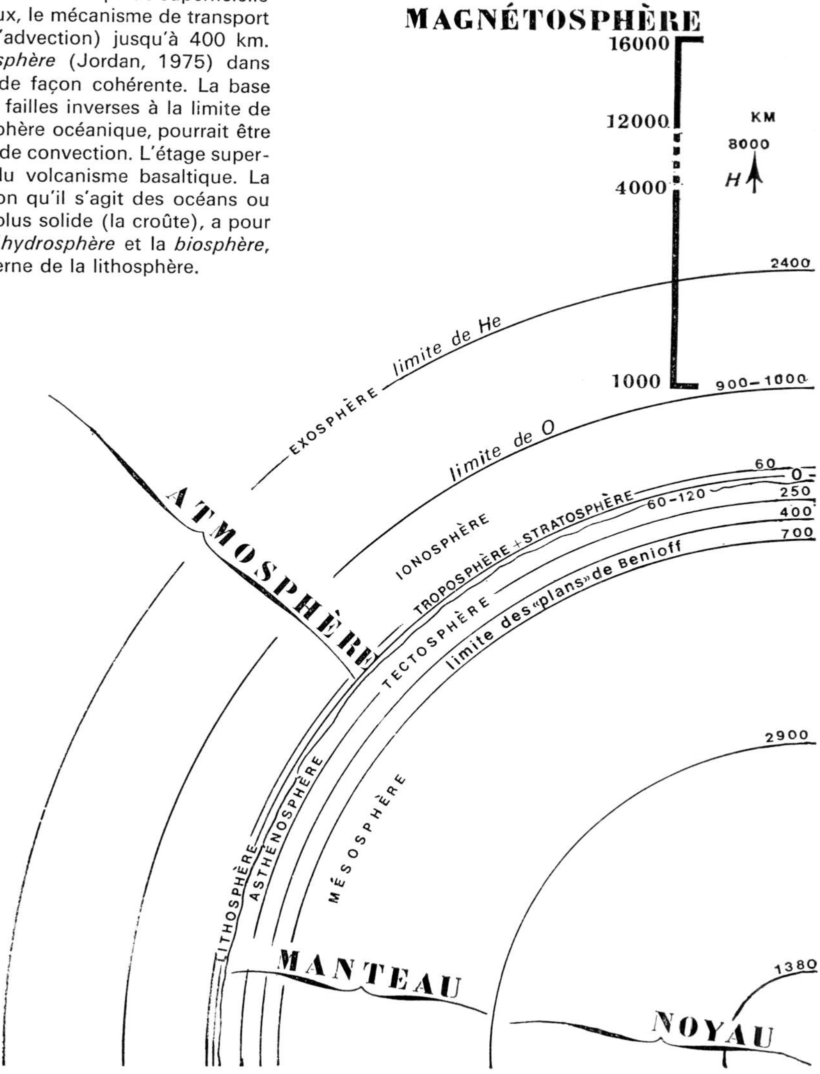

ce sont les météorites qui ont édifié le noyau terrestre et qui continuent à l'accroître.

La Terre offre la plus grande masse et le plus fort rayon de toutes les planètes terrestres. Sa densité est élevée (5,515), un peu supérieure à celle de Mercure (5,42). Il s'ensuit que, si elle a perdu une importante partie de ses éléments légers au moment de sa formation, sa masse lui a permis d'en retenir plus que des planètes plus petites comme la Lune et Mars.

Les éléments terrestres les plus abondants sont le fer et le silicium, les éléments volatils perdus étant des gaz (hydrogène, hélium surtout), peut-être aussi quelques métaux alcalins à cause de leur légèreté. Il faut noter que la majorité des éléments que nous connaissons dans la croûte terrestre superficielle, seule partie de notre planète qu'il nous soit permis d'étudier directement, sont combinés avec un élément très abondant, l'oxygène (ce sont des oxydes, comme l'eau, la silice, les oxydes métalliques).

2 / Le noyau terrestre est entouré par une enveloppe dont la partie supérieure au moins paraît visqueuse, le *manteau*, qui aurait une composition voisine de celle de l'olivine, minéral transparent vert, présent dans les météorites pierreuses; beaucoup de laves basaltiques en renferment des cristaux ou des agrégats qu'elles semblent charrier depuis les profondeurs sans qu'ils aient été fondus récemment. On peut admettre que la couche supérieure du manteau se compose de péridotite. Cependant on y rencontre localement des lentilles d'éclogite (voir p. 34).

Le noyau et le manteau ne nous sont pas directement accessibles. Nous en connaissons les propriétés indirectement par l'étude de la transmission des ondes séismiques, laquelle se fait de façons diverses selon la nature de la couche traversée. Ces ondes sont en outre réfractées sur certaines surfaces qui ont un rôle analogue à celui des miroirs, discontinuités qui définissent les limites entre les enveloppes terrestres.

Noyau et manteau terrestres peuvent être confrontés à ce que nous connaissons de la Lune, qui posséderait une croûte d'une soixantaine de kilomètres d'épaisseur, un manteau épais de 1 000 km et peut-être un noyau. Par déduction, une hypothétique « planète transmartienne » aurait fourni les matériaux des astéroïdes et des météorites, comparables au noyau et au manteau.

Mais au début des temps géologiques, le noyau pourrait n'avoir été qu'un germe minuscule s'accroissant progressivement (Runcorn, 1962). La composition générale du globe, en l'absence d'une véritable croûte, apparue aussi de façon progressive, devait se rapprocher de celle du manteau, gigantesque intermédiaire dans lequel devait exister un brassage intense dû à la gravitation et prenant les traits de courants de convection.

Typique de notre planète est la persistance de la dégazéification, amorcée dès l'aube des temps géologiques et, d'une manière plus générale, la montée vers la surface des éléments les plus légers contenus dans le manteau; elle permet d'envisager un accroissement du volume de l'eau des océans (Rubey, 1951, 1955).

D'autre part, comme les surfaces grêlées des autres planètes terrestres (Mercure, Vénus, Lune, Mars), celle de la Terre n'a cessé depuis 4,5 milliards d'années de recevoir des météorites et des poussières cosmiques. Au contraire de la dégazéification et de la montée des éléments légers, ces masses lourdes venues de l'espace s'enfoncent dans le manteau et accroissent sa masse puis celle du noyau. Ou bien ces deux phénomènes s'équilibrent complètement, ou bien le rayon de la Terre s'accroît lentement. Pour le moment, aucune conclusion certaine n'a pu être acquise, encore que les reconstitutions des géographies anciennes successives suggèrent plutôt l'idée d'une expansion terrestre (voir p. 35).

3 / Les interactions de l'hydrosphère et du manteau aboutirent à l'élaboration d'enveloppes intermédiaires, continues ou non, la *lithosphère* et la *biosphère*. Ces enveloppes, caractérisées par une instabilité considérable, acquisitions postérieures à la naissance de notre globe, sont, dans l'état actuel de nos connaissances, des apanages de la Terre, étant entendu que des structures similaires pourraient être ultérieurement reconnues dans nos deux planètes les plus voisines, Vénus et Mars. Mais on remarquera que des phénomènes particuliers à la Terre ont supprimé de la surface de notre planète l'aspect grêlé des deux autres. En effet, l'évolution de la lithosphère repose sur deux phénomènes principaux ayant en commun une première donnée fondamentale, les équilibres dus à la pesanteur. 1 / L'eau de l'hydrophère, obéissant aux lois de l'attraction gravitationnelle, tend à suivre les lignes de plus grande pente du terrain et, ce faisant, attaque les roches grâce à son pouvoir dissolvant et en véhicule les éléments, soit sous forme dissoute, soit par son action mécanique. Il y a érosion et transport par l'eau. Puis les matières charriées se déposent : il y a sédimentation. 2 / Les éléments du manteau s'élèvent vers la surface par dégazéification ou grâce à un phénomène comparable qui fait monter les alcalins et les minéralisateurs à cause de leur faible densité. Ainsi la lithosphère se trouve-t-elle composée d'éléments de plus en plus légers au fur et à mesure qu'on s'y élève et elle est constamment remaniée par l'action de l'hydrosphère (érosion-transport-sédimentation) et du manteau (montée d'éléments volcaniques : laves, gaz, alcalis).

Enfin sur toute la hauteur de cette enveloppe s'échelonnent des zones de température et de pression que matérialisent des assemblages cristallins différents, dépendant de la composition chimique du milieu. La température externe de la lithosphère est fonction, pour sa plus grande part, de l'énergie solaire modulée par les climats. La température interne nous est perceptible, c'est le flux thermique qui croît de la surface vers l'intérieur du manteau. Le « degré géothermique », hauteur dont il faut descendre pour que la température s'élève de 1 °C, varie avec les lieux (de 6 à 300 m) mais sa moyenne est aujourd'hui d'une trentaine de mètres. Le flux thermique représente une source d'énergie considérable, peut-être imputable en partie à la radioactivité qui se trouverait atteindre son maximum dans la partie supérieure du manteau. Mais la couche en fusion qui est sous-jacente aux nombreuses zones actives du globe est capable également de fournir beaucoup de chaleur.

Le manteau, composé de silicates de fer et de magnésium, se trouve donc dans un état de température qui, sous une pression normale, correspond à la fusion d'un grand nombre de minéraux et de roches. Juste au-dessous de la lithosphère, avec l'épaisseur que présentent aujourd'hui les continents, il est visqueux (c'est l'asthénosphère). Mais plus ou moins liquide, plus ou moins visqueux, il présente une fluidité suffisante pour subir un écoulement. En outre, sous les océans, où la croûte terrestre est aujourd'hui encore d'épaisseur très faible (bien moindre que sous les continents), les déplacements du manteau ont pu être décelés par des méthodes géomagnétiques. Ces mouvements semblent ordonnés suivant un phénomène qui est celui des *courants de convection*. Il s'agit de rouleaux, les cellules de convection de Bénard (voir S. Chandrasekhar, 1961) montant d'une surface chaude vers une surface froide et redescendant après leur refroidissement, à une vitesse de l'ordre du centimètre par an (par exemple de 1 à 6 cm). Le nombre de cellules de convection dans le manteau dépendrait de l'épaisseur relative de celui-ci par rapport au diamètre du noyau qu'il enveloppe. Si, comme nous l'avons signalé plus haut, le noyau s'est formé de toutes les météorites reçues par la Terre depuis sa naissance, le nombre de cellules de convection dans le manteau a dû être modifié au cours de l'histoire de la Terre. Si la lithosphère, plus froide, a acquis une certaine indépendance mécanique par rapport au manteau supérieur, le jeu des courants de convection va se répercuter sur elle en la brisant et y faisant naître des fissures dans lesquelles monteront des laves, en charriant des morceaux solides et en produisant soulèvements et plissements. La principale cause des actions tectoniques et du volcanisme peut donc être directement ou indirectement les courants de convection du manteau.

La question se pose de savoir si seule la partie supérieure, molle, du manteau, l'asthénosphère, est concernée par ces courants ou si tout ou partie du manteau (mésosphère) l'est aussi. On peut même penser que les proportions entre les diverses parties du manteau se sont modifiées au cours des âges au bénéfice de la partie indurée et passive, plus profonde.

L'épaisseur de la lithosphère continentale telle que nous la connaissons aujourd'hui n'a pu être évaluée d'une façon entraînant le consensus de tous les savants. Selon les auteurs, l'épaisseur des matériaux solides est de 200 km (estimation basée sur l'étude des séismes) à 400 km, au-dessous des cratons (= boucliers). Dans les zones bordières montagneuses, elle est généralement plus faible, mis à part l'Himalaya ainsi que les Andes, où la rigidité diminue à 350 km de profondeur, les magmas (andésites et dacites) cheminant dans la croûte selon un trajet de 70 km (Brooks, James et Hart, 1976).

En tout cas, on peut considérer le modèle de la lithosphère tel qu'il a pu se présenter au début de l'histoire de la Terre en utilisant ce que l'on sait du modèle actuel. Selon une théorie généralement acceptée, la lithosphère d'aujourd'hui, telle que nous la révèlent les méthodes séismiques, se compose de « polygones » ou « plaques » ayant un peu la section d'énormes lentilles incurvées selon la courbure de la Terre, très épaisses au niveau des continents qui comportent une importante superstructure (croûte) de roches légères (sial), beaucoup plus minces au niveau des océans où elle est composée de roches plus lourdes (sima). La base de l'ensemble de la plaque est constituée de roches plus denses, séparées brutalement de la croûte différenciée et plus légère par le *moho* (discontinuité de Mohorovičic). Les plaques reposent sur la partie supérieure du manteau, formée de roches relativement légères et molles, l'asthénosphère. L'évolution de la croûte est différente selon qu'il s'agit de croûte continentale ou de croûte océanique. Dans la croûte continentale dominent la différenciation gravitationnelle (selon la densité) et des équilibres minéralogiques différents, dépendant de la température et de la pression. La croûte océanique est beaucoup plus proche de la composition du manteau. Mise à part sa couche superficielle sédimentaire, son évolution résulte essentiellement d'un brassage des courants de convection du manteau supérieur, brassage qui intervient au niveau des limites entre les plaques.

Faits et hypothèses sur lesquels fonder une paléogéographie globale. *Fig. 4-5*

L'établissement d'une paléogéographie globale est l'un des buts fondamentaux des sciences de la Terre. Au fur et à mesure qu'avancent les connaissances géophysiques et géologiques, nous parviennent des renseignements de plus en plus nombreux et précis. Pour les 600 derniers millions d'années de l'histoire de la Terre, la paléontologie apporte des précisions supplémentaires, tandis que les temps antécambriens fournissent les directions et les âges isotopiques de leurs chaînes de montagnes.

On note, d'entrée de jeu, la différence fondamentale des deux ensembles de matériaux composant aujourd'hui la surface terrestre : la *croûte océanique*, basaltique et mince, proche sans doute dans sa composition de celle du manteau supérieur, et la *croûte continentale* dont l'équilibre évolutionnel tend vers le granite, comme le montrent les séries métamorphiques. Ces deux ensembles de matériaux, auxquels E. Suess avait donné les noms de sima et de sial, se comportent en mégatectonique d'une façon totalement différente. La croûte océanique naît par bandes symétriques de roches effusives à partir de fissures *(rifts)* intéressant une partie du manteau supérieur. Elle s'enfonce *localement* par subduction sous la croûte continentale, laquelle est composée de secteurs l'accroissant en épaisseur par le jeu du métamorphisme et d'infiltrations volcaniques (drame géologique, Termier, 1953, voir p. 31) jusqu'à la rendre rigide (cratons supérieurs de Stille). De densité plus faible, les équilibres gravitationnels amènent sa partie supérieure à dominer les fonds océaniques.

L'idée la plus logique est de penser que les phénomènes aboutissant à l'élaboration de la croûte continentale ont débuté très tôt dans l'histoire de la Terre. Si l'on admet que la Terre avait initialement pour surface celle du manteau supérieur, la phase de départ est celle d'une condensation d'eau sur

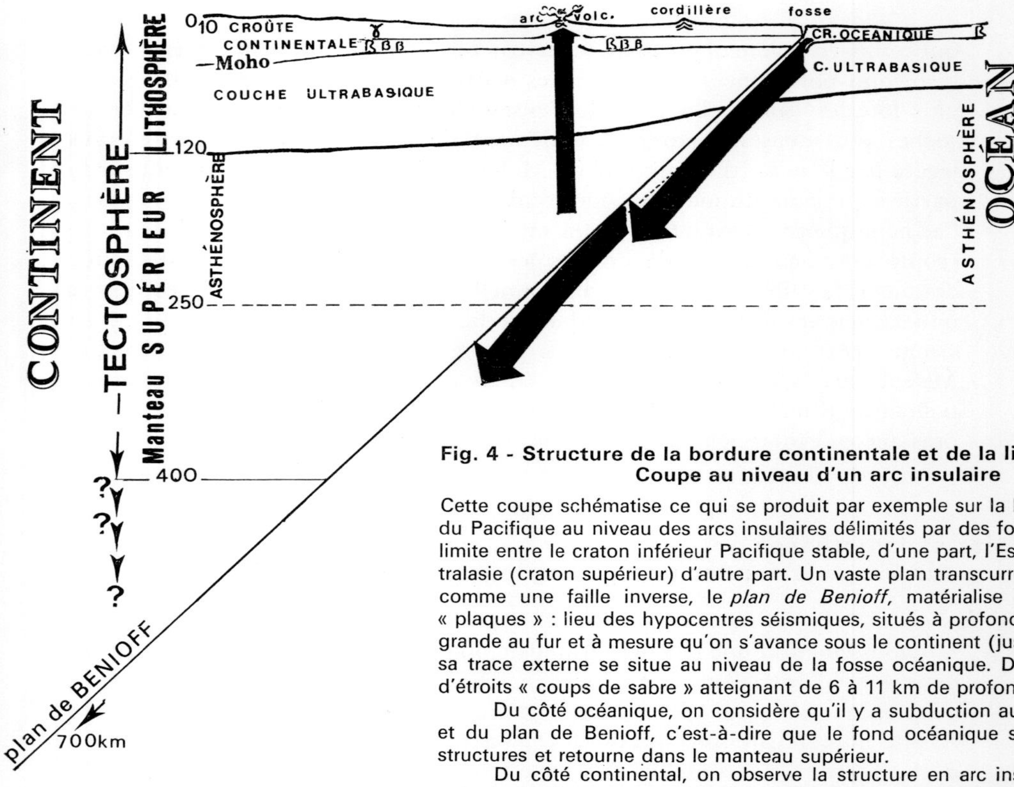

Fig. 4 - Structure de la bordure continentale et de la limite océanique
Coupe au niveau d'un arc insulaire

Cette coupe schématise ce qui se produit par exemple sur la bordure occidentale du Pacifique au niveau des arcs insulaires délimités par des fosses profondes, à la limite entre le craton inférieur Pacifique stable, d'une part, l'Est asiatique et l'Australasie (craton supérieur) d'autre part. Un vaste plan transcurrent, qui se présente comme une faille inverse, le *plan de Benioff,* matérialise la limite des deux « plaques » : lieu des hypocentres séismiques, situés à profondeur de plus en plus grande au fur et à mesure qu'on s'avance sous le continent (jusqu'à 700-800 km), sa trace externe se situe au niveau de la fosse océanique. De telles fosses sont d'étroits « coups de sabre » atteignant de 6 à 11 km de profondeur.

Du côté océanique, on considère qu'il y a subduction au niveau de la fosse et du plan de Benioff, c'est-à-dire que le fond océanique s'enfonce selon ces structures et retourne dans le manteau supérieur.

Du côté continental, on observe la structure en arc insulaire comprenant, entre le continent proprement dit et la fosse, un arc volcanique dont les laves sont du basalte (**ββ**) et de l'andésite **α** (basalte contaminé par la croûte granitique, γ). L'ensemble de tels arcs, complété par les volcans andins, caraïbes et katmaiens (Alaska) constitue une partie de la ligne andésitique. Entre cet arc volcanique et la fosse océanique se place une cordillère, bourrelet plissé et non volcanisé.

L'hypothèse généralement admise d'une subduction au niveau des fosses océaniques suggère que le fond de l'océan Pacifique va s'y perdre, donc que la surface de cet océan diminue. Ceci à l'exception de la zone sud-est dont le fond s'accroît sous le régime d'un rift océanique et même de jonctions triples (Galapagos), qui sont des structures d'expansion. Cette zone complexe est cependant délimitée par rapport au continent sud-américain par des fosses océaniques.

Fig. 5.

Disposition d'un « rift » médio-océanique

Au centre de la figure, la zone du « rift », structure d'expansion, dans laquelle montent les laves basaltiques créant le fond océanique neuf. C, les croûtes continentales, pratiquement symétriques.

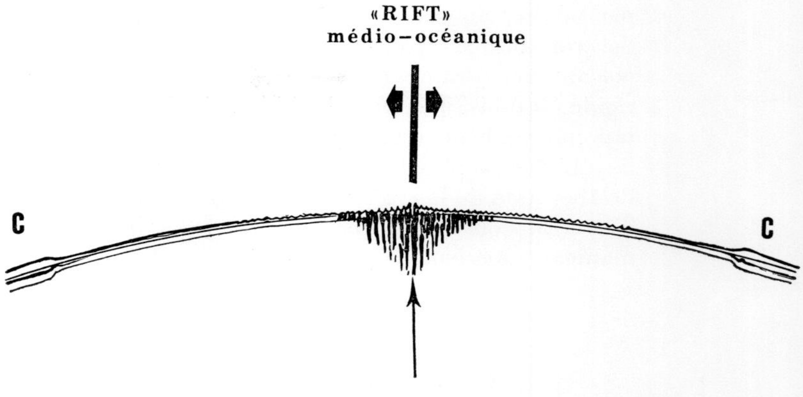

cette surface, mettant en branle le mécanisme de l'érosion et de la sédimentation en même temps que celui de la vie. Cette date pourrait être environ 3,5 milliards d'années car les plus anciens organismes que nous connaissons remontent à 3,4 milliards d'années.

Croûte continentale

Cette croûte, dont la croissance en surface fut pratiquement terminée il y a 1,7 milliard d'années, est soumise essentiellement aux lois de la gravitation. En effet : a / les transformations pétrographiques s'opérant lors du « drame géologique » (p. 31) dépendent pour une bonne part de la profondeur, donc de la pression et de la température; b / l'épeirogenèse, qui justifie l'appellation de « boucliers » pour toutes les grandes étendues continentales (les vieilles plates-formes), est le phénomène qui permet d'observer à ciel ouvert les roches anciennes formées à plusieurs dizaines de kilomètres de profondeur, généralement plissées puis mises à jour par l'érosion au fur et à mesure de la montée des continents. Au moins initialement, les zones situées en bordure des continents correspondent à des « drames » plus récents où les épeirogenèses ont joué un rôle considérable, et l'on remarque souvent que les premières phases orogéniques prennent naissance d'une épeirogenèse du bouclier adjacent, dont les réactions sont répercutées entre autres par les géanticlinaux, échardes anciennes dans l'aire en voie de rénovation.

Or ces boucliers qui continuent de s'élever restent d'une épaisseur supérieure à l'épaisseur moyenne de la croûte et l'on peut penser qu'ils s'accroissent par en dessous, selon le *sialic underplating* (Shackleton, 1969), lente différenciation du manteau supérieur sous-jacent. Les matériaux ainsi obtenus pourraient avoir quelque similitude avec les andésites et les massifs granodioritiques qui se forment au niveau de la zone de « subduction » du pourtour du Pacifique, où la croûte océanique s'enfonce dans le manteau supérieur sous la croûte continentale.

L'étude de tels éléments remontés de la mésosphère (manteau inférieur) sous la forme de « nodules » à travers l'asthénosphère suggère d'intéressantes hypothèses. La mince croûte océanique a permis leur traversée totale par voie volcanique. La croûte continentale aussi : en Afrique du Sud, il y a 1 150, puis entre 130 et 70 millions d'années, les kimberlites auraient traversé 300 km. Mais en devenant de plus en plus épaisse, la croûte continentale s'est transformée en écran infranchissable si bien que les migrants de la mésosphère sont venus se coller immédiatement au-dessous de la lithosphère qu'ils ont accrue régulièrement. Brooks, James et Hart (1976) envisagent ainsi que, sur une croûte de 300 km, les 100 km supérieurs auraient été formés en 2 milliards d'années, les 100 km sous-jacents entre 2 et 1 milliard d'années, le reste en 200 millions d'années.

Croûte océanique

Son évolution se fait de tout autre manière. Peu différente de la surface même du manteau, elle subit un renouvellement au sens tangentiel. Des recherches patientes de géophysique et de géologie marine ont établi que, depuis plus de 100 millions d'années, la surface des fonds océaniques s'est accrue selon des modalités particulières : c'est l'expansion des fonds océaniques *(sea-floor spreading)* (Dietz, 1961; Hess, 1962). Chaque panneau océanique est occupé dans son plan de symétrie par une crête fendue d'un fossé *(rift)* entaillé dans l'épiderme du manteau terrestre, faillé et volcanisé, de part et d'autre duquel, symétriquement, le fond océanique s'accroît par l'émission d'étroites bandes parallèles de basalte, selon un rythme de 1 à 6 cm par an, qui pourrait être celui des courants de convection à l'intérieur du manteau supérieur.

L'épaisseur de la lithosphère océanique au-dessous des crêtes médianes, là où l'asthénosphère s'élève près de la surface, ne dépasse pas 25 km pour une zone correspondant à l'expansion de 5 millions d'années; elle atteint 60 km pour 10 millions d'années mais ne dépasse pas 90 km dans les plus anciens bassins océaniques. Alors que, loin des crêtes, la lithosphère océanique atteint 175 km d'épaisseur (Forsyth, 1977).

Le fond océanique semble être affecté d'un mouvement de tapis roulant qui le ramène dans le manteau au niveau des grandes fosses océaniques et des plans transcurrents de Bénioff (Bénioff, 1954; Olivier et Isacks, 1967; Isacks et Molnar, 1971). Il passe alors sous la croûte continentale (subduction).

La présence des plans de Bénioff, qui s'enfoncent jusqu'à au moins 700 km de profondeur sous les continents, montre que ces derniers, solidaires de la partie supérieure du manteau, ont un comportement mécanique passif dans la dérive.

Géosynclinaux et drames géologiques

Géosynclinaux (Hall, 1869 ; Dana, 1873)

Il est fondamental de savoir ce qui se passe sur les limites de la croûte continentale et de la croûte océanique : ces limites, souvent soulignées par un escarpement, montrent aussi des anomalies magnétiques (négatives vers le continent). C'est ici que se placent les géosynclinaux (nous n'entrerons pas dans l'historique détaillé de cette notion). Les géosynclinaux se présentent comme des fosses longues de plusieurs centaines de kilomètres et larges de plusieurs dizaines, où s'accumulent des roches variées. L'épaisseur des sédiments peut y atteindre 10 km, exceptionnellement le double. Les *miogéosynclinaux* (Stille), ou avant-fosses, sont situés sur la frange des continents (les cratons supérieurs de Stille) au niveau de la flexure continentale (J. Bourcart, 1938, 1958). Ils reçoivent des sédiments détritiques venus de l'érosion continentale et déposés en eaux peu profondes, ainsi que des vases calcaires, et sont soumis à des mouvements verticaux d'enfoncement (subsidence). Les *eugéosynclinaux* (Stille), ou fosses principales, sont situés hors du continent, sur le fond océanique qui peut représenter le bord d'un craton inférieur (Stille). Ils sont le théâtre de manifestations volcaniques mettant en œuvre des roches basiques de la croûte océanique et de la surface du manteau : ophiolites (péridotites et serpentines), spilites et kératophyres (trachytes albitiques riches en sodium et minéraux ferro-magnésiens hydrothermaux tels que chlorite, serpentine, épidote, enfin calcite). Il peut se former aussi des massifs d'anorthosite (Adirondacks et sud-ouest de la Norvège, par exemple). Relativement proches de zones continentales, les eugéosynclinaux reçoivent aussi des sédiments qui en proviennent, mais plus loin et plus profond; ces sédiments revêtent un caractère particulier : ce sont des turbidites et des flyschs ainsi que des dépôts d'organismes pélagiques (radiolarites). La subsidence joue un rôle important.

Entre ces deux types de fosses géosynclinales jumelées existent des bourrelets, hauts-fonds, rides et même des cordillères qui se plissent et montent sous l'effet de poussées tangentielles.

L'existence de géosynclinaux a été mise en évidence d'abord pour le Paléozoïque d'Amérique du Nord (Hall, 1869; Kay, 1951-1952; Dietz, 1969). Des exemples nombreux ont été trouvés aussi dans les boucliers antécambriens qu'ils ont contribué à édifier. De nos jours, ces structures évolutives s'observent sur le pourtour de l'océan Pacifique et en Méditerranée.

Les géosynclinaux sont directement affectés par les poussées tangentielles occasionnées par la dérive des « plaques » (voir p. 33), poussées qui les resserrent en les plissant. De plus, comme la subsidence les fait s'enfoncer profondément, leurs roches sont soumises à de fortes pressions et à des températures élevées (jusqu'à plus de 700 °C). Elles sont alors atteintes par les transformations zonales géochimiques et minéralogiques du métamorphisme régional (métamorphisme orogénique, Dietz, 1969), de la migmatisation et, dans la partie la plus profonde (catazone), de la granitisation (anatexie). Ce métamorphisme peut se produire pendant les phases tectoniques : il est alors syntectonique et coïncide avec des stades de compression (Mallick, 1967), ce qui fait apparaître une foliation. Il peut aussi être plus tardif, post-tectonique, et les paragenèses (associations de minéraux) antérieures sont alors transformées.

Les zones de limite continent-océan (subduction) coïncident avec les géosynclinaux. La mobilisation à leur niveau du matériel provenant de la lithosphère continentale et océanique ainsi que du manteau supérieur produit des concentrations de minerais : la minéralisation en cuivre et manganèse des porphyres dans les arcs d'îles et les cordillères circumpacifiques; les mines de nickel liées à des ophiolites péridotitiques en Nouvelle-Calédonie, îles Salomon, Philippines, Indonésie, Cuba (Burns, 1976).

Drames géologiques (Termier et Termier, 1953, 1956)

Dans l'évolution des géosynclinaux, les phénomènes géologiques se succèdent selon un ordre constant, sans retour au point de départ : il ne s'agit ni de cycle ni de rythme. Cette succession ou *drame* est l'action qui aboutit à la consolidation d'un secteur continental :

1 / *Phase « géosynclinale » :* une phase de distension (dont la cause pourrait être l'existence de deux courants sous-crustaux divergents) a pour résultat l'amincissement de l'écorce terrestre selon les modalités indiquées. Il y a prédominance de la subsidence et formation de deux fosses géosynclinales parallèles.

a / *Stade à ophiolites :* dans l'eugéosynclinal, l'activité vient du fond océanique, donc de la surface du manteau supérieur au niveau des plans de Bénioff, là où les aires continentales chevauchent les océans. Il en résulte des épanchements de basaltes sous la mer : spilites, *pillow-lavas* et parfois péridotites. Des sédiments fins, pélagiques, à l'exclusion des terrigènes, se déposent : il s'agit surtout de radiolarites dont la silice serait empruntée aux matériaux volcaniques.

b / *Stade des cordillères :* entre les deux fosses s'élèvent des rides (cordillères, géanticlinaux) mettant en œuvre des blocs anciens, plus légers que les basaltes. Ces chaînons, soumis aux cycles d'érosion et de sédimentation, alimentent des dépôts abondants et épais, souvent fortement détritiques (appelés flyschs) dans les bassins subsidents.

c / *Stade des arcs d'îles :* les phénomènes précédents s'accentuent, y compris les poussées subductives amenant des lames de croûte océanique en profondeur, ce qui entraîne la production au-dessus d'elles de charriages sous forme d'un relief plus ou moins continu, reposant sur la bordure continentale. Il s'agit d'arcs d'îles, comme il en existe aujourd'hui tout le long des continents sur la bordure occidentale de l'océan Pacifique ainsi qu'en Méditerranée. Ces arcs sont affectés d'un volcanisme riche en vapeur d'eau, donc fortement explosif. Aussi sont-ils couverts de stratovolcans (où les laves alternent avec des couches de cendres) émettant des basaltes tholéitiques, des andésites et des produits pyroclastiques.

2 / *Phase « tectonique »* (phase de compression, tectogenèse) : il y a inversion des reliefs avec dévagination du géosynclinal et surrection d'une chaîne de montagnes. Cette phase comprend généralement plusieurs stades de plissement, séparés par des périodes de repos. Le premier produit souvent de grands plis couchés pouvant s'empiler. Les suivants aboutissent à des charriages.

Pendant ce temps se mettent en place des plutons (granite, granodiorite), les uns syntectoniques (déformés et foliés), d'autres post-tectoniques (coupant les plis), par exemple des granites à microcline en massifs circonscrits. L'érosion des reliefs produit des molasses et des arkoses. La diminution de la profondeur aboutit à des évaporites.

3 / *Phase de repos orogénique et de réajustement isostatique :* la racine sialique a pu descendre profondément dans le manteau supérieur, dont la densité est

plus forte que la sienne. Elle tendra donc à remonter. D'où la formation de horsts et de fossés. L'érosion des reliefs aboutit à une pénéplanation. Les fractures permettent l'émission de basaltes de plateaux.

La théorie des plaques

La théorie des plaques (McKenzie et Parker, 1967; Morgan, 1968; Vine et Hess, 1971) a obtenu le consensus de la majorité des géophysiciens et des géologues. Fondée sur l'étude des événements géologiques postpaléozoïques, cette théorie considère, sur une Terre à volume constant, les océans comme apparus postérieurement à 200 millions d'années et divise la lithosphère en six plaques limitées au niveau des *rifts*. Chaque plaque comporte des parties de croûte continentale et des parties de croûte océanique. Une seule fait exception, la plaque Pacifique, qui est entièrement océanique. A cette exception est attribué le comportement exceptionnel du pourtour du grand océan. Chaque plaque peut s'accroître en surface par l'expansion de son fond océanique; les continents sont passifs et peuvent se fragmenter en sous-plaques ou microplaques; finalement, une plaque dispose d'une certaine souplesse (on considère qu'elle est rigide pour des contraintes inférieures à 1 kilobar). Mais, sous l'action de courants de convection (dont le domaine dans le manteau n'est pas encore défini avec précision), les plaques se déplacent, s'écartant, se rapprochant, entrant en *collision*, la croûte océanique de l'une passant sous celle de l'autre (subduction) ou au-dessus d'elle (obduction).

La *subduction* n'existerait que sur le pourtour du Pacifique (principalement dans l'Ouest) et dans les aires de type téthysien (chaîne alpine). On ne l'observe pas en bordure de l'Atlantique, bordure dépourvue de volcanisme et de séismicité, ce qui est attribué au fait que les zones océaniques font ici partie des mêmes plaques que les continents auxquels elles attiennent.

La « théorie des plaques » reconnaît des mouvements d'expansion de la lithosphère (essentiellement sa partie profonde, la surface du manteau) au niveau des *rifts* qui sont par essence des structures expansionnelles. Le taux d'expansion annuel pendant l'ère tertiaire atteint 17 cm dans le sens est-ouest et de 0 à 7 cm dans le sens nord-sud, ce qui amènerait un accroissement du rayon terrestre de 300 km (Le Pichon, 1973) en moins de 70 millions d'années. Les subductions seraient antagonistes de l'expansion : 1 / les fosses océaniques profondes, correspondant aux failles transcurrentes (plans de Bénioff), essentiellement situées dans le nord et l'ouest de l'océan Pacifique, sont plus rares au sud-est; un taux annuel de 10 cm dans le sens est-ouest de la lithosphère océanique y retournerait dans les profondeurs du manteau; 2 / l'affrontement sud-nord qui a abouti aux chaînes alpines et himalayennes est de type contractionnel : on a pensé que la lithosphère continentale y a été parfois doublée (sous-charriages). En fait, seules les bordures crustales amincies aboutissent à quelques recouvrements. La perte de surface atteindrait un taux annuel de 2 cm dans la zone alpine et de 5 cm dans la zone himalayenne (Le Pichon, 1973), ce qui paraît très exagéré.

La « théorie des plaques » éprouve des difficultés : 1 / à compenser exactement l'expansion par la contraction; 2 / à définir le nombre des plaques fondamentales. Enfin, n'ayant pu être appliquée aux périodes antétriasiques, elle aboutit à de grandes incertitudes et à la mise en veilleuse des travaux de recherche sur la géologie de l'ère primaire.

Les postulats (non démontrés) impliqués par les modèles de la théorie des plaques sont les suivants :

1 / le volume de la Terre est constant;
2 / la lithosphère terrestre est divisée en plaques (6 pour Le Pichon, 12 pour McKenzie, Morgan, etc.) délimitées par des *rifts* (zones d'accrétion), des zones de subduction ou des failles transformantes;
3 / ces plaques sont mobiles les unes par rapport aux autres;
4 / le moteur des mouvements des plaques serait fourni par des courants de convection situés dans le manteau au-dessous de 400 km (Jordan) mais *au-dessus de 700 km* (Mac Kenzie);
5 / la surface des plaques augmente de part et d'autre des *rifts* sous forme d'accrétions de fond océanique;
6 / la superficie terrestre demeure cependant constante grâce à la subduction.

De nombreux auteurs suivent Ringwood (1975) selon qui la formation de nouvelles plaques océaniques ne peut se produire que si les plaques lithosphériques s'enfoncent dans l'asthénosphère le long de zones de subduction. Ce phénomène serait déclenché à la limite entre croûtes océanique et continentale par la transformation, sous de très hautes pressions et en l'absence d'eau, du gabbro basaltique (labrador + diopside + olivine) de la croûte océanique en éclogite, roche métamorphique composée de pyroxène omphazite (48,5 %), de grenat pyrope (50,5 %) et de quartz. Durant la majeure partie des Temps Antécambriens, les gradients géothermiques des deux types de lithosphère étaient bien plus élevés qu'aujourd'hui. Admettant que la température de base de la lithosphère s'est abaissée régulièrement entre 2,3 et 1 milliard d'années, la croûte solide ne s'est trouvée épaissie que peu à peu par la consolidation des roches fondues. C'est seulement entre 1 000 et 800 millions d'années que, les conditions de stabilité de l'éclogite ayant été réalisées, la tectonique des plaques aurait été possible : la lithosphère océanique étant gravitationnellement instable, l'enfoncement de l'éclogite, dû à sa forte densité ($d = 3{,}5$), repousserait vers le bas la croûte océanique de gabbro ($d = 3$) dans l'asthénosphère, mettant ainsi en route la subduction en des zones qui sont encore aujourd'hui à l'origine de 50 % des pertes calorifiques de la Terre (Sclater et Francheteau, 1970).

Ainsi jusqu'à cette date de 1 000 à 800 millions d'années, c'est-à-dire à l'orée des Temps Fossilifères, n'aurait existé aucune tectonique de plaques : ni subduction, ni formation de fonds océaniques par accrétion. Les rifts antécambriens n'ont pas évolué en océans mais tout au plus en fossés étroits ou en boutonnières. Il faut en conclure que les chaînes antécambriennes ne sont pas le fait de collisions. Le volcanisme était alors réparti sans lignes directrices d'ordre planétaire.

Bien que l'on considère généralement que la théorie des plaques et celle de l'expansion terrestre sont antagonistes, des arguments valables existent dans les deux. Aussi nous semble-t-il qu'une voie moyenne pourrait s'approcher davantage de la réalité. Au cours de l'exposé historique qui va suivre, nous nous efforcerons de le montrer.

L'expansion terrestre

Au cours de son histoire, qui a duré 4,5 milliards d'années, notre globe a-t-il conservé le même diamètre ou celui-ci s'est-il modifié ?

La croûte continentale représente, de nos jours, une surface d'un peu plus de 201 millions de kilomètres carrés, surface comprenant celle des terres émergées (149 millions de kilomètres carrés) et celle des plateaux continentaux. Si l'on tient compte des reconstitutions fondées sur la direction des plis dans les zones datées comme les plus anciennes des boucliers par B. Choubert (1935) et surtout par Dearnley (1965), cette croûte aurait couvert à un moment donné toute la surface du globe terrestre, en continuité : c'est la Pangée. S'il en est ainsi, ce moment aurait coïncidé avec une planète plus petite que la Terre actuelle, son rayon étant alors de 3 635 km (contre 6 570 km aujourd'hui). On peut envisager que la Terre a subi une expansion depuis cette époque; l'idée en a été proposée par de nombreux auteurs : Carey, Hilgenberg, T. Wilson, Egyed, Dearnley. Egyed, s'appuyant sur des données physiques et paléogéographiques, a calculé un taux d'expansion faible de 0,5 mm par an. En corollaire de l'hypothèse de Dirac (dite hypothèse des grands nombres) selon laquelle la matière ne cesserait d'augmenter en volume et la constante gravitationnelle G de varier avec le temps. La Terre, dans laquelle la masse et les distances atomiques seraient constantes tandis que G varierait, serait en expansion et s'éloignerait du Soleil. Les théories mobilistes de l'évolution de la surface terrestre ne devraient pas être opposées à une telle hypothèse. Cependant, l'expansion de la Terre reste non vérifiable dans l'état présent de la science et, pour cette raison, les géophysiciens dans leur majorité n'ont pas pris parti, ses causes (qui pourraient être recherchées dans l'état de la matière à très haute pression) n'étant pas établies clairement.

Cependant, le « fixisme » exigé par la théorie des plaques pour le volume terrestre et le nombre des plaques s'oppose à l'expansion. En face du caractère expansionnel de l'ouverture des fonds océaniques, les contractions alléguées ne semblent pas compenser l'expansion. Dans le cas le plus favorable reste une expansion lithosphérique annuelle est-ouest de 7 cm et sud-nord de 2 cm. Ce taux, dont la faiblesse indique peut-être un freinage d'expansion, justifie d'admettre que si celle-ci, même variable, a joué durant des centaines et des milliers de millions d'années, son rôle fut considérable, surtout pendant les temps antécambriens et paléozoïques. D'ailleurs l'omnipotence de la subduction, n'a pas été prouvée : Carey (1976) la compare à un mythe. Mais surtout nous venons de voir qu'on ne peut faire appel à elle avant 1 000-800 millions d'années.

L'argument paléogéographique qui frappa Egyed est que les cartes de paléogéographie mondiale donnant la distribution des terres et des mers depuis le début du Cambrien inférieur, publiées en 1952 respectivement par Strakhov et H. et G. Termier, montrent que le pourcentage d'aires continentales couvertes par la mer pendant la succession des Temps géologiques va en diminuant plus ou moins régulièrement. Or, non seulement le volume des eaux océaniques n'a pas diminué mais il a augmenté. Les lois de l'isostasie permettent d'expliquer que l'épaississement de la croûte continentale a pour contrepartie l'enfoncement des fonds océaniques (275 à 500 m depuis 500 millions d'années selon les évaluations), dans lequel se logerait le volume croissant des eaux océaniques. La majorité des géophysiciens, s'ils acceptent la possibilité d'une expansion terrestre pendant les temps antécambriens, demeurent sceptiques pour le dernier milliard d'années devant l'impossibilité de mesurer une si faible expansion. Cependant l'expansion pourrait être l'une des causes de la dislocation de la Pangée, puis de la fragmentation des supercontinents Laurasie et Gondwanie (voir p. 83-90) par l'intermédiaire de l'ouverture des aires océaniques.

L'opposition entre les deux types d'évolution crustale est aussi à considérer en tenant compte des calculs montrant que la surface d'une Terre initiale sans océans serait égale à la somme des surfaces continentales actuellement dénombrées : toute la surface océanique aurait donc été acquise ultérieurement, ce qui, curieusement, est aussi allégué par les tenants de la « théorie des plaques ».

Un *argument astronomique* est fourni par le ralentissement calculé de la rotation de la Terre sur elle-même, reconstitué pour diverses périodes géologiques en utilisant la croissance du test de certains Invertébrés, en particulier les stries d'accroissement marquant les thèques des Polypiers (Wells, Scrutton). Cette méthode permet de voir qu'au Dévonien moyen, par exemple, l'année comptait environ 400 jours. Un tel ralentissement a toutes les chances de correspondre à un déplacement de masses depuis le centre vers la périphérie du globe, ce qui est en faveur de l'expansion.

Les mouvements crustaux océaniques et continentaux exercent des poussées tangentielles sur les zones orogéniques bordières des continents, déclenchant des nappes de charriage dirigées soit vers les continents (avant-pays), soit vers les océans.

Les causes de l'expansion invoquées par les tenants de cette conception pourraient être une diminution croissante de la constante gravitationnelle (Dirac, 1937; Carey, 1975) pour une masse invariante ou l'apport permanent de matière météoritique depuis 4,5 milliards d'années, qui aurait eu pour résultat la formation et l'accroissement du noyau terrestre (hypothèse de

Runcorn qui, d'ailleurs, n'accepte pas pour autant l'expansion terrestre) et l'augmentation de la masse de la Terre. Enfin des considérations thermiques expliqueraient un allongement du rayon de quelques centaines de kilomètres depuis 3,5 milliards d'années (Ranalli, 1971).

En l'absence de preuves géophysiques concluantes, les arguments topologiques semblent convaincants. Nous avons signalé (Termier et Termier, 1967) qu'il s'avère irréalisable d'imaginer les relations entre l'Asie et l'Australie avant l'ère secondaire si le diamètre terrestre est resté constant. R. Meservey (1969), partant de la géographie actuelle et remontant les temps géologiques jusqu'à il y a 150 millions d'années (Jurassique), fait remarquer qu'il est impossible de retrouver le groupement ancien des continents tel que les théories de la dérive permettent de le reconstituer, en conservant des liaisons fixes entre eux (Béring, Panama, Arc Scotia, Australie, Antarctide, Sonde) si la Terre n'avait pas alors un diamètre nettement plus faible. Le même auteur, en 1971, montre que l'adaptation des bordures continentales, nécessaire à la reconstitution des blocs anciens, exige d'envisager des modifications angulaires au niveau des zones de *rifts* qui sont des structures d'expansion, par exemple ceux du golfe de Guinée et de la mer Rouge.

Nous sommes frappés d'ailleurs par un fait directement issu des reconstitutions paléogéographiques. La plupart des auteurs ne tenant pas compte d'une expansion du globe terrestre, leurs reconstitutions sont adaptées pour toutes les époques du passé à une Terre qui aurait eu le même rayon qu'aujourd'hui. Relativement à ces reconstructions, comme l'a noté Meservey, des impératifs sont associés aux liaisons qui ont existé d'une façon « permanente » entre les continents. Ainsi la liaison de Béring entre l'Alaska (Amérique du Nord) et la Sibérie orientale est une liaison encore valable et très ancienne puisque la séparation initiale entre l'Amérique du Nord et l'Asie était située à l'ouest, au niveau du Verkhoiansk. De même, il a toujours existé une connexion entre l'Europe occidentale et l'Afrique du Nord au niveau de Gibraltar, bien que certains décrochements aient pu modifier de quelques dizaines de kilomètres la position exacte de cette liaison. De même encore, une juxtaposition permanente existe entre la zone de la Sonde et l'Australasie (Australie + Nouvelle-Guinée), si l'on en juge par la distribution des faunes : les zones cambriennes de Trilobites quasiment identiques entre l'Australie et la Scandinavie (Öpik, 1956), les Goniatites dévoniennes qui passent dans l'Ouest de l'Australie par la voie asiatique. Or si l'on reconstitue la face du monde au Paléozoïque supérieur, c'est-à-dire au temps d'une Gondwanie compacte et d'une Laurasie peu fissurée, physionomie qui a duré au moins tout le Paléozoïque et une partie de l'ère secondaire, on voit apparaître (si l'on suppose que le rayon terrestre était constant) un grand bâillement entre les deux supercontinents, une sorte de golfe, la Téthys, dont le maximum de largeur se situe au niveau de son raccord avec le Pacifique. Un tel dispositif a pour conséquence un vaste écartement entre la Sonde (sud-est de la Laurasie) et l'Australie (Gondwanie orientale). Il y a donc contradiction avec les faits géologiques observés. Mais cette contradiction n'existe plus si l'on admet qu'au temps de la Gondwanie compacte, le rayon terrestre était plus petit. Le rapprochement permanent entre les extrémités orientales des deux super-continents se serait maintenu lors de la dislocation de la Gondwanie au fur et à mesure que croissait le rayon terrestre.

Les progrès de nos connaissances dans les vingt dernières années ont suggéré d'abandonner la construction des cartes paléogéographiques reprenant exactement les contours actuels de chacun des pays envisagés (c'est-à-dire la configuration à laquelle nous sommes habitués) car il s'agit de réaliser des assemblages correspondant à la répartition de la croûte continentale à chaque époque. C'est le cas, par exemple, pour ceux de Smith, Briden et Drewry (1973) sur lesquels sont proposées des positions relatives successives pour les plaques continentales depuis le Cambrien. Une discussion, par Owen, de la partie mésozoïque et tertiaire de cet essai a été publiée à la suite de ces cartes. Ajoutons qu'en ce qui concerne le Paléozoïque inférieur et le Dévonien « inférieur » (environ 380 millions d'années), les connexions envisagées entre la zone appalachienne plus l'Europe occidentale d'une part, et l'Afrique d'autre part, sont en opposition avec les données paléontologiques, lesquelles indiquent des relations étroites entre les trois bordures continentales immergées, qui semblent, autour du continent des Vieux Grès Rouges, avoir été proches de leur position dans la Pangée. La même réflexion vaut pour le Cambrien et l'Ordovicien. Owen propose donc que, même en l'absence de preuves géophysiques, les reconstitutions paléogéographiques soient fondées sur une Terre en expansion. Cependant les géophysiciens s'inquiètent d'un processus d'expansion terrestre qui modifierait forcément la constante gravitationnelle (G) ainsi que la composition et la température de notre planète.

Une conséquence d'une expansion modérée du globe est que la Téthys ne fut jamais un golfe du Pacifique mais une structure indépendante communiquant avec le Pacifique par des chenaux étroits dont l'un pourrait avoir passé au niveau du raccord Sonde-Australie, au nord de la Nouvelle-Guinée, un autre au nord du continent indonésien, sur le sud de la Chine (fig. 18, p. 97).

D'autres arguments, d'ordre climatique, paraissent aussi importants. A l'heure actuelle, toutes les terres émergées réunies occupent une surface correspondant à 29,2 % de la surface terrestre. Dans l'hypothèse d'un diamètre fixe, le reste de la surface (70,8 %) aurait été l'océan primordial (l'Eopacifique), totalisant non seulement la surface actuelle du Pacifique mais aussi celle de l'Atlantique, de l'océan Indien et de l'océan Arctique. Cette immense surface couverte par les océans aurait englobé toute la région équatoriale et une bonne partie des zones tropicales : en effet, pendant tout le Paléozoïque inférieur, l'un des pôles fut situé en Afrique, c'est-à-dire pratiquement au centre de la Pangée. Dans de telles conditions, lors d'une glaciation importante comme celle de l'Ordovicien supérieur, aucune trace de climat intertropical n'aurait dû toucher les continents. Or, en fait, on observe à cette époque une zone corallienne prenant en écharpe la Pangée. A une autre époque glaciaire, celle du Carbonifère supérieur, les continents restant unis et le pôle Sud étant situé en Afrique-Antarctide, l'équateur traverse largement les continents et les diverses zones climatiques sont décalées de part et d'autre de lui. Ceci apporte une large présomption pour que les continents dont la surface n'a pratiquement pas varié aient représenté au Paléozoïque plus du tiers de la surface terrestre, ce qui est un argument de poids en faveur de l'expansion.

Nous avons été amenés (Termier et Termier, 1956, 1961) à mettre en évidence l'existence d'épeirogenèses, c'est-à-dire de soulèvements continentaux de portée mondiale, échelonnés dans les temps géologiques. Ces mouvements amènent la croûte continentale à de grandes altitudes et la livrent à l'érosion : on leur doit l'évolution des *boucliers*, dont d'excellents exemples sont connus dans tous les continents sous la forme de surfaces d'aplanissement dont les plus anciennes sont devenues les plus élevées. Nous avons remarqué (Termier et Termier, 1964) que c'est à partir de ces boucliers en cours de soulèvements que les mouvements orogéniques affectent les futures chaînes de montagnes. Ces mouvements, apparentés au diapirisme, font appel à la gravité terrestre (Ramberg, Carey, 1970) et peuvent rendre compte non seulement de tous les phénomènes invoqués par la théorie des plaques mais aussi de la géologie prétriasique.

Comme le suggère B. Ciric (1974), l'expansion pourrait être la cause principale de la tectogenèse.

On ne peut qu'être frappé par la permanence de certaines zones de mobilité, marquées par des *rifts* où des venues de roches volcaniques et des « points chauds » indiquent l'influence constante de « panaches » issus du manteau supérieur (voir p. 80). Certains de ces linéaments durent au moins depuis l'époque du Grenville, d'autres paraissent plus récents. Leurs rejeux permettent en tout cas d'envisager, même dans la croûte continentale indurée, des mouvements qui peuvent avoir été induits par l'expansion terrestre.

La logique de l'image nous a poussés à utiliser dès 1967-1968 l'hypothèse de l'expansion terrestre dans nos reconstitutions paléogéographiques. Nous suivrons ici la courbe d'accroissement calculée par Egyed (1957) parce qu'elle est la plus vraisemblable et, encore une fois, parce qu'il est difficile d'imaginer que le diamètre de la Terre primitive, peut-être sans noyau ou presque, ait été aussi grand qu'aujourd'hui. Mais répétons que, même dans ce cas de figure, on ne peut savoir si une telle expansion continue encore de nos jours.

Enfin, les reconstitutions présentées dans cet ouvrage, réalisées sur des cartes tenant compte d'une expansion continue du diamètre terrestre, suivant le faible taux annuel de 0,5 mm envisagé par Egyed, rendent compte sans tricherie de l'évolution climatique du globe. Elles restent donc valables en toute hypothèse.

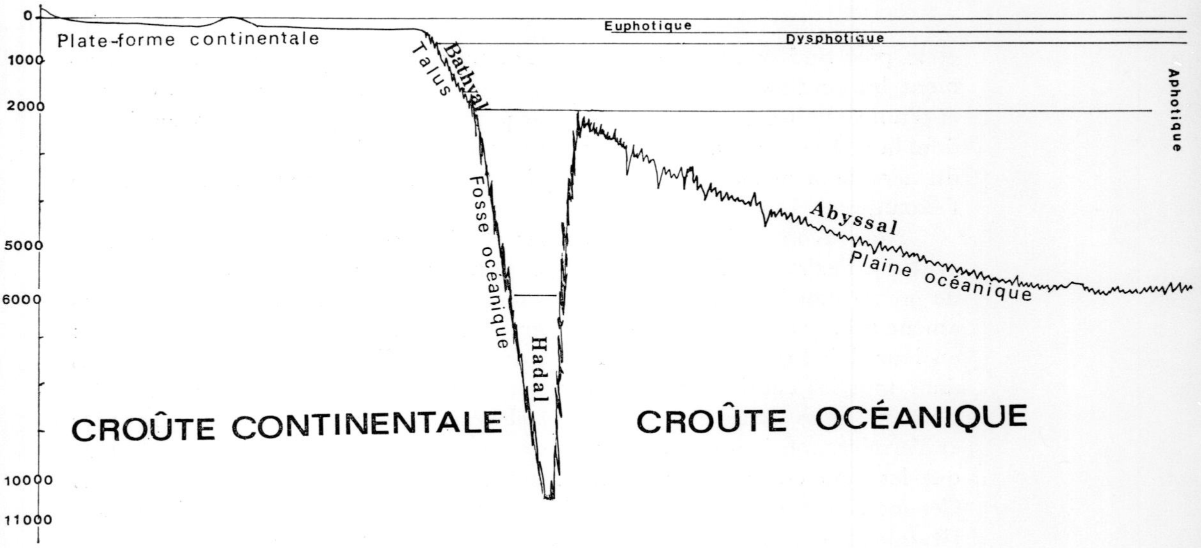

Fig. 6 - Zones de peuplement dans les mers et les océans actuels

Le peuplement marin dépend pour une grande part de la profondeur. Le domaine continental comprend la plate-forme continentale (zone littorale ou néritique), en pente douce jusqu'à 200 m environ, et le talus continental, en pente raide jusqu'à 2000 m (zone bathyale). Le peuplement du fond marin (ou benthos) de ces grands espaces constitue la majeure partie de la biosphère marine.

La plate-forme continentale

La limite de la plate-forme continentale coïncide avec celle de la pénétration de la plupart des rayons lumineux nécessaires à la photosynthèse (zone euphotique) : les plantes vertes (Algues et Naiadales) vivantes y sont donc confinées, y compris les Xanthelles symbiotes, d'où la limitation des récifs coralliens à cette zone. En outre, la température, la salinité, la pollution, la composition du substratum, l'énergie due aux mouvements des marées et des vagues, l'oxygénation, y sont très variables. La plate-forme continentale n'occupe que 8 % de la surface des mers mais 99 % des espèces benthoniques y demeurent ; souvent fixées, parfois enfouies, elles supportent les fluctuations du milieu.

La zone bathyale

La zone bathyale (5 % de la surface des mers) reçoit jusqu'à 500 m un éclairement crépusculaire (zone dysphotique) et a une température comprise entre 10 °C et 4 °C. Les conditions générales sont assez stables. Les mouvements des eaux sont lents, la teneur en oxygène diminue. Il y a une certaine abondance d'éléments nutrients (phosphates par exemple). Beaucoup de Poissons y habitent. La plus grande partie du benthos est enfouie (endofaune). On y trouve des Invertébrés fixés : Octocoralliaires, Ascidies, Pogonophores, Crinoïdes surtout ; les Hexactinellides y sont pratiquement cantonnés. Le peuplement de la zone bathyale actuelle correspond souvent à des groupes qui, pendant les temps géologiques, vivaient dans la zone littorale : tout se passe comme s'il s'agissait d'un *archéobenthos* composé de relictes émigrés des fonds plus hauts et qui ont survécu grâce à la stabilité des conditions physiques.

Les plaines océaniques

Les plaines océaniques, entre 2000 et 6000 m (moyenne 4000 m) de profondeur, sont dépourvues d'éclairement (zone aphotique). Couvertes par 75 % de la surface des mers, elles reçoivent des sédiments pélagiques et spatiaux (météoriques). Le benthos est surtout fouisseur et comprend des Invertébrés de type particulier, récent mais aussi comportant Pogonophores, Crinoïdes, Monoplacophores, Taxodontes, Solénogastres, Polyplacophores (Chitons), Pycnogonides, Cumacés, Eryonides.

Les fosses océaniques

Enfin, les fosses océaniques, lorsqu'elles sont présentes, se trouvent entre les deux domaines, continental et océanique, mais atteignent une profondeur maximale de 11 000 m. Elles couvrent à peine plus de 1 % de la surface des mers et sont certainement d'origine récente. Les fosses actuelles ne sont pas antérieures au Crétacé supérieur. Leur benthos (étage hadal), endémique, est proche du benthos abyssal. Les faunes abyssales et hadales constituent un « *néobenthos* » offrant de nombreux exemples d'adaptation à une forte pression dans un milieu extrêmement stable, à température inférieure ou égale à 4 °C. On n'en connaît pas de représentant fossile. Aussi la question de l'existence de mers profondes dans les temps pré-crétacés se pose-t-elle.

La zone euphotique a toujours été privilégiée par la présence d'une végétation abondante fournissant de la nourriture et des symbiotes. Les profondeurs océaniques ne peuvent avoir été peuplées de végétaux, ce qui exclut un ensemencement au cours des temps antécambriens. La zone bathyale est habitée surtout à partir de la zone littorale et sert de refuge. Jusqu'à un certain point, les Pogonophores, Monoplacophores, Hexactinellides et Crinoïdes abyssaux ou hadaux ont la même origine ancienne. Toutefois, dans les sédiments déposés tant que la croûte continentale est demeurée groupée en une Pangée, on n'a guère de chance de retrouver les traces d'une faune abyssale sur le domaine de cette Pangée. Les sédiments des plaines océaniques n'ont fourni que des fossiles surtout pélagiques et peu anciens. S'il y a eu des subductions régulières, il est probable qu'une partie des archives océaniques ont été détruites de cette manière, tout comme celles des continents le sont par le métamorphisme. On peut aussi penser que les grandes profondeurs océaniques sont d'origine récente.

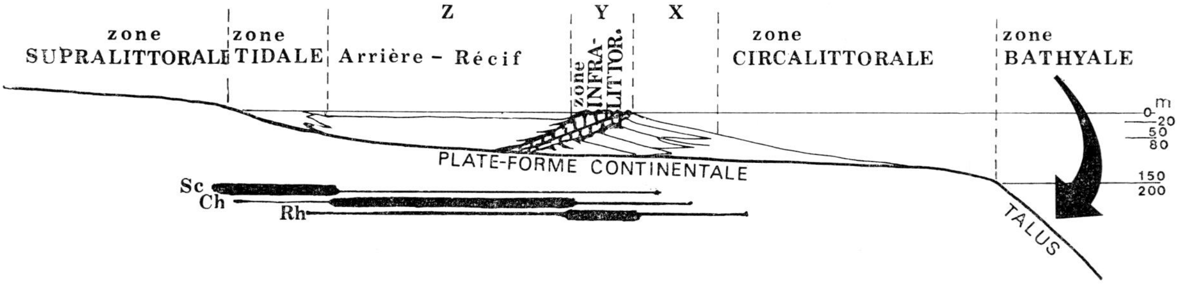

Fig. 7 - Le « modèle » littoral

Les zones de la plate-forme continentale sont d'ordre essentiellement bathymétrique. Cependant la présence d'une barrière construite au niveau de la zone infralittorale accentue certaines particularités. Cette barrière compte des biohermes, constructions dues à des organismes (Algues, Coraux, etc.) : sous les climats chauds, c'est la zone des récifs coralliens. Le choc des vagues y est maximal (zone de haute énergie, Y). En arrière de la barrière, c'est l'arrière-récif (back-reef) où l'eau est peu profonde et calme (zone de basse énergie, Z) mais aussi lagunaire ou sub-lagunaire, à salinité et température variables. A sa frontière avec la zone émergée supralittorale, qui ne reçoit que les embruns, se place la zone tidale (de balancement des marées), platier situé entre la limite des grandes marées de morte-eau et celle des grandes marées de vive-eau. Vers le large, au-delà de la barrière, se trouve une zone de mer ouverte, calme (zone circalittorale de basse énergie), se raccordant en deçà de la barrière, avec l'avant-récif (fore-reef : X).

Le principal substrat biologique est fourni par des végétaux, surtout des Algues dont la catégorie dominante varie avec la zone : Sc = Schizophycophytes (Algues bleues), Ch = Chlorophycophytes (Algues vertes) auxquelles s'ajoute l'herbier de Naiadales, Rh = Rhodophycophytes (Algues rouges). Les organismes constructeurs ont un port différent selon leur position. Les zones Y et Z présentent des Cnidaires et des Spongiaires hypercalcifiés. Dans la zone Z dominent les formes rameuses, tandis que dans la zone Y, ce sont les types massifs, en boule, qui l'emportent. La zone X reçoit un plankton qui est plus rare dans la zone Z. Enfin, vers le large, l'augmentation de la profondeur exclut la plupart des Algues et l'on voit apparaître des polypiers sans symbiotes (ahermatypiques) et divers types de Spongiaires, parmi lesquels les Hexactinellides surtout bathyaux.

Zones de peuplement dans les mers et les océans actuels. *Fig. 6*
Le modèle littoral. *Fig. 7*

Installée sur la bordure continentale, la zone littorale (y compris la zone tidale = zone de balancement des marées) a vu se développer la biosphère. On lui devra de très grands ensembles où s'est poursuivie l'évolution des végétaux et des animaux marins, bien avant la conquête des terres émergées. En ce qui concerne les eaux claires, il semble que l'on puisse partir d'un schéma de base défini par les conditions extérieures : les relations terres-mers, l'action des marées et des tempêtes. Ce schéma se compose des divisions suivantes à partir des terres émergées (notation d'Irwin, 1965) : une zone (*z*) d'énergie faible (eau calme de lagune) ; une zone (*y*) d'énergie maximale (le choc des vagues, flux, reflux) ; une zone (*x*) d'énergie faible (eau calme de bassin) ouverte sur la mer.

Ce schéma est valable sous toutes les latitudes et à toutes les époques. Son peuplement a varié.

1 / Pendant les temps antécambriens, il fut exclusivement composé de Schizophytes dont les structures concrétionnées constituent les Stromatolites, de morphogenèse différente dans chacune des trois zones (*z*, *y*, *x*) (voir Truswell et Eriksson, 1973) : forme aplatie ou en obus dans la zone *z*, plutôt massive dans la zone *y*, columnaire dans la zone *x*.

Le concrétionnement calcaire dû aux Stromatolites au cours des temps géologiques mérite le nom de « récif » dans son sens écologique le plus général. Exclusivement algaire, il est lié à l'éclairement solaire. De nos jours, de telles concrétions se rencontrent préférentiellement dans les zones les plus hautes du modèle littoral : la zone *z* et la zone *y* et seulement dans le haut de la zone *x*. La zone *z* comprend une partie lagunaire et l'estran intertidal qui découvre à marée basse, et n'en demeure pas moins, sous les climats favorables, couvert de mattes à Cyanoschizophytes. Sous cette forme très simple on peut considérer que l'on est devant une barrière récifale (zone *y*) et un arrière-récif *(back-reef)* (zone *z*). Déjà avec les seules formations stromatolitiques existaient des barrières récifales dont la croissance très rapide détruisait les liaisons de connexions stratigraphiques avec leur entourage. Ces « lentilles » récifales ou biohermes incluses dans les sédiments anciens résultent d'un phénomène tectonique, la subsidence, qui fait s'enfoncer le socle selon un taux compensé par l'accroissement de matériel construit. Le phénomène récifal au cours des temps fossilifères sera très fréquemment lié à la subsidence : la zone « *y* » est en effet généralement située sur la limite entre le domaine continental, qui tend à s'élever, de l'arrière-récif, et le domaine océanique, qui tend à s'enfoncer, du bassin de mer ouverte. La subsidence y est intermittente du fait de sa position intermédiaire.

2 / A partir du début des temps fossilifères, on peut situer dans le modèle littoral les autres êtres vivants minéralisables (voir p. 137).

Bibliographie

AVIAS J. V., 1977 – Facts and arguments about Permo-Triassic opening of a Neo-Pacific Ocean in an Earth Expansion Hypothesis. *Int. Symp. Geodyn. S.-W. Pacific*, Nouméa, 1976, p. 381-385.

BAER A. J., 1977 – Speculations on the evolution of the Lithosphere. *Prec. Res.*, *5*, p. 249-260.

BÉNIOFF H., 1954 – Orogenesis and deep crustal structure—additional evidence from seismology. *Bull. Geol. Soc. Amer.*, *65*, p. 385-400.

BOURCART J., 1958 – Problèmes de géologie sous-marine. Le précontinent. *Ev. des Sc.*, Paris, Masson.

BROOKS C., JAMES D. E. et HART S. R., 1976 – Ancient Lithosphere : its role in Young continental volcanism. *Science*, *193*, p. 1086-1094.

BURNS R. G., 1976 – Metallogenesis of transition elements at convergent plate margins in the Southwest Pacific. *U.N. Ec. Soc. Com. Asia and Pacific, Suva*, p. 14-20.

CAREY S. W., 1958 – *The tectonic approach to continental drift. Symp. Contin. drift Hobart*, p. 177-355.

CAREY S. W., 1962 – Folding. *Journ. Alberta Soc. Petrol. Geol.*, p. 95-144.

CAREY S. W., 1970 – Australia, New Guinea and Melanesia in the current revolution in concepts of the evolution of the Earth. *Search*, *1* (5), p. 178-189.

CAREY S. W., 1976 – *The Expanding Earth*. Elsevier, 470 p.

CHANDRASEKHAR S., 1961 – *Hydrodynamic and hydromagnetic stability*. Oxford, Clarendon Press.

CHOUBERT B., 1935 – Recherche sur la genèse des chaînes paléozoïques et antécambriennes. *Rev. Géogr. Phys. et Géol. Dyn.*, VIII, 1.

CIRIC B., 1974 – L'expansion de la Terre. Cause principale de la tectogenèse. *Metallogeny and concepts of the geotectonic development of Yugoslavia*, Fac. Min. and Geol., Belgrade Univ., Dpt Econ. Geol., p. 341-391.

COX K. G., 1978 – Kimberlite Pipes. *Scient. Amer.*, *238* (4), p. 120-132.

CROWELL J. C., 1962 – Displacement along the San Adreas fault, California. *Geol. Soc. Am., Sp. Pap.*, *71*, p. 1-61.

DANA J., 1873 – On some results of the Earth contraction from cooling, including a discussion of the origin of mountains and the nature of the Earth's interior. *Am. Journ. Sci.*, *5*, p. 423-443.

DEARNLEY R., 1965 – Orogenic fold-belts, convection and expansion of the Earth, *Nature*, *206*, p. 1284-1290.

DIETZ R. S., 1961 – Continent and ocean basin evolution by spreading of the sea-floor. *Nature*, *190*, p. 854-857.

DIETZ R. S., 1963 – Collapsing continental rises : an actualistic concept of geosynclines and Mountain building. *Journ. Geol.*, *71* (5), p. 304-333.

DIRAC P. A., 1938 – A new basis for cosmology. *Proc. R. Soc.*, *165 A*, p. 199-208.

EGYED L., 1956 – The change of the Earth's dimensions determined from palaeogeographical data. *Geof. puraee applicata*, *33*, p. 42-48.

EGYED L., 1960 – On the mechanism of mountain building and folding. *Geol. Rundsch.*, *50*, p. 225-234.

FORSYTH D. W., 1977 – The evolution of the Upper Mantle beneath mid-ocean ridges. *Tectonophysics*, *38*, p. 89-118.

GREENWOOD W. R., HADLEY D. G., ANDERSON R. E., FLECK R. J. et SCHMIDT D. L., 1973 – Late Proterozoic cratonization in Southwestern Saudi Arabia. *Phil. Trans. Roy. Soc. London*, *280 A*, p. 517-527.

HALL J., 1859 – Description and figures of the organic remains of the Lower Helderberg group and the Oriskany sandstone. *N. Y. Geol. Surv. Pal.*, *3*.

HEIRTZLER J. R., LE PICHON H. et BROWN J. G., 1966 – Magnetic anomalies over the Reykjanes Ridge. *Deep Sea Res.*, *13*, p. 427-443.

HILGENBERG O. C., 1965 – Die Paläogeographie der expandierenden Erde vom Karbon bis zum Tertiär nach paläomagnetischen Messungen. *Geol. Rundsch.*, *55*, p. 878-924.
ISACKS B. et MOLNAR P., 1971 – Distribution of stresses in the descending lithosphere from a global survey of focal-mechanisms solutions of mantle earth-quakes. *Rev. Geophys. and Space Phys.*, *9* (1), p. 103-174.
JORDAN T. H., 1975 – The continental tectosphere. *Rev. Geophys. and Space Phys.*, *13* (3), 12 p.
KAY M., 1951 – North American Geosynclines. *Mem. Geol. Soc. Amer.*, *48*, 143 p.
LEMOIGNE Y., 1970 – Sur la zonation de bois et écorces d'arbres du Paléozoïque et notion de rythmes biologiques. *Ann. Soc. Géol. Nord*, *91*, p. 93-100, pl. 5.
LE PICHON X., FRANCHETEAU J. et BONNIN J., 1973 – *Plate tectonics.* Elsevier, 300 p.
MAC KENZIE D. P. et PARKER R. L., 1967. The North Pacific : an example of tectonics on a sphere. *Nature*, *216*, p. 1276-1280.
MAC KENZIE D. P. et RICHTER Fr., 1976. Convection Currents in the Earth's Mantle. *Scient. Amer.*, *235* (5), p. 72-84.
MAC KENZIE D. P., 1970 — Plate tectonics of the Mediterranean region. *Nature*, *226*, p. 239-243.
MESERVEY R., 1969 — Topological inconsistency of continental drift on the present-sized Earth. *Science*, p. 609-611.
MESERVEY R., 1971 — The coastline fit of Africa and South America. *Palaeogeogr., Palaeoclimat., Palaeoecol.*, *9*, p. 233-243.
MORGAN W. J., 1968 — Rises, tenches, great faults and crustal blocks. *J. Geophys. Res.* *73*, p. 1959-1982.
OLIVER J. et ISACKS B., 1967 — Deep earthquakes zones, anomalous structure in the upper mantle and the lithosphere. *J. Geophys. Res.*, *72*, p. 4259-4275.
OROWAN B., 1969 — The origin of the oceanic ridges. *Sc. Amer.*, p. 103-119.
OWEN H. G., 1975 – Continental displacement and expansion of the Earth during the Mesozoic and Cenozoic. *Phil. Trans. Roy. Soc. London*, *281 A*, p. 223-291.
RAFF A. D. et MASON R. G., 1961 — Magnetic survey of the West coast of North America, 40° N. latitude to 52° N. latitude. *Bull. Geol. Soc. Amer.*, *72*, p. 1267-1270.
RAMBERG H., 1967 – Gravity, deformation and the Earth's crust. *Acad. Press*, 214 p.
RANALLI G., 1971 — The expansion-undation hypothesis for geotectonic evolution. *Tectonophysics*, *11*, p. 261-285.
RINGWOOD A. E., 1975 – *Composition and petrology of the Earth's Mantle.* Mc Graw-Hill.
ROSENBERG G. D. et RUNCORN S. K., 1975 – *Growth rythms and the history of the Earth rotation.* Conf. Newcastle-u.-Tyne, 1974, Wiley.
RUBEY W. W., 1951 – The geologic history of sea water. An attempt to state the problem. *Bull. Geol. Soc. Amer.*, *62*, p. 1111-1148.
RUBEY W. W., 1955 – Development of the hydrosphere and atmosphere. Crust of the Earth. *Geol. Soc. Amer. Sp. Pap.*, *62*, p. 631-650.
RUNCORN S. K., 1962 – Palaeomagnetic evidence for continental drift and its geophysical causes. Continental Drift. *Phil. Trans. Roy. Soc.*, *258 A*, p. 1-11.
SCLATER J. G. et FRANCHETEAU J., 1970 – The implications of terrestrial heat-flow observations on current tectonic and geochemical models of the crust and upper mantle of the earth. *Geophys. J.*, *20*, p. 509-542.
SCRUTTON C. T., 1965 – Periodicity in Devonian coral growth. *Palaeontology*, 7, p. 552-558.
SHACKLETON R. M., 1969 – Displacement within continents. Time and place in orogeny. *Geol. Soc. London Spec. Publ.*, *3*, p. 1-7.
SMITH A. G., BRIDEN J. C. et DREWRY G. D., 1973 – Phanerozoic world maps. *Sp. Pap. Palaeontology*, *12*, p. 1-42. Discussion par H. G. OWEN, p. 40-42.
STEINMETZ L., HIRN A. et PERRIER G., 1974 – Réflexions sismiques à la base de l'asthénosphère. *Ann. Géophys.*, *30* (2), p. 173-180.
STILLE H., 1944 – Geotektonische Probleme des pazifischen Erdraumes. *Preus. Akad. Wiss. Jahrb.*, Math. Nat. Kl., 11.
STILLE H., 1948 – *Ur- und Neuozeane.* Berlin, Abh. Deutsch. Akad. Wiss., Math. Nat. Kl., 6.
TALWANI M. et ELDHOLM O., 1973 – Boundary between continental and oceanic crust at the margin of rifted continents. *Nature*, *241* (5388), p. 325-330.

TERMIER H. et TERMIER G., 1953 – Géologie et pétrogenèse. *Bull. Serv. Mines Algérie.*
TERMIER H. et TERMIER G., 1956 – *L'évolution de la Lithosphère.* II. *Orogenèse.* 1er fasc., 496 p., 49 tabl., 152 fig. et 86 cartes h.t. constituant un *Atlas de Géologie structurale.* Masson éd.; 2e fasc., 404 p. Index. Masson éd.
TERMIER H. et TERMIER G., 1961 – *Evolution de la lithosphère.* III : *Glyptogenèse.* Paris, Masson.
TERMIER H. et TERMIER G., 1964 – Les temps fossilifères, *Traité de stratigraphie et de paléogéographie.* I : *Paléozoïque inférieur,* 689 p., 124 tabl., 441 fig. Masson éd.
TERMIER H. et TERMIER G., 1968 – In *La vie des animaux.* Paris, Ed. Grassé, Larousse.
TERMIER H. et TERMIER G., 1973 – The Early climatic history of the Earth and the implications of « Plate tectonics » in the context of organic evolution. *Implications of Continental Drift to the Earth sciences.* Londres, Ed. Rosenberg. Ak. Press.
TRUSWELL J. F. et ERIKSSON K. A., 1973 – Stromatolitic associations and their palaeo-environmental significance : a re-appraisal of a lower proterozoic locality from the Northern Cape province, South Africa. *Sed. Geol., 10,* p. 1-23.
VINE F. J. et HESS H. H., 1970 – Sea-floor spreading. In *The Sea, 4* (2), Wiley, Maxwell ed., p. 587-622.
VON ECKERMAN H., 1948 – The alkaline district of Alnö Island. *Sverigen Geol. Unders.*, Ca, 36.
WELLS J. W., 1963 – Coral growth and geochronometry. *Nature, 197,* p. 948-950.
WILSON J. T., 1960 – Some consequences of expansion of the Earth. *Nature, 185* (4717), p. 880-882.
WOLLIN G., KUKLA G. J., ERICSON D. B., RYAN W. B. F. et WOLLIN J., 1973 – Magnetic intensity and climatic changes 1925-1970. *Nature, 242* (5392), p. 34-37.

Nombreux auteurs, 1977 – The Crust-Mantle boundary. *Journ. Geol. Soc., 134* (2), p. 99-268.

Première partie

Les temps antécambriens

1 Les premières géographies

ET LES PLUS ANCIENS FOSSILES

Les difficiles débuts d'une planète. *Tableau 2, fig. 8*

Il n'est pas dans notre propos de traiter ici de sujets astronomiques. Mais pour situer notre globe dans l'histoire cosmique, rappelons que l'Univers daterait de 10 à 13 milliards d'années (inverse de la constante de Hubble, vitesse de récession des galaxies). Les meilleures hypothèses formulées quant à l'origine de l'Univers, tirées de la théorie de la relativité générale d'Einstein, ont été énoncées par A. Friedman (1922) puis Lemaître (1927) : la totalité de la matière contenue dans l'Univers aurait été initialement concentrée en une sphère de volume très faible, composée de photons et de neutrinos, ayant une densité de plusieurs milliards et une température supposée de 10^{15} degrés. La naissance de l'Univers serait l'explosion (le « Big Bang » de Gamow, 1948) de cette matière concentrée, et son expansion continuerait, encore que freinée peu à peu. En 1965 a été mesuré dans l'ensemble de l'espace un rayonnement

Tableau 2. — *Comparaison des planètes du système solaire*

	Planètes terrestres				
	Mercure	*Vénus*	*Terre*	*Lune*	*Mars*
Distance au Soleil en 10^6 km	45,9-69,7	107,4-109	147,1-152,1		206,7-248,5
Masse	0,055	0,815	1	0,012	0,108
Diamètre équatorial	0,37	0,956	1	0,272	0,532
Volume	0,06	0,88	1 (1 083 230 × 10^6 km^3)		0,15
Densité	5,45	5,24	5,515	3,36	3,95
Composition de l'atmosphère	A, Ne (He, H, H_2O)	CO_2	N, O_2, O_3, H He (CO_2, H_2O)	zéro	CO_2 + N A (?) + O_2 / H^2O
Température des nuages		— 33			
Température de la surface (°C)	270 / 410	480	22 (moy.)		— 23
Rayon (en km)	2 440	6 200	6 362	1 738	3 400
Présence d'un noyau lourd	60 % de la masse	0	X	Masses réparties irrégulièrement	0
Pesanteur	0,371		1		0,370
Albedo sphérique (1)	0,07	0,62	0,39	0,07	0,15

	Planètes joviennes				
	Jupiter	*Saturne*	*Uranus*	*Neptune*	*Pluton*
Distance au Soleil en 10^6 km	740,9-815,7	1 347-1 507	1 735-3 004	4 456-4 537	4 425-7 375
Masse	317,9	95,2	14,6	17,2	0,1 (?)
Diamètre équatorial	11,20	9,5	3,7	3,5	1 (?)
Volume	1 316	755	67	57	0,1 (?)
Densité	1,40	0,72	1,32	1,64	4,7 (?)
Composition de l'atmosphère	H + He	H + He	H + He + CH_4	H + He + CH_4	?
Température des nuages	— 150	— 180	— 210	— 220	
Température de la surface (°C)	— 130				— 230
Rayon (en km)	71 500	60 000	25 000	22 500	2 900
Présence d'un noyau lourd	X	X ?			
Pesanteur					
Albedo sphérique (1)	0,42	0,45	0,48	0,52	0,07

(1) Rapport du flux lumineux réfléchi au flux lumineux reçu.

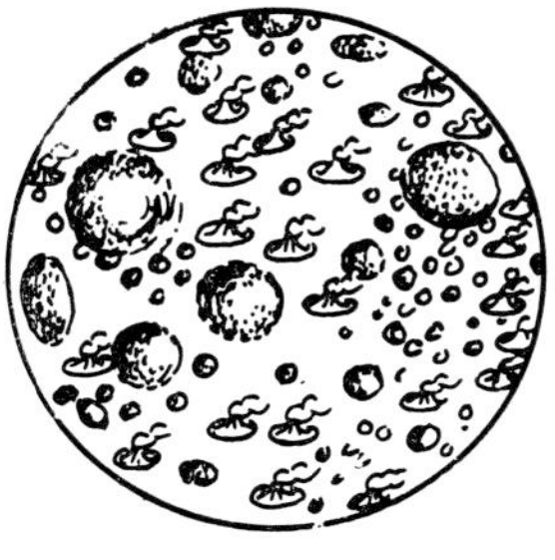
Fig. 8 *a*

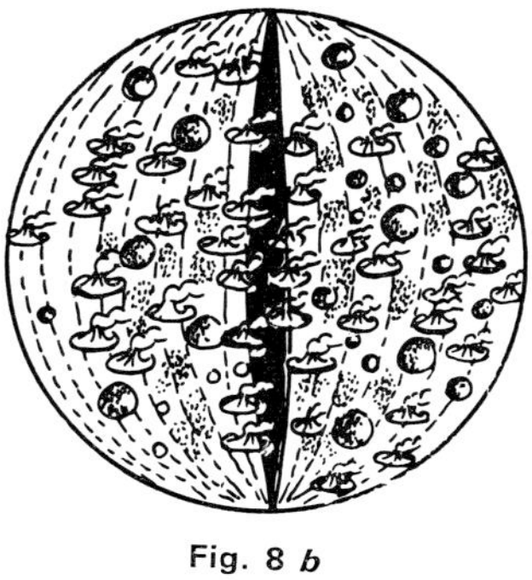
Fig. 8 *b*

Fig. 8 *c*

Fig. 8 - Hypothèses sur l'aspect des premiers états de la Terre

Tout ce que l'on peut dire sur ce sujet est très conjectural. Mais pour un ensemble d'arguments développés dans le texte, nous inclinons à penser à une expansion de la Terre. Dans cette perspective, nous admettons que la sphère terrestre a vu son rayon s'accroître régulièrement depuis sa naissance de 0,65 mm par an (hypothèse d'Egyed). Calculé en partant du rayon actuel, celui-ci pourrait avoir été de 1 738 km environ il y a 4,5 milliards d'années, c'est-à-dire que la Terre aurait eu alors des dimensions voisines de celles qu'a de nos jours la Lune.

Son évolution a été bien différente et comme l'eau y a joué un rôle fondamental, il est logique de penser que c'est sa densité beaucoup plus forte (d'après Egyed, à masse constante, cette densité aurait été de 35 pour un rayon de la moitié de celui d'aujourd'hui, vers 2,6 milliards d'années !) qui lui aurait permis de conserver une grande partie de son hydrogène sous sa forme gazeuse et sous sa forme oxydée, l'eau. Les sphères terrestres se sont formées rapidement par différenciation gravitationnelle.

Fig. 8 *a* - Phase lunaire? ou mercurienne?

On peut penser que, il y a 4 milliards d'années, l'aspect de la Terre, dont le rayon aurait été alors de 2 350 km, était celui d'un globe aussi grêlé de cratères d'impacts météoritiques que la Lune et Mercure, et déjà soumis à un volcanisme intense, dégageant de la vapeur d'eau et émettant des laves.

Fig. 8 *b* - Phase marsienne?

Vers 3,5 milliards d'années, le rayon aurait atteint 2 700 km. Il faut noter que la planète Mars, dont le rayon est de 3 400 km et la surface 28 % de celle de la Terre, ne présente aucun indice de fond océanique : on pense généralement qu'elle dispose d'une croûte continentale sur toute sa surface. La Terre de cette phase pourrait avoir ressemblé à la planète Mars, sa surface étant alors composée entièrement d'une croûte homogène et de type « continental » ; les éléments des continents couvrent aujourd'hui 28 % de la surface globale (ils ont donc la même superficie que la planète Mars). Une hydrosphère en grande partie liquide fut peut-être à l'origine d'une série de phénomènes géologiques (érosion, transport, sédimentation, subsidence, etc.) comportant des plissements méridiens et peut-être une fente qui aurait pu être le début d'un fond océanique, l'amorce du Pacifique. Ainsi la Terre commençait de se singulariser, l'abondance d'eau et de carbone rendant possible aussi la Vie.

Fig. 8 *c* - Début de l'évolution terrienne?

Le rayon de 3 600 km est encore très proche de celui de Mars. Il correspond à l'Archéen (il y a 2,6 milliards d'années environ) et à une Terre encore couverte par la croûte continentale. Connaissant la géographie d'un Archéen plus tardif (fig. 9), il semble que les premiers plissements terrestres aient subi des modifications en rapport avec la rotation, l'absence de force de Coriolis à l'équateur provoquant une forte sinuosité. Sur ce substrat, le volcanisme demeurait très important ; l'hydrosphère formait de grandes mares dans les points bas des continents et l'océan Pacifique naissait. C'est dans ces mares que se déposaient les sédiments et que vivaient les premiers êtres vivants, Protocaryotes autotrophes.

photonique nommé 2,7 °K parce qu'il correspond à un rayonnement radioélectrique élevant de 2,7 °K la température de l'espace (— 270 °C au lieu de — 273 °C), situé sur 3 à 7,5 cm de longueur d'onde et provenant de toutes les directions de l'espace. Pour Weinberg (1977), il s'agirait d'un reste de l'énergie photonique dégagée lors de l'explosion primitive. Cette énergie calorique aurait baissé très rapidement (quelques secondes) en donnant naissance à tous les éléments de l'univers physicochimique.

Les astronomes sont à peu près d'accord. Une nébuleuse de poussières cosmiques a servi de berceau au système solaire. Cela tournait et devait ressembler un peu à la nébuleuse des Chiens de Chasse. Des centres de rotation s'individualisaient peu à peu autour du futur Soleil à des distances régies par la mécanique céleste. Ces centres devinrent de plus en plus denses jusqu'à mériter le nom de *protoplanètes* (Kuiper, 1954; Urey, 1962). Les planètes du système solaire étaient consolidées il y a 4,5 milliards d'années, le processus n'ayant pas demandé plus de 500 000 ans.

La chaleur du Soleil s'étendait aux plus proches de ces protoplanètes, les futures planètes terrestres (Mercure, Vénus, Terre, Lune, Mars), et provoquait le départ de la majeure partie des gaz dont elles étaient entourées. Au contraire, les planètes joviennes (Jupiter, Saturne, Neptune, Uranus, Pluton ?), les plus lointaines, sont restées riches en gaz et ont même pu capter ceux qui étaient chassés des autres.

La Terre primitive

Pneumatosphère, Hydrosphère, Atmosphère

L'air qui compose aujourd'hui la partie de l'atmosphère jouxtant la lithosphère et l'hydrosphère, est composé de 78 % d'azote et de 21 % d'oxygène. Ces deux gaz ne figurent pas dans la composition de l'atmosphère primitive des planètes car ils résultent tous deux de l'action chimique des êtres vivants. L'air actuel contient aussi 1 % d'argon et autres gaz rares, de vapeur d'eau, de gaz carbonique et d'ozone. L'ozone dérive directement de l'oxygène par polymérisation; il a donc la même origine tardive. Par conséquent la Terre primitive fut une planète sans air, et l'on peut considérer qu'elle le demeura pendant tout l'Archéen, c'est-à-dire depuis environ 3,8 millions d'années jusque vers 2 millions d'années (voir tableau 3).

La logique suggère que les atmosphères joviennes sont au stade initial, qui est celui des protoplanètes avant la condensation du Soleil. C'est ce qu'on peut appeler l'atmosphère primitive de première génération. Les planètes terrestres ont été dépossédées d'une importante fraction de leur hydrogène et de leur hélium lors de ce grand événement. La Terre a sans doute perdu alors aussi beaucoup de gaz rares et peut-être du carbone et de l'azote.

Quelle fut la composition de cette *atmosphère primordiale* (ou pneumatosphère prégéologique de Rittmann, 1948), celle du premier milliard d'années de la Terre ?

L'atmosphère de Jupiter, planète jovienne typique, renfermerait encore H_2, He, CH_4, NH_3, H_2S, avec des nuages d'ammoniac liquide et solide, et de NH_4HS. Vénus, qui devrait ressembler à la Terre, posséderait une atmosphère de CO_2, CO, HF, ainsi que H_2O associé à HCl, avec des nuages de cristaux de glace et surtout des nuages à base de mercure (Hg_2Br_2, Hg_2I_2, HgS, HgBr). Or la présence de mercure dans les enveloppes externes qui, d'après Urey (1962), suggère le passage de la planète par un stade de fusion, n'apparaît pas pour la Terre primitive.

Puisqu'elle ne peut avoir été alimentée que par la dégazéification du manteau sous-jacent à la croûte terrestre (voir plus loin, p. 57), on doit admettre que l'atmosphère terrestre primordiale eut une composition voisine de celle des gaz qui sont encore aujourd'hui l'élément principal des phénomènes volcaniques : dans le volcanisme paroxysmal, la vapeur d'eau domine (jusqu'à 97 % des gaz du Kilauea, dans les îles Hawaï), avec du méthane (CH_4) et du cyanogène (C_2N_2) ; il s'y ajoute des gaz minéralisateurs (acide chlorhydrique, un peu d'acide fluorhydrique, d'hydrogène sulfuré, de gaz carbonique).

Une *atmosphère primitive de deuxième génération* et l'*hydrosphère*, dues à la continuation de la dégazéification par volcanisme (Rubey, 1951, 1955), sont probablement les bases à partir desquelles s'est produite l'évolution de nos enveloppes fluides. Des mesures précises montrent que la concentration en bore de l'eau de mer est très constante depuis 2 à 3 milliards d'années : il en résulte que les océans se sont accrus régulièrement, par les processus volcaniques, pendant les temps géologiques (Reynolds, 1965). On a calculé que le volume d'eau formé par la dégazéification du manteau entre 3,6 et 2,6 milliards d'années correspond à la moitié de la masse océanique actuelle (Barker et Peterman, 1974). En même temps furent émis des gaz (CO_2, par exemple).

Il existe une liaison constante entre l'hydrosphère et l'atmosphère, enveloppes les plus légères de notre planète, dont les éléments appartiennent à des cycles géochimiques communs ou voisins. Ces cycles ont eux-mêmes évolué au cours des temps et c'est leur histoire qu'il faut tenter de reconstituer pour connaître l'environnement très particulier qui précéda l'apparition de la vie et accompagna ses premières manifestations.

L'évolution de notre atmosphère s'est déroulée pendant l'Archéen et le principal agent d'élaboration en fut la biosphère, pourtant encore très peu développée.

La conservation d'une bonne partie de l'hydrogène de dégazéification de la Terre a été cause de la principale originalité de notre planète. En effet, l'hydrogène s'est étroitement lié avec deux éléments, à savoir le *carbone*, en formant des hydrocarbures dont le principal est le méthane, et l'*oxygène* avec lequel il forme un oxyde qui est l'eau.

L'eau ne paraît guère être répandue dans les autres planètes du système solaire. Or c'est à elle que la Terre doit non seulement sa beauté de « planète bleue », qui a été bien mise en évidence par les vols spatiaux de satellites, mais aussi une série de phénomènes qu'elle est seule à permettre. L'eau se rencontre sous trois formes usuelles : liquide, elle constitue la base de l'hydrosphère (océans, rivières), dans laquelle elle entraîne en solution une grande partie des sels alcalins et des oxydes; devenant gazeuse à une température relativement peu élevée, elle est facilement transportée dans l'atmosphère et précipitée à des places éloignées du point de départ; en devenant solide (glace) elle augmente de volume et constitue soit de grandes masses immobiles autour des pôles, soit des corps flottants, soit des masses mouvantes à la surface du sol dès qu'il s'y présente une pente même faible (glaciers).

Enfin les propriétés de l'eau peuvent être qualifiées de merveilleuses. Sa chaleur spécifique qui est 1 (au voisinage de 15 °C) est environ 5 fois plus grande que celle des roches (marbre, 0,22; quartz, 0,19; fer, 0,10); sa chaleur latente de fusion (80 cal) est une des plus élevées; sa chaleur latente de vaporisation (536 cal) est supérieure à celle de presque tous les corps. En conséquence, l'eau est un *régulateur thermique* qui freine les modifications brusques de température et assure les conditions les plus favorables pour tous les êtres vivants.

La précipitation d'eau s'est effectuée dès que la température externe, certainement élevée à l'origine, l'a permis, compte tenu de la pression régnante. Mais il faut imaginer qu'une certaine continuité existait alors entre la phase gazeuse et la phase liquide de cette enveloppe : ce que l'on entend aujourd'hui par « niveau de la mer » devait alors être peu défini. Mais dès cette époque la mise en solution de nombreux corps s'opérait, si bien que la phase liquide prenait peu à peu les caractères d'une eau « salée », riche en chlorures et en sulfates, comparable dans une certaine mesure à l'eau des océans actuels, encore que vraisemblablement moins uniforme.

A l'Archéen (tableau 3), il est probable que l'atmosphère réductrice était riche en CO_2. L'une des actions de la biosphère primitive sous une forme photosynthétique fut de faire débuter le cycle des carbonates. Les plus anciens que nous connaissions sont des calcaires stromatolitiques datés de plus de 2,7 milliards d'années. L'évolution de ce cycle du carbone des carbonates fut d'abord indépendante de celle du carbone organique et liée à une matière organique abiogène. Or le rapport isotopique du carbone inorganique des océans semble n'avoir pas changé depuis 2 milliards d'années (Becker et Clayton, 1972).

De grands gisements de carbonates, datés de 2,1 milliards d'années, sont ceux de magnésite ($MgCO_3$), sédiment riche en Mg, associé aux itabirites[1] du Brésil. L'option magnésienne accroissait d'ailleurs la solubilité apparente des carbonates dans l'eau de mer. Depuis cette époque, la formation de sédiments carbonatés n'a cessé de mettre en œuvre le cycle gaz carbonique - carbonates. Entre 1,7 et 1 milliard d'années, la grande phase stromatolitique du Riphéen (période comprise entre — 1 600 et 800 millions d'années) a dû extraire beaucoup de CO_2 de l'atmosphère. Ensuite, avec le développement

1. Quartzites riches en oligiste et en apatite.

de la respiration animale, qui produit du gaz carbonique, et celui du couvert végétal des continents qui l'extrait de l'atmosphère, la mise en réserve du carbone sous forme de roches carbonatées et carbonées s'est accrue régulièrement. La principale source de gaz carbonique étant encore de nos jours les gaz volcaniques, il fut un temps où l'atmosphère trouva l'équilibre de ce bilan, ce qui est encore le cas aujourd'hui malgré la pollution industrielle.

Dans l'histoire intermédiaire de ce bilan s'inscrivent tous les calcaires construits par les squelettes d'invertébrés marins au cours des temps fossilifères, parmi lesquels le phénomène récifal. Mais ces squelettes n'obéissent pas exactement aux lois de la cristallographie inorganique. Ils sont façonnés par la vie. L'apparition d'importants dépôts d'évaporites coïncide avec celle des premiers squelettes calcaires. Une hypothèse (Guillou, 1972) suggère que l'absence d'évaporites[1] parmi les sédiments antécambriens proviendrait de la plus forte pression en ions CO_3 de l'eau de mer; au Paléozoïque inférieur, ces conditions bien qu'améliorées firent encore précipiter des carbonates dolomitiques et des magnésites avec des chlorures de préférence aux sulfates de calcium dans le Cambrien de Sibérie et le Silurien du Michigan. Au Trias, les évaporites sulfatées et chlorurées l'emportaient définitivement sur la sédimentation carbonatée magnésienne. A partir du Lias, les dépôts de magnésite pure sont devenus rares. Au Crétacé, la production massive des boues à plankton calcaire qui devinrent la craie ont détruit l'équilibre des carbonates de calcium en stockant avec ceux-ci une grande partie du CO_2 au-dessous des zones élevées du plateau continental (Termier et Termier, 1961).

La lithosphère primitive de l'Archéen

Entre 3,8 et 2 milliards d'années. *Fig. 9 a, b*

La Terre primitive devait ressembler à une grosse Lune dont la surface ne cessait de recevoir des météorites : on connaît des cratères d'impacts de tous âges. La partie superficielle était initialement celle du manteau supérieur, de nature comparable à celle des météorites chondritiques (Dietz, 1965). Cependant cette surface produisit par dégazéification une croûte de basalte différent des basaltes récents par sa richesse en eau (fixée dans des minéraux hydratés comme l'amphibole et la serpentine). Sous l'action d'un flux thermique intense, ces laves donnaient deux types de roches, des tholéites (basaltes à silice libre, contenant souvent de l'hypersthène et de la tridymite) et des dacites (riches en silice, pauvres en potasse, intermédiaires entre rhyolites et andésites), et elles subissaient un métamorphisme les transformant en gneiss quartzo-feldspathiques (jusqu'à 80 %) et en amphibolites (environ 20 %) tels qu'on en trouve en Guyane (B. Choubert), au Canada, au Groenland, en Afrique du Sud et dans l'Inde. Un peu plus tard se produisait une expulsion

1. En fait les traces d'évaporites y sont subordonnées aux dépôts stromatolitiques.

Fig. 9 a

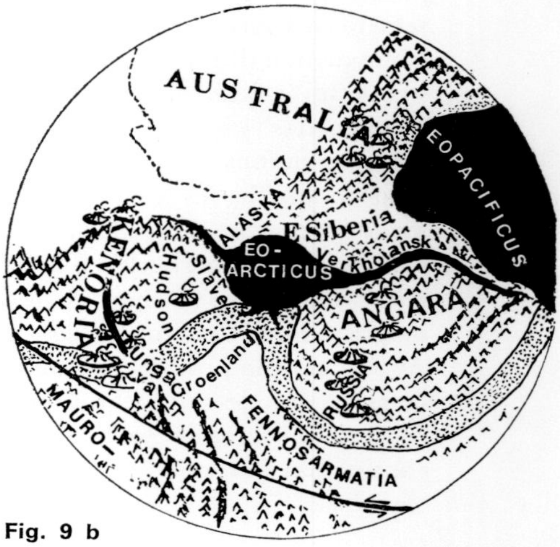

Fig. 9 b

Fig. 9 a, b. — La Terre archéenne
(Chélogenèse du lac Supérieur)

Pour un rayon de 4 300 kilomètres, il y a 2 milliards d'années, le schéma fourni par Daernley (1965) et adopté ici comme trame montre la sinuosité des chaînes archéennes toujours à peu près convergentes vers les pôles. Cependant (fig. 9 *a*) le futur océan Pacifique (Eopacificus) a grandi et déjà (fig. 9 *b*) s'était individualisé un prolongement au niveau de l'un des pôles, le futur océan Arctique (Eoarcticus).

Les deux fonds océaniques communiquaient entre eux par le chenal de Verkhoiansk, lequel séparera de l'Angara la Sibérie orientale, unie à l'Alaska. Une sorte de disjonction s'amorce entre deux masses continentales égales qui deviendront plus tard Laurasie et Gondwanie, les deux supercontinents qui persisteront pratiquement jusqu'au Crétacé moyen. Sédiments les plus fréquents, les *minerais de fer rubanés* se déposaient sur des fonds le plus souvent réducteurs, plus ou moins groupés dans des sillons sinueux (en grisé).

Les êtres vivants, Protocaryotes, dégageaient de l'oxygène libre par photosynthèse. Vers la même date, des calottes glaciaires (fig. 9 *a*) ont laissé des traces au Québec (Cobalt, Gowganda) et en Afrique du Sud (Transvaal), c'est-à-dire près des latitudes polaires.

rapide du manteau d'éléments alcalins (soude, potasse) et de silice, sous la forme de montées granitiques. Ces stades primitifs ont débuté au moins vers 3,75 milliards d'années et ont duré jusqu'à 2,6 milliards d'années, soit environ 1 milliard d'années. Cependant, en général, là où un socle archéen ancien a pu être daté, par exemple en Rhodésie (3,6 - 3,5 milliards d'années), au Groenland et en Amérique du Nord, il n'a pas subi de remaniements. L'essentiel de la production de lithosphère continentale à partir du manteau supérieur ou d'une lithosphère de type océanique s'est donc faite alors presque sans retouches (Moorbath, Wilson, Goodwin et Humm, 1977). Des refusions en profondeur sont intervenues à la fin de cette période, donnant naissance à des amphibolites et à des granulites (charnockites, etc.).

P. Michot (bibl. *in* 1972) a été l'un des premiers à souligner l'importance des plis couchés, empilés dans les zones profondes à faciès granulitique (catazone) du socle. Cette zone est connue chimico-minéralogiquement par l'absence de radioactivité et de minéraux hydratés (le métamorphisme sec). Les nappes de charriage superposées et les injections syntectoniques calco-alcalines qu'on y trouve ont contribué à accroître rapidement l'épaisseur de cette croûte primitive. Il semble que ces mouvements tangentiels aient été le résultat de l'action des courants de convection du manteau sur la croûte encore fragile. Comme nous l'avons dit (p. 34), la tectonique de la lithosphère archéenne n'offre pas de mécanismes inférant l'existence de plaques ni de subduction.

La croûte archéenne s'épaississait donc. L'étude des laves calco-alcalines récentes a permis d'établir une relation entre le taux de potasse qu'elles renferment et l'épaisseur de la croûte : en appliquant ce barème à des laves calco-alcalines du bouclier canadien, datées de 2,7 milliards d'années, on obtient une valeur de 10 à 25 km pour l'épaisseur maximale de la croûte avant l'*orogenèse kénorienne* (Condie et Potts, 1969). L'épaisseur actuelle de la croûte au niveau du Japon date celle-ci de 3 milliards d'années.

La dégazéification du manteau, en même temps qu'elle élaborait la croûte primitive, constituait une nouvelle atmosphère et surtout l'hydrosphère. Il y a 2,6 milliards d'années, celle-ci avait déjà atteint la moitié de son volume actuel. Mais avant cette époque, on constate que la vie y était déjà apparue (des micro-organismes ont été datés de 3,4 milliards d'années en Afrique du Sud).

Définition des chélogenèses

Dès l'abord, l'évolution architecturale de la croûte terrestre, c'est-à-dire la mégatectonique, semble s'être déroulée selon un plan caractéristique : la croûte continentale rompue en blocs mobiles (boucliers) est assemblée en masses rigides et bombées. Les périodes de temps nécessaires pour l'élaboration des modèles successifs de ce type ont reçu le nom de *chélogenèses* (Sutton, 1963) (du grec *chéloné*, tortue, ce reptile possédant un bouclier bombé).

Chélogenèse du lac Supérieur
2,8 à 1,9 milliards d'années

Il y a de 2,8 à 2,5 milliards d'années une phase magmatique de grande ampleur donnait naissance à des épanchements de tholéite et d'andésite, à la mise en place de massifs de gabbro, de granite et surtout de trondhjemite (tonalite riche en quartz, la tonalite étant déjà une diorite quartzique), enfin à des roches vertes formées aux dépens des andésites. Au niveau de ces zones, présentes au Groenland, en Ecosse (Laxfordien), en Guyane, en Afrique (Great Dyke) et en Australie (Yilgarnia), la croûte était relativement mince, de 12 à 15 km, comme sous les arcs d'îles actuels. En outre, la tectonique qui les affectait résultait surtout de mouvements verticaux.

La croûte qui recouvrait presque entièrement la planète a été plissée assez régulièrement d'un pôle à l'autre, vers 2,7-2,5 milliards d'années. L'axe des pôles est l'axe de rotation de la Terre. La rotation entraîne des forces centrifuges, nulles aux pôles mais particulièrement élevées au niveau de l'équateur où se manifeste une sinuosité des plissements (reconstitution de Dearnley, 1965). C'est une préfiguration d'un phénomène qui se reproduira plus tard, la « torsion téthysienne » (voir p. 96).

La première géographie globale pouvant être reconstituée fut élaborée alors, il y a plus de 2 milliards d'années. Si l'on réunit les continents comme ils ont pu l'être avant les grandes dislocations de l'ère secondaire, on se trouve devant une croûte dont les débris se rencontrent aujourd'hui surtout dans les parties centrales des continents. Mais, à l'époque considérée, l'ensemble de cette écorce constituait encore une lithosphère unique, la Pangée, tenant ses modalités de plissement d'une évolution de type mixte entre la croûte continentale et la croûte océanique. Dans le bouclier canadien, quatre nuclei (protocontinents) archéens étaient déjà distincts, délimités par des zones volcaniques et sédimentaires (Goodwin, 1968) : on les nomme Slave, Hudson, Ungava et Supérieur (= Supérieur proprement dit) (fig. 9 *ab*). Sous-province de la province du Supérieur, le nucleus de Cobalt coïncide avec la zone polaire (voir plus loin). Ici, comme en Afrique, les cratons principaux étaient dans leur place quasi définitive depuis 2,2 milliards d'années (Piper, Briden et Lomax, 1973).

Cependant la Pangée, qui recevait une sédimentation monotone et dans l'hydrosphère de laquelle commençait d'habiter une biosphère encore bien modeste mais régulièrement croissante, était surmontée par une atmosphère mieux séparée de l'hydrosphère depuis 3,4 milliards d'années, atmosphère toujours dépourvue d'oxygène mais riche au contraire en composés du carbone (cyanogène, méthane, gaz carbonique) et en ammoniac.

Ensuite il semble que soit apparue d'abord une fente subméridienne (fig. 8) c'est-à-dire parallèle aux plis, fente qui en s'élargissant deviendra un élément à croûte différente, plus proche de la composition du manteau : c'est un premier fond océanique, auquel peut être donné le nom d'Eopacifique (Carey, 1970). Toujours en nous servant des mêmes bases de calcul, on peut supposer que, il y a 2 milliards d'années, l'Eopacifique couvrait le tiers de la surface terrestre (le rayon terrestre étant alors d'environ 5 200 km).

En profondeur, il semble que pendant toute cette longue période le manteau terrestre ait été soumis à un brassage dans sa masse, produit par deux cellules de convection : c'est le « régime du lac Supérieur », et l'élaboration contemporaine des boucliers aboutit à la « chélogenèse du lac Supérieur ».

Il y a 2,4 milliards d'années se multiplient des essaims de dykes diabasiques attestant que la croûte continentale subissait une nouvelle dilacération (Sutton, 1972). L'étude paléomagnétique d'un filon basaltique de l'Ontario, daté de 2,14 milliards d'années, a permis de calculer une position du pôle magnétique de 91,9° E. - 19,4° N. : ce fait indiquerait un glissement d'ensemble de cette lithosphère primitive sur la surface du manteau.

L'apparition de la vie et la photosynthèse fait majeur de l'histoire géologique

Des expériences (Stanley Miller, 1953; Ponnamperuma, 1969) partant d'un ensemble chimique correspondant à ce que l'on pense être l'atmosphère primitive ont permis de réaliser, sous l'action d'un apport d'énergie radiante (étincelles électriques, radiations ionisantes), la synthèse spontanée de corps organiques. Parmi ceux-ci, les vingt acides aminés qui composent aujourd'hui toutes les protéines vivantes, des protéines, des nucléotides, des pyrols (éléments de la chlorophylle) : tous ces produits sont *racémiques*, mais un mélange racémique est instable, aboutissant aux deux séries de pouvoir rotatoire (dextrogyre, lévogyre). Seules les molécules lévogyres sont utilisées par la vie telle que nous la connaissons.

Une hypothèse (Bernal, 1967) a suggéré que ce « choix » proviendrait de l'existence d'un moule minéral également doté de pouvoir rotatoire, comme la silice (le quartz cristallisé permet d'observer cette asymétrie).

L'ensemble des corps qui ont pu être synthétisés de cette manière dans l'environnement primordial aurait constitué ce que Haldane a nommé « soupe primitive ». Ces corps pourraient naître aussi bien dans l'atmosphère qu'à la partie supérieure de l'hydrosphère, formant un continuum organique encore non vivant.

Les sédiments argileux pourraient avoir servi de support à cette vie balbutiante. Et c'est peut-être dans ces argiles qu'elle a trouvé les oligoéléments qui lui sont indispensables. La présence de *nickel* aurait servi de catalyseur car ce cation a le pouvoir de concentrer les seuls 20 acides aminés utilisés par la vie. Ceux-ci ont alors tendance à constituer des chaînes peptidiques. D'autre part la présence de *zinc* dans certaines argiles doit être rapprochée de la composition de l'ADN-polymérase, enzyme fondée sur ce cation, lequel serait responsable de la synthèse de l'acide désoxyribonucléique (Lawless et Levi). La chlorophylle a certainement rencontré son noyau *magnésium* de façon similaire. Et il en sera de même pour la plupart des pigments respiratoires (fer des hémoglobines, cuivre de la chlorocruorine) et de certains produits importants (cobalt de la vitamine B12). Ainsi peut-on dire que la vie sur la Terre a été et restera étroitement liée aux cations du monde minéral.

La vie prend appui sur l'hydrosphère et la lithosphère, et son apparition a pour premier résultat l'utilisation des substances organiques flottant dans une atmosphère lourde sous une forte pression (peut-être comparable à celle de Vénus actuellement ?). L'action de la vie a donc été d'éclaircir celle-ci. La température au sol, en présence de CO_2, devait être élevée (effet de serre). La première matière vivante se distinguait par ses facultés d'autocatalyse (c'est-à-dire que si un corps prend naissance à partir de deux constituants, sa synthèse est favorisée par sa présence même).

Ainsi a-t-il dû se former dès l'abord ce que nous appellerons une « prébiosphère » recouvrant d'une façon presque continue la croûte terrestre. Cette vie, anaérobie par force (en l'absence d'oxygène), était étroitement associée à la sédimentation. Dès la clarification de l'atmosphère, la photosynthèse fut possible ainsi que le montrent les expériences modernes corroborées par les traces de chlorophylle (le pigment vert des végétaux) qui ont été décelées dans des roches de plus de 3 milliards d'années (dans le Swaziland, à Fig Tree). En même temps, l'absence d'oxygène atmosphérique livrait sans défense toute matière vivante placée hors de l'eau à l'action destructrice du rayonnement solaire (rayons ultraviolets). La prébiosphère se trouvait donc sans doute progressivement réduite à la partie supérieure de l'hydrosphère. Elle y constituait vraisemblablement des microcosmes indépendants les uns des autres.

Que furent les premiers organismes vivants ?

La vie est caractérisée par le métabolisme, ensemble de chaînes de réactions dégradant des produits chimiques pour en tirer de l'énergie utilisable par la « chose vivante » suivant trois voies principales : des synthèses de corps propres à l'espèce considérée; un stockage sous forme de liaisons à haut potentiel d'hydrolyse et l'accumulation de l'information. Oparin (1957, 1961, 1969) a obtenu dans ses coacervats (matière organique prébiologique) des chaînes de réactions permettant de penser qu'ils constituent une origine possible d'une partie des êtres vivants.

Les formes de vie les plus élémentaires sont les Bactéries. (Il faut écarter les virus, dépourvus de métabolisme et inféodés pour cette raison à une cellule vivante préexistante.)

Une Bactérie, cellule délimitée par une membrane lipoprotéique active qui assure à la fois l'entrée des aliments et l'excrétion des déchets, renferme : un chromosome porteur de la totalité de l'information génétique; des ribosomes, sièges de la synthèse des protéines; des enzymes catalyseurs spécialisés dans les réactions énergétiques et les synthèses nécessaires à la survie.

Le monde vivant actuel se divise en *Protocaryotes*, sans noyau défini, et *Eucaryotes* dans lesquels les acides nucléiques et la chromatine, entourés d'une membrane, constituent le noyau (fig. 10).

La biosphère des Protocaryotes

Pendant au moins 2 milliards d'années, les êtres vivants n'ont pas dépassé le niveau des Protocaryotes, lequel est encore aujourd'hui largement répandu : ce sont les Schizophytes (Bactéries et Algues bleues). Leur chromosome simple et court est constitué des mêmes matériaux que les chromosomes les plus complexes et les plus longs des Eucaryotes. Ils ne possèdent assurément ni plastes ni mitochondries (organites que l'on trouve inclus dans les cellules des Eucaryotes) mais n'en renferment pas moins des pigments. Chez les Bactéries, ces pigments sont la *bactériochlorophylle* et un *caroténoïde*. Chez les Algues bleues, de la *chlorophylle a*, laquelle assure la photosynthèse sous l'action de la lumière.

Diversification et évolution des sources de l'énergie vitale

1 / *Fermentations*. En l'absence d'oxygène libre, les conditions primitives à la surface de la Terre étaient anaérobies et réductrices. Les *ferments*, tels que les actuelles *Clostridiales*, peuvent avoir supporté de telles conditions. La fermentation est un processus de synthèses biochimiques puissantes réalisées grâce à des corps voisins de la chlorophylle, les corrinoïdes, par exemple la vitamine B 12, qui agissent hors de la lumière. Ainsi sont réalisés des composés énergétiques nécessaires à la vie, tels que l'ATP (adénosine triphosphate).

2 / *Photosynthèses bactériennes* (bactériochlorophylle + caroténoïde). Toutes les cellules de Protocaryotes sont isolées par des membranes pouvant être nombreuses et pénétrer dans l'endoplasme par des diverticules internes. Ces membranes séparent les uns des autres des radicaux, par exemple oxydants et réducteurs, en les empêchant de se combiner entre eux mais en leur permettant de participer aux chaînes de réactions.

L'énergie solaire libère un électron externe de la chlorophylle qui devient un puissant réducteur capable de transmettre cet électron à un oxydant (ainsi réduit) et qui, face à un oxydant plus puissant, lui cédera cet électron. Ce processus continue, s'arrête ou revient au point de départ selon l'ordre des substances auxquelles sont transmis les électrons : cette transmission constitue un « flux électronique » (en circuit fermé ou ouvert). Ainsi s'établit, entre les deux faces de la membrane, un gradient de la concentration en protons, absorbés d'un côté, chassés de l'autre. L'énergie accumulée est utilisée dans des synthèses telles que celle de l'ATP : c'est la *photophosphorylation*, qui fournit l'énergie nécessaire à la synthèse des protéines et des acides nucléiques.

Le substrat, c'est-à-dire le combustible (nourriture) utilisé, varie. Les *Bactéries pourprées* extraient de la matière organique et de l'hydrogène H_2 réducteur *un « flux électronique » en circuit ouvert*. Cette utilisation d'hydrogène libre suggère que la réalisation de ce stade énergétique assez primitif date d'une atmosphère encore riche en H_2. Les *Sulfuraires pourprées* tirent leur « flux électronique » de H_2S par photolyse, donnant naissance à des hydrates de carbone en présence d'eau, à du soufre libre et à des sulfates. L'oxygène n'entrant pas dans ces réactions, on doit admettre qu'une biosphère anoxique (sans oxygène) peut avoir renfermé ce type de Bactéries. On sait d'autre part que le cycle géochimique des sulfures date d'environ 1,3 milliard d'années.

En accroissant la puissance du pompage d'électrons, l'assimilation d'un carbone plus oxydé tel que celui de CO_2 et des carbonates devient possible. On atteint le cycle de Calvin (réduction phosphate-pentose) dans lequel l'ATP et le pouvoir réducteur, fournis par la photosynthèse, sont utilisés sous catalyse enzymatique.

3 / *Photosynthèse des Algues bleues* (chlorophylle *a*). Entre Bactéries photosynthétiques et Cyanoschizophytes, la différence fondamentale est que seules ces dernières rejettent, par photolyse de l'eau, de l'*oxygène libre* emprunté à l'eau (Molish, 1907). Bien que cette réaction exige une énergie dix fois plus forte que la photolyse de H_2S en soufre, elle sanctionne l'*indépendance de la vie par rapport à tous les éléments sauf la lumière solaire, l'eau et le gaz carbonique.*

4 / *Photosynthèse des Eucaryotes* (chlorophylle; cytochromes). Chez les Eucaryotes, les chloroplastes, porteurs de pigments porphyriniques à base de magnésium, sont les lieux d'action de la photosynthèse et des processus métaboliques qui s'ensuivent. Des Levures jusqu'à l'Homme, les mitochondries renferment des pigments protéiques, les *cytochromes*, dont la structure est fondée sur un groupe prosthétique, l'hème à structure porphyrique, dont le centre est occupé par un atome de fer. Ces molécules ont un rôle important dans la respiration; elles recueillent les électrons émis par les hydrogènes arrachés au substrat glucidique au cours du cycle de Krebs (oxydation de l'acétyl coenzyme A) en favorisant la synthèse de l'ATP. Il est probable que le cytochrome C, seul soluble dans l'eau, a permis l'édification même du complexe cellulaire des Eucaryotes (Dickerson, 1972).

5 / *Respiration.* L'enrichissement progressif de l'atmosphère en oxygène libre qui devint sensible il y a environ 1,7 milliard d'années [point de Pasteur = 1 % PAL *(present atmospheric level)*] a eu pour conséquence la respiration *(phosphorylation oxydative)* que l'on peut considérer comme une photosynthèse inversée. Le rendement énergétique en est fort amélioré : 19 fois plus de molécules d'ATP sont obtenues à partir d'une même quantité de glucose par respiration que par fermentation. De même la quantité d'ADN dans la cellule est considérablement augmentée. La raison en est que, grâce à l'oxygène, le substrat est complètement consumé.

La stabilisation de la chaîne respiratoire, en tenant compte du taux d'évolution du cytochrome, remonterait à 1,2 $\pm$ 0,80 milliard d'années.

Le règne des Schizophytes représente la première intervention de la vie dans la sédimentation apparemment inorganique. Les Algues bleues filamenteuses (Hormogonées) sont composées de trichomes sécrétant un abondant mucus. Ce dernier peut fixer et cimenter les cristaux et les particules concrétionnant les Stromatolites et les Oncolites, lesquels permettent, par leur disposition et par leurs formes, de reconnaître les divers niveaux d'énergie de la zone littorale tels qu'ils ont été définis par Irwin (1965) (voir fig. 7) : *y*, de haute énergie, battu par les vagues déferlantes; *x*, de basse énergie, vers la haute mer; *z*, de basse énergie, dans les lagunes côtières. Truswell et Eriksson (1973) ont pu les identifier dans une série de Stromatolites sud-africaine datée de 2,3 milliards d'années. La présence de traces d'évaporites associées à certains Stromatolites (Bertrand-Sarfati, 1976) confirme leur dépôt dans un milieu lagunaire comparable à celui observé aujourd'hui dans l'ouest de l'Australie.

La conservation de Stromatolites calcaires dans les eaux de cette époque indique que celles-ci n'étaient pas acides dans leur ensemble et qu'elles avaient même, au moins dans les zones peu profondes et côtières, un pH voisin de 8,2, optimal pour le dépôt des carbonates.

L'environnement des minerais de fer rubanés

Les plus anciens sédiments connus fournissent la preuve que, dès lors, fonctionnait tout ou partie du cycle de l'hydrosphère. La plupart sont riches en silice, déposée probablement sous la forme de gels (silice gélatineuse devenue silex ou « cherts »), associée à des oxydes de fer qui peuvent constituer de véritables gîtes exploitables lorsque la teneur et le tonnage sont suffisants, accompagnés de divers minéraux. Cette association finement litée a reçu le nom de *minerais de fer rubanés* : ils se sont déposés sur la Terre pendant environ 2 milliards d'années et il ne s'en forma plus à partir du moment où l'atmosphère terrestre devint franchement oxydante. Le mince litage des minerais de fer rubanés est une démonstration de leur origine subaquatique : déposés parallèlement à la surface d'une nappe d'eau, il est fort possible que l'alternance de composition des couches corresponde à celle des conditions de dépôt, qu'il s'agisse de changement de saisons ou des cendres d'éruptions volcaniques. En tout cas, le rubanement est toujours très régulier, indiquant des eaux calmes, au-delà de l'action des vagues, sans aucune structure de turbulence.

La silice gélatineuse est l'un des milieux les plus aptes à la conservation des corps organiques fragiles. Elle a fourni les reliquats d'êtres vivants les plus anciens connus à ce jour, à Fig Tree dans le Swaziland (Afrique du Sud), y compris les restes de la première bactérie fossilisée et connue dans des minerais rubanés *(Eobacterium)*, datée de 3,4 milliards d'années. Donc, à cette époque, une partie de la vie s'était déjà installée à la surface de la Terre. Il avait suffi, au plus, d'un milliard d'années pour en arriver là. Mais la présence de cette vie suppose, pour la soustraire à l'action du rayonnement solaire actif, une profondeur minimale de quelques mètres dans l'eau.

La répartition mondiale des minerais de fer rubanés, reconstituée surtout pour ceux qui ont été déposés entre 2,1 et 1,9 milliards d'années, dessine un ruban sinueux en bordure des boucliers tels que nous les connaissons aujourd'hui (Goodwin, 1972). Ce ruban correspond à un niveau d'altitude assez bas, sorte de plate-forme épicontinentale submergée par une hydrosphère préfigurant la séparation ultérieure de ces boucliers. Les minerais se sont souvent déposés dans des bassins fermés, non loin de la mer ouverte (Becker et Clayton, 1972). Peut-être faut-il penser avec Cloud (1973) que ces minerais résultent d'événements catastrophiques à la surface du globe, tels qu'un trouble général des eaux stagnantes amenant en surface, au contact d'oxygène, du fer ferreux emmagasiné sur le fond. Ces minerais de fer rubanés sont très développés dans la partie sud du bouclier canadien, au voisinage du lac Supérieur et en Chine (Anshan).

Au point où nous en sommes, se pose la question de la composition de l'hydrosphère de cette époque. Les évaporites comme le sel ou le gypse, qui donnent une idée de la nature des éléments dissous dans l'eau, ne sont pas présents parmi les sédiments antécambriens alors qu'on les rencontre couramment à partir du Cambrien. H. D. Holland (1972) remarque que la composition minéralogique et chimique des schistes vieux de 3,4 milliards d'années étant presque identique à celle des schistes du Paléozoïque inférieur, l'altération météorique était déjà ce qu'elle est aujourd'hui. En effet, dans l'eau de mer actuelle la concentration en silice dissoute (environ 100 parties par million) est pratiquement équilibrée par les exigences des organismes siliceux : Radiolaires, Diatomées, Silicisponges. Or, dans ces temps éloignés, l'absence de tels organismes laissait libre la silice amorphe, surtout dans les bassins d'évaporation d'eau peu profonde et froide qui sont favorables à son dépôt. Pendant l'Archéen, la concentration en silice dissoute peut donc avoir été plus forte. D'un autre côté, Borchert (1960) a suggéré que les fonds océaniques étant alors réducteurs (le soufre n'y est connu que sous forme de sulfures) il en aurait résulté une concentration en fer (probablement sous sa forme carbonatée, la sidérose). Celui-ci, porté vers la surface par des courants ascendants, y aurait été légèrement oxydé et précipité, en alternance avec la silice, sous la forme d'oxydes ferriques hydratés qui ne tardaient pas à être réduits par la matière organique. Mais comme la pression en oxygène de l'atmosphère était alors pratiquement nulle, seules des concentrations végétales dans l'eau pouvaient à la fois assurer l'oxydation ferrique et fournir la matière organique réductrice. Or on s'aperçoit que les minerais de fer rubanés sont riches en florules de Schizophytes dont l'activité chimique a dû être considérable.

Entre 1,8 et 1,5 milliard d'années, les derniers minerais de fer rubanés se sont déposés dans le géosynclinal circumungavien (Labrador) en même temps qu'une quantité appréciable d'oxygène était introduite dans l'atmosphère. Il en résulte des faits nouveaux, en particulier la présence de structures de turbulence, indice d'un dépôt en mer tidale, qui font toujours défaut dans les minerais plus anciens (Fryer, 1972).

Règne des Schizophytes

Des roches datées de 3,4 milliards d'années ont fourni de minuscules fossiles. Depuis 2,7 milliards d'années, on connaît des Stromatolites (en Rhodésie du Sud), c'est-à-dire des concrétions calcaires induites par l'activité chlorophyllienne des Algues bleues. Des calcaires à oncolithes (*Osagia*, etc.) abondent depuis 1,7 milliard d'années (Riphéen). Une évolution paléocytologique peut y être observée dans des bassins comme ceux du Mali et des Richat en Mauritanie, datés de 1 milliard d'années (Boureau, 1976). Durant la majeure partie des temps antécambriens, les Schizophytes ont régné sans partage sur la biosphère terrestre (Termier et Termier, 1954; Boureau, 1976).

Les Schizophytes se distinguent du reste du monde vivant par l'absence de plastes et de mitochondries ainsi que de noyau différencié. L'acide désoxyribonucléique y constitue un filament chromosomique au sein du cytoplasme. Cette structure est *comparable à celle même des plastes et des mitochondries*, organites inclus dans les cellules des autres êtres vivants (Eucaryotes).

Indépendamment de l'intérêt que présente le développement des Schizophytes préalablement aux autres organismes, leur action géochimique a eu certainement une importance considérable dans l'évolution de l'atmosphère et de la biosphère.

Transition aux Eucaryotes. Fig. 10

Il ne fait pas de doute que les Protocaryotes sont génétiquement à l'origine des Eucaryotes. Même parmi les Algues bleues actuelles, il semble exister des paliers. Les formes typiques contiennent un pigment biliaire (phycoérythrine ou phycocyanine) et de la chlorophylle *a* exclusivement. Cependant la chroococcale *Synechocystis didemni* possède à la fois du carotène β, trois xanthophylles, une phycobiline et deux chlorophylles (*a* et *b*), c'est-à-dire des pigments d'Algue verte (Lewin et Withers, 1975), mais chez les seuls Eucaryotes, les pigments sont portés par des plastes, un noyau est isolé par une membrane nucléaire et il y a des mitochondries.

Les mitochondries sont des coques ellipsoïdales entourées d'une double membrane dont la feuille interne se replie en crêtes et en tubes porteurs de complexes enzymatiques; l'espace central est occupé par de l'acide désoxyribonucléique (ADN) organisé en une sorte de double filament ressemblant au chromosome circulaire des Bactéries. Dans une Bactérie typique, la membrane cellulaire porte une crête interne supportant également des complexes enzymatiques, et le centre est occupé par un chromosome circulaire. La ressemblance de structure entre une Bactérie et une mitochondrie paraît évidente. Mais la Bactérie, qui est un Protocaryote, mène une vie indépendante, et la mitochondrie est toujours incluse dans le cytoplasme d'un Eucaryote. La mitochondrie, organelle ou organisme, est spécialisée dans la dégradation des substrats organiques conduisant à la constitution de réserves d'énergie chimique nécessaires à la cellule, sous forme d'adénosine triphosphate (ATP).

Les chloroplastes possèdent leur propre ADN, différent de celui du noyau, et leurs propres ribosomes où sont synthétisées les protéines : ce sont des plastes sur lesquels est fixé le pigment chlorophyllien et où interviennent toutes les réactions chimiques de la photosynthèse. Or il est difficile de distinguer les chloroplastes de certaines Algues bleues qui vivent en symbiose dans les

FIG. 10 SCHÉMAS DE QUELQUES CELLULES

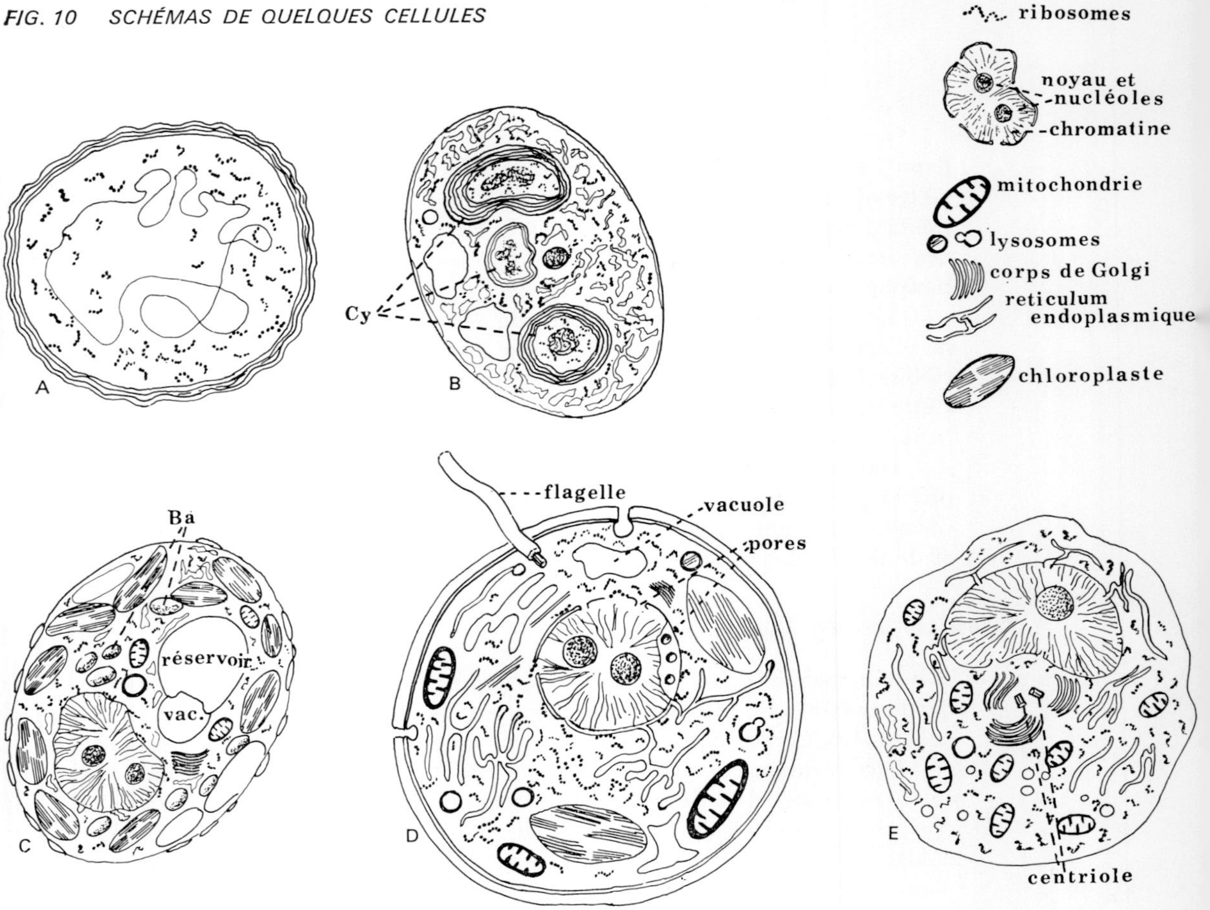

Fig. 10 *a* - Schémas de quelques cellules Protocaryotes et Eucaryotes

A — Exemple de Protocaryote, une Bactérie chimiotrophe, entourée par une enveloppe de plusieurs cytomembranes concentriques. La chromatine s'y présente sous la forme d'un long filament (chromosome) non inclus dans un noyau. La synthèse des protéines se fait au niveau des ribosomes dispersés dans le cytoplasme, et qui sont les seuls organites d'une telle cellule.

B — Une Cryptomonadine, *Cyanophora paradoxa*. Dans cette cellule Eucaryote et dépourvue de pigment donc normalement *hétérotrophe*, sont incluses des cellules d'une Cyanophycophyte endosymbiote, la Chroococcale *Cyanocyta* (Cy) entourée de cytomembranes (murailles) et dans laquelle s'observent des ribosomes et un nucléoïde central (qui n'est pas un vrai noyau). La Protocaryote *Cyanocyta* accomplit ici le rôle de photosynthèse d'un chromatophore (chloroplaste), dont la structure serait d'ailleurs très proche : l'ensemble symbiotique est autotrophe.

C — Un Eucaryote Flagellé *Lepocinclis* (Euglénidé). On y observe le noyau, un corps de Golgi (empilement de sacs plats dans lesquels s'accumulent les protéines synthétisées), des mitochondries, des chloroplastes, une vacuole pulsatile (vac.), un réservoir. Il s'y ajoute des Bactéries symbiotes (Ba) dont la structure et les dimensions sont peu différentes de celles des mitochondries.

D — Une cellule végétale (Flagellé) Eucaryote autotrophe, montrant ses différents organites.

E — Cellule d'un Métazoaire (myéloblaste de Rat). On y retrouve les mêmes organites que dans la cellule végétale, *à l'exception des chloroplastes*. Il y a développement des appareils de Golgi et apparition d'organites spéciaux au règne animal, les *centrioles*, en forme de tonnelets dont les parois sont composées de tubes : ils jouent un rôle important dans la division cellulaire.

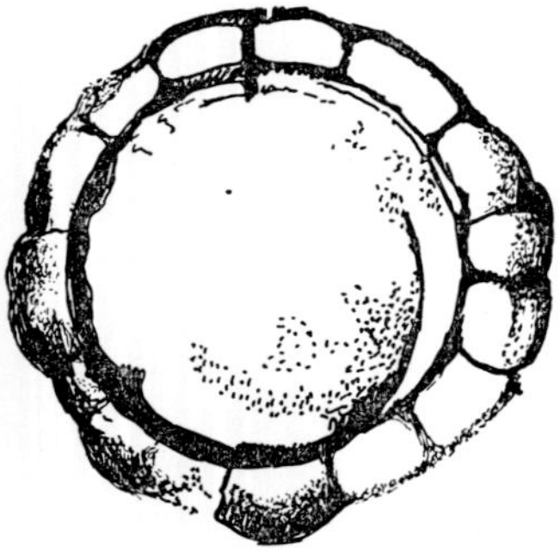

Fig. 10 *b* - Schéma d'*Eosphaera*

une des espèces les mieux structurées de la microflore de Gunflint

Algues rouges. Enfin, l'hybridation réussie de l'ARN ribosomal de plusieurs types d'Algues bleues (unicellulaires, filamenteuses) et de Bactéries avec l'ADN des chloroplastes d'*Euglena gracilis* confirme l'homologie génétique des Algues bleues et des plastes (Pigott et Carr, 1972).

Ces données sont à la base de la théorie symbiotique de L. Margulis (1970) adoptée aujourd'hui dans ses grandes lignes.

Les chloroplastes et les mitochondries, où se produisent les processus cruciaux de la vie de la cellule eucaryote, se présentent donc comme des Protocaryotes symbiotiques (pouvant initialement avoir été acquis par phagocytose, Cavalier-Smith, 1975) ayant conservé une autonomie assez grande par rapport au noyau avec lequel les relations sont plutôt de coordination contrôlée. Chaque catégorie a son patrimoine héréditaire et, lors de la division cellulaire, les mitochondries et les chloroplastes se reproduisent indépendamment.

Chez les végétaux, les chloroplastes, porteurs de pigments porphyriniques à base de magnésium, sont les lieux d'action de la photosynthèse et des processus métaboliques qui s'ensuivent. Chez tous les Eucaryotes, depuis les Levures jusqu'à l'Homme, les mitochondries renferment des pigments protéiques, les cytochromes, dont la structure est fondée sur un groupement prosthétique, l'hème à structure porphyrinique, dont le centre est occupé par un atome de fer. Ces molécules ont un rôle important dans la respiration. Elles recueillent les électrons émis par les hydrogènes arrachés au substrat glucidique au cours du cycle de Krebs et favorisent la synthèse de l'ATP. Il est probable que le cytochrome C, seul soluble dans l'eau, a permis l'édification même du complexe cellulaire des Eucaryotes (Dickerson, 1972). L'apparition de la chaîne respiratoire, en tenant compte du taux d'évolution du cytochrome, remonterait à $1{,}2 \pm 0{,}80$ milliard d'années.

Symbioses

Les dépôts aurifères du Witwatersrand (Afrique du Sud), datés de 2,7 à 2,3 milliards d'années, renferment des « récifs » contenant une matière charbonneuse, la thucholite. Celle-ci présente une texture columnaire et montre des affinités avec les Algues [affinités chimiques (pentose/hexose = 1,1) et morphologiques en fibres septées et parfois ramifiées]. On y trouve aussi des fibres silicifiées, uranisées ou aurifiées, analogues à des hyphes, des conidies et de petits nodules sphériques orientant l'observateur vers la détermination de Champignons Imparfaits, comparables aux Ascomycètes. Dès lors, la notion de Lichen, symbiose d'Algues et de Champignons de ce type, s'impose, d'autant que le mode de gisement de ces dépôts indique la limite entre des lagunes et des terres émergées sous climat aride, suggérant que des plaques d'une telle association recouvraient la roche nue ou des sables aurifères, à la limite de l'immersion. Dans la nature actuelle, un Lichen comme *Acarospora sinopica*, croissant sur un substratum riche en métaux, concentre à sa surface une croûte de sels de fer et de cuivre (Brodo, 1973). On peut penser qu'un consortium archéen, plus primitif que tous les Lichens récents, bénéficiait aussi de l'indépendance par rapport à l'oxygène atmosphérique conférée par l'Algue, et concentrait en les extrayant du milieu ambiant l'or, l'uranium et la silice, à la manière des Champignons des Lichens (Hallbauer et Van Warmelo, 1974). Les Champignons même Imparfaits sont des Eucaryotes.

Une hypothèse relative à la naissance de la membrane nucléaire fait appel à la phagocytose (Cavalier-Smith, 1975), possible dans un milieu benthonique, peu profond, encombré de déchets organiques, à partir d'Algues bleues monocellulaires de grande taille, ayant perdu leur membrane spécifique dégradée par l'action d'enzymes telles que celles sécrétées par les Myxobactéries du sol. Dans ces conditions, un avantage certain serait acquis à une telle Algue bleue qui pourrait utiliser la photosynthèse en période d'éclairement et la phagocytose en période sombre. La phagocytose (digestion cellulaire) accroît les échanges. Mais un compartimentage devient nécessaire, d'où seraient nés entre autres des protolysosomes couverts de ribosomes ainsi que les appareils de Golgi. Les enzymes des proies phagocytées auraient été stockées. Cette hypothèse expliquerait l'origine des flagelles et de l'appareil mitotique. Pour l'auteur cité, une « préalgue » amoeboïde et phagocytique, encore protocaryote, aurait donné une « protoalgue » amoeboïde et phagocytique mais eucaryote et sexuée.

La présence d'Algues vertes et de Lichens dans l'Archéen indique que ces processus étaient intervenus dès 2,6 milliards d'années (perte de la membrane cellulaire et formation du noyau), donnant naissance à des Champignons Imparfaits, proches du stade « préalgue » ou « protoalgue », sans chlorophylle.

La flore de Gunflint
(entre 2,7 et 1,9 milliards d'années)

En gros contemporains de la glaciation du lac Supérieur, les minerais de fer rubanés de Gunflint ont fourni un très grand nombre de micro-organismes. Les Schizophytes y dominent, avec les Bactéries du fer *(Metallogenium)*, des colonies de Chroococcales et des Algues bleues filamenteuses (Nostocales), riches en mucus et constructrices de Stromatolites.

Les possibilités chimiques des Schizophytes actuelles et ce que nous apprennent les minerais de fer rubanés suggèrent que ces organismes ont contribué à la préparation d'oxygène libre mais que l'atmosphère demeurait encore réductrice, sa composition étant très loin d'avoir les proportions d'oxygène et d'azote de l'atmosphère d'aujourd'hui. De même on n'observe pas de dépôts de sulfures organiques et on a des raisons de penser que le cycle bactérien du soufre n'avait pas encore l'importance qu'il a plus tard acquise.

A cet ensemble protocaryote s'ajoute l'énigmatique *Kakabekia*, en forme d'ombrelle, morphologiquement comparable à un être vivant d'aujourd'hui dans une atmosphère riche en ammoniac. Peut-être est-ce l'indice que l'atmosphère de cette époque, non oxygénée, était encore ammoniaquée. Une interprétation différente de cet organisme est proposée par E. Boureau (1976) qui y voit l'émission d'une substance (?) par un « sphéroïde » vivant.

Cependant des Eucaryotes sont signalés aussi dans cette flore : Chlorophycées pourvues de chloroplastes, d'une tache oculaire et d'une membrane, rattachées aux Chlorococcales.

Kazmierczak (1976) rapporte aux Phytoflagellés du groupe des Volvocales *Eosphaera*, être abondant de la formation ferrifère de Gunflint et de celle, plus ancienne, de Soudan. Cette forme pourrait avoir joué un rôle décisif dans le dégagement d'oxygène libre. D'autre part, elle suggère que le milieu dans lequel elle vivait n'était pas marin mais plutôt d'eau douce (fig. 10 *b*).

Parmi d'autres — Montana (1,1), Californie (1,3), Belcher (1,7) — la flore comparable mais beaucoup plus récente (0,9 milliard d'années) de Bitter Springs (Australie) a fourni 50 espèces dont 7 Eucaryotes et 2 Champignons. Ces Eucaryotes encore primitives sont haploïdes (renfermant *n* chromosomes) et ne se reproduisaient que par mitose, de façon végétative et asexuée, chaque cellule fille étant une copie conforme de la cellule mère, évolution « clonale » expliquant le faible taux de diversification de ces espèces anciennes (Stanley, 1975).

Transition aux animaux ?

La condition animale semble déjà esquissée parmi les microorganismes de Gunflint. La présence de Volvocales (*Eosphaera*, Barghoorn; *Cumulosphaera*, Edhorn; Kazmierczak, 1976) pourrait appuyer l'hypothèse de l'origine des Métazoaires dans de telles colonies de Flagellés se multipliant par division tétraédrique et zoospores. Mais les restes rapportés à des animaux par Edhorn (1973) sont en fait des Schizophytes.

Premiers contrastes climatiques : la glaciation du lac Supérieur

La chélogenèse du lac Supérieur s'est terminée il y a 2,5 milliards d'années par une glaciation affectant le globe terrestre et matérialisée par des moraines fossiles, amas de gros blocs et de galets à facettes inclus dans une boue hétérogène. Elle couvre, sur le bouclier kénorien, une aire de 75 000 km² dans le Québec et l'Ontario (Gowganda et Cobalt) et a laissé d'autres traces dans le Michigan (Fern Creek) et le Wyoming (Medecine Bow Mountains) : elle pourrait avoir comporté plusieurs phases. L'un des pôles du froid était en Amérique du Nord; le pôle magnétique, déterminé pour les norites de Sudbury et les diabases de Nipissing (2,1 milliards d'années) aurait été à l'ouest du bouclier kénorien (Symons et Londry, 1974) (fig. 9 *a*).

Quant à l'autre pôle du froid, des formations glaciaires contemporaines le situent dans la partie supérieure du système du Transvaal d'Afrique du Sud (Griqualand, Transvaal) (fig. 9 *b*).

Tableau 3. — *Grands événements des temps antécambriens* (référence : Amérique du Nord)

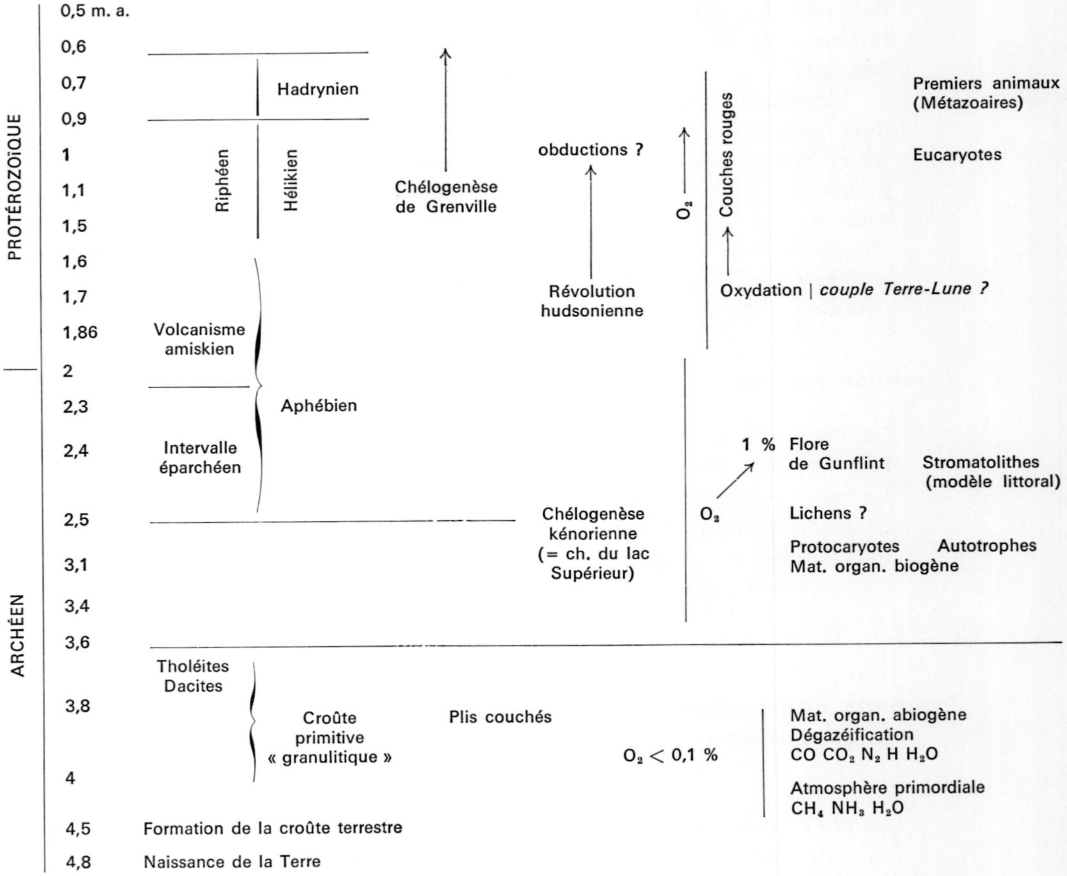

Tableau 4. — *L'origine de la vie, son évolution pendant les temps antécambriens*

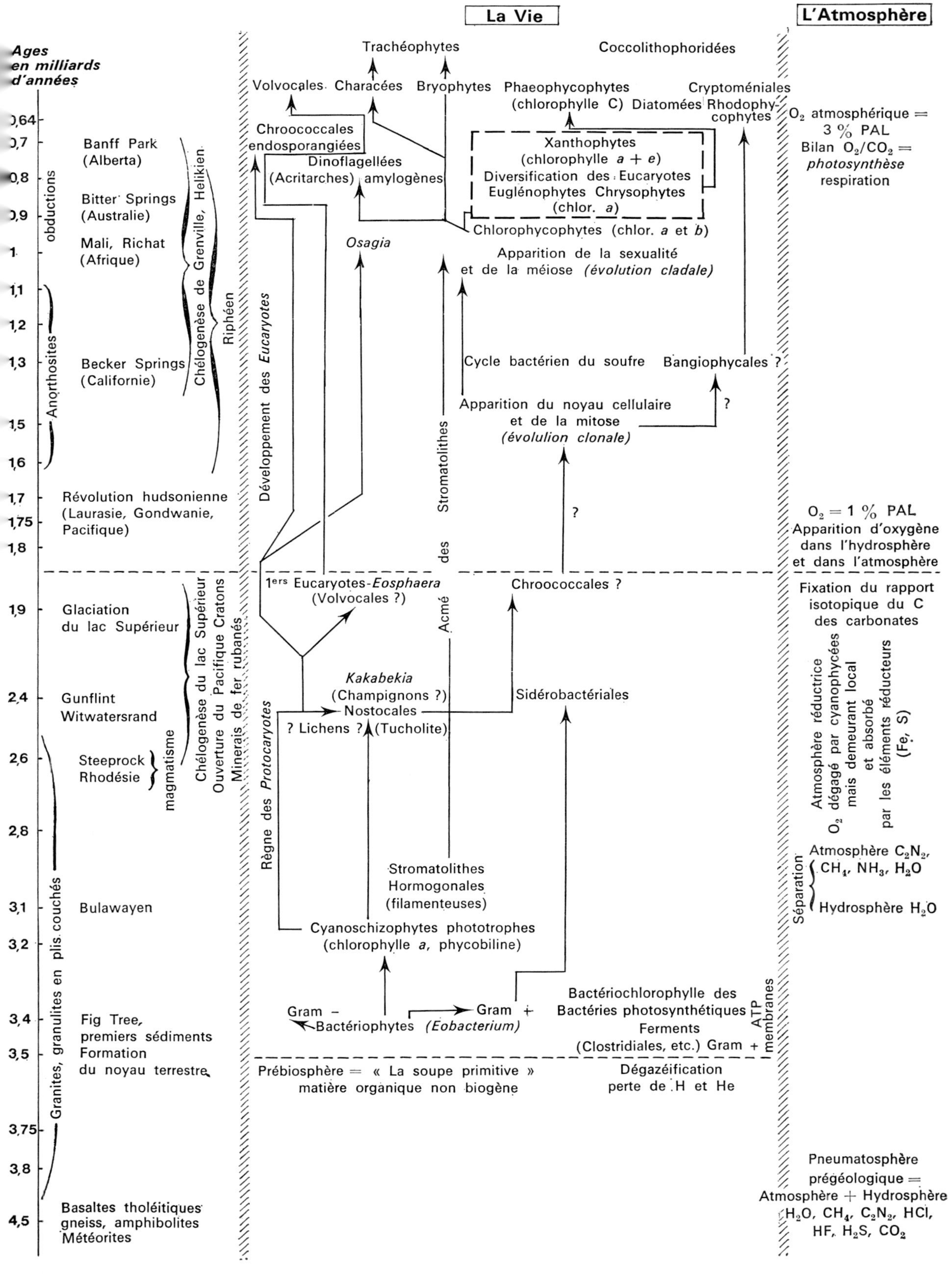

Bibliographie

BARGHOORN E. S., 1971 – The oldest fossils. *Scient. Amer.*, p. 30-42.
BARKER F. et PETERMAN Z. E., 1974 – Bimodal tholeitic-dacitic magmatism and the Early Precambrian crust. *Precambr. Res.*, *1*, p. 1-12.
BECKER R. H. et CLAYTON R. N., 1972 – Carbon isotopic evidence for the origin of a banded iron-formation in Western Australia. *Geochim. et Cosmochim. Acta*, *36*, p. 577-595.
BERNAL J. D., 1967 – *Origin of Life*. Cleveland, Ohio, World publ.
BORCHERT H., 1960 – Genesis of marine sedimentary iron ores. *Trans. Inst. Min. Metall*, *69*, p. 261-277.
BOUREAU E., 1976 – Au Précambrien : naissance du monde vivant. *La Recherche*, n° 68, p. 541-551.
BRODO I. M., 1973 – *Substrate Ecology. The Lichens*. Ch. 12, New-York-Londres, Acad. Press, p. 401-436.
CAREY S. W. 1970 – Australia, New Guinea and Melanesia in the current revolution in concepts of the evolution of the Earth. *Search*, *1*, 5, p. 178-189.
CAVALIER-SMITH T., 1975 – The origin of nuclei and of eucaryotic cells. *Nature*, *256*, p. 463-468.
CHOUBERT B., 1935 – Recherches sur la genèse des chaînes paléozoïques et antécambriennes. *Rev. Géogr. Phys. et Géol. Dyn.*, VIII, 1.
CLOUD P., 1973 – Palaeoecological significance of the banded-iron-formation. *Econ. Geol.*, *68*, p. 1135-1143.
CONDIE K. C. et POTTS M. J., 1969 – Cale-alkaline volcanism and the thickness of the Early Precambrian crust in North America. *Canadian Journ. of Earth Sci.*, *6*, p. 1179-1184.
DEARNLEY R., 1965 – Orogenic fold-belts, convection and expansion of the Earth. *Nature*, *206*, p. 1284-1290.
DICKERSON R. E., 1972 – The structure and history of an ancient protein. *Scient. Amer.*, p. 58-72.
DIETZ R. S., 1965 – Earth's original crust-Lost Quest ? *Tectonophysics*, *2* (6), p. 515-520, 2 fig.
EDHORN A. S., 1973 – Further investigations of fossils from the Animikie, Thunder Bay, Ontario. *Geol. Ass. Canada Proc.*, *25*, p. 37-66, 10 pl.
FRYER B. J., 1972 – Age determinations in the circum-Ungava geososyncline and the evolution of Precambrian banded iron-formations. *Canad. Journ. Earth Sciences*, *9*, p. 652-663.
GOODWIN A. M., 1968 – Archaean protocontinental growth and early crustal history of the Canadian shield. *XXIII Int. Geol. Congr.*, *1*, p. 69-89.
GUILLOU J.-J., 1972 – La série carbonatée magnésienne et l'évolution de la composition de l'hydrosphère. *CRAS*, *274*, p. 2952-2955.
HALDANE J. B. S., 1929 – *The origin of life*.
HALLBAUER D. K. et WARMELO K. T. Van, 1974 — Fossilized plants in Thucholite from Precambrian rocks of the Witwatersrand, South Africa. *Precambrian Research*, *1*, p. 199-212.
HOLLAND H. D., 1972 — The geologic history of sea water. An attempt to solve the problem. *Geochim. et Cosmochim. Acta*, *36*, p. 637-651.
IRWIN M. L., 1965 – General theory of epeiric clear water sedimentation. *Bull. Amer. Ass. Petr. Geol.*, *49*, p. 445-459.
JANLE P., 1977 – History of the Terrestrial Planets. *Geol. Rundsch.*, *66* (2), p. 277-288, 1 tabl.
KAZMIERCZAK J., 1976 – Devonian and modern relatives of the Precambrian. *Eosphaera*, possible significance for the early eukaryotes. *Lethaia*, *9*, p. 39-50, 6 fig.
KUIPER G. P., 1954 – *The Earth as a Planet*, Symposium, Univ. Chicago Press, 751 p.
LEWIN R. A. et WITHERS N. W., 1975 – Extraordinary pigment composition of a prokaryotic alga. *Nature*, *256*, p. 735-737.
MARGULIS L., 1970 – *Origin of Eukaryotic cells*. Yale Univ. Press, 349 p.
MARGULIS L., 1971 – Symbiosis and Evolution. *Scient. Amer.*, p. 47-49.
MICHOT P., 1972 – A la recherche des océans perdus. *Bull. Ac. Roy. Belgique* (Sc.,), p. 1401-1430.
MILLER S. L. et UREY H. C., 1959 – *Science*, *130*, p. 245.
MOORBATH S., WILSON J. F., GOODWIN R. et HUMM M., 1977 – Further Rb-Sr age and isotope data on early and late archaean rocks from the Rhodesian craton. *Prec. Res.*, *5*, p. 229-239.

Oparin A. I., 1957 – *The origin of life on the Earth.*
Oparin A. I., 1961 – *Life, its nature, origin and development.*
Oparin A. I., 1969 – *Biogenesis and Early development of Life.* New York, Acad. Press.
Pigott G. H. et Carr N. G., 1972 – Homology between nucleic acids of blue-green Algae and chloroplasts of *Euglena gracilis. Science, 175*, p. 1259-1261.
Piper J. D. A., Briden J. C. et Lomax K., 1973 – Precambrian Africa and South America as a single continent. *Nature, 245*, p. 244-248.
Ponnamperuma C., 1969 – Chemical evolution and the origin of life. *Proc. 4th Int. Symp. on Biostr. and Explor. of Space*, AD 687-893 (47-01).
Reynolds R. C., 1965 – The concentration of boron in Precambrian seas. *Geochim. and Cosmochim. Acta, 29* (1), p. 1-16.
Rittmann A., 1947 – Die prägeologische Pneumatosphere. *Experientia, 3*, p. 310-315.
Rubey W. W., 1951 – Geologic history of sea water. *Bull. Geol. Soc. Amer., 62* (9), p. 1111-1148.
Stanley St. M., 1975 – Clades versus clones in Evolution : why we have sex. *Science, 190*, p. 382-383.
Sutton J., 1963 – Long-term cycles in the evolution of continents. *Nature, 198* (4882), p. 731-735.
Symons D. T. A et Londry J. W., 1974 – Tectonic results from palaeomagnetism of the Aphebian Nipissing diabase at Gowganda, Ontario. *Canad. Journ. Earth Sci., 12*, p. 940-948.
Termier H. et Termier G., 1954 – *Formation des continents et progression de la vie*, Masson éd.
Termier H. et Termier G., 1961 – *Evolution de la lithosphère.* III. *Glyptogenèse.* Paris, Masson éd.
Termier H. et Termier G., 1972 – Catalogue des premiers êtres vivants. *L'origine de la vie*, Lausanne, Ed. Rencontre, p. 319-346.
Truswell J. F. et Eriksson K. A., 1973 – Stromatolitic associations and their palaeo-environmental significance : a re-appraisal of a Lower palaeozoic locality from the Northern Cape Province. *Sedim. Geol., 10*, p. 1-23.
Urey H., 1962 – Evidence regarding the origin of the Earth. *Geochim. and Cosmochim. Acta, 26*, p. 1-13.
Windley B. F. *ed.*, 1976 – *The early history of the Earth.* Wiley.

2 La révolution hudsonienne

Première division de la Pangée : la révolution hudsonienne

Il y a environ 1,75 milliard d'années, la croûte continentale était pratiquement achevée puisque les découvertes récentes montrent qu'à partir de cette époque les aires continentales, si petites soient-elles, ont un socle antécambrien de croûte sialique. Sans doute la Terre avait-elle atteint une notable expansion qui diminuait la courbure de sa surface, et il peut s'être ensuivi une modification du régime des courants de convection dans le manteau (deux courants dans le régime du Supérieur, trois dans le régime hudsonien, selon l'hypothèse de Runcorn). En tout cas, la croûte continentale est réunie autour de l'un des pôles, le reste de la surface terrestre est océanique, occupant un hémisphère (si l'on admet l'expansion), mais seulement 30 % de la surface si le volume terrestre est demeuré constant (fig. 11).

FIG. 11 PANGÉE AU PALÉOZOÏQUE

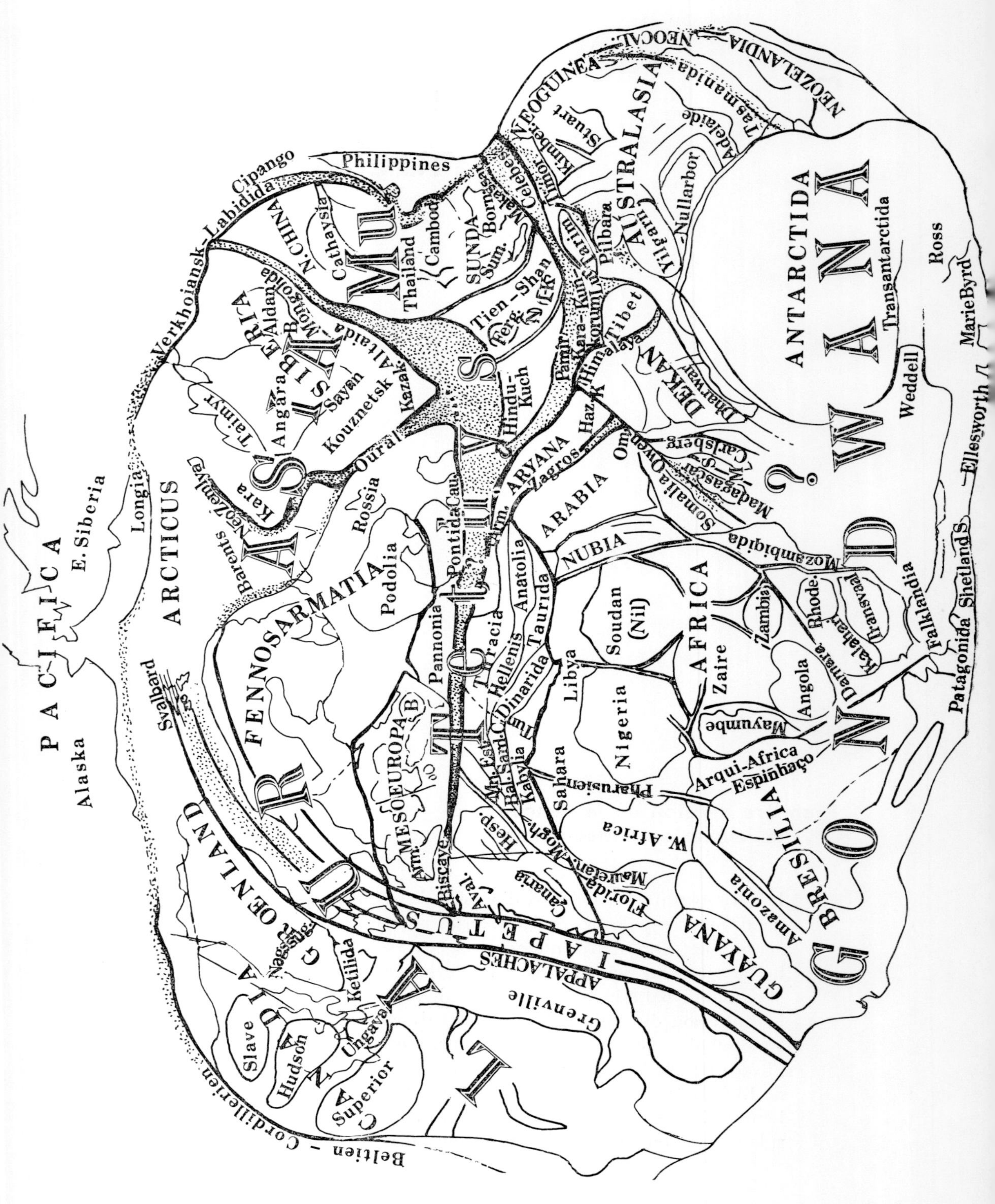

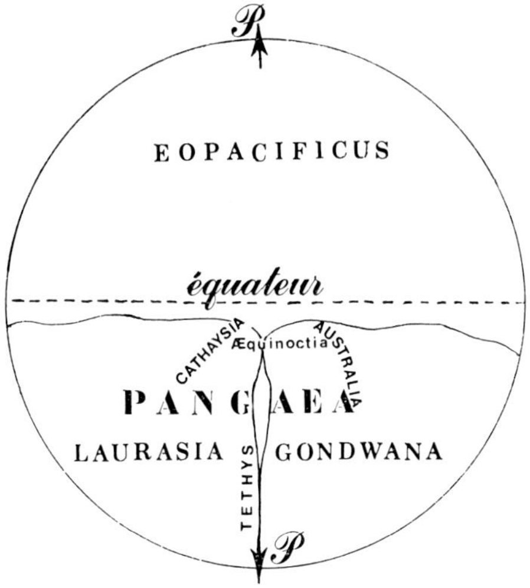

Fig. 11 *a* - Hypothèse à propos de la révolution hudsonienne

Il y a 1,75 milliard d'années (révolution hudsonienne), le rayon terrestre avait atteint 4700 km. La surface occupée par la croûte continentale devait alors être égale à celle des océans, pratiquement l'Eopacifique. Un hémisphère devait donc être terrestre et l'autre océanique. Séparant les deux supercontinents : la Téthys méridienne et les continents Cathaysia et Æquinoctia (= Mu). L'équilibre gravitationnel exigeait alors un basculement relatif de la croûte par rapport à l'axe des pôles, lequel perçait en leur centre ces deux hémisphères selon un modèle opposé à celui de la période précédente. Ce nouveau modèle persistera jusqu'à l'Ordovicien terminal c'est-à-dire jusqu'à — 425 millions d'années (donc durant 1325 millions d'années).

Fig 11 *b* — Reconstitution de la Pangée au Paléozoïque

Essai de reconstitution schématique de la Pangée au Paléozoïque (surtout supérieur) en tenant compte des assemblages probables des boucliers antécambriens ainsi que des données paléontologiques et paléoclimatiques. On distingue la *Laurasia*, découpée en secteurs par quatre linéaments :

1) Belt-Cordillérien ;
2) le lapetus, qui devient limite au niveau de l'Amérique centrale ;
3) l'Oural, probablement relié au précédent par le Svalvard et le Timan ;
4) le Verkhoiansk, probablement relié au précédent mais aussi à l'orogène Labidien et à l'orogène Beltien-Cordillérien par voie arctique.

Le *Gondwana* est formé surtout de boucliers anciens aujourd'hui réunis en continents isolés : *Guyana-Bresilia, Africa, Antarctica, Australasia*, séparés par des linéaments encore peu actifs qui donneront naissance à l'Atlantique Sud (limite Arqui-Africa, Mayumbe) et à l'océan Indien (limites Somalia-Madagascar (Owen)-Dekan (Carlsberg)-Antarctida-Australasia).

La *Téthys* s'allonge depuis le lapetus (à l'ouest) jusqu'à la bordure Pacifique (à l'est) qui sépare Laurasia et Gondwana tout en laissant des passages : Meso-europa-Moghrabia à l'ouest, zone égéenne (entre Pontida et Anatolia) et surtout le continent Mu (flanqué probablement par le Tien-Shan) qui la ferme à l'est en laissant deux passages marins. La Téthys est divisée longitudinalement en : *a)* une zone septentrionale laurasienne, Varisco (Meso-europa)-Altaïde, plissée au Carbonifère par l'orogenèse varisque, *b)* une zone méridionale gondwane, la plate-forme téthysienne, quasiment anorogénique, allant de la presqu'île d'Avalon (Terre-Neuve) et des Canaries jusqu'à Célèbes. La coupure fracturale qui sépare ces deux entités est matérialisée par le linéament de Biscaye (qui ouvrira pendant le Barrémien le golfe de Gascogne) et son prolongement (supposé océanique) vers l'est.

Les éléments de cette plate-forme nord-gondwane ont été dispersés en fragments séparés par des hiatus, le plus souvent limités, à évolution de type océanique. La majeure partie d'entre eux, auxquels s'adjoindront le Dekan, le Tibet, le Tarim, le Tien-Shan et la partie septentrionale du continent Mu, seront poussés vers le nord et accolés à la Laurasia ; la Berbérie (Afrique du Nord) seule restera attachée à l'Afrique.

L'évolution de la croûte continentale se fera désormais en qualité, en épaisseur et en positionnement. Dietz et Holden (1971) ont conclu qu'il est pratiquement impossible de trouver de nos jours un fond océanique antérieur à 1,7 milliard d'années. Le mode d'évolution des fonds océaniques se réalisant selon une expansion tangentielle, compensée parfois par une « subduction » sous les bordures continentales, au niveau des fosses océaniques, certains chercheurs pensent même qu'aucun fond océanique d'aujourd'hui ne serait antérieur à 200 millions d'années. Ce qui n'empêche pas que les emplacements océaniques peuvent avoir duré beaucoup plus longtemps, par exemple celui du Pacifique *(Eopacificus)*.

L'étude des sédiments et des fossiles indique aussi que les océans se sont approfondis ou que leurs fonds se sont renouvelés (fig. 6) : l'*archéobenthos* qui vit aujourd'hui sur le talus continental et représente la faune bathyale (entre 200 et 2 000 m) comprend des organismes que l'on connaît dans les ensembles peu profonds des ères primaire (Pogonophores, Crinoïdes, Hyalosponges, Ptérobranches) et secondaire (Pleurotomaires, Eryonidés, Sphaerastéridés). La faune abyssale (entre 2 000 et 5 000 m), mis à part les quelques Monoplacophores trouvés sur le fond océanique avoisinant l'Amérique centale, appartient à un *néobenthos* d'origine moins caractérisée. Quant à la faune hadale des grandes fosses, isolée, elle a subi une spéciation par anachorèse au cours du Tertiaire, ce qui confirme la jeunesse de ces structures.

Deux accidents, d'échelle planétaire, semblent avoir rompu une croûte encore fragile, indépendamment de la Téthys, les zones anorthositiques euraméricaine et gondwane. Jalonnées par des « plutons » (massifs) d'anorthosite associés à des roches hautement métamorphiques, ces zones matérialisent un événement catastrophique dont l'élaboration a duré 600 millions d'années entre 1 700 et 1 100 millions d'années (Herz, 1969). Quelle que soit l'origine de cette longue catastrophe, les massifs anorthositiques émanent de la partie la plus profonde de la croûte, peut-être au niveau de la discontinuité de Conrad (Michot, 1963). La zone anorthositique *euraméricaine* part de l'Ukraine, traverse la Finlande et la Scandinavie, les Hébrides externes et le sud du Groenland, le Labrador, le Québec, les Adirondacks, et se partage ensuite vers le Mexique et la Colombie d'une part, la Californie d'autre part. Peut-être se prolongeait-elle alors vers la presqu'île des Tschouktches. La partie principale de cette zone préfigure étrangement l'emplacement des lèvres du futur *Protoatlantique* (Iapetus), en particulier sur la limite Grenville-Appalaches et entre Groenland et Hébrides. La zone anorthositique *gondwane* se suit depuis les monts Musgrave (Australie), les Ghâtes orientales (Inde péninsulaire), Madagascar, la Tanzanie, le Congo, l'Angola et le Brésil oriental, avec un point aussi en Antarctide (Terre de la Reine Maud). Cet accident ne paraît pas avoir laissé de séquelles aussi profondes que le premier.

Naissance du système Terre-Lune ?

L'origine de ce système est controversée. On pense souvent que la Lune fut, dès l'époque des protoplanètes, le satellite de la Terre. D'autres sont d'avis que cette planète fut captée. Herz (1969) a invoqué les événements ayant accompagné la naissance des relations entre Terre et Lune pour expliquer les linéaments anorthositiques d'entre 1,7 et 1,1 milliard d'années. La capture de la Lune par la Terre doit en effet avoir eu des conséquences planétaires non seulement sur les marées externes mais aussi sur les marées internes (dans la partie supérieure du manteau).

Indices de marées. — On sait que dans les océans actuels le phénomène périodique des marées est dû à l'attraction lunaire. On a recherché les traces de marées dans les terrains les plus anciens. Les Stromatolithes sont des concrétions calcaires se formant de nos jours sur les mattes algaires de la zone de balancement des marées (zone tidale), laquelle découvre largement à marée basse. Leur hauteur, en Australie occidentale, par exemple, est déterminée par la différence entre les marées extrêmes. Or certains Stromatolithes observés dans les terrains antécambriens atteignent de plus grandes dimensions que ceux des mers actuelles : datés d'entre 2 et 1 milliards d'années, ils dépassent 6 m, ce qui indiquerait une amplitude équivalente des marées contemporaines (Cloud, 1969). C'est une preuve indirecte que la Lune gravitait déjà autour de la Terre. Probablement en était-elle plus près qu'elle ne l'est aujourd'hui.

Paléogéographie résultante

Une époque brisante commence donc vers 1,7 milliard d'années, entraînant les premières grandes ruptures de la Pangée. La croûte de la chélogenèse du lac Supérieur se fragmente en plusieurs blocs. De ce que l'on connaît de l'histoire ultérieure de la Terre on peut conclure que la fin de ce bouleversement fut en outre une coupure en deux supercontinents subégaux : Laurasie (100,7 millions de kilomètres carrés) et Gondwanie (100,6 millions de kilomètres carrés) d'après les évaluations les plus récentes, c'est-à-dire avec une différence de 100 000 km^2, soit 0,1 %. Cette différence, qui équivaut à peu près à la superficie de l'Islande (Dietz et Sproll, 1966), peut d'ailleurs s'expliquer par quelques petites annexions comme celle de la Floride et de la Nouvelle-Ecosse, initialement liées au bouclier africain, et des Dinarides aussi, annexions qui n'ont pas encore été toutes dénombrées. Chacun des deux supercontinents demeure une mosaïque de boucliers (et de petits nuclei) reliés entre eux par des zones faibles, futurs géosynclinaux, sillons dans lesquels se produit une évolution qui aboutira à une nouvelle consolidation crustale.

La séparation entre Laurasie et Gondwanie était matérialisée par l'ébauche d'une zone fracturale à laquelle on donnera le nom de Téthys.

La révolution hudsonienne a transformé la surface de notre globe. On admet à cette époque l'existence de trois ensembles cratoniques groupés : la Laurasie, la Gondwanie et l'Eopacifique, mais déjà se dessinent des linéaments qui commanderont l'évolution paléogéographique de la croûte terrestre.

En ce qui concerne les boucliers eux-mêmes, la révolution hudsonienne a déterminé une partie de leur histoire future. Ainsi la *zone mobile d'Athabasca*, dirigée est-nord-est - ouest-sud-ouest, se présente comme une zone de réactivation d'il y a 1 900 à 1 700 millions d'années, avec apport de potasse (Burwash et Krupicka, 1970). Les roches enrichies en potassium devenant plus légères, cette zone deviendra un seuil qui tendra à se soulever jusqu'à l'époque actuelle.

Pour le bouclier scandinave, cette phase de dislocation est celle du Gothien (1 750 à 1 150 millions d'années), époque sans plissements, pendant laquelle s'est produite une intense fracturation accompagnée de la montée de granites et de laves, et finalement le volcanisme basaltique du Jotnien (Lundegardh, 1971).

Héritage du Précambrien : les lignes de déhiscence futures

Il paraît démontré que, de l'asthénosphère (p. 26, tabl. 3, fig. 3, 4) s'élèvent des « panaches » *(plumes)* de flux thermique en des points privilégiés de la croûte continentale ou océanique. A ces « points chauds » *(hot spots)* correspondent un volcanisme et une tendance de la croûte à se rompre en des *rifts* divergeant selon trois directions, les « intersections triples » *(3-junctions)*; l'alignement de ces derniers aboutit à privilégier une ou deux de ces directions en formant de grands *rifts*, la troisième devenant un bras mort dont la cicatrice, remplie de sédiments épais (aulacogène), est pratiquement ineffaçable (Wilson, 1965, 1973; Morgan, 1971 ; Burke et Wilson, 1976). Les chaînes linéaires de volcans telles que celle de l'île de Pâques semblent être directement reliées à des lignes chaudes nées dans l'asthénosphère entre les cellules de convection sans intervention de mouvements crustaux (Bonatti et Harrison, 1976).

Les éléments de la croûte continentale actuelle ont été élaborés avant le dernier milliard d'années de la Terre, et plus ou moins remaniés depuis. Leur socle profond est antérieur à 2,6 milliards d'années. Les *linéaments* (cassures majeures, Hobbs, 1911) selon lesquels cette croûte se morcelle sont très anciens et souvent cernent d'anciens boucliers. Leur ensemble (taphrogenèse, rhegmatisme, Sonder, 1947) constitua le filigrane de l'évolution paléogéographique. Parce qu'il est de dimensions planétaires, le grand ensemble des cassures africaines est exemplaire : le Sinaï offre des cassures précambriennes soit parallèles au «*rift* clysmique» (golfe de Suez) soit parallèle au fossé d'Akaba, indice que les deux sphénochasmes (angles de rotation) qui isolent ce bouclier étaient comme dessinés « en pointillé » dans la croûte par des « panaches » et leurs « points chauds ». Les fossés africains *(rift valleys)* ne représentent que l'évolution au Plio-Pléistocène de cassures précambriennes (nord-nord-est - sud-sud-ouest) maintes fois rajeunies depuis le triangle des Afar (qui résulte d'une « jonction triple ») jusqu'en Tanzanie et au sud du Zambèze (McConnel, 1974). Toutes les cassures africaines, responsables de phénomènes volcaniques s'échelonnant depuis 1 milliard d'années jusqu'à l'époque actuelle (Termier et Termier, 1956), ont la même date de naissance, précédant les temps fossilifères : ligne Nigeria-Aïr, fosse de la Bénoué, fosse de Gao, ligne du Cameroun, etc. Il en est probablement ainsi de la cassure d'où est né progressivement l'océan Atlantique entre Amérique du Sud et Afrique (Sutton, 1968), et de celles à partir desquelles s'est formé l'océan Indien depuis le Permo-Trias : faille bordière de l'Est africain (canal de Mozambique), faille est de Madagascar, fractures de Chagos, d'Amsterdam, d'Owen, et faille de Chaman (Afghanistan), crête Ninety-East (90e degré de longitude est).

En ce qui concerne l'Inde péninsulaire, elle se révèle composée de cinq nuclei datés de plus de 3 milliards d'années par les roches de leur socle granulitique (charnockites), réunis en trois protocontinents (Dharwar, Aravalli, Singhbum) encore séparés aujourd'hui par des linéaments ayant évolué en *rift-valleys* (Narbada, Son, Godavari et, entre les deux nuclei composant le Singhbhum, celui du Mahanadi).

Des linéaments profonds ont également modelé l'Europe, rajeunis après les grandes orogenèses au Permien, puis pendant l'ère tertiaire : une ligne Mjøs-Méditerranée passe par le fossé d'Oslo (parallèle à la faille précambrienne du Télémark), la vallée du Rhin, la vallée du Rhône (la limite orientale du cristallin du Massif central est quasi rectiligne).

Il semble en être de même pour les *rifts* du Baïkal dont le dernier jeu est également plio-pléistocène.

Ainsi observe-t-on l'héritage d'un Précambrien souvent ancien de zones faibles, cassures toujours prêtes à rejouer, à donner les fossés dans lesquels, préférentiellement, montent un flux de chaleur et des produits du manteau supérieur, restes de dégazéification et venues de laves. Les rejeux privilégiés de linéaments profonds ont donné naissance aux grandes dorsales océaniques. Anciens boucliers et nuclei, parfois relaxés par ces rejeux, gagnent une certaine indépendance.

Avec les montées dans les linéaments profonds sont venus parfois de grands gîtes métalliques (Lombard, 1969). Parallèlement aux cassures de l'océan Indien, une zone platine-nickel partirait du sud-est de l'Afrique (Great Dyke, Bushveld), longerait les Mozambiquides, traverserait le Caucase et l'Oural pour atteindre le Taymir (Thamm, 1969) ; le long d'un autre « grand cercle », la ligne d'argent de Spurr prend en écharpe l'Amérique du Sud andine et la Californie.

Bibliographie

ARNAUD H., BARFETY J.-C., GIDON M. et PAIRIS J.-L., 1978 – A propos du rhegmatisme des zones externes alpines au sud de Grenoble. *CRAS*, *286*, D, p. 1335-1338.

BURKE K. C. et WILSON J. T., 1976 – Hot Spots on the Earth's Surface. *Scientific Amer.*, *235* (2), p. 46-57.

BURWASH R. A. et KRUPICKA J., 1969-1970 – Cratonic reactivation or the Precambrian basement of Western Canada. I. Deformation and chemistry. *Canad. Journ. of Earth Sci.*, *6*, p. 1381-1396. II. Metamorphism and isostasy. *Ibid.*, *7*, p. 1275-1294.

CLOUD P., 1969 – The primitive Earth. *New Scientist*, p. 325-327.

DALZIEL *et al.*, 1971; 1975 – Voir p. 104.

DIETZ R. S. et HOLDEN J. C., 1970 – The break-up of Pangaea. *Sci. Am.*, *223*, p. 29-41.

DIETZ R. S. et SPROLL W. P., 1966 – Equal areas of Gondwana and Laurasia (ancient supercontinents). *Nature*, *212*, p. 1196-1198.

GRAINDOR M.-J. et ROBLOT M.-M., 1976 – Atlas du rhegmatisme de l'Europe. *Etudes Socles Europ.*, 1977 – Le Rhegmatisme. *Ibid.*

HERZ N., 1969 – Anorthosite belts, continental drift and the anorthosite event. *Science*, *164*, p. 944-946.

HOBBS W. H., 1911 – Repeating patterns in the relief and in the structure of the land. *Geol. Soc. Amer. Bull.*, *22*, p. 123-176.

LUNDEGARDH P. H., 1971 – Neue Gesichtspunkte zum schwedischen Präkambrium. *Geol. Rundschau*, *60* (4), p. 1392-1405.

MAC CONNEL R. B., 1974 – Evolution of taphrogenic lineaments in continental platforms. *Geol. Rundschau*, *63* (2), p. 389-430.

MORGAN W. J., 1971 – *Nature*, *230*, p. 42-43.

PALMER H. C. et CARMICHAEL C. M., 1973 — Paleomagnetism of some Grenville Province rocks. *Can. Journ. Earth Sci.*, *10*, p. 1175-1190.

PICARD L., 1970 – On Afro-Arabian Graben Tectonics. *Geol. Rundsch.*, *59* (2), p. 337-381.

SONDER R. A., 1947 – Shear patterns of the earth's crust. Discussion *in* Vening MEINESZ, *Am. Geophys. Union Trans.*, *28*, p. 939-946.

SUTTON J., 1963 – Long-term cycles in the evolution of the Continents. *Natures*, *198*, p. 731.

TERMIER H. et TERMIER G., 1956 – *Evolution de la lithosphère*. 2. *Orogenèse*, 2 vol., Paris, Masson.

TERMIER H. et TERMIER G., 1974 – Rhegmatisme et grands accidents au Maroc; la Moghrabia, le Jebel Tichka. *Ann. Scient. Univ. Besançon*, *3*, 22.

THAMM N., 1969 – Great circles. The leading lines for jointing a mineralization in the upper Earth's crust. *Geol. Rundschau*, *58*, (3), p. 677-696.

WILSON J. T., 1965 – *Phil. Trans. R. Soc.*, *258*, p. 145-167.

WILSON J. T., 1973 – *Tectonophysics*, *19*, p. 149-164.

3 Structure des grandes unités paléogéographiques

Même aux temps de la Pangée, où la croûte continentale était concentrée dans un hémisphère, les unités structurales, soit déjà semblables à ce qu'elles sont aujourd'hui, soit encore plus évidemment composites, montraient une certaine indépendance les unes par rapport aux autres au niveau des grands linéaments.

Gondwanie

L'un des deux supercontinents est la Gondwanie, composée de l'Afrique (fig. 12), encadrée par l'Amérique du Sud, Madagascar, l'Inde péninsulaire (Dekkan), l'Australie (fig. 13) et l'Antarctide, étroitement associées, au point que les mêmes chaînes de montagnes et les mêmes zones de minéralisation passent de l'est de l'Amérique du Sud (Arqui-Africa de Guimaraes) à l'ouest du bouclier Africain (Mayumbe), d'autres allant de Madagascar à l'Inde péninsulaire et d'autres encore de la zone andine à l'Antarctide.

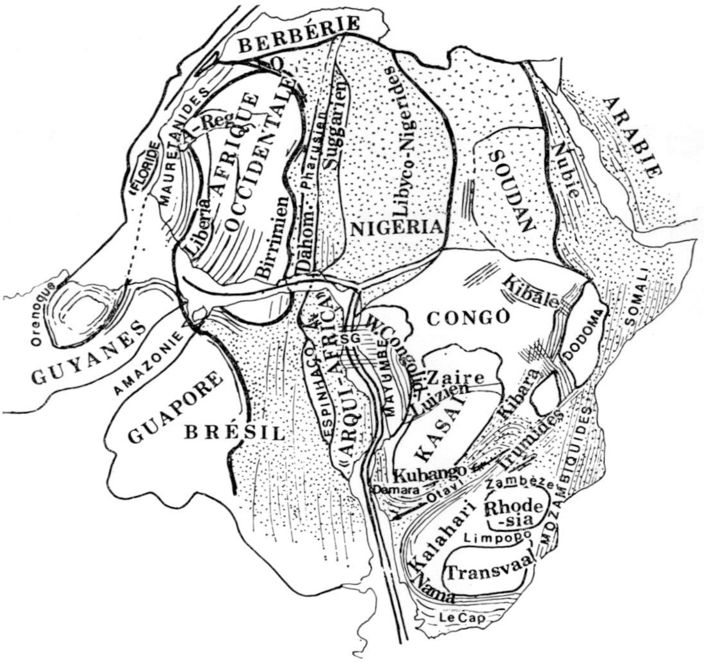

Fig. 12 *a* - Le puzzle afro-américain au Précambrien

Les chaînes plissées entre les boucliers sont d'âges divers, certaines ayant subi des phases orogéniques jusqu'au Paléozoïque supérieur (Mozambiquides, Maurétanides). Vieux craton considéré comme le plus stable et même le « point fixe » par rapport à certaines dérives continentales, l'Afrique, longtemps liée à l'Amérique du Sud (Guyane + Brésil) est restée une mozaïque de boucliers indurés, unis entre eux par des sutures souples. Entre l'est du Brésil (Arqui-Africa = chaînes Cariri et Paraïba) d'une part, et la Mayumbe = chaîne ouest-congolienne d'Afrique, d'autre part, les terrains de Sergipe et du Gabon (S. G.) indiquent une union très étroite.

Quelques dates : les terrains les plus anciens (gneiss granitiques et granulites de plus de 3 milliards d'années) affleurent dans l'Est et le Sud (cratons de Dodoma, de Rhodésie et du Transvaal), dans l'Ouest (bordure du sillon Pharusien, Libéria, dorsale Amsaga-Réguibat (A.-Reg.) et dans le Kasaï. Des âges de 2,6 milliards d'années (tonalites et granulites) datent des terrains à l'est du Kalahari, dans la zone Sergipe-Gabon (S.-G.) et dans le Luizien. La majeure partie de l'Afrique (Congo, Soudan, Afrique occidentale) correspond à l'Eburnéen (2 à 1,75 milliards d'années). Des chaînes d'âge Grenville (1,25 à 1 milliard d'années) dites Kibariennes, constituent les Kibarides, les Irumides et la chaîne de Nama. Des zones plissées post-Précambrien sont présentes en Berbérie, en Mauritanie et au Cap. Cependant, c'est au Cambrien (entre 650 et 550 millions d'années) c'est-à-dire en même temps que les plissements Baïkaliens de Sibérie et Adelaïdiens-Tyenniens d'Australie que se sont édifiées les chaînes soudant définitivement les petits cratons antécambriens de l'Afrique et de l'Amérique du Sud.

Il s'agit de l'*Evènement tectonico-thermique pan-africain* (pointillé sur le dessin) qui a édifié les chaînes suivantes : 1) Pharusienne-Dahomeyenne-ouest Congolienne et Arqui-africaine, pour ce qui concerne l'Afrique occidentale et le Brésil oriental ; 2) Damarienne (géosynclinale), prenant en écharpe l'Afrique entre le Congo *s.l.* et le Kalahari *s.l.* ; 3) Mozambiquide, occupant l'ensemble de l'Est africain, y compris Madagascar et l'ouest de l'Arabie.

Cet épisode tectonique fut doublé par la réactivation thermique des roches archéennes et éburnéennes, laquelle a compliqué les investigations en modifiant l'âge des minéraux d'âge plus ancien, utilisés pour mesurer les âges atomiques des roches à l'est du craton d'Afrique occidentale et encadrant le Congo. Notons qu'à la même époque le pôle (S) était situé en Afrique et que de grandes glaciations s'y sont produites à l'Eocambrien et à l'Ordovicien, entraînant la formation de lourds inlandsis pouvant avoir fait s'enfoncer le socle sous leur poids, en entraînant une aggravation thermique (Termier et Termier, 1969).

Enfin, les auteurs reconnaissent l'existence d'aulacogènes qui ont façonné la configuration de l'Afrique : parmi ceux-ci, la zone d'Ougarta (O) datée de 350-200 millions d'années, ainsi que celle de Damara.

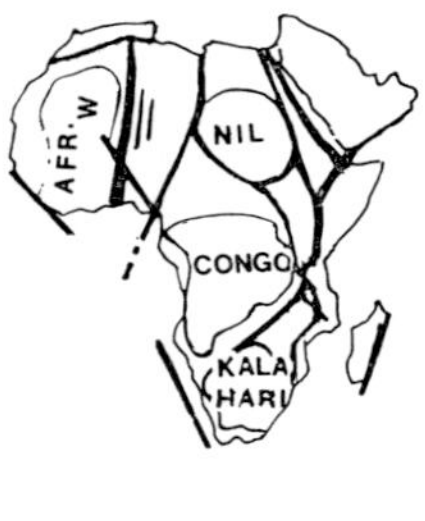

Fig. 12 *b*

Schéma montrant les directions des principaux linéaments encore vivants aujourd'hui

Fig. 12 *c*
Liaison Afrique-Amériques

Reconstitution de la liaison entre Afrique-Amérique du Nord (zone protoatlantique) et Afrique-Amérique du Sud (zone fracturale de la Bénoué) au niveau des bordures continentales. Pour l'emplacement de l'Iapetus (voir fig. 16), les flèches indiquent les terres ayant fait initialement partie de la bordure africaine et qui ont été déplacées depuis.

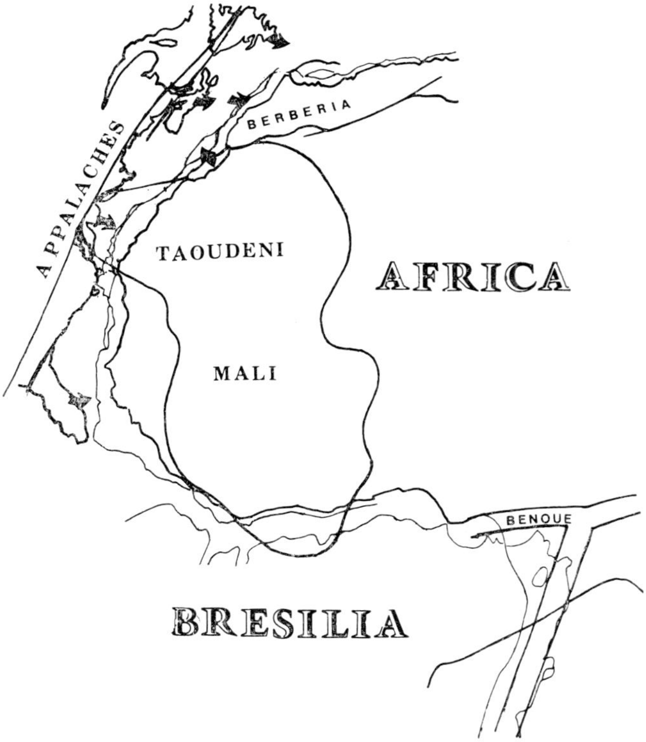

Fig. 12 *d* - L'Afrique et les fossés africains : état actuel

Le bouclier Africain est la zone continentale qui est restée la plus stable depuis les temps antécambriens. L'équilibre crustal y fut basé de façon constante dans ce centre de la Gondwanie. Sa structure ancienne est celle d'une mosaïque de bassins issus des boucliers souvent subcirculaires d'âge archéen, séparés par des chaînes plus récentes (précambriennes).

Cependant, depuis plus de 100 millions d'années, l'Afrique se brise. La région camerounaise (delta du Niger), installée sur un point chaud, est occupée par une jonction triple, prolongée par des « rifts » jusqu'au Soudan. Dans l'est du continent, Arabie comprise, les « rifts valleys » accentuent la dislocation : la mer Rouge en marque un stade ultime, à fond océanique, comme d'ailleurs les Afars.

Plusieurs points chauds et points triples marqués par la présence de volcans importants (Nakuru, Kilimandjaro, Rungwe, Luangwa) qui jalonnent la « rift valley » de l'Afrique orientale sont probablement à l'origine de celle-ci qui pourrait bien devenir, dans un temps géologique relativement court, un nouveau fond océanique.

Meservey (1971) fait remarquer que la meilleure reconstitution du bloc Amérique du Sud - Afrique doit se faire non seulement à partir des limites de leurs bordures continentales néritiques mais encore en tenant compte d'une augmentation d'environ 16 % de l'ouverture du golfe de Guinée, laquelle s'est produite au niveau des fractures et des *rift-valleys* du Niger et de la Bénoué, linéaments paraissant avoir joué depuis — 900 millions d'années (Sutton, 1968) et rejoué à diverses reprises, par exemple au Crétacé (fig. 13, fig. 42).

La limite nord de la Gondwanie est une limite téthysienne et, comme telle, elle présente, face à l'Europe, les caractères d'une zone anorogénique fracturée. En Afrique du Nord, le raccord des chaînes paléozoïques et alpines se fait par l'intermédiaire des régions hespérique (péninsule Ibérique) et moghrabine (Maroc central). Mais au nord de la Berbérie et à l'est de la Tunisie correspond un ensemble comprenant Baléares-Sardaigne-Corse, l'Italie (Massif préapulien) et la partie adriatique de la péninsule balkanique, qui a reçu le nom de Dinarides : cet ensemble a probablement occupé le vide de la Grande Syrte pendant toute l'ère primaire avant de s'effilocher et d'aller se coller au sud de l'Europe, au niveau des Alpes méridionales. Plus à l'est, l'actuel cul-de-sac de la Méditerranée que constitue le Proche-Orient est composé par l'Arabie faisant corps avec un autre ensemble comprenant la Syrie et l'Iran, délimité au nord par les chaînes du Taurus et du Zagros. Cette zone arabe a également subi une fracturation de dilatation par *rifts* et rotation, en cours depuis 50 millions d'années (Eocène), en particulier au niveau de la mer Rouge et du golfe d'Aden. Plus à l'est encore, l'ensemble lémurien (Inde-Madagascar), coupé des Somalies depuis le Permien par une zone mozambique et bordé par les futures chaînes de l'Hindou-Kouch, de l'Himalaya et du Tien-Shan, ne s'est disloqué que depuis la même époque éocène, en libérant le Dekkan venu (Termier et Termier, 1976) s'accoler au sud de l'Asie vers le milieu de l'ère tertiaire (fig. 52 *a*, p. 310).

La disjonction générale de l'Amérique du Sud, de l'Antarctide et de l'Australie, qui s'est achevée paléogéographiquement à l'orée de l'ère tertiaire, s'est amorcée par l'existence d'une province presque constamment marine depuis 400 millions d'années (province malvino-caffre du Siluronien, mer à *Eurydesma* du Sakmarien).

L'Arc Scotia et les Antilles australes. *Fig. 14*
(voir Termier et Termier, 1956, p. 505-507)

La continuité entre l'Amérique du Sud et l'Antarctide est assurée au niveau de leurs cordillères marginales qui bordent aussi le Pacifique par un arc insulaire, l'Arc Scotia, formé de petits reliefs en majorité sous-marins et portés par une croûte continentale composant aujourd'hui le Banc de Burwood, la plate-forme du sud des Orcades méridionales, ainsi probablement que le

Fig. 13. — Les grandes unités structurales de l'Australie
(Australasie continentale)

Les principales de ces unités sont des boucliers antécambriens. Seules les Tasmanides (à l'est) sont post-paléozoïques. Leur évolution paléogéographique et orogénique est liée à celle de l'arc papou (fig. 15 *a-b*).

Fig. 14. — Cordillère andine — Antarctide occidentale
(Histoire de l'Arc Scotia, d'après Dalziel et Elliott, 1971 ; Dalziel, Dott, Winn et Bruhn, 1975)

Sur les deux figures, l'axe de la structure au niveau de la S. Georgia est indiqué par deux flèches orientées dans des directions opposées. Le passage de la géographie (*a*) à la géographie (*b*) est relaté dans le texte au cours de l'histoire du Crétacé supérieur et de l'ère tertiaire ;

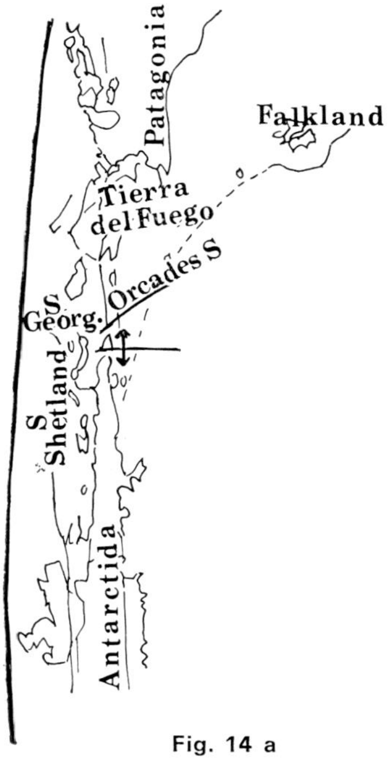

Fig. 14 a

Reconstitution de la disposition des terres au temps de la Pangée (avant le Trias).

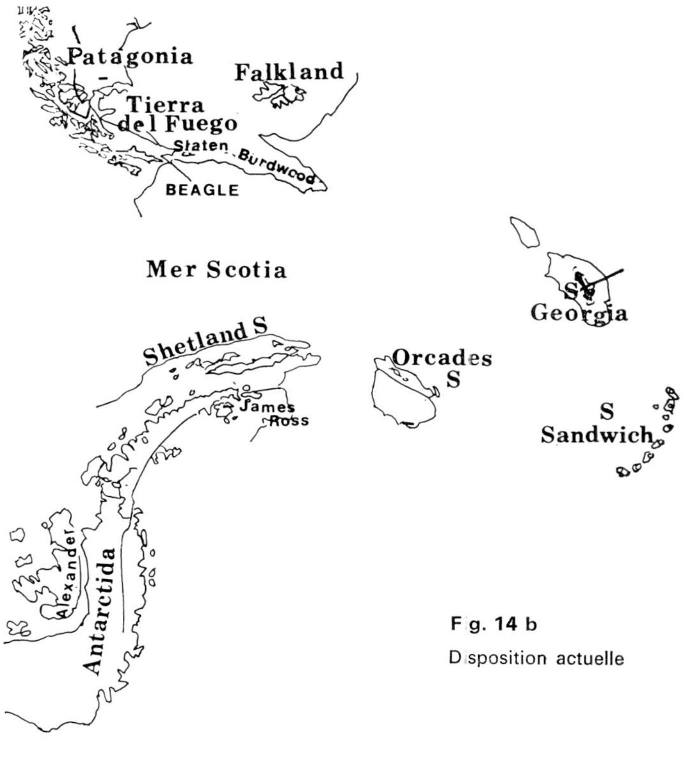

Fig. 14 b

Disposition actuelle

substratum de la Géorgie et des Shetland du Sud. Situé entre la plaque sud-américaine et la plaque antarctide (délimitée latéralement par la crête du Pacifique-Antarctique et la crête médio-atlantique, au nord par le soulèvement chilien et la zone de fractures des Sandwich méridionales et de l'arc du même nom), l'ensemble de l'Arc Scotia se présente avant le Jurassique comme bien différent de ce qu'il est aujourd'hui (Dalziel et Elliott, 1971); cet ensemble, de subrectiligne est devenu sinueux. Le socle métamorphique antérieur à la fin du Paléozoïque (sans doute précambrien) et la sédimentation de la fin de l'ère primaire le montrent comme partie intégrante de la Gondwanie, soulignant une fois encore la continuité entre l'Amérique du Sud, l'Afrique et l'Antarctide. Au Paléozoïque supérieur, l'entité dénommée par Du Toit (1937) « géosynclinal de Samfrau » unissait au niveau de l'Arc Scotia (qu'il débordait largement) les unités que nous venons de citer. Au Trias et au Lias, sans doute en concordance avec l'accentuation du décollement de l'Antarctide par rapport à l'Afrique (amorcé au Siluronien), soulignée aussi par le volcanisme du Karroo (en Afrique du Sud, désormais lointaine) commence l'orogenèse gondwane (protocordillère) en Patagonie et Antarctide, prolongeant la chaîne andine. Elle se traduira par un volcanisme calco-alcalin perdurable au cours du Jurassique et du Crétacé, pour atteindre son paroxysme à la limite Crétacé-Tertiaire, lors de la mise en place d'une nouvelle cordillère plissée et des plutons « andins ». La soudure continentale est attestée par le passage presque constant des vertébrés terrestres jusqu'au début de l'ère tertiaire, époque à partir de laquelle la rectilinéarité de la chaîne ando-antarctique s'est trouvée altérée par l'affrontement titanesque de deux expansions océaniques, celle du Pacifique oriental et celle de l'Atlantique Sud. La poussée du Pacifique l'emporta, dessinant dès l'Oligocène une boucle composée d'une poussière d'îles et de rochers, mordant sur l'Atlantique, en même temps qu'en tournant, les protagonistes continentaux (Amérique du Sud et Antarctide) se rapprochaient, ce qui rétrécit le passage de Drake. A la fin de l'ère tertiaire, la boucle se rompit suivant deux décrochements parallèles au niveau de l'arc et de la zone de fractures des Sandwich du Sud, et des parcelles de croûte continentale furent entraînées (Géorgie du Sud, rochers de Black et de Shag), tandis que naissait l'arc volcanique des Sandwich méridionales. L'interruption de la continuité des terres émergées date de l'Eocène supérieur ou de l'Oligocène.

L'Arc Papou et les Salomonides. *Fig. 15*

La bordure gondwane de l'Australasie se compose d'un ensemble insulaire aujourd'hui fort distant de la masse continentale. Des reconstitutions de l'état initial ont été proposées par Van der Linden (1969) et par Griffiths (1971). Il s'avère que des hiatus de croûte océanique se sont insérés progressivement entre des bandes de croûte continentale, constituant ainsi des plaines abyssales

Fig. 15 - L'Arc Papou ou Arc 3 N

L'ouverture de l'Arc Papou est comparable à celle de la Téthys en ce qu'elle s'est faite au niveau de linéaments et sous la forme de boutonnière à fond océanique. Comme pour la Téthys, une tentative d'ouverture s'est produite au Permien, ici dans l'île Nord de la Nouvelle-Zélande, au Mont Dun (D) : la suturation de cet essai sans lendemain a laissé un massif ophiolitique avec une roche particulière qui fut nommée *dunite*. L'ouverture de la mer de Corail et de la mer Tasmane s'est opérée pendant l'ère tertiaire entre l'Eocène et le Miocène, en même temps que se produisaient sur le continent des charriages d'ophiolites, semblables à ceux qui jalonnèrent la Téthys méditerranéenne et celle du Zagros pendant l'ère secondaire. Ces ophiolites, visibles dans les 3 N (*N*ouvelle-Guinée, *N*ouvelle-Calédonie, *N*ouvelle-Zélande), plus récentes encore dans les îles Salomon, y ont apporté l'abondante minéralisation des roches du manteau terrestre (fer, nickel, chrome, platine).

Fig. 15 ***a*** - Reconstitution de la disposition des terres au temps de la Pangée (avant le Trias)

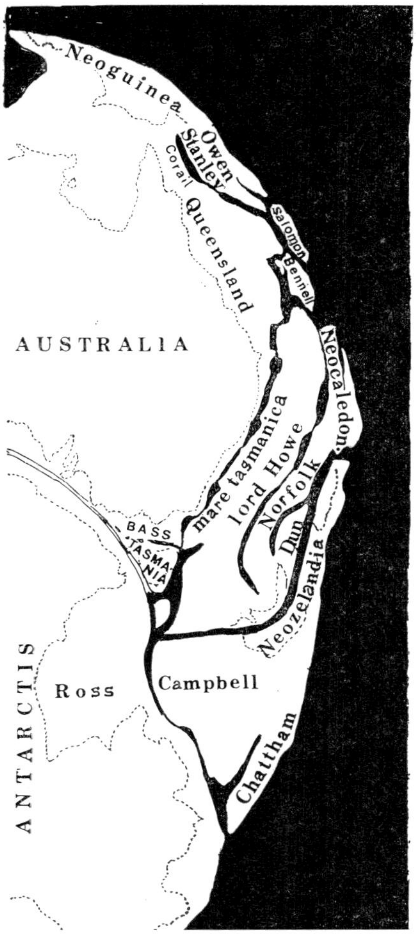

Fig. 15 ***b*** - Disposition actuelle

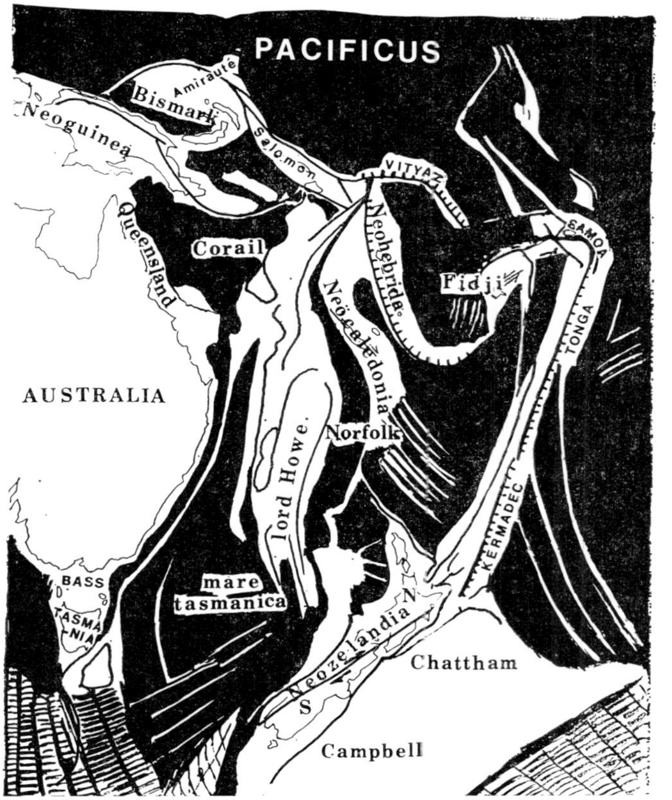

comme celle de la mer Tasmane, entre d'une part l'Australie occidentale, d'autre part le soulèvement de Lord Howe et celui de Norfolk prolongé par la Nouvelle-Calédonie.

La Nouvelle-Zélande appartient à un grand plateau continental sous-marin comprenant le plateau de Campbell et celui des Chatham au sud-est. Cet ensemble, prolongé vers le nord jusqu'au plateau des Louisiades et en Nouvelle-Guinée, constitue l'Arc Papou ou Arc des 3N qui a subi une évolution géosynclinale pendant l'ère secondaire et qui, vers le sud, est en continuité avec le soulèvement de l'île Macquarie. Enfin, plus à l'est, une zone encore active est constituée par les îles Salomon, à socle continental (l'arc géosynclinal des Salomonides, de Stille). L'ouverture fugitive d'une boutonnière à fond océanique et sa fermeture pendant le Permien sont envisagées pour expliquer le massif péridotitique du Mont Dun au nord de l'île Sud de la Nouvelle-Zélande (Blake et Landis, 1973).

Laurasie et Iapetus

La Laurasie embrasse l'Amérique du Nord (y compris la Sibérie orientale, le Groenland et le Spitzberg) ainsi que l'Europe et l'Asie. Plus que la Gondwanie, l'ensemble a possédé des éléments de mobilité intrinsèque qui ont nécessité des ajustements pendant plus d'un milliard d'années. On peut dire qu'à l'orée des temps fossilifères, l'évolution crustale de la Laurasie n'était pas aussi avancée que celle de la Gondwanie. Les éléments de mobilité sont le système calédonien, celui de l'Oural et celui du Verkhoiansk, lesquels communiquaient entre eux par la partie ancienne de l'Arctique (Eo-arctique). Cet ensemble présente de nombreux points de comparaison, surtout avec le système téthysien tel qu'il se présenta au cours des ères secondaire et tertiaire.

Laurasie et Eurasie : le continent Pacifica ?

Depuis le Viséen jusqu'à l'Artinskien, l'Asie sibérienne, bordée au sud par la partie Altaïde du géosynclinal varisque, fut séparée de l'Europe par une zone océanique, le géosynclinal ouralien. Depuis le Trias jusqu'au Jurassique supérieur, elle fut séparée de la Sibérie orientale par la zone océanique du Verkhoiansk et d'Oussouri. La Sibérie orientale et la plate-forme des îles de Long constituaient avec l'Alaska et la cordillère nord-américaine un ensemble continental limité à l'est par le « bras de mer de l'Alberta » (Dévonien) dont on trouvera les traces au Lias, au Dogger et jusqu'au Jurassique supérieur (mer de Sundance) si l'on suit l'interprétation de Stewart (1972) comme un rift séparant des continents et datant de moins de 850 millions d'années, et largement magmatisé jusqu'à nos jours (fig. 48).

Ainsi on peut dire que, à l'époque de la Pangée, la Laurasie *s.l.* se trouvait coupée en secteurs par des zones océaniques étoilées à partir de l'Eoarctique :

Fig. 16. — Esquisse d'une reconstitution du Protoatlantique (Iapetus)

L'histoire du Protoatlantique né après la révolution hudsonienne et actif lors de l'orogenèse du Grenville fut essentiellement celle de la chaîne Calédonienne, des Appalaches, ainsi que, pour une partie seulement, des orogenèses de l'Ouest de la Méso-Europe, même si elles procédèrent principalement des mouvements varisques (chaînes Bretonne, Asturienne, Moghrabine et probablement Maurétanides). Le Iapetus convergeant au sud avec la Téthys, isole l'Amérique du Nord par l'est et le sud.

La ligne 1) correspond à la limite nord-ouest de la structure, au sein des terres antécambriennes du Grenville, appuyées sur les boucliers Canadien et Groenlandais, auxquels participe le Lewisien d'Ecosse (île Lewis, Highlands du Nord-Ouest). Elle se prolonge en Norvège entre Bergen (B) et Trondhjem (T) où, comme dans le Grenville, on observe des massifs d'anorthosite, témoins probables de l'une des premières phases du Iapetus. En Ecosse, le charriage du Moine (Moine thrust) correspond à la poussée des terrains cambriens métamorphiques du Moinien et du Dalradien sur cette zone continentale sous l'action du mouvement de la « plaque » américaine. Cette disposition daterait de l'Ordovicien moyen (phase de Trondhjem).

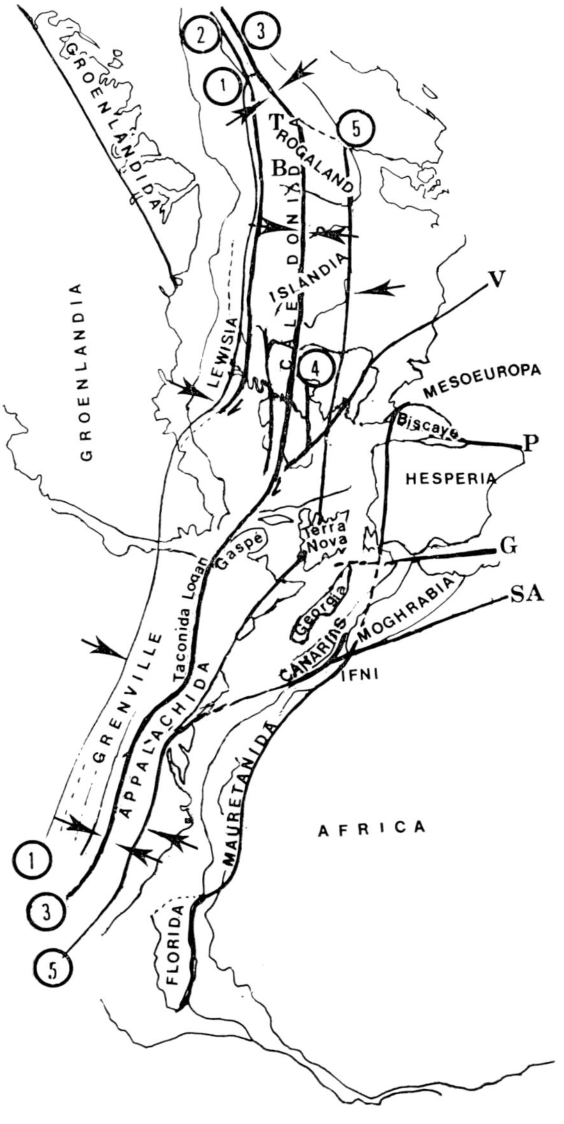

La ligne 2) est le Great Glen Fault (Ecosse, sud des Highlands Nord) qui date de la mise en place de la chaîne calédonienne (il correspond à la ligne des Loch). C'est un décrochement ayant déplacé les massifs de granite dévoniens de 105 km depuis sa formation.

La ligne 3) correspond à la limite nord-ouest des Appalaches, c'est-à-dire à la ligne de Logan. Elle se prolongerait en partie à travers l'Irlande par la démarcation sud fracturée des Highlands Sud d'Ecosse. Cette ligne coïncide dans les Appalaches avec les confins de la chaîne Taconique. On peut la considérer comme la suture d'un fond océanique qui se ferma à l'Ordovicien supérieur. Cette ligne est relayée par la fosse du Northumberland, à la frontière Ecosse-Angleterre, qui se prolonge en Scandinavie par celle de Jotunheim-Lyngen. Il s'agit encore d'un ancien fond océanique devenu un décrochement de 980 km : la « suture de l'Iapetus » (Phillips, Stillman et Murphy, 1976). Cet ensemble constitue l'axe des Calédonides.

La ligne 4), purement britannique, correspond à l'alignement du volcanisme calédonien dont l'âge s'échelonne entre 473 au nord de l'Angleterre et 415 millions d'années au sud-ouest de l'Irlande, c'est-à-dire de l'Ordovicien supérieur au Siluronien. Cette ligne a subi la poussée de la « plaque eurasiatique » vers l'ouest.

La ligne 5) est célèbre au point de vue paléogéographique (Termier et Termier, 1964, p. 104, fig. 90*a*) puisqu'elle délimite, au sein de la zone appalachienne deux provinces marines à Trilobites du Cambrien : la province américaine à l'ouest, la province ouest-européenne à l'est. L'est de Terre-Neuve, la Géorgie, la Floride font partie de la bordure eurafricaine stable (comme les Canaries). Situées à l'est de cette zone, elles seront soudées à l'Amérique par la suturation du Iapetus et lui demeureront attachées lors de l'ouverture de l Atlantique.

V = limite nord de l'aire Varisque ; P = linéament Pyrénées-Biscaye ; G = linéament Gibraltar-Açores ; SA = linéament sud-atlasien-Long Island ;
Ces lignes de direction téthysienne affectent l'espace de l'Iapetus.

le Iapetus, l'Oural, le Verkhoiansk et le bras de mer de l'Alberta — ou zone cordillérienne.

Dans l'hypothèse d'un continent *Pacifica* (voir plus bas) occupant la majeure partie du Pacifique Nord, celui-ci comprenait la Chine du Nord, la cordillère nord-américaine et l'ensemble Sibérie orientale - îles de Long - Alaska. Il était limité au sud par l'Eopacifique qui deviendra Pacifique Sud, au sud-est par l'extrémité de la branche sud-ouest du Iapetus et au sud-ouest par la branche paléo-cathaysienne de la Téthys (nord du continent Mu), enfin à l'est par les orogènes successifs d'où sont nés, au Paléozoïque inférieur, la chaîne du Saïan et, à la fin du Paléozoïque, celle de Mongolie.

Le Protoatlantique ou Iapetus. Fig. 16

Il n'est pas impossible que la branche américano-scandinave du sillon des minerais de fer rubanés (p. 56, fig. 9) ait amorcé l'un des linéaments les plus importants de l'histoire de la Terre. Plus tard, datée de 1,5 milliard d'années, la branche américano-scandinave de la zone des anorthosites (p. 108, fig. 21 *a*) occupa la même zone dans la même direction. Parallèlement à elle, l'orogenèse de Grenville, puis le système appalacho-calédonien ont évolué à partir de 1,2 milliard d'années. P. Michot (1972) remarque que « les massifs anorthositiques de type profond peuvent être conçus comme liés à l'évolution d'une croûte océanique basaltique ». Des zones anorthositiques océaniques de l'Antécambrien, il semble bien que seul ce segment américano-scandinave ait ébauché un océan dont le fond s'est élargi et rétréci puis qui s'est suturé à la fin de l'orogenèse calédonienne, en laissant jusqu'à nos jours des linéaments encore vivants comme le décrochement du Great Glen.

A cet océan, reconnu non seulement par son rôle structural mais aussi par la répartition biogéographique de certaines faunes, a été donné le nom de Protoatlantique (Wilson, 1966; Bird et Dewey, 1970; P. Michot, 1972) et celui de Iapetus (Harland et Gayer, 1972). Jamais il ne devint aussi large que l'Atlantique actuel. Mais son emplacement coïncide en partie avec plusieurs éléments de l'Atlantique Nord.

Dans les failles transformantes de l'Atlantique équatorial actuel, par exemple celles de Vema, Atlantis, Saint-Paul et Romanche, ont été reconnus des massifs ultrabasiques anciens. Une mylonite à hornblende brune appartenant à celui des îlots de Saint-Paul, sur la crête médio-atlantique, fournit un âge de 835 millions d'années.

Le Protoatlantique (Iapetus) était bordé par des zones d'évolution de la croûte : orogènes calédonien et Grenville-Appalaches dont l'évolution a abouti à la surrection de chaînes de montagnes (comportant des nappes de charriage) qui offrent une minéralisation assez faible, indiquant que les rapports avec les zones sous-crustales du manteau étaient peu importants. Son passage est marqué à la base de l'Ordovicien par des faunes marines entre l'Ecosse et les arcs de Bergen (Sturt, comm. orale). Il peut être suivi alors à travers le sud de l'Amérique du Nord jusqu'en Argentine (golfe de Jujuy).

Au niveau de la zone calédonienne, la Laurasie fut complète à partir de l'érection de la chaîne calédonienne qui souda l'Amérique du Nord à l'Europe en annulant le Protoatlantique et en édifiant la Paléo-Europe (fig. 17).

Autres linéaments

Restait encore une zone de mobilité crustale au niveau de l'Oural laquelle fut transformée en chaîne de montagnes à l'époque permienne, soudant ainsi les plates-formes qu'elle séparait, et une autre au niveau du Verkhoiansk, zone étroite sans doute et dont on connaît encore incomplètement l'histoire mais qui fut soudée à la fin du Jurassique. Pendant le Paléozoïque supérieur et pendant l'ère secondaire, des gouttières épicontinentales drainèrent vers le sud les eaux arctiques (mer de Sundance au nord-est des Rocheuses, mer du Nord, bras de mer russe). La rupture de la croûte continentale laurasienne au niveau de l'Atlantique Nord se produisit tardivement, à l'Eocène, après l'ouverture des deux autres segments de l'Atlantique (centre et sud). Ainsi sur l'emplacement du Protoatlantique était rompu le système calédonien, mais avec, cette fois, une zone mobile centrale (la crête médio-océanique) qui n'était pas encadrée par des orogènes marginaux.

Un autre élément révélant le caractère inachevé de la Laurasie au début des temps fossilifères est le système varisque, que l'on nomme aussi Altaïdes, dont nous restent aujourd'hui de nombreuses vieilles chaînes plus ou moins parallèles à la Téthys, en particulier l'ensemble du Paléozoïque nord-téthysien. Hors de la Fennosarmatie, toute l'Europe, et hors de la plaine sibérienne, toutes les chaînes de l'Asie centrale, variscides et altaïdes, couvrent une énorme surface comparable à celle de l'Archéen, et sont abondamment minéralisées, ce qui prouve que, comme les chaînes antécambriennes, elles ont reçu des apports du manteau supérieur. A partir du Trias, l'aire varisco-altaïde a servi de bâti à l'orogenèse alpine qui n'en a occupé qu'une faible surface et dont la minéralisation est aussi pauvre que celle du système calédonien, preuve d'une fissuration moins profonde.

La Téthys. *Fig. 18*

Tout au long de l'histoire de la Terre, la Téthys est un vaste ensemble structural de linéaments et de zones de fractures, une entité océanique, un élément majeur de la paléogéographie, de la paléobiologie et de la paléoclimatologie, qui sépare les deux supercontinents, Laurasie et Gondwanie. Il n'a pas sa place dans la géographie actuelle car ses vestiges se sont fondus dans des structures nouvelles. Le caractère sialique (c'est-à-dire formé de croûte continentale) du socle sur lequel se sont installées les bordures de la Téthys est bien établi (de Booy, 1957).

Fig. 17 - Les puzzles laurasiens

Fig. 17 *a* - Structure schématique de l'Europe

L'Europe telle qu'elle se présente aujourd'hui est un puzzle d'origines et d'âges divers.

L'*Eo-Europe* antécambrienne correspond en gros au bouclier fenno-sarmate, comptant, avec le bouclier scandinave et l'Ukraine, la plate-forme russe, la plaine d'Europe du Nord, et s'enfonçant en Angleterre dans le « coin » de la Terre de Saint-George.

La *Paléo-Europe*, depuis l'Irlande, l'Ecosse et le Pays de Galles, s'étend à la chaîne calédonienne (Norvège) et au Svalbard (île aux Ours, Spitzberg). Elle correspond à une partie de l'Iapetus suturé et fermé par l'orogenèse calédonienne.

La *Méso-Europe* va depuis les Sudètes jusqu'au sud de l'Irlande mais comprend aussi l'Espagne et la Moghrabia (Meseta marocaine) : c'est l'aire des plissements varisques liés au bordures septentrionale et méridionale de la Téthys mais ayant subi l'influence des mouvements calédoniens au carrefour des structures proto-atlantiques.

La *Néo-Europe* compte la chaîne alpine et les fragments de la bordure méridionale de la Téthys (Dinarides) qui, sous la poussée de l'Afrique, ont eté soudés à l'Europe.

Au nord-ouest de la Paléo-Europe, une partie de l'Atlantique Nord marque, au niveau de Jan Mayen et du rift de Mohns, la limite médio-atlantique du domaine européen.

Fig. 17 *b*
Structure schématique de l'Asie

L'Asie se compose d'éléments d'origines diverses.

L'*Eurasie*, que prolonge l'Europe.

La *Laurasie*, prolongement du bouclier Canadien, séparée de l'Eurasie par le Verkhoiansk.

La *Néo-Asie*, essentiellement gondwane, liée définitivement à l'Eurasie à une époque relativement tardive, comme la Néo-Europe l'est aux trois éléments qui l'ont précédée.

Les *guirlandes insulaires*, structures assez jeunes, séparées du continent asiatique par des mers épicontinentales d'âge Crétacé supérieur-Eocène.

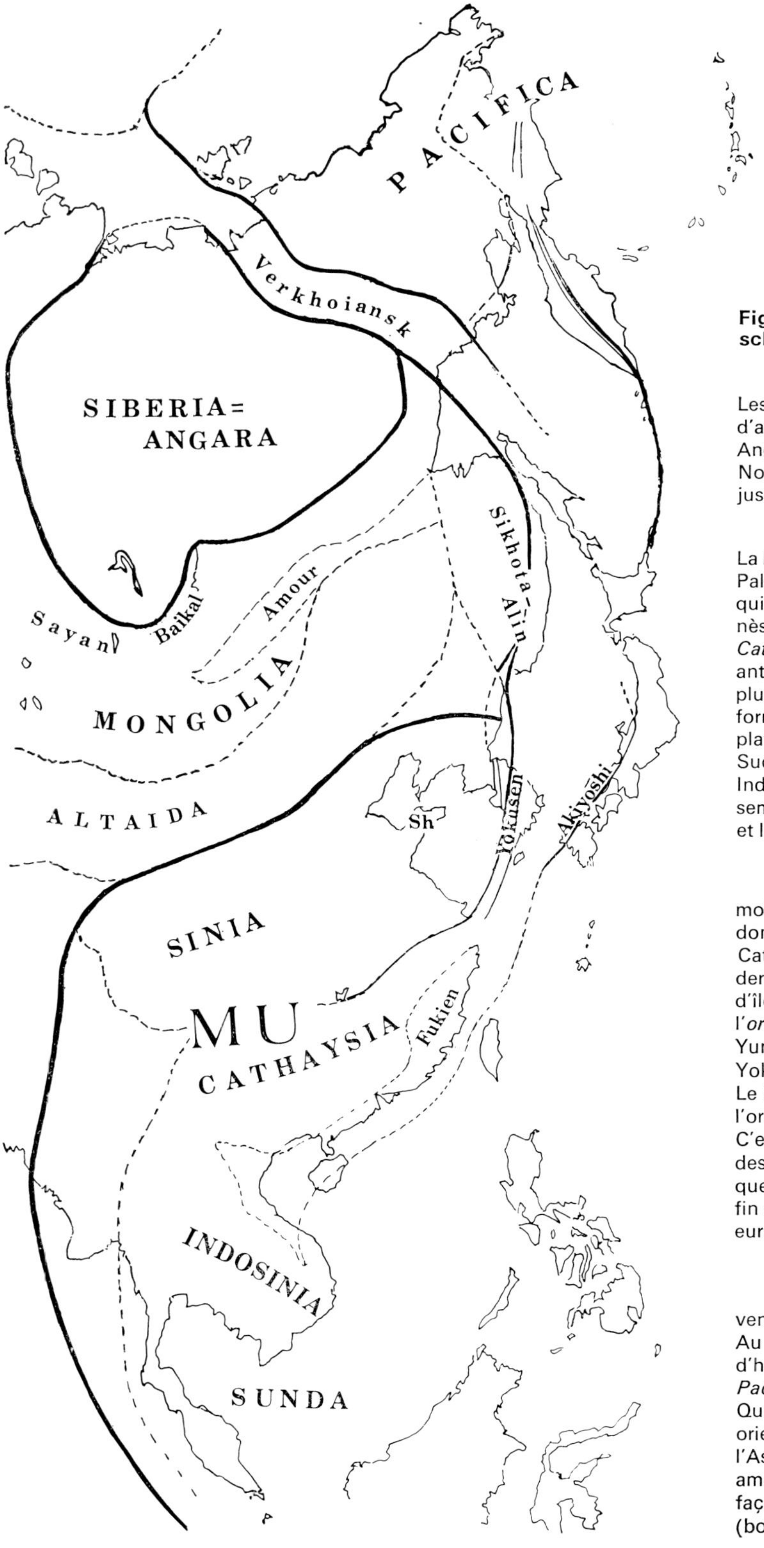

Fig. 17 *c* - L'Asie orientale : schéma structural actuel

Les principaux boucliers antécambriens servant d'armature à l'Asie orientale sont le *Siberia* (ou Angara), au nord du Baïkal, et *Sinia* (la Chine du Nord y compris la Corée du Nord et le Shantung, jusqu'à l'embouchure du Yang-Tsé-Kiang).

La Mongolie et la Sayan ont été édifiées pendant le Paléozoïque inférieur et moyen ; tandis que l'Altaï qui les borde plus au sud correspond à l'orogenèse varisque (Altaïdes) et à la Méso-Europe. La *Cathaysia* (Chine du Sud) compte des éléments antécambriens comme le Fukien et des éléments plus récents, indiquant l'existence d'une plate-forme envahie par la mer au Paléozoïque. Cette plate-forme cathaysienne se prolonge en Corée du Sud et au Japon, d'une part, vers le sud en Indochine et d'autre part dans les Philippines. Elle semble avoir été reliée à l'Australasie par l'Insulinde et la plate-forme de la Sonde.

Le continent *Mu* évoqué dans cet ouvrage, au moins pour le Paléozoïque supérieur, comprend donc un ensemble de plates-formes stables : Sinia, Cathaysia, Sunda, etc., et des zones mobiles. Ces dernières constituent les prémisses de certains arcs d'îles en guirlandes circumpacifiques : il s'agit de l'*orogène Labidien* (depuis le Vietnam Nord, le Yunnan, la Corée du Sud avec le géosynclinal de Yokusen et l'ouest du Japon (orogène d'Akiyoshi). Le Primorye (Sikhota-Alin) complète vers le nord l'orogène Labidien qui se raccorde au Verkhoiansk. C'est-à-dire qu'en fait, étant donné l'ancienneté des faunes de l'orogène Labidien, nous pensons que l'ensemble Labidien-Verkhoiansk date de la fin du Précambrien et séparait dès lors le domaine eurasiatique du domaine pacifique.

Au niveau du continent Mu, le même ensemble venait à rencontrer l'extrémité orientale de la Téthys. Au nord, le domaine pacifique était comme aujourd'hui de type continental, constituant le continent *Pacifica*, dont nous retrouverons un avatar au Quaternaire, *Beringia* : à son niveau, la Sibérie orientale (à l'est du Verkhoiansk) était coupée de l'Asie et reliée à l'Alaska et à la cordillère ouest-américaine, ces deux provinces étant de la même façon séparées du reste de l'Amérique du Nord (bouclier Canadien) par le bras de mer Belt-Alberta.

La Téthys, zone de fractures

La chélogenèse du lac Supérieur voit se produire dans le relief de la Pangée une torsion dont on peut trouver l'origine dans les forces centrifuges accompagnant la rotation de la Terre (voir p. 58). Les conséquences d'un tel mouvement dans la géographie d'aujourd'hui sont extrêmement nettes, à savoir le décalage vers l'est des continents austraux (Amérique du Sud, Afrique, Australie) et du Pacifique Sud par rapport à leurs homologues de l'hémisphère boréal, ainsi que les nombreuses failles de cisaillement et de décrochement est-ouest affectant la partie centrale de la crête médio-océanique de l'Atlantique et du Pacifique oriental.

Lors de la révolution hudsonienne (1,7 milliard d'années), on était déjà arrivé à l'amorce d'un cisaillement selon un grand cercle coupant en deux hémisphères la Pangée et l'Eopacifique, et qui correspond à la Téthys. Mais son caractère équatorial semble s'être effacé presque immédiatement sous l'action du nouveau régime des courants de convection ou des nouveaux rapports Terre-Lune. La Téthys prit alors une position subméridienne qui lui fut conservée au moins jusqu'à l'Ordovicien supérieur (425 millions d'années).

La ligne médiane de la Téthys fut sans doute d'abord un linéament, puis un *rift* étroit séparant les deux grandes « plaques » issues de la Pangée. Mais on notera que les bords de la Téthys ont acquis une structure différente de ceux de l'Atlantique actuel : le sud de la Laurasie (varisco-altaïdes) se trouvait ourlé par des marges continentales actives, longées par la croûte océanique et subissant une évolution orogénique géosynclinale résultant de mouvements tangentiels. Ce phénomène ne se produit aujourd'hui qu'en bordure du Pacifique et en de rares endroits privilégiés (Antilles, mer des Cyclades). Le nord de la Gondwanie ne subit alors aucun plissement mais des soulèvements épeirogéniques.

La séparation de deux supercontinents par une zone de fractures méridienne avait d'autres conséquences : les forces centrifuges ne jouaient plus au niveau du cisaillement téthysien mais au niveau de l'équateur, lequel, dépendant de la position des pôles, devait être proche du pourtour de l'Eopacifique quand l'un de ceux-ci était en Afrique. Il y a 1,75 milliard d'années, lors de la révolution hudsonienne, en admettant que la Terre avait un rayon de 4 700 km, l'équateur devait à peu près délimiter un hémisphère continental et un hémisphère océanique. L'axe de rotation terrestre perçait alors le nord de l'Afrique en un point variable, et une région correspondante du Pacifique central. Cet équilibre, peu modifié par de minimes translations des pôles magnétiques, a duré environ un milliard d'années.

La Téthys, océan ? Fig. 18

Dès le début des temps fossilifères, la Téthys séparait les deux supercontinents et on peut faire l'hypothèse qu'elle les sépara selon un processus d'expansion du fond océanique de part et d'autre d'un ou de plusieurs *rifts*. Il convient de cher-

Fig. 18 - Structures téthysiennes

La Téthys paléozoïque fut un ensemble de plates-formes gondwanes inactif, que l'on peut opposer au Iapetus océanisé jusqu'au Silurien. Du Trias au Jurassique il s'y est ouvert des fonds océaniques ; elle fut refermée ensuite et disparut du fait de l'orogenèse alpine tandis que s'ouvraient l'océan Indien et l'Atlantique.

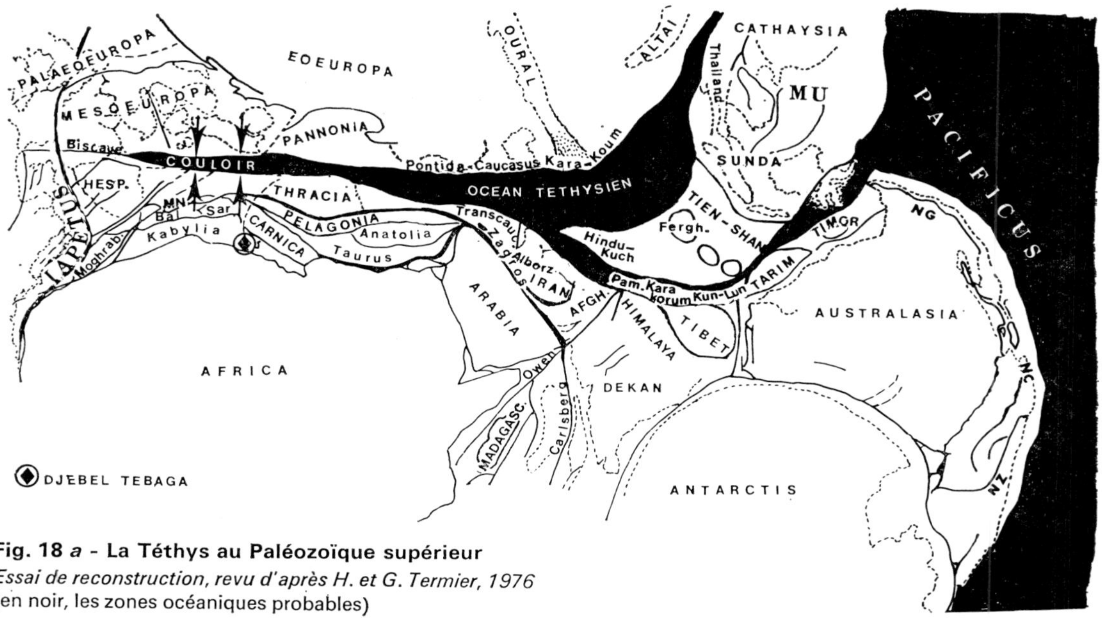

Fig. 18 *a* - La Téthys au Paléozoïque supérieur
Essai de reconstruction, revu d'après H. et G. Termier, 1976
(en noir, les zones océaniques probables)

Au cours de l'orogenèse varisque (Altaïdes) et sans doute aussi avant elle, la Téthys occidentale est un couloir fissural, peut-être de type « rift », butant à l'ouest sur le domaine calédonien de l'Iapetus, suturé depuis le Siluronien. A l'est, l'océan Téthysien, plus large, est fermé par le continent *Mu*, dans le Sud-Est asiatique (Chine = Cathaysia ; Sunda, Thaïlande) qui assure la liaison entre l'Asie orientale et l'Australasie. Entre l'Eurasie et la Gondwanie, de part et d'autre de la Téthys, les bordures offrent une symétrie apparente mais la bordure nord, laurasienne, a été plissée par l'orogenèse varisco-altaïde, à la différence de la bordure sud, gondwane, qui est restée calme, seulement soulevée par des mouvements épeirogéniques ; à l'ouest, entre la Méso-Europe au nord et, au sud, l'ensemble Moghrabia-Hesperia — Kabylie-Taurus, y compris les massifs intermédiaires : Baléares, Montagne Noire, Corse, Sardaigne, Esterel ; au centre, entre le massif Thrace (Rhodope, Istranja) Pelagonia, les Pontides-Caucase et le Taurus-Transcaucasie, puis entre le Kara Koum et l'Altaï au nord et, au sud, l'ensemble Iran-Afghanistan, Himalaya-Tien Shan. A la fin de l'ère primaire, au Permien, aucun gisement marin n'est connu à l'ouest de la Tunisie, le Djebel Tebaga, de caractère *très peu profond*, étant le plus occidental. Il faut donc admettre qu'une dernière phase épeiro-orogénique, de serrage de la Gondwanie à la Méso-Europe (varisque), avait réduit localement le couloir téthysien à une suture temporaire.

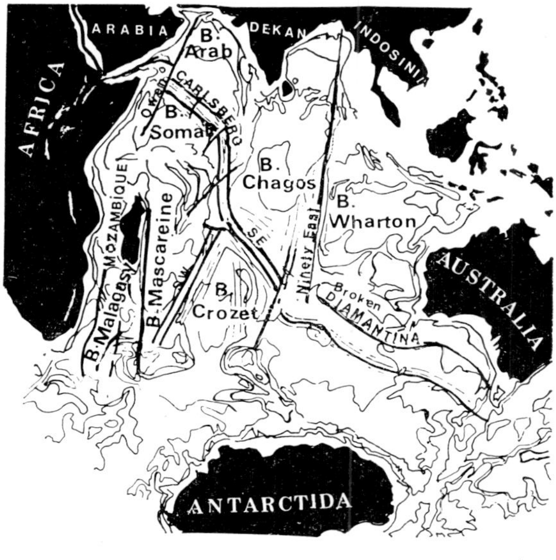

Fig. 18 *b* - Schéma structural de l'océan Indien

(A l'inverse de la figure 18 *a*, les parties émergées des continents sont figurées en noir.)

Cette figure des failles et des « rifts » rend compte de la complexité de cet océan né de la dislocation de la Gondwanie. En comparant avec le schéma proposé (fig. 18 *a*) pour la reconstitution de la Téthys au Paléozoïque supérieur, on peut se rendre compte des modifications survenues dans la partie orientale de cette dernière. Le départ du Tarim, du Tibet, du Tien Shan et du Dekkan vers le Nord, de Madagascar vers le sud, semble avoir donné lieu à la formation de bassins à fond océanique, tel par exemple celui de Wharton à l'ouest de l'Australie.

cher quelle forme devait avoir cet océan Téthysien et quelles en furent les limites.

Les reconstitutions qui ont été faites jusqu'à présent des supercontinents séparés par la Téthys admettent que dès lors la Terre avait le même rayon qu'aujourd'hui. Aucune trace d'océan Téthysien n'existe dans ce qu'à l'heure actuelle on pourrait appeler le monde occidental, c'est-à-dire entre les Amériques, l'Europe de l'Ouest et l'Afrique du Nord. L'océan Téthysien se situe entre l'Asie et des terres gondwanes (est de l'Arabie, Iran, Afghanistan, Inde, Tien-Shan, Australie). Dans le cas d'une reconstitution admettant la constance de longueur du rayon actuel de la Terre, l'océan Téthysien est un golfe du Pacifique s'ouvrant largement et disjoignant totalement l'ensemble Insulinde-Terre de la Sonde de l'Australasie. Or nous avons vu (p. 37) que la liaison de ces deux ensembles fait partie des traits permanents du monde continental. Si l'on admet un allongement du rayon terrestre, c'est-à-dire l'expansion, cette liaison étant conservée, l'océan Téthysien se présente à la façon de l'Atlantique jeune, fermé plus ou moins à ses deux extrémités, c'est-à-dire au niveau Sonde-Australasie à l'est, au niveau de la Méditerranée orientale à l'ouest, mais s'étant possiblement agrandi par l'extension de fonds océaniques. La nature océanique du fond de la Téthys s'est accrue à l'est et à l'ouest lorsque cet océan s'est retrouvé en position subéquatoriale, c'est-à-dire à partir de l'ère secondaire. C'est l'époque pendant laquelle s'ouvrent les hiatus méditerranéens, le sillon médio-méditerranéen, alpin-anatolien, qui atteint 200 km de large au Jurassique moyen, ainsi que les sutures du Taurus, du Zagros et de l'Indus dès le Permien. L'extension du fond téthysien s'est arrêtée pendant l'ère tertiaire et, le mouvement de l'ensemble gondwan vers la Laurasie s'accélérant, toute la Téthys a été sacrifiée en compensation de l'ouverture de l'océan Atlantique et de l'océan Indien (fig. 18 *b*).

L'océan Téthysien avait peut-être des contours sinueux préfigurant déjà la rupture de la Gondwanie. Pour Dietz et Holden (1971), entre l'Inde péninsulaire et l'Australie, un *sinus australis* aurait évolué au cours des âges pour devenir l'actuel bassin de Wharton (fig. 13), délimité au nord par la fosse de Java, à l'ouest par la crête Ninety-East, au sud par celle de Brocken et à l'est par l'Australie occidentale à laquelle il reste lié. En fait, la reconstitution à laquelle nous avons abouti en tenant compte de l'esquisse partielle de Crawford (1974) donne une explication satisfaisante de l'hiatus actuel en suggérant que le Tibet et le Tien-Shan (y compris le Tarim) étaient accolés à la bordure nord-gondwane, ce qui ne semble pas laisser la place d'un bassin de Wharton ayant duré depuis les temps antécambriens.

Du côté est américain, l'histoire de la Téthys laisse des points obscurs car elle interfère avec celle de l'orogène calédonien, puis dès le Trias moyen, avec celle de l'océan Atlantique.

La liaison Asie-Australie ; le continent Mu ?

Les travaux les plus récents montrent que le « golfe téthysien » ne fut pas largement ouvert sur l'Eopacifique (Pacifique Sud) comme le suggéraient

Dietz et Holden (1971) mais fermé pour sa plus grande partie par une unité continentale ancienne comptant l'Insulinde, la Sonde, l'Indochine, les Philippines et la Chine méridionale (Cathay). Ce continent, lequel dépasse l'acception de l'Aequinoctia (Abendanon, 1919), est séparé de la Sibérie par la mer du Baïkal, de l'Amour (Dévonien-Carbonifère inférieur), du Yang Tsé (géosynclinal paléocathaysien) et de la Gondwanie par le géosynclinal himalayen (Carbonifère supérieur, Permien, Trias, Jurassique) prolongé au nord de l'Australie (géosynclinal Timor — Est Célèbes), lequel appartient au domaine téthysien. C'est le continent *Mu* (Waterhouse et Bonham-Carter, 1975). D'après la répartition des faunes, le Japon du géosynclinal de Chichibu (Cipango) pourrait avoir eu quelque accointance avec le continent Mu, au moins à partir du Carbonifère.

Conclusion : discontinuité de la Téthys

En résumé, l'ensemble téthysien constitue donc une entité valable si on le considère comme un groupe de linéaments mais sa qualité crustale fut à tout le moins discontinue. Nous employons les termes d'*océan Téthysien* pour le « golfe » proche du Pacifique (encore que celui-ci ait été fermé par la zone Indochine-Sonde-Insulinde qui constitue un lien continental ancien entre l'Australasie et l'Asie), et de *Téthys fracturale* pour une zone méso-européenne séparant l'Europe du Nord de l'Afrique, probablement occupée dans sa partie axiale par un *couloir téhysien*, seul pourvu d'un fond océanique qui donnera naissance au *sillon alpin* mésozoïque. Une série de microplaques distribuées de façon variable de part et d'autre de ce couloir suggèrent deux plates-formes continentales hachées de fractures de direction téthysienne, l'une formée des Baléares, de la Sardaigne, de la Corse, des massifs Dinariques et des Taurides, et liée à la Gondwanie, l'autre au sud de l'orogène varisque, composée du massif Thrace (Rhodope-Istranja), des Pontides et du Caucase, et liée à la Laurasie (Termier et Termier, 1976). A l'ouest de ces microplaques, un lien étroit agrafait les deux supercontinents au niveau du Maroc, de la péninsule Ibérique et du nord des Appalaches. Sans doute s'agit-il de la soudure des socles ayant résisté à la dislocation de la Pangée, déjà cependant attaquée par l'existence de linéaments est-ouest qui résisteront pendant toute l'orogenèse calédonienne et probablement même jusqu'à la fin de l'ère primaire. Vers l'est, on doit considérer comme un prolongement de cette future « néo-Europe » (fig. 17) fracturale, la zone comprenant la Transcaucasie, le Kopet Dagh, le Band i Turkestan et le Pamir frangeant l'Iran, l'Afghanistan, le Karakorum, le Tibet et le Tien-Shan, dont l'ensemble fracturé est plus étroitement accolé à la Gondwanie.

Le Pacifique. *Fig. 19 a, b*

Phase éopacifique : L'océan Pacifique est souvent considéré comme primordial (*Urozean* de Stille). Sa naissance semble avoir été celle d'un linéament suivant un méridien et comprenant le futur océan Arctique; il se serait individualisé

Fig. 19 *a* - Structures de l'océan Pacifique

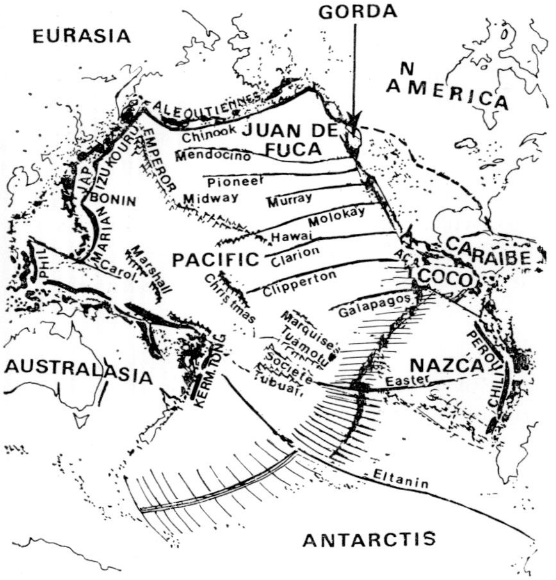

L'océan Pacifique est une aire stable (craton inférieur de Stille), formé d'une seule *plaque*. Jusqu'à la fin du Paléozoïque supérieur, cette plaque (Eopacificus) équilibrait pratiquement ce qui devait devenir la plaque africaine. L'axe de rotation terrestre qui perforait celle-ci dans sa bordure occidentale aboutissait alors en un point du Pacifique pour son autre pôle. Au Trias supérieur, tandis que s'ouvrait la Téthys, prenait naissance la crête du Pacifique oriental, rift de part et d'autre duquel un nouveau fond océanique se formait, flanquant latéralement l'Eopacifique : en bordure occidentale des deux « plaques » américaines naissaient alors des « plaques » ou « sous-plaques » plus petites [Juan de Fuca, Gorda, Farallon, Cocos, Nazca]. Cette parcellisation n'est pas sans rappeler celle à laquelle devait aboutir plus tard le découpage de l'Est africain par les « rift valleys ».

T. Hugues (1975) suggère que le Pacifique Nord ne s'est ouvert que pendant l'ère Secondaire. En fait, *Pacifica*, terre ancienne reliant la Sibérie orientale à l'Alaska, a laissé des traces pendant toute l'histoire géologique : on l'a aussi nommée *Arctica* ou *Beringia*. C'est une barrière constante entre Pacifique et Arctique. Nous ne savons pas si son importance en surface par rapport à l'Eopacifique a diminué ; mais l'accroissement du sud-est du Pacifique est patent, bien qu'en partie compensé par la dérive de l'Australie vers le sud-est et de l'Antarctide vers le sud depuis la fin du Crétacé.

Au Crétacé supérieur, l'Eopacifique se bombait : c'est le Bombement de Darwin qui pourrait avoir disloqué le continent Pacifica. Plusieurs chaînes de montagnes et de volcans (seamounts et guyots) y affleuraient la surface de la mer, il s'y contruisait des récifs. A la fin de la période et au début de l'ère Tertiaire, ces monts s'enfonçaient à nouveau, leur surface naguère aplanie par l'érosion et encroûtée d'organismes constructeurs est située aujourd'hui entre 600 et 1 000 m de profondeur. En même temps se structuraient les arcs d'îles bordant l'Asie et la mer de Béring et se formaient les grandes fosses océaniques, assorties des plans de Bénioff et de la ligne andésitique, qui marquent la limite des croûtes continentale et océanique.

A partir de l'Eocène supérieur, l'ouverture de l'Atlantique Nord permettait à l'Amérique du Nord d'effectuer une rotation dans le sens inverse des aiguilles d'une montre, qui l'amenait à chevaucher toute la partie septentrionale de la crête du Pacifique oriental et des plaques qui l'accompagnaient.

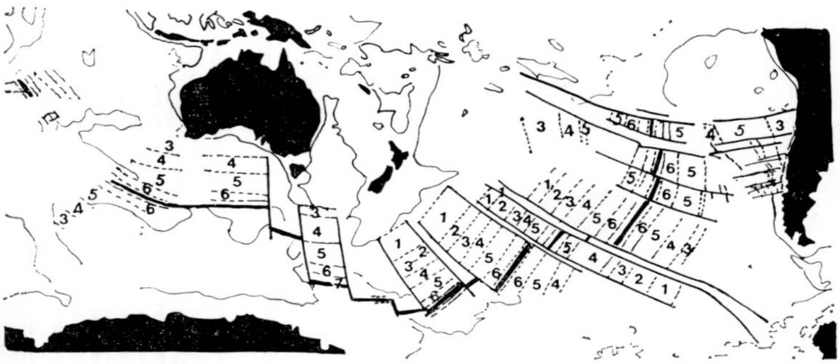

1 : Crétacé 2 : Paléocène 3 : Eocène 4 : Oligocène 5 : Miocène 6 : Pliocène 7 : Pléistocène

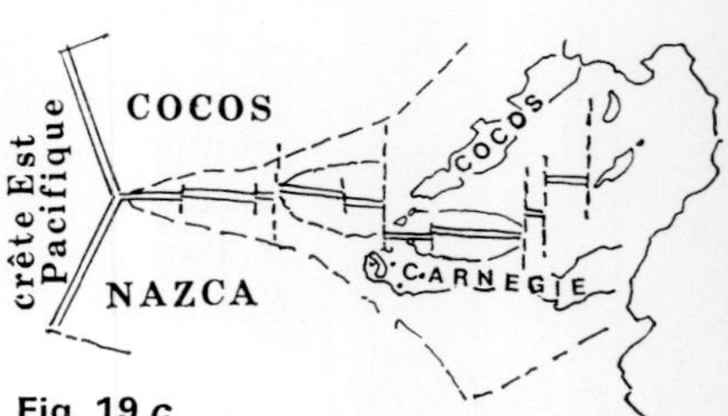

Fig. 19 *c*

La frontière Cocos/Nazca, à l'est de la crête orientale du Pacifique

Fig. 19 *b*

Dans le sud du Pacifique se trouve aussi un segment de la crête de la mer Indienne qui correspond à l'écartement de l'Antarctide par rapport aux autres continents gondwans et à la croûte océanique qui s'est formée depuis le Crétacé à partir de son « rift » médian. Ici a été portée la chronologie simplifiée (en noms de systèmes) de l'écartement océanique (d'après Heezen).

De même que l'Afrique s'est trouvée alors poussée vers le nord, l'ensemble du Pacifique aurait suivi le même mouvement (d'environ 2 220 km) depuis 70 millions d'années (Cande, 1976).

lorsque la croûte primitive fut terminée en surface, il y a environ 2,6 milliards d'années. Plus tard seulement, la différenciation de la croûte continentale et de la croûte océanique (limitée à ce linéament Pacifique) s'établissait par les modalités respectives de leurs accroissements. L'hydrosphère, alors égale à environ la moitié de ce qu'elle est aujourd'hui, tendait à s'accumuler dans les points bas, remplissant donc au fur et à mesure de son ouverture le bassin du Pacifique dont le fond, initialement composé par la surface du manteau, restait de type océanique, c'est-à-dire basaltique et lourd. Cet Eopacifique ne cessa de s'élargir pendant l'Archéen; si l'on admet une expansion terrestre et la permanence en valeur de la superficie de la croûte continentale, cette expansion n'aura profité qu'aux surfaces océaniques.

Dans l'hypothèse d'une Terre à volume croissant plus ou moins régulièrement (expansion), les aires continentales ayant une surface constante, l'extension des fonds océaniques peut être considérée comme un phénomène pratiquement continu : la surface océanique totale aurait été égale au tiers de la surface terrestre il y a 2 milliards d'années, à sa moitié il y a 1,75 milliard d'années. De nos jours, elle occupe 365 millions de kilomètres carrés, c'est-à-dire un peu plus des deux tiers de la surface terrestre (340 millions de kilomètres carrés), le Pacifique à lui seul s'étendant sur 178 millions de kilomètres carrés. Jusqu' au Trias, époque d'ouverture du Pacifique Est et Nord ainsi que de la Téthys, le Pacifique central constitue une unité (craton inférieur de Stille) que l'on peut appeler Eopacifique, groupant l'essentiel des océans auxquels s'ajoutent des annexes plus ou moins temporaires (Téthys, Iapetus) ainsi qu'un Eoarctique débouchant vers le Pacifique par le Verkhoiansk et vers la Téthys par l'Oural. Dans une hypothèse [R. Melville, 1966; T. Hughes, 1975], le Pacifique Nord ne s'étant ouvert qu'au Trias, la cordillère nord-américaine entre l'Alaska (soudé à la Sibérie orientale) et le Mexique aurait été accolée pendant le Paléozoïque à l'est de l'Asie. Un océan allongé né à l'Eocambien aurait alors séparé la cordillère nord-américaine du Bouclier Canadien, et l'ensemble continental nord-Pacifique constitué un continent *Pacifica* (Melville) jusqu'au Verkhoiansk. Cependant, les faunes marines caractérisant la province circumpacifique du Paléozoïque inférieur ont joui de conditions climatiques identiques, facilitant à tel point les migrations que même des genres scandinaves ont passé à travers l'Iapetus et le Pacifique jusqu'en Corée et en Australie (Termier et Termier, 1964).

Dans l'hypothèse Pacifica, la rupture donnant naissance au Pacifique Nord se serait produite à partir du Trias et sa trace pourrait être le bombement de Darwin.

Phase du Pacifique moderne

Au Trias inférieur (il y a 200 millions d'années), la surface terrestre aurait été approximativement de 467 millions de kilomètres carrés, celle de la Pangée encore compacte restant de 201 millions de kilomètres carrés. L'ensemble océanique aurait donc été de 266 millions de kilomètres carrés. Alors à partir

FIG. 20 OCÉAN ARCTIQUE

Fig. 20 *a* - L'océan Arctique aujourd'hui

L'océan Arctique de l'époque actuelle communique avec l'Atlantique. Sa partie ancienne est le Bassin canadien qui compte au sud-est une structure de type « rift » océanique devenue inactive. Le « rift » Nansen aujourd'hui en activité est directement connecté avec la crête médio-atlantique.

Fig. 20 *b* - La région arctique à l'orée des temps paléozoïques

Au début des temps fossilifères et au point de départ de la tectonique des plaques et de l'expansion des fonds océaniques, la région arctique ne renfermait pas l'un des pôles mais semble avoir été occupée par un océan embryonnaire (le Bassin canadien) dont le fond pourrait s'être peu à peu constitué par expansion à partir d'un rift. Cependant, convergeant vers cette région, nous comptons 4 linéaments qui découpent la Laurasie : le Verkhoiansk, le Belt — bras de mer de l'Alberta —. le Iapetus, l'Oural.

Ces 4 linéaments (en noir) ont joué le plus souvent comme des rifts, des géosynclinaux ou des orogènes, et ont conservé jusqu'à nos jours des caractéristiques de chaînes plissées doublées de bras de mer. Ils prennent tous naissance de la périphérie de l'Eoarctique et s'arrêtent au niveau de la Téthys. Ils datent probablement de la période s'étendant entre la révolution hudsonienne et la chélogenèse de Grenville. Cette figure schématique est l'un des traits qui caractérisent la Laurasie par rapport à la Gondwanie, à savoir qu'elle n'a jamais constitué un bloc soudé. En outre leurs parties initiales peuvent avoir été réunies par une zone périarctique, laquelle a été au moins partiellement orogénique et volcanisée au cours de l'ère Primaire. Le long de cette zone périarctique, pendant le Paléozoïque inférieur où elle jouissait d'un climat chaud, se sont produits de grands échanges de faunes marines qui ont profondément pénétré par l'intermédiaire des linéaments entre les aires continentales.

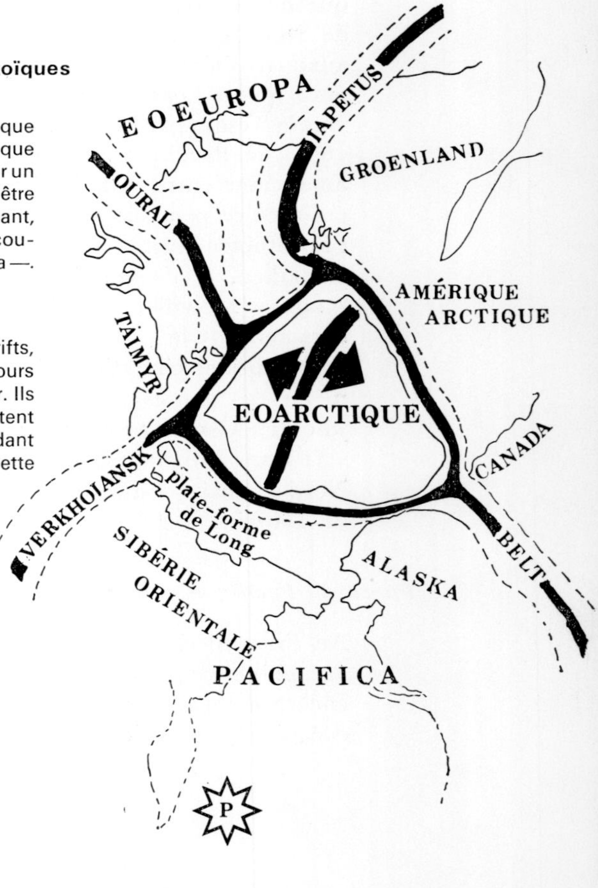

du Trias moyen s'ouvrirent successivement le Pacifique oriental et septentrional (Néo-pacifique), la Téthys, l'Atlantique. A partir du Jurassique supérieur, l'extension de l'océan Indien amenuisa la Téthys. Enfin, la nouvelle annexe de l'Arctique s'étendit en même temps que s'ouvrait l'Atlantique Nord à partir de la fin du Crétacé. La figure 45 montre l'accroissement postjurassique des océans.

Apparus à l'Eocène, les arcs d'îles se présentent comme des structures expansionnelles détachées des bordures continentales (fig. 14, 15).

Des linéaments importants, datant au moins du Crétacé, tels que la ligne des Hawaï et des chaînes de volcans sous-marins, accidentent le fond de l'océan Pacifique.

C'est en bordure du Pacifique que l'on observe les « plans de Bénioff » (p. 28, fig. 4), immenses failles atteignant et dépassant (Th. Jordan, 1974) la limite inférieure de la lithosphère au niveau du manteau terrestre (base du manteau supérieur, tableau 1) : l'orientation de ces failles indique un déplacement de la surface du fond océanique au-dessous des continents (subduction).

La limite du fond océanique constituant le craton Pacifique et des plaques continentales qui l'entourent est aujourd'hui marquée par de nombreux caractères qui lui confèrent une unité apparente : la présence d'un talus et d'anomalies magnétiques (p. 30), les plans de Bénioff, une forte séismicité, des arcs insulaires (dont les âges sont d'ailleurs très divers), enfin un volcanisme actif de type explosif qui s'oppose au magmatisme pacifique de type basaltique et tholéitique. On peut tracer une ligne de démarcation entre ces deux types de volcanisme intra et circumpacifique : c'est la *ligne andésitique* (Born, 1933), qui peut être considérée comme la limite actuelle de l'océan Pacifique (« plaque » Pacifique).

L'Arctique. *Fig 20*

L'océan Arctique correspond à une ancienne dépendance du Pacifique (le *sinus borealis* de Dietz). Aujourd'hui il possède une croûte de type océanique et une crête médio-océanique, la cordillère Nansen, qui se raccorde à la crête médio-atlantique à travers le décalage de plusieurs zones de décrochement (à l'est du Groenland). La cordillère Nansen est flanquée de deux bassins à fond océanique, allongés, qui ont manifestement évolué en même temps que l'Atlantique : la plaine abyssale (où se trouvent le pôle Nord et, tout près de lui, une profondeur de 4 500 m) et la plaine de Barents. Ce système est séparé par la crête Lomonosov d'un autre système, certainement d'un âge antérieur, comportant en particulier la plaine abyssale canadienne ou Bassin canadien, lequel fait partie d'un océan ancien (Churkin, 1969) que nous suggérons de nommer Eo-arctique. Pendant le Paléozoïque inférieur, une zone géosynclinale circumarctique (Termier et Termier, 1956) se raccordait au système calédonien.

Il y a donc eu deux étapes bien distinctes dans l'histoire de l'Arctique. La première est celle de l'Eo-arctique, à partir du début de la différenciation d'une croûte océanique, c'est-à-dire vers 2,6 milliards d'années, en prolongement de l'Eo-pacifique. L'Eo-arctique devint le *Bassin canadien*, limité par un trait planétaire, la *crête Lomonosov* qui longe un linéament prolongé par l'accident du Verkhoiansk d'une part, les grands accidents de la zone calédonienne au sens large d'autre part. Au fond du Bassin canadien, l'Alpha Ridge est une crête médio-océanique émoussée qui semble bien avoir fonctionné au Paléozoïque et au début du Mésozoïque. Etant donné la présence de la grande zone de fractures de Nansen, ou ligne de Geer, perpendiculaire à la crête médio-océanique de Nansen, il est vraisemblable que la partie du Bassin canadien qui longe la crête Lomonosov s'est accrue pendant le début des temps fossilifères à la façon des océans plus récents.

La seconde étape est celle du Néo-arctique, ouvert pendant la même phase que l'Atlantique. La zone de fractures Nansen-de Geer souligne ce déplacement contemporain de l'ouverture de l'océan Atlantique à partir du Crétacé moyen (il y a environ 100 millions d'années).

La crête Lomonosov, de part et d'autre de laquelle s'étendent respectivement l'Eo-arctique (= Bassin canadien) et le Néo-arctique, peut être interprétée comme une croûte continentale appartenant à la Sibérie septentrionale dont elle a été séparée d'abord par un fossé puis par l'expansion océanique de part et d'autre de celui-ci.

Bibliographie

ABENDANON E. C., 1919 – Æquinoctia, an old Palaeozoic continent. *J. Geol.*, *27*, p. 562-578.

BIJU-DUVAL B., DERCOURT J. et LE PICHON X., 1977 – From the Tethys Ocean to the Mediterranean Seas : A plate Tectonic model of the Evolution of the Western Alpine System. *Int. Symp. Struct. Hist. Medit. Bas.*, Split, p. 143-164.

BIRD J. M. et DEWEY J. F., 1970 – Lithosphere plate-continental margin tectonics and the evolution of the Appalachian orogen. *Geol. Soc. Amer. Bull.*, *81*, p. 1031-1060.

BLAKE M. C. Jr. et LANDIS C. A., 1975 – The Dun Mountain ultramafic belt. Permian oceanic crust and upper Mantle in New Zealand. *J. Res. U.S. Geol. Surv.*, *1* (5), p. 529-534.

BORN A., 1933 – Der geologische Aufbau der Erde. *Hdb. der Geophysik*, *2*, p. 759, fig. 306.

CHURKIN M., 1969 – Paleozoic tectonic history of the Arctic basin north of Alaska. *Science*, *165*, p. 549-555.

CRAWFORD A. R., 1974 – The Indus suture line, the Himalaya, Tibet and Gondwanaland. *Geol. Mag.*, *111* (5), p. 369-480.

DALZIEL I. W. D. et ELLIOTT D. H., 1971 – Evolution of the Scotia Arc. *Nature*, *233*, p. 246-252.

DE BOOY T., 1967 – Neue Daten für die Annahme einer sialischen Kruste. *Geol. Rundsch.*, *56*, 1, p. 94-102.

DIETZ R. S. et HOLDEN J. C., 1971 – Pre-mesozoic oceanic crust in the eastern Indian ocean (Wharton Basin) ?, *Nature*, *229* (5283), p. 309-313.

DU TOIT A. L., 1937 – *Our wandering continents*. Edinburgh, Oliver & Boyd.

GRIFFITHS J. R., 1971 – Reconstruction of the South-West Pacific margin of Gondwanaland. *Nature*, *234*, p. 203-207.

HARLAND W. B. et GAYER R. A., 1972 – The Arctic Caledonids and earlier oceans. *Geol. Mag.*, *109*, p. 289-314.

HUGHES T., 1975 – The case for creation of the North Pacific ocean during the Mesozoic Era. *Palaeogeogr.*, *-clim.*, *-ecol.*, *18* (1), p. 1-43, 13 fig.

JORDAN Th. H., 1975 – The continental Tectosphere. *Rev. Geoph. and Space Phys.*, *13* (3), 12 p.

MCKERROW W. S. et ZIEGLER A. M., 1972 – *Silurian palaeogeographic development of the Proto-Atlantic ocean.* 24th Congr. Geol. Int. (6), 10 p.

MELVILLE R., 1966 – Continental Drift, Mesozoic continents and the migrations of the Angiosperms. *Nature*, *211*, p. 116-120, 3 fig.

MESERVEY R., 1971 – The coastline fit of Africa and South America. *Palaeogeogr.-climat.-ecol.*, *9*, p. 233-243.

MICHOT P., 1972 – A la recherche des océans perdus. *Bull. Ac. Roy. Belgique* (Cl. S.), p. 1401-1429, 6 fig.

ROCCI G., 1965 – Essai d'interprétation de mesures géochronologiques. La structure de l'Ouest africain. *Sc. de la Terre*, *X (3-4)*, p. 461-472.

SUTTON J., 1963 – Long term cycles in the evolution of the continents. *Nature*, *198*, p. 731.

TERMIER H. et TERMIER G., 1956 – *Evolution de la lithosphère.* II. *Orogenèse.* Paris, Masson éd., 2 vol.

TERMIER H. et TERMIER G., 1964 – *Les Temps Fossilifères. Paléozoïque inférieur.* Masson éd.

TERMIER H. et TERMIER G., 1974 – Distribution des faunes marines dans le Sud de la Téthys et sur la bordure septentrionale du Gondwana au cours du Paléozoïque supérieur. *Ann. Soc. Géol. Belgique*, *97*, p. 387-446.

TERMIER H. et TERMIER G., 1976 – Configuration de la Téthys en connexion avec la Gondwanie au Paléozoïque supérieur. *CRAS*, *283*, p. 139-142.

TERMIER H. et TERMIER G., 1977 – Pulsations alternées Téthys-Atlantique : une clef de l'histoire terrestre ?. *CRAS*, *284*, p. 1867-1870.

TERMIER H. et TERMIER G., 1977 – Palaeogeographic positions of Variscids, Tethyan platform and Northern Gondwana in eastern Mediterranean area during the Upper Palaeozoic. *6th Aegean Colloquium, Izmir.*

VAN DER LINDEN W. J. M., 1969 – Rotation of the Melanesian complex and of West Antarctia — a key to the configuration of Gondwana ? *Palaeogeogr.-climat.-écol.*, *6*, p. 37-44.

WEISSEL J. K., HAYES D. E. et HERRON E. M., 1977 – Plate tectonics synthesis : the displacements between Australia, New Zealand, and Antarctica since the Late Cretaceous. *Mar. Geol.*, *25*, p. 231-277, 20 fig.

WILSON J. T., 1966 – Did the Atlantic close and then re-open ?. *Nature*, *198*, p. 925-929.

CARTES PALÉOGÉOGRAPHIQUES

Ed. COOK T. D. et BALLY A. W., 1975 – *Stratigraphic Atlas of North and Central America.* Shell Oil Comp., Princeton Univ. Pr.

Ed. VINOGRADOV A. P., 1967 – *Atlas of the Lithological-Paleogeographical Maps of the USSR.* Acad. Sc. USSR, 4 vol.

SMITH A. G. et BRIDEN J. C., 1977 – *Mesozoic and Cenozoic paleocontinental maps.* Cambridge Univ. Pr.

4 Le Riphéen

1,6-0,8 MILLIARD D'ANNÉES

L'environnement

Au Riphéen, les conditions ambiantes primitives étaient devenues bien différentes de celles de l'Archéen et de l'Hudsonien. Les derniers minerais de fer rubanés datent d'environ 1,6 milliard d'années [la flore de ceux des îles Belcher, baie d'Hudson, est encore semblable à celle de Gunflint (Hofmann et Jackson, 1969)]. Mais la page est tournée et la patiente photosynthèse a accumulé suffisamment d'oxygène libre pour qu'il en subsiste dans l'atmosphère sous une concentration encore faible, 1 % PAL *(present atmospheric level)*. Sans doute l'azote a-t-il progressivement remplacé l'ammoniac. Il semble que la plus grande partie de l'atmosphère ait été faite de gaz carbonique (stades où sont restées les atmosphères de Vénus et de Mars).

En bordure des aires continentales, les mers s'étalent en donnant des bassins ou des chenaux qui s'enfoncent. Elles sont riches en vie végétale [un

Fig. 21 — La Terre après la révolution hudsonienne : le Riphéen-Grenville.
(de 1 600 à 800 millions d'années)

Le rayon terrestre aurait atteint environ 5 275 km, il y a 1 milliard d'années. En fait les grands traits de la croûte sont mis en place : c'est le système Grenville dans lequel on peut considérer (cf. Dearnley, 1965) que nous sommes encore.

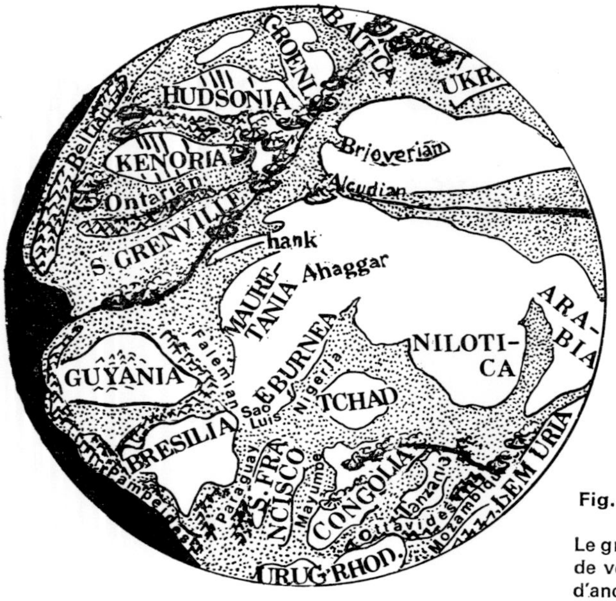

Fig. 21 *a*

Le grand linéament qui donnera le futur Iapetus est jalonné de volcanisme et, en profondeur, par les principaux gîtes d'anorthosites du monde. Face au nord de l'Afrique, le sud de la province de Grenville occupait une position précise à environ 30° au sud-est de sa position actuelle entre 1,2 et 1,1 milliard d'années (calcul de Palmer et Carmichael, 1973). Une première ouverture de l'Iapetus aurait pris naissance au Keweenaw, vers 1,5 milliard d'années, mais il se serait suturé à nouveau vers 0,95 milliard d'années.

Fig. 21 *b*

Ce schéma montre l'hémisphère océanique (Eopacifique), en noir, qui ne cessera de s'accroître et auquel s'oppose un hémisphère continental à surface pratiquement finie, la Pangée, déjà fissurée. L'une des deux principales fissures est la Téthys, l'autre est l'Iapetus (Protoatlantique). La Téthys divise incomplètement la Pangée en deux supercontinents, la Laurasia et le Gondwana. L'Iapetus bloque ce linéament, le complétant dans son rôle vers l'ouest et divisant la Laurasie vers le nord-est.
Les boucliers dont la juxtaposition forme les continents principaux sont séparés par des chenaux de mers très peu profondes, souvent lagunaires, dans lesquelles des Algues primitives concrétionnaient des Stromatolites.

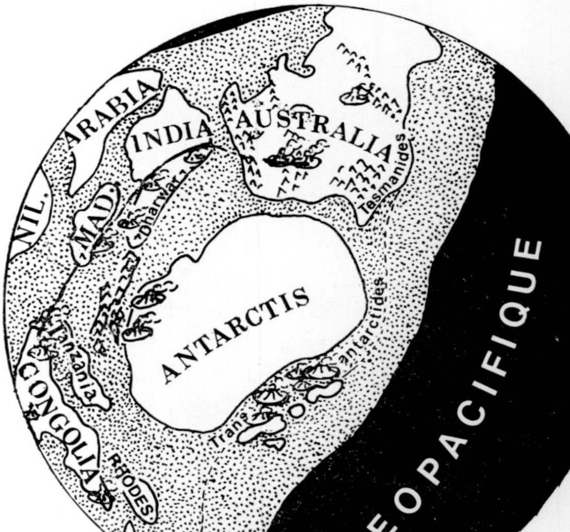

Fig. 21 *c*

Le sud de la Gondwanie, montrant encore la mosaïque de boucliers qui la composent.

phytoplankton de Dinoflagellés (Acritarches) souvent de grande taille[1] accélère l'action de la photosynthèse en libérant de plus en plus d'oxygène, tandis que des algues filamenteuses, facilitant la précipitation du carbonate de calcium, contribuent à fixer le gaz carbonique atmosphérique]. Ces dépôts de carbonate sont encore des Stromatolithes qui, à leur maximum d'expansion et d'épaisseur, témoignent de l'empire incontestable des Cyanophycées. L'atmosphère éclaircie permet aux rayons solaires d'atteindre plus facilement la surface terrestre et, parmi eux, les dangereux ultraviolets dont l'irradiation entraînerait la mort pour les êtres non protégés par l'écran d'une couche d'eau. Mais l'abondance des Stromatolithes de type tidal ou supratidal, souvent exposés à l'air libre, prouve que déjà une protection s'est établie dans l'atmosphère. La présence d'oxygène et, à la base de la stratosphère, l'établissement de la réaction réversible qui polymérise l'oxygène en ozone, constituait donc déjà un écran suffisant. En corollaire, la présence d'oxygène libre explique la multiplication de sédiments rougis par du fer oxydé.

Un nouveau tournant de l'histoire de la vie a été atteint il y a environ 1,2 milliard d'années. L'oxygène dans l'atmosphère constituait une sorte de « pollution » fatale aux anaérobies, c'est-à-dire à une grande partie des Bactéries, qui se sont réfugiées dans des milieux situés à l'abri de ce gaz, par exemple dans les vases riches en composés soufrés. C'est vers cette date que commence le cycle bactérien du soufre (Thode, McNamara, Fleming, 1953). Le progrès de la vie a consisté alors à utiliser l'oxygène en le combinant avec des ions particuliers selon une dégradation génératrice d'énergie qui constitue la respiration, phénomène commun à tous les Eucaryotes.

La chélogenèse du Grenville

Le découpage de la lithosphère élaboré lors de la révolution hudsonienne ne semble guère avoir été modifié en ce qui concerne la mise en place des boucliers. Cependant, il y a un milliard d'années, le régime des courants de convection dans le manteau pourrait être parvenu à quatre cellules de convection (Runcorn, 1962). On peut encore parler d'une Pangée, les Amériques du Nord et du Sud étant toujours soudées à l'Afrique. La structure de la Laurasie se dessine désormais d'une façon plus claire : une « plaque » de l'Amérique du Nord prolongée par la Sibérie orientale et le Groenland, et une « plaque » eurasienne. Des zones de mobilité, linéaments ayant peut-être la valeur de *rifts* médio-océaniques, paraissent avoir séparé ces deux plaques au niveau du Verkhoiansk, de l'est de la cordillère nord-américaine, de la zone des orogènes calédonien et appalachien. Dans ces deux cas, des coulissages et des rapprochements auront lieu, mais il n'y aura pas naissance de très larges océans avant la grande dislocation atlantique.

1. *Chuaria* Walcott, qui a vécu dans les mers du monde entier il y a 1 milliard d'années, était un Acritarche géant, de 2 à 5 mm de diamètre (Ford et Breed, 1973).

Rappelons que la tectonique des plaques a pu débuter entre 1 000 et 800 millions d'années, modifiant alors l'évolution crustale de type chélogenèse en apportant l'expansion des fonds océaniques à partir des rifts et la subduction.

Collisions et naissance de zones d'obductions ?

(charriages de lames de croûte océanique ou de manteau sur les bordures continentales au-dessus des zones de subduction)

Entre 1 475 et 1 200 millions d'années, la future province de Grenville se composait de deux blocs indépendants (Palmer et Carmichael, 1973) : le bloc sud étant alors dans le prolongement de l'Afrique du Nord vers l'ouest. La limite entre ces blocs est le linéament océanique Protoatlantique-Iapetus. Les méthodes paléomagnétiques indiquent que d'importants mouvements des masses continentales par rapport aux pôles eurent lieu entre 1 140 et 1 120 millions d'années. Entre 1 et 0,95 milliard d'années, les deux blocs seraient entrés localement en collision, la suture qui les distinguait se plaçant au sud des mines de fer du Labrador et des anorthosites de l'Ontario et un soulèvement général affectant, en conséquence, toute la région. Des éléments de cette suture résultant de la collision entre socles continentaux ont été mis en évidence par des méthodes géophysiques dans la zone des anorthosites et des granulites, ainsi que par la présence d'ultramylonites et de pseudotachylites remontées en surface (Thomas et Tanner, 1975). Pour Brown, Chappell, Moore et Thompson (1975), cette évolution, qui a duré 250 millions d'années, fut celle d'un arc d'îles engendrées par une subduction de lithosphère océanique (entsimatique). Un épisode de magmatisme basaltique (phase hélikienne) emprunte des fissures dirigées nord - nord-ouest, hachurant les divers éléments du bouclier canadien.

Une autre obduction est signalée en Afrique du Sud à la même époque, il y a de 1,1 à 0,9 milliard d'années : la zone du Natal, partie nord de la vieille zone mobile Namaqua-Natal, a été charriée sur la zone sud du craton archéen de Kaapvaal (terminé il y a au moins 2,6 milliards d'années) (Matthews, 1972).

Vers 1 milliard d'années, l'un des pôles reste situé dans le bouclier africain, l'autre occupant une position au centre du Pacifique (Fahrig et Jones, 1969).

Les grandes familles d'orogènes du Paléozoïque

Dans le cadre des deux supercontinents séparés par la Téthys et des traces telluriques profondes que nous fournissent les linéaments anorthositiques et les zones d'obduction, nous voyons apparaître des franges évolutives qui, dans la plupart des cas, ceignent les boucliers archéens, « plaques » douées d'une certaine indépendance l'une par rapport à l'autre.

La famille circumpacifique

La bordure orientale du Pacifique joue un rôle important par sa constance : encore fort active aujourd'hui, elle ne l'était pas moins au Précambrien, dans l'affrontement entre les continents et le craton pacifique (craton inférieur de Stille, plaque pacifique). L'ouest de l'Amérique du Nord, ourlé par l'orogène beltien pendant l'ère primaire, permettra de suivre l'histoire du géosynclinal des montagnes Rocheuses, de son prolongement vers l'Alaska au nord, vers les Andes orientales au sud. Cette structure se continue d'une façon très régulière sur toute la limite de la Gondwanie et du Pacifique, à savoir par le géosynclinal de Samfrau, orogène gondwan, l'Antarctide et l'Australasie orientale où prennent le relais[1] les géosynclinaux tasman et papou, alors accolés [les fossiles cambriens de la Cobb River (partie nord de l'île Sud de la Nouvelle-Zélande) sont presque identiques à ceux du Queensland]. Le système ainsi défini de l'Alaska au Queensland a été relayé au Mésozoïque par une zone orogénique parallèle mais décalée vers le Pacifique et subissant une évolution pétrogénétique et tectonique analogue, fondée sur la croûte continentale antécambrienne et remettant en œuvre également une partie de l'orogène paléozoïque. Cette zone orogénique se prolonge après mise à l'unisson[2] par les orogènes labidiens d'Extrême-Orient (Sikhota-Alin, Japon) dont l'évolution se décale dans le temps (Silurien-Permien-Trias) par rapport aux orogènes cordillériens; elle sera relayée par un système mésozoïque, à l'unisson avec les précédents. Les orogènes que nous venons de citer constituent depuis le Précambrien une ceinture circumpacifique offrant peu de modifications relatives. De nos jours, ils deviennent des zones mobiles, séismiques, souvent affectées d'un volcanisme explosif où le basalte est fréquemment côtoyé par l'andésite, plus riche en silice. A la limite du Pacifique se trouvent aussi les grandes fosses océaniques où se situent aujourd'hui les plus grandes profondeurs, traces, en surface de la croûte, des plans de Bénioff (voir p. 11), *zones de subduction* au niveau desquelles une partie de la croûte océanique s'enfonce sous les continents et se trouve alors détruite dans le grand chaudron du manteau supérieur.

La famille atlantique

D'autres orogènes ont eu un avenir plus limité. C'est le cas de ceux du système calédonien qui encadre le Iapetus (p. 90). En Amérique du Nord, l'orogène Huronien-Grenville borde à l'est le bouclier kénorien. Il sera relayé par l'orogène appalachien. Du côté européen se placent l'orogène scandinave (Dalslandien 900-1 150 m. a., puis Calédonien), l'orogène cadomien (Briovérien-Alcudien) sur le Massif armoricain et l'Espagne qui forment un tout, enfin

1. Les notions de relais et de mise à l'unisson ont été définies dans Termier et Termier, 1956, II, p. 845-965.
2. *Ibid.*

le Torridonien sur l'Ecosse. En Eurasie débute l'orogène ouralien, relié à celui du Saïan et du Sinien. Vers le sud (fig. 12 *c*), la bordure occidentale de l'Afrique est occupée par un sillon falémo-mauritanien qui communique avec une boucle péri-tchadienne comprenant le sillon nigérien au nord, lequel se prolonge vers le sud-ouest en un double orogène, l'un à l'est du Brésil, celui du Paraguay, et l'autre entre le bouclier de Sao Francisco et l'Afrique, celui de Cariri et de la Mayumbe. Séquelles de l'histoire antécambrienne, au sud du bouclier congolais, l'orogène d'Otavi prend l'Afrique en écharpe et va rejoindre l'orogène de Mozambique, lequel se prolonge au Soudan, puis vers le nord de l'Inde péninsulaire ainsi que vers l'ouest et le sud de l'Australie. Au sud de l'Otavi, le bouclier du Kalahari se prolonge par celui d'Uruguay-Argentine.

La famille téthysienne.
(Voir p. 93-99)

En jonction avec les deux autres familles, une ceinture orogénique occupe le nord de la Téthys. Elle se confond souvent avec celles qui entourent la Gondwanie, sauf dans la Téthys fracturale, l'Europe moyenne et occidentale et l'Afrique du Nord, ainsi que dans l'Altaï où les orogènes de style varisque conservent des caractères de croûte juvénile, encore proche du style antécambrien. Leurs relais alpins au contraire seront de style calédonien, c'est-à-dire pauvres en venues profondes génératrices de mines métalliques.

Après l'ouverture de la Téthys, la bordure nord-gondwane subira aussi des plissements, les chaînes dinaro-himalayennes du système alpin, mais il s'agit le plus souvent d'éléments charriés (allochtones) venant du Nord, c'est-à-dire des bassins ou des océans téthysiens.

Le réseau complexe de linéaments qui, depuis la révolution hudsonienne, enserre dans ses mailles des fragments de lithosphère indurée (boucliers, nuclei, cratons) sculpte les deux supercontinents. Les orogènes ou géosynclinaux ceinturant les boucliers ont finalement évolué en chaînes de montagnes, puis accru les zones indurées et consolidé chacun des supercontinents.

A la fin des temps antécambriens, le niveau des mers semble être resté très bas même dans ces géosynclinaux, vastes estrans affectés par des marées d'une ampleur inusitée aujourd'hui. Sur ces estrans s'étendaient d'énormes quantités d'algues de toutes sortes, surtout des Algues bleues (Myxophycées), en mattes souvent exposées à l'air par le retrait de l'eau et sur lesquelles se produisaient des encroûtements stromatolitiques calcaires assez variés mais de structures bien définies, qui se retrouvent d'un bout à l'autre des supercontinents.

Bibliographie

BROWN R. L., CHAPPELL J. F., MOORE J. M. Jr, et THOMPSON P. H., 1975 – An entsimatic island arc and ocean closure in the Grenville Province of Southeastern Ontario, Canada. *Geoscience Canada*, *2* (3), p. 141-144.

CLOUD Pr., MOORMAN M. et PIERCE D., 1975 – Sporulation and ultrastructure in a late Proterozoic Cyanophyte : some implication for taxonomy and plant phylogeny. *Q. J. Biology*, *50* (2), p. 131-150.

CORDANI U. G., AMARAL G. et KAWASHITA K., 1973 – The precambrian evolution of South America. *Geol. Rundschau*, *62* (2), p. 309-317.

FAHRIG W. F. et JONES D. L., 1969 – Paleomagnetic evidence for the extent of Mackenzie igneous events. *Can. Journ. Earth Sci.*, *6*, p. 679-688.

FORD T. D. et BREED W. J., 1973 – The problematic precambrian fossil *Chuaria*. *Palaeontol.*, *16* (3), p. 535-550, pl. 61-63.

HOFMANN H. J. et JACKSON G. D., 1969 – Precambrian (Aphebian) microfossils from Belcher Islands, Hudson Bay. *Can. Journ. Earth Sci.*, *6*, p. 1137-1144.

MICHOT P., 1972 – A la recherche des océans perdus. *Bull. Ac. Roy. Belgique*, *58*, p. 1401-1430.

PALMER H. C. et CARMICHAEL C. M., 1973 – Palaeomagnetism of some Grenville Province rocks. *Can. Journ. Earth. Sci.*, *10*, p. 1175-1190.

RUNCORN J. K., 1962 – Palaeomagnetic evidence for continental drift and its geophysical cause. *Continental Drift. Phil. Trans. R. Soc.*, *258 A*, p. 1-11.

TERMIER H. et TERMIER G., 1956 – *Orogenèse*. Paris, Masson éd.

THODE H. G., MACNAMARA J. et FLEMING. W. H., 1953 – Sulphur isotope fractionation in nature and geological and biological time scale. *Geochim. et Cosmochim. Acta*, *3*, p. 235-243.

THOMAS M. D. et TANNER J. G., 1975 – Cryptic suture in eastern Grenville Province. *Nature*, *256*, p. 392-394.

Deuxième partie

Les temps fossilifères

Tableau 5. — *Les étages des temps fossilifères*

Ère				Étages		Millions d'années
ÈRE TERTIAIRE	XLVII	Plio-Quaternaire		Epoque actuelle		00
				Pléistocène		0,7
					Calabrien	2
					Plaisancien	3
				(Pliocène)	Zanclien (Astien)	5
	XLVI	Néogène	Messinien		(Astien)	6,6
	XLV		Miocène s. s.	Tortonien		7
				Vallesien (Pontien s. l.)		10
				Maremmien (Sarmatien)		11
				Serravallien		12
				Langhien		14
				Burdigalien		16
				Aquitanien		19
						22,5
	XLIV	Oligocène		Chattien		32
				Rupelien		35
				Lattorfien		38
	XLIII	Eocène		supérieur = Priabonien		
				moyen = Biarritzien	Lutétien	47
				Ilerdien		
				inférieur = Cuisien		60
	XLII	Paléocène		Thanétien		
				Montien		
				Danien		64
MÉSOZOÏQUE = ÈRE SECONDAIRE	XLI	Crétacé		Sénonien	Maestrichtien	70
					Campanien	75
					Santonien	83
					Coniacien	
				Turonien		85
	XL			Cénomanien		95
						100
	XXXIX			Albien		
	XXXVIII			Aptien	Urgonien	
				Barrémien	Urgonien	115
	XXXVII			Hauterivien	Néocomien	
				Valanginien	inf. = Berriasien	135
	XXXVI	Jurassique	Malm	Tithonique-Portlandien-Volgien		140
	XXXV			Kimeridgien		145
				Oxfordien		150
				Callovien supérieur		155
	XXXIV		Dogger	Callovien inférieur (Macrocéphalitien)		
				Bathonien		165
				Bajocien		170
				Aalénien		175
	XXXIII		Lias	Toarcien		
				Pliensbachien	Domérien	
					Carixien	180
	XXXII			Sinémurien		185
				Hettangien		190

Ère		Système	Série	Étages	*Millions d'années*
ÈRE SECONDAIRE	XXXI		Rhétien	Norien *p.p.*	190
	XXX	Trias	Keuper	Norien *p.p.* Carnien	
	XXIX	Trias	Muschelkalk	Ladinien Virglorien	220
	XXVIII	Trias	Permo-Trias s. s.	Werfénien = Buntsandstein = Scythien Tatarien = Djoulfien	240
PALÉOZOÏQUE SUPÉRIEUR	XXVII		Permien	Kazanien = Murghabien Koungourien = Kubergandien = Wordien Artinskien	260
	XXVI	Pennsylvanien	Autunien	Sakmarien Assélien Gjélien	
		Pennsylvanien	Orenburgien (Stéphanien)		290
	XXV	Pennsylvanien	Moscovien (= Westphalien)	Myatschkovien Kasimovien	
		Pennsylvanien — Namurien	Bashkirien		310
	XXIV	Mississipien — Namurien		Alportien Chokiérien Arnsbergien Pendleien	
		Mississipien	Viséen	Chestérien = Serpukhovien	325
	XXIII	Mississipien	Viséen	Osagéen	
		Mississipien		Tournaisien	350
	XXII	Dévonien	supérieur	Strunien	360
	XXI XX	Dévonien	supérieur	Famennien Frasnien	
	XIX XVIII	Dévonien	moyen	Givétien Couvinien = Eifélien	385
	XVII	Dévonien	inférieur	Coblencien: Emsien Siégénien, Praguien	
	XVI	Dévonien	inférieur	Siluronien: Gédinnien = Helderbergien Ludlowien	400
PALÉOZOÏQUE INFÉRIEUR	XV	Silurien		Wenlock (Niagarien)	410
	XIV	Silurien		Tarannon (Niagarien) Llandovery = Birkhill	425
	XIII			Ashgill = Richmondien	440
		Ordovicien		Caradoc = Trentonien	450 470
	XII XI	Ordovicien		Llandeilo Llanvirn (Chazyen)	
	X	Ordovicien		Skiddaw = Canadien	

PALÉOZOÏQUE INFÉRIEUR

				Millions d'années
IX			Trémadoc { Ozarkien / Trempealeauen	
				500
VIII VII	Cambrien	supérieur = « Potsdamien »		
VI	Cambrien	Moyen = « Acadien »		550
V IV	Cambrien		?	
III	Cambrien		Lénaien / Botomien } Ordien	
II	Cambrien	inférieur = « Géorgien » / Aldanien }	Aldanien s. s. = Olenellien / Tommotien	
				570
I	Eocambrien = Ediacarien		Vendien	

Précambrien = Protérozoïque

1 Les événements de l'Eocambrien

Structure

Il y a environ 700 millions d'années, l'évolution orogénique du Riphéen avait abouti à de nouvelles chaînes de montagnes accroissant les boucliers indurés et soudant entre eux certains petits cratons. Les continents étaient largement émergés. Non revêtus par le couvert végétal qui stabilise aujourd'hui notre sol, ils étaient soumis à une érosion intense et à une non moins active sédimentation, dues à la destruction des reliefs jeunes. Des sables s'accumulaient dans les points bas, élaborant des déserts : la Suède, l'Ecosse, l'est du bouclier canadien, le Sud marocain et une partie du nord de l'Afrique en étaient couverts. Sous une atmosphère oxydante, les sels de fer associés à ces sables les ont colorés : c'est une époque rouge.

Nouvelle glaciation universelle

Un événement climatique important accompagne cette continentalisation. Une glaciation universelle s'étendit sur les continents. Ce n'est pas la première : nous avons vu qu'il s'en est produit une il y a 1 950 millions d'années en accompagnement de la fin de la continentalisation de la chélogenèse du lac Supérieur. Cette nouvelle glaciation, dite *éocambrienne,* que l'on reconnaît à la présence de moraines et de roches moutonnées et striées par les glaciers, est décelable sur la presque totalité de l'Afrique et de l'Australie, sur la Scandinavie et l'est du Groenland, en Europe (Normandie, Erzgebirge), en Chine et sur la Cordillère de l'Ouest américain. Comme la glaciation du Quaternaire, celle de l'Eocambrien n'a pas été continue mais composée de poussées glaciaires séparées par des interglaciaires chauds.

L'environnement général voyait donc sa température s'abaisser considérablement pendant les poussées glaciaires tandis que durant les phases interglaciaires il paraît avoir été semblable à celui du Riphéen.

Transgression eustatique de la base du Cambrien

A la fin des poussées glaciaires, la glace fondit comme cela s'est produit lors de toutes les glaciations, par exemple au Quaternaire, et l'eau qui s'en écoulait alla grossir les océans. Les mers s'insinuaient sur les parties les plus basses des aires continentales. Cette élévation du niveau des mers, la première qu'il nous soit possible de déceler, la *transgression édiacarienne*, appartient à la catégorie des transgressions eustatiques postglaciaires.

L'évolution des Eucaryotes

L'élément fondamental de l'évolution des Eucaryotes est l'apparition de la *méiose*, c'est-à-dire d'une division chromosomique amenant à la reproduction sexuée : une cellule diploïde provenant d'une fusion de gamètes (œuf ou zygote), contenant donc tous les chromosomes en double (nombre : 2N), se divise deux fois pour donner quatre cellules haploïdes. Ce processus, qui dérive vraisemblablement de la mitose, permet après la fécondation d'obtenir des cellules ayant un nombre normal de chromosomes 2N, mais venant des deux parents.

Normalement le cycle des Eucaryotes simples, comme beaucoup de Thallophytes et les Foraminifères, est une alternance de générations haploïde (gamétophyte) d'importance relative variable, et diploïde (sporophyte).

L'évolution du premier type est celle du clone, très lente et ne donnant pas lieu à des radiations adaptatives. L'établissement de la phase sexuelle diploïde permit l'échange et la recombinaison d'éléments du génome et favorisa la sélection en élevant considérablement le nombre des génotypes eu égard à celui des mutations. Après cette acquisition, les êtres vivants se sont diversifiés. C'est l'évolution épanouie d'un *clade* dont les espèces se disposent en radiations adaptatives.

Les florules pélagiques de Gunflint et de Bitter Springs (voir p. 69) renferment déjà des traces de méiose sous la forme de tétrades primitives *(Eotetrahedrion)*.

Les 1 350 millions d'années (environ) qui ont suivi Gunflint furent décisives puisque c'est à la fin de ce laps de temps que sont apparus les organismes macroscopiques métaphytes et métazoaires.

En ce qui concerne les Algues, les deux générations ont dû être d'abord égales comme chez les Ulves et les Entéromorphes; la génération haploïde (gamètes), spécialisée pour la reproduction, se raccourcit, la génération diploïde, végétative, devient dominante comme chez les *Fucus*, Laminaires et *Codium* actuels. Il s'ensuit un accroissement macroscopique propice à des organismes dépendant de la photosynthèse, donc de la surface exposée à la lumière; en conséquence il leur devint possible d'accumuler des substances nutritives. On connaît de grandes Algues flottantes en Australie centrale, datées de 760 millions d'années, et dans le Vendien soviétique *(Vendotaenides)*. Puis les Algues de grande taille se tinrent sur le fond des mers peu profondes, favorisées en cela par les régressions générales dues aux phases glaciaires de l'Eocambrien. Au nombre des exemples de cet âge peuvent être citées des Algues brunes (Phaeophycophytes) du Vendien de Leningrad (680 à 570 millions d'années) et une Algue verte (Chlorophycophyte) Dasycladacée *(Papillomembrana)* en Norvège méridionale (700 millions d'années). Peut-être s'agit-il déjà de véritables algueraies ancrées, résistant aux vagues, importants générateurs d'oxygène.

L'âge de la respiration aérobie

A un moment donné de l'histoire de la Terre, un seuil a été atteint dans la concentration en oxygène de l'atmosphère : le « point de Pasteur » où la pression partielle d'oxygène permet à la respiration de devenir plus efficace qu'une fermentation. Sa valeur, qui varie selon les organismes, est en moyenne à peu près cent fois moindre que celle de la concentration actuelle (1 PAL). On a calculé qu'elle fut atteinte il y a environ 1 700 millions d'années. Jusqu'alors il n'y avait pas d'équilibre dans le cycle de l'oxygène libre : ce gaz, dégagé par la photosynthèse au niveau des accumulations végétales, était employé dans des oxydations (par exemple, celle du carbone réduit). On doit donc envisager une basse atmosphère très hétérogène renfermant de l'oxygène

Fig. 22 - La Terre à l'Eocambrien-Ediacarien 700-600 millions d'années

Les débuts du règne animal

Fig. 22 *a* - **Pangée occidentale** montrant la future zone atlantique alors indiquée par le tracé du Iapetus

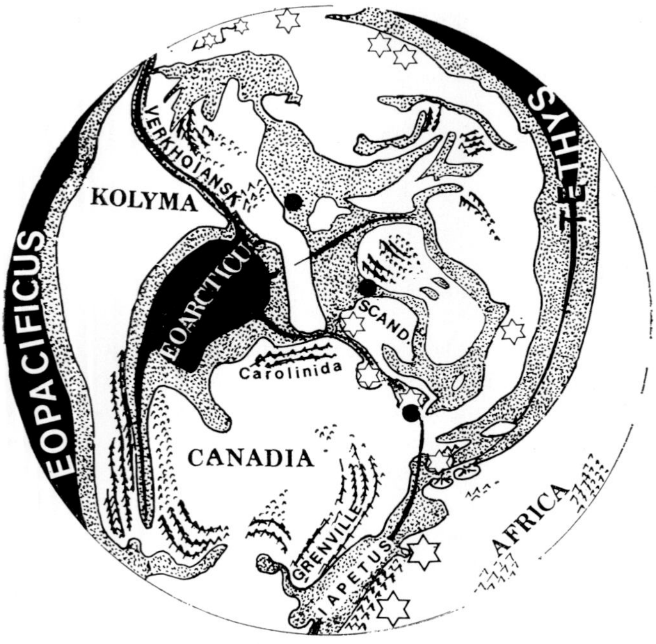

Fig. 22 *b* - **Pangée septentrionale** essentiellement la Laurasia

L'Eocambrien a duré une centaine de millions d'années. Le rayon terrestre aurait atteint environ 6 000 km et la concentration de l'atmosphère en oxygène serait arrivée au « point de Pasteur », seuil à partir duquel la respiration se révèle être une fonction rentable.

Sur celles des aires continentales qui restaient couvertes par des lagunes, les Schizophytes continuaient de concrétionner des Stromatolithes.

Cependant, pendant l'Eocambrien ont eu lieu plusieurs périodes glaciaires dont l'ensemble constitua une très grande glaciation affectant la presque totalité de la Pangée, à l'exception de l'Amérique du Nord. L'un des principaux inlandsis était situé en Afrique, particulièrement sur le Sahara et au Congo (les aires glacées sont représentées par des étoiles à six branches). Ainsi l'un des pôles reste localisé vers le centre de l'hémisphère continental, le centrage gravitationnel du globe conservant le modèle des figures 11 *a* et 21 *b*.

La fin d'une phase glaciaire entraîne la fusion des glaces, donc un exhaussement du niveau des mers épicontinentales : ici, la transgression édiacarienne, laquelle porte les premiers animaux (points noirs), des Métazoaires dépourvus d'un squelette solide.

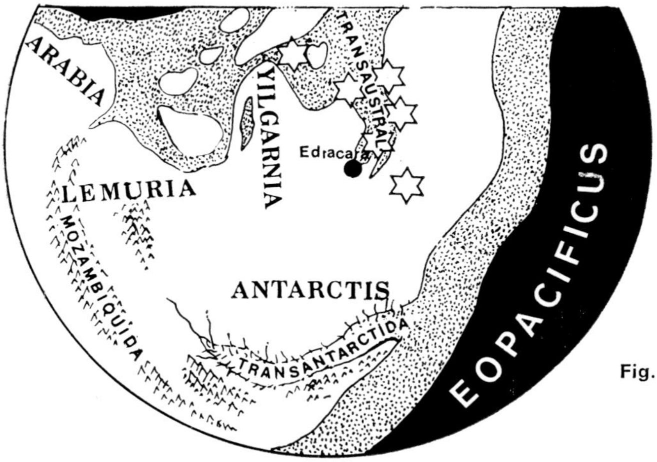

Fig. 22 *c* - Est de la Gondwanie

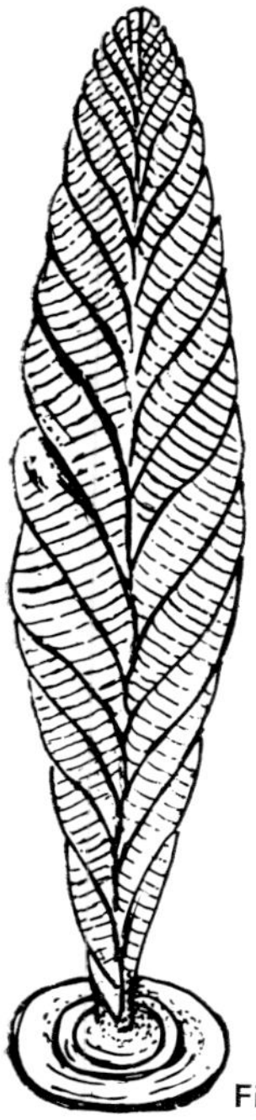

Fig. 22 *d*

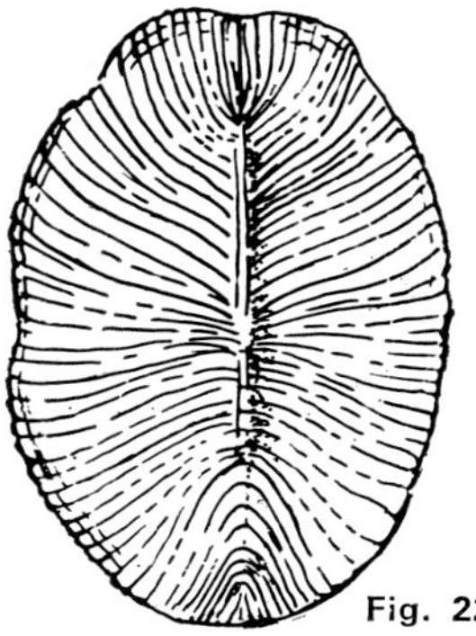

Fig. 22 *e*

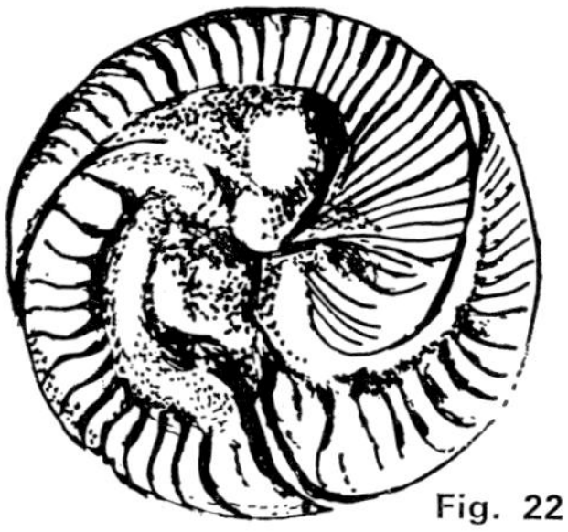

Fig. 22 *f*

Fig. 22 *g*

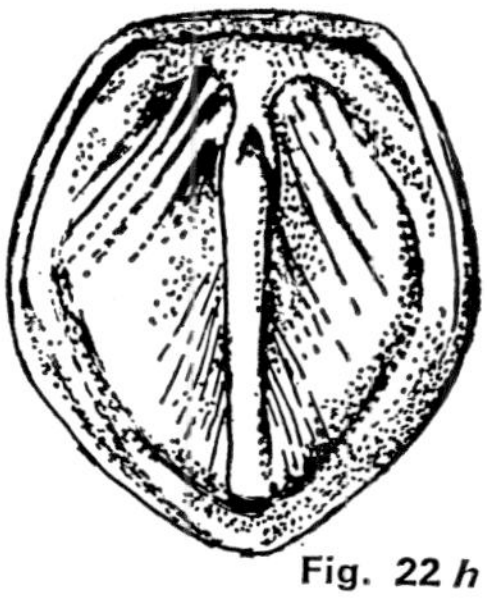

Fig. 22 *h*

Quelques animaux de l'Ediacarien

d - ***Charnia*** T. C. Ford, un Rangéide (Pennatulides).

e - ***Dickinsonia*** Sprigg, un Dipleurozoaire (groupe fossile connu jusqu'au Silurien, proche des Turbellariés ?).

f - ***Tribrachidium*** Glaessner, organisme porteur d'un lophophore composé de trois bras tourbillonnaires, porteurs de cirres (peut-être proche des Echinodermes).

g - ***Spriggina*** Glaessner, Annélide Polychète présentant une céphalisation en un petit bouclier à pointes postérieures, peut-être déjà une tendance vers des Arthropodes simples comme les Trilobites.

h - ***Parvancorina*** Glaessner ; autre tendance peut-être vers les Trilobites dont il rappelle certains stades larvaires.

au-dessus des masses végétales développées sous la surface des océans et des rivières, la surface des continents restant sous une atmosphère réductrice dans laquelle les vents n'apportaient que quelques courants plus oxygénés. La respiration des Protocaryotes et des Eucaryotes primitifs était donc un phénomène accessoire.

Développement de la vie animale : des animaux sans squelette. *Fig. 22 d-h*

L'environnement édiacarien est celui de mers tempérées ou fraîches et peu profondes, s'étendant sur de vastes estrans dans de nombreuses régions du monde. Ces estrans avaient un fond sableux ou vaseux. Les clapotis et les ondes rythmées de l'eau y ont souvent laissé des traces *(ripple-marks)*. La mer y a apporté une faune relativement variée, souvent pourvue de caractères pélagiques et qui a pour trait principal l'*absence de squelette minéralisé*. Dans les estrans vaseux, des tubes de matière organique indiquent l'existence d'une endofaune riche en individus dans laquelle les Annélides, les Phoronidiens et les Pogonophores pourraient bien avoir été représentés.

Les animaux d'Ediacara (sud de l'Australie), gîte le plus représentatif de la faune pélagique que nous venons de citer, sont les plus anciens que nous connaissions. Il s'agit de Cnidaires (Méduses, Pennatules et formes voisines) ainsi que d'Annélides libres, errants et de types tout à fait spéciaux parmi lesquels des sortes de grosses larves *(Parvancorina)* d'Arthropodes, rappelant par leur morphologie les minuscules larves du premier âge *(Protaspis)* des futurs Trilobites cambriens. Peut-être y a-t-il dans la même faune un organisme annonciateur des Echinodermes *(Tribrachidium)*. C'est donc un ensemble d'animaux riche mais très particulier. Le fait le plus surprenant est peut-être aussi que, sans qu'on ait encore retrouvé dans toutes les mers de cette époque la faune complète d'Ediacara, des individus isolés s'en rencontrent un peu partout, à savoir dans le Sud-Ouest africain (Kuibis), en Angleterre (gîte de *Charnia*) où ils peuvent être datés de plus de 680 millions d'années, dans le sud du bouclier scandinave (gîte de *Xenusion*), en Podolie, sur la plate-forme russe (gîte de *Vendia*), en Sibérie (sur l'Olenek et Yudoma), dans le sud-est de Terre-Neuve et probablement aussi en Californie. On peut en conclure à l'homogénéité du peuplement des mers édiacariennes, surtout à partir de la bordure du Pacifique, c'est-à-dire de la zone équatoriale de l'époque. Ajoutons la présence de Pogonophores dans le Vendien d'URSS.

L'existence d'*animaux* marins montre qu'alors assez d'oxygène dissous dans l'eau permettait la respiration animale; en revanche, l'absence de vie continentale non photosynthétique indique que l'atmosphère terrestre n'en contenait pas encore assez. De plus, cette présence impose la conclusion qu'une nourriture organique était assez abondante pour permettre à des êtres hétérotrophes, comme sont tous les animaux, de se sustenter. Une telle nourriture consistait dans un phytoplankton abondant qui n'a cessé de se multiplier; il se composait de Flagellés appartenant à des groupes simples et offrant parfois une coque cellulosique (Acritarches). Même dans les mers tempérées ou froides, un phytoplankton de ce type demeure aujourd'hui la nourriture de base du monde marin. Cependant une partie des groupes représentés dans l'Ediacarien sont actuellement microcarnivores : les Cnidaires et certains Annélides. Or il n'y a pas d'évidence de la présence d'un zooplankton dans ces mers anciennes. Il est probable aussi que les Algues benthoniques et les matières organiques en décomposition couvrant le fond furent un excellent substratum pour les premiers animaux pluricellulaires.

Il se peut que les plus anciens Métazoaires aient été aidés par le phénomène de symbiose métabolique, fréquent parmi les animaux de la zone superficielle des mers, fortement éclairée par le Soleil. C'est l'association profitable entre les animaux (Cnidaires ou Mollusques par exemple) et de petites Algues flagellées, les zooxanthelles et les zoochlorelles, qui vivent dans leurs cellules. Ces Algues apportent les bienfaits de l'assimilation chlorophyllienne à l'hôte et sont responsables d'une partie des constructions récifales. L'hôte animal leur fournit en retour ses produits d'élimination, en particulier du gaz carbonique. Une similitude entre cette symbiose et l'origine symbiotique des plastes et des mitochondries des Protocaryotes est le fait qu'elles sont transmises en même temps que le patrimoine héréditaire. On cite des Protozoaires Ciliés, hôtes de chlorelles, Algues monocellulaires en nombre fixe dans leur hôte qui est capable de se nourrir des mêmes Algues et de les assimiler s'il les rencontre en liberté. On peut donc parler aussi de symbiose héréditaire entre animaux et Xanthelles. Si tel fut le cas, on peut être sûr que les animaux de l'Ediacarien devaient être brillamment colorés par ces algues microscopiques.

L'importance de ces endosymbioses est que dans tous les cas l'apport de l'Algue ou du Schizophyte est l'énorme puissance de synthèse dont l'hôte est dépourvu.

Tableau 6. — *Quelques exemples de symbioses*

Hôte	*Algue ou Schizophyte*
Animaux (Protistes ou Invertébrés) en particulier des récifs	Zooxanthelles, zoochlorelles capables de photosynthèse (sous-production : dépôt de carbonates)
Champignons des Lichens sans chlorophylle	Algues ou Schizophytes des Lichens capables de photosynthèse
Termites (insectes mangeurs de bois)	Flagellés aidant à la digestion de la sciure de bois
Légumineuses (racines → nodules) produisant une protéine (leghémoglobine)	Bactéries dénitrifiantes des sols → bactéroïdes libérant l'azote

L'hétérotrophie des animaux et des Champignons aurait-elle été possible sans l'aide de telles endosymbioses ? Privé de symbiotes, l'hôte doit modifier son régime sous peine d'étiolement. La symbiose métabolique supplée pratiquement à la capture d'éléments élaborés, si les conditions extérieures sont convenables, par exemple l'éclairement pour les porteurs de chlorophylle. C'est le cas chez de grands Bivalves récents, les Tridacnes, d'un niveau d'organisation déjà très élevé, qui ne fut acquis qu'environ un demi-milliard d'années plus tard.

L'apparition des animaux, dans lesquels la source d'énergie est en grande partie respiratoire, provoque aussi le développement des pigments transporteurs d'oxygène, lesquels, auprès des cytochromes présents partout au niveau des mitochondries, vont constituer de nouvelles familles de protéines pourvues du groupement hème : les hémoglobines, les plus répandues, dont l'évolution semble avoir été rapide (d'après Dickerson, 1972), et les hémérythrines dont l'hème est aussi à noyau de fer. Ces pigments, portés ou non par des cellules, se trouvent dans des liquides, comme le sang ou l'hémolymphe, et dans les muscles. Un autre transporteur d'oxygène est l'hémocyanine, à noyau de cuivre, des Crustacés et des Mollusques.

Animaux ou Végétaux ? Une coupure très progressive

Une différence importante entre les Végétaux et le reste des Eucaryotes est la présence d'un organite, le centriole, qui se reproduit de façon indépendante. Chez les Protistes et dans les cellules des Métazoaires, le grand axe est la ligne unissant le centriole au centre du noyau. Le centriole joue un rôle d'organisateur dans la division du noyau et le développement des flagelles. Le règne animal utilisant toujours des flagelles dans ses cellules sensorielles, le centriole est à la base de l'information indispensable au mouvement.

Les Flagellés et les Champignons, comme les animaux ont un centriole; les Algues, les Végétaux supérieurs, et certains Protozoaires comme les Amibes en sont dépourvus. La présence ou l'absence de chlorophylle ne conditionne donc pas seule la différence entre le règne animal et le règne végétal car il y a aussi la possession d'un centriole qui permet la sensibilité et la motilité. Les Végétaux qui en sont démunis perdent toute possibilité d'accéder à ces deux pouvoirs. La sécrétion de la membrane cellulosique des plantes, véritable carcan paralysant les cellules, accentue la divergence.

Dans le Vendien de Transbaïkalie (Sokolov, 1972) et dans les couches de Kuibis du Sud-Ouest africain (Pflug 1971), qui ont fourni d'autre part une faune édiacarienne, ont été recueillis des sacs *(Baicalina)* sphériques fixés, de quelques centimètres de long, rappelant la forme et les dimensions d'une figue. Ces petits sacs sont plissés, leur paroi s'étant rétractée à leur mort autour d'un vide central. Nous sommes là devant un groupe totalement absent des faunes actuelles mais encore représenté sans doute dans le Cambrien inférieur du Maroc par une forme géante et qui vécut en bancs « récifaux », *Anzalia cerebriformis* (Termier et Termier, 1947 et 1963), dont chaque association de vésicules peut atteindre 1 m.

Cellules caractéristiques des Spongiaires, les choanocytes sont morphologiquement analogues à des Flagellés à collerette, les Choanoflagellés. Les Volvocales (peut-être représentées dès l'Archéen par *Eosphaera*, voir p. 69) sont des colonies de tels Flagellés à collerette pourvus de chlorophylle. Ce sont donc des « Algues » eucaryotes qui annoncent étrangement les Spongiaires, animaux sans chlorophylle.

La multiplication des travaux au microscope électronique permet de noter que des différenciations cellulaires de type choanocytaire sont associées à la plupart des cellules flagellées des Cnidaires (Bilbaut et Pavans de Ceccatty, 1971) et même de groupes plus élevés en organisation tels que les Echinodermes et les Entéropneustes. Cette constatation plaide en faveur d'une origine commune et ancienne pour un ensemble de Métazoaires. Et cette origine commune pourrait se situer fort près des Volvocales, donc au sein des Flagellés végétaux.

Ici se révèlent importants les types les plus simples de la faune de l'Ediacarien et du Cambrien inférieur. Les Anzalines (*Baicalina* et *Anzalia*) sont des sacs creux pourvus seulement d'un cortex non minéralisé mais ayant joui d'une rigidité suffisante pour s'être fossilisé. Si on peut les comparer à une forme actuelle du monde animal, c'est à la blastula larvaire. Ils semblent donc s'être comportés comme l'organisme qu'avait imaginé Haeckel (célèbre naturaliste allemand du siècle dernier) sous le nom de *Blastaea*, dans la série des formes initiales du monde animal. Ces Anzalines étaient peut-être pourvues d'une seule couche cellulaire : dans la classification du monde vivant, elles appartiendraient donc à un groupe primitif pluricellulaire, proche des Spongiaires, et Monoblastiques. Il est probable qu'elles possédaient soit des chloroplastes soit des zooxanthelles dans leur cytoplasme cellulaire. En tout cas il est vraisemblable que la division du monde vivant pluricellulaire ne devait pas coïncider alors avec la présence ou l'absence de chlorophylle.

Peut-être l'Ediacarien du Sud-Ouest africain permettrait-il de comprendre le phénomène sans précédent qui s'est produit à partir de masses situées à un stade « protiste dépassé » (blastaea, plasmode ou autre). Pflug (1971) crée un groupe de *Petalonamae* qui aurait une position intermédiaire entre des colonies ramifiées en forme d'entonnoir *(Arborea)* et des individus supérieurs creux *(Pteridinium)*, soit cœlentérés soit cœlomates : ce groupe unirait Anzalines et Rangéides et constituerait le tronc commun dont seraient issus tous les Métazoaires.

Une vue synthétique sur les Spongiaires montre que cet embranchement obéit à des lois différentes de celles des Métazoaires et proches de celles des Protistes Flagellés : la composition chimique et minéralogique ainsi que la texture de leur charpente varient, les dimensions cellulaires sont peu fixées, le réseau aquifère subit une grande diversité individuelle, enfin la morphologie est étroitement liée à des facteurs externes, purement mécaniques. La position du groupe paraît encore proche des Protistes Flagellés et parallèle aux Protozoaires qui sont bien différents et ont évolué vers d'autres directions.

Considérant l'ensemble des Métazoaires existant à l'Ediacarien, puis au Cambrien inférieur, les Anzalines plus les Spongiaires constituent un groupe très primitif (Archéates des auteurs soviétiques ?) à l'origine des Cnidaires déjà abondants à cette époque. Les Echinodermes offrent en commun avec les Spongiaires l'hypertrophie d'un système aquifère et un mésosquelette. Les Cténaires se présentent comme intermédiaires entre eux. L'ensemble des Annélides, Arthropodes et peut-être des Mollusques est distinct dès cette époque.

Premières chaînes écologiques et limites de la vie sur la Terre à l'Ediacarien

Au départ de l'évolution animale, donné à l'Ediacarien, la biosphère restait limitée par deux bornes fondamentales : 1 / l'atmosphère ne comprenait qu'une très faible teneur en oxygène, confinant la vie animale hors des espaces subaériens; 2 / la nourriture essentiellement algaire et l'appui d'une symbiose profitable avec des Algues de type zooxanthelles n'était probable que dans la zone éclairée, donc superficielle, des océans.

La concentration océanique atteignait ses caractéristiques actuelles : les évaporites du bassin d'Amadeus en Australie, datées de 600 millions d'années, sont d'un type minéralogique semblable à celui des évaporites récentes (Schopf, 1968).

Une vie végétale primitive de Lichens et d'Algues microscopiques peut avoir couvert une partie des terres émergées. La conquête des fonds marins hors de l'éclairement solaire n'étant réalisable que par une vie sans photosynthèse, cette place ne pouvait être occupée alors que par des Bactéries ou des Levures.

On peut encore se poser la question de l'existence de mers profondes, même au niveau des croûtes océaniques, pendant cette phase de passage des temps antécambriens aux temps fossilifères. Les aires océaniques, dont le fond très proche du manteau supérieur se composait d'un matériel lourd, ont toujours eu tendance à s'enfoncer, mais leurs profondeurs abyssales n'ont été acquises que progressivement tandis que s'accroissait l'épaisseur des continents et en réponse à l'apparition de terres élevées.

Bibliographie

Bilbaut A. et Pavans de Ceccaty M., 1971 – Les différenciations cellulaires du type choanocytaire chez l'Octocoralliaire *Veretillum cynomorium*. *CRAS*, *272*, p. 3053-3056.

Dickerson R. E., 1972 – The structure and history of an ancient protein. *Scientif. Amer.*, p. 58-72.

Ford T. D. et Breed W. J., 1973 – The problematical Precambrian fossil *Chuaria*. *Palaeontology*, *16*, p. 535-550.
Glaessner M. F., 1959 – Precambrian Coelenterates from Australia, Africa and England. *Nature*, *183* (4673), p. 1472-1473.
Glaessner M. F. et Wade M., 1966 – The late Precambrian fossils from Ediacara, South Australia. *Palaeontology*, *9* (4), p. 599-628.
Misra S. B., 1969 – Late Precambrian (?) Fossils from southeastern Newfoundland. *Bull. Geol. Soc. Amer.*, *80*, p. 2133-2140.
Pflug H. D., 1971 – Neue Fossilfunde im Jung-Präkambrium und ihre Aussagen zur Entstehung der höheren Tiere. *Geol. Rundsch.*, *64* (4), p. 1340-1350.
Schopf T. J. M., 1968 – Microflora of the Bitter Springs Formation, late Precambrian, central Australia. *Journ. of Pal.*, *42*, p. 651-688.
Schopf T. J. M., 1975 – Precambrian paleobiology : problems and perspectives. *Ann. Rev. Earth and Planet. Sci.*, *3*, p. 213-249.
Sokolov B. S., 1972 – Vendian stage in the Earth History. *24e Int. Geol. Congr. Rept Sov. Geol.*, *7*, Moscou, p. 114-124.
Termier H. et Termier G., 1947 – Un organisme récifal du Cambrien marocain : *Anzalia cerebriformis* nov. gen. nov. sp. *BSGF* (*5*), XVII, 1-2-3, p. 61-66.
Termier H. et Termier G., 1963 – Les couches à Anzalia du Cambrien inférieur du haut Atlas. *N. Serv. Géol. Maroc*, *23* (172).

2

L' « ère » cambrienne

570 A 500 MILLIONS D'ANNÉES
CAMBRIEN II-VIII

Tableau 7. — *Chronologie du Cambrien*

			500 m. a.
VIII		Orogenèse sarde	
	Cambrien supérieur	1res ophiolites	
VII	Prov. à Olenidés (Scandinavie)	de Terre-Neuve (Iapetus)	
			508 m. a.
VI			
V	*Cambrien moyen*		
	Paradoxididés et Carpoïdes Cincta		
IV	(Mésoeurope et Maroc)		
III		*Lenaien* } Ordien (Australie)	
	Cambrien inférieur	*Botomien* } Ordien (Australie)	
	Archéocyathes	*Aldanien* { Aldanien s. s. = Atdabanien	
II	et Olenello-Redlichides	*Aldanien* { Tommotien	
	Transgression eustatique puis téthysienne		
			570 m. a
		Orogenèse cadomienne (Mésoeurope)	
		et *baïkalienne* (Eurasie)	
I	*Eocambrien-Ediacarien-Vendien*		
	Faune sans squelette minéralisé		
			680 m. a.

Réactions de la croûte terrestre pendant le Cambrien

Dans son ensemble, le Cambrien inférieur postédiacarien est une période de calme orogénique pendant laquelle les mers prennent lentement possession des géosynclinaux à la suite de la forte sédimentation et du volcanisme actif de l'Eocambrien. Cependant en Asie centrale, dans le sud de l'Altaï (chaînon du Salaïr) et dans la région du Baïkal, prend place en bordure de la Téthys une importante orogenèse qui aboutit à la chaîne baïkalienne; vers la même époque, le grand événement pan-africain soude définitivement le puzzle africain; c'est encore l'âge de la soudure de l'orogène d'Adélaïde en Australie (orogenèse tyennienne).

Le grand accident du Saint-Laurent, qui a débuté à l'Eocambrien, s'étend maintenant de la région de Montréal (Québec) (Doig et Barton, 1968) à la presqu'île de Kola en traversant le Groenland, la Norvège, la Suède et la Finlande (Doig, 1970). Nous sommes là à peu près sur la limite de l'aire indurée par l'orogenèse de Grenville et le nouveau géosynclinal des Appalaches. Cette zone est jalonnée par des volcans (laves datées de 565 millions d'années) dont les racines sont aujourd'hui devenues : les collines montérégiennes (Montréal), les intrusions de carbonatites qui s'étendent sur 2 000 km dans le graben du Saint-Laurent, les zones de carbonatites et de lamprophyres du Groenland, les gîtes de Fen (Norvège), d'Alnö et d'Almunge (Suède), ainsi que d'autres en Finlande et dans la presqu'île de Kola. C'est l'une des plus grandes provinces alcalines du monde, dont les roches ont reçu du manteau le sodium qui les caractérise, ce qui suppose une considérable profondeur des fractures leur ayant livré passage. La Laurasie reste donc fissurée entre la « plaque » nord-américaine et la « plaque » fennosarmate (eurasienne), sur toute l'épaisseur de l'écorce, par des linéaments correspondant à l'ensemble calédonien au sens large, bordé de géosynclinaux de part et d'autre d'une mer étroite au fond jalonné de croûte océanique. Etant donné les positions respectives des continents, le Iapetus « Protoatlantique » (voir p. 90) qui ne fut jamais aussi large que l'Atlantique, ressemblait à la zone alpine telle qu'elle apparaîtra, du Trias au Jurassique moyen, au niveau de la Méditerranée. D'une partie du Iapetus cambrien demeurent les premières ophiolites de Terre-Neuve.

En Afrique, un soulèvement épeirogénique affecte le Sahara central, en particulier l'Ahaggar où des granites se mettent en place dans le fossé pharusien (Boissonas, Borsi, Ferrara, Fabre, Fabries et Gravelle, 1969). Pendant près d'un milliard d'années, le pôle est resté africain et, malgré de longues récessions, il s'est accompagné de lourdes calottes glaciaires sous lesquelles la croûte terrestre s'enfonçait. Il est fort possible que les anomalies notées dans les âges isotopiques des Mozambiquides, Congolides et Mayumbides sous le nom d' « épisode thermotectonique » (W. O. Kennedy, 1964) soient dues à cet enfoncement (H. Termier et G. Termier, 1969), ajouté à la faible épaisseur de la croûte dans ces zones de linéaments profonds.

Climats cambriens : les premières expansions de mers chaudes

Il y a de 600 à 550 millions d'années, la configuration générale des aires continentales à la surface du globe ne s'était guère modifiée par rapport à l'Ediacarien. On peut dire qu'elle restera stable pendant encore près de 200 millions d'années, ce qui n'empêche pas des ajustements de se produire tandis que continuera de s'accroître la croûte continentale par le jeu des forces telluriques : gravité et flux thermique (métamorphisme et granitisation). Le glissement des masses continentales dans leur ensemble sur la surface du manteau supérieur, qui devait aboutir à un nouveau déplacement apparent de l'axe des pôles, est alors faible. On peut même dire qu'il fut à peu près nul pour ce qui concerne la Gondwanie, laquelle demeurait particulièrement cohérente. L'un des pôles, situé dans une aire limitée par l'Ahaggar, la Mauritanie et les Canaries, s'est déplacé pendant le Cambrien le long du *rift* pré-atlantique à l'ouest de l'Afrique (voir Briden, 1968).

Tenant compte de l'indivision en supercontinents des futures « plaques » continentales, l'emplacement du pôle a migré entre l'Ahaggar et le sud du Maroc, où il gravite près des Canaries, alors accolées à la zone d'Ifni, non loin de l'intersection entre deux traits majeurs de la planète : la Téthys fracturale (méditerranéenne) (fig. 18) et l'Iapetus, étroitement lié au système calédonien au niveau des Appalaches septentrionales (fig. 16) (voir Termier et Termier, 1973).

L'information sur la paléogéographie du Cambrien inférieur est donnée par la répartition de deux sortes d'organismes : les Archéocyathes (voir p. 139), fixés, qui constituent de véritables récifs côtiers sur des distances considérables et les Trilobites, mobiles, mais dont les modalités d'évolution accusent un faible pouvoir de propagation, lequel se traduit par un endémisme provincial. Les Archéocyathes, parce qu'ils forment des récifs, peuvent être considérés comme les témoins de mers chaudes, coïncidant avec la zone intertropicale en Sibérie méridionale (Saian-Altaï), dans le Kazakhstan, en Australie et en Antarctide. Mais la Téthys, transgressive dans sa zone fracturale méditerranéenne jusqu'au Sud marocain, c'est-à-dire en plein dans la région polaire de l'époque, y a favorisé l'installation de beaux récifs d'Archéocyathes ainsi qu'en Andalousie, en Sardaigne, dans la Montagne noire, puis à la fin du Cambrien inférieur, jusque dans les Appalaches. On peut penser à des courants chauds.

Cependant, les terres émergées étaient encore arides et dépourvues d'un couvert végétal autre que les Lichens. Des zones littorales et supralittorales en bordure de la Téthys portent des mattes algaires riches en Stromatolites et dans de vastes lagunes évaporatoires se déposent les premières couches salifères que nous connaissions [Sibérie et rivage du Verkhoiansk pour ce qui concerne la Laurasie; Iran, Afghanistan, Salt Range (Schindewolf, 1955; Lapparent, Termier et Termier, 1975, 1976) pour la Gondwanie]. Ces dépôts

Fig. 23 - Le Cambrien inférieur (Cambrien II)

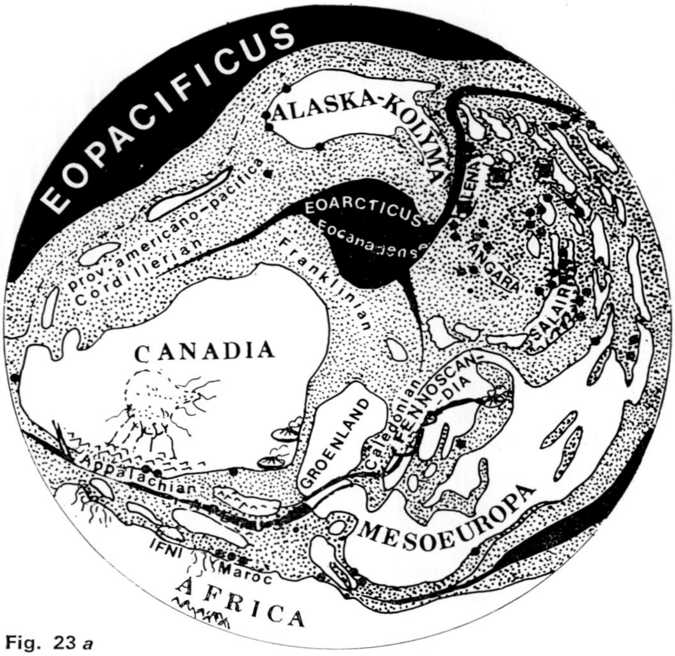

Fig. 23 *a*

Vue d'ensemble de la Laurasie, délimitée par l'Iapetus, entre Maroc et Appalachides, et la Téthys entre Afrique et Méso-Europe.

Il y a environ de 600 à 550 millions d'années, les froids de la glaciation éocambrienne ont disparu de la majeure partie de la Terre : des mers peu profondes et chaudes ont recouvert une bonne part des aires continentales, à l'exception de la Gondwanie centrale (Africa, Bresilia, Arabia, Lemuria) percée par un pôle (fig. 23 *d*).

Le règne animal se développait avec, cette fois, des Métazoaires à squelette carbonaté donc solide. Les mers les plus chaudes étaient jalonnées par des récifs à Archéocyathes (points noirs) jusqu'au Sud marocain, pourtant peu éloigné du pôle magnétique. Ils demeurent absents de la Scandinavie, du Groenland et des Andes. La zone aride est très distincte : en bordure orientale de l'Afrique, en Arabie, en Iran (le sel qui donnera les diapirs, en carrés), au Pakistan où se forme le sel de la Salt Range, se développaient des lagunes où se déposaient d'énormes masses de sel et de gypse (carrés noirs), également présents dans la région d'Irkoutsk, près du Baïkal (entre Salaïr et Mongolie) ainsi que sur la bordure du chenal du Verkhoiansk (Lena, Aldan) où existe un bassin salifère de 1,2 million de km².

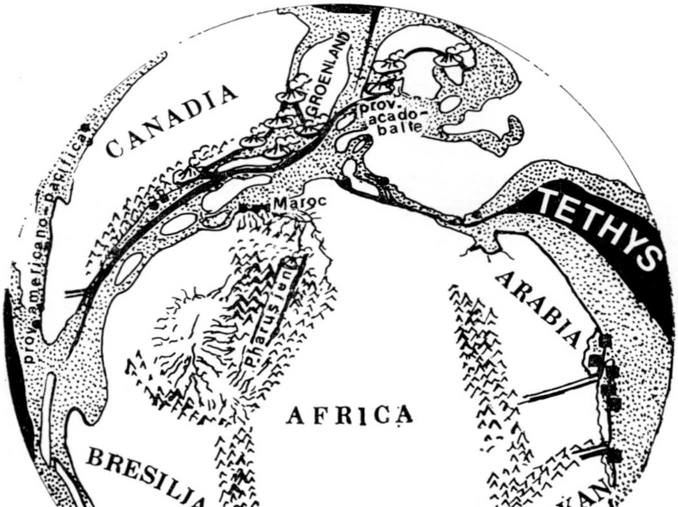

Fig. 23 ***b*** **- Vue d'une partie de la Gondwanie**

Certains éléments ont déjà une tendance à se dissocier au niveau de fossés ; mais le fossé pharusien (Ahaggar) ne divisera pas l'Afrique.

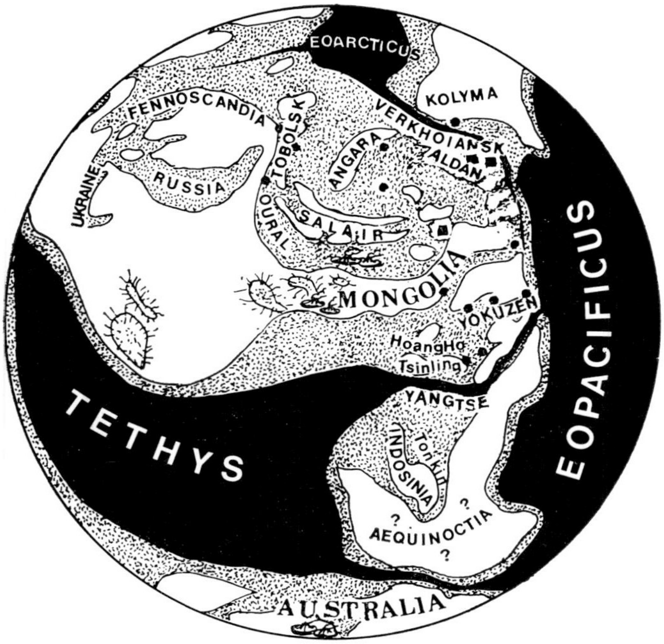

Fig. 23 *c*
Liaison Australie - Asie orientale

La liaison de l'Australie (Gondwanie orientale) et de l'Asie orientale, le continent Mû l'actuelle Asie du Sud-Est, est représentée alors peut-être par des microcontinents (Æquinoctia ?, Indosinia) qui peu à peu deviendront Sunda, Malaisie, Indochine jusqu'au Yang-tsé.

Fig. 23 *d*
Schéma de la Terre au Cambrien inférieur

Schéma de la Terre au Cambrien inférieur montrant la région polaire (P) au niveau des Canaries-Ifni, les grands linéaments (Iapetus, Téthys) en position subméridienne comme au temps de la Révolution hudsonienne (fig. 11*a*), tandis que l'équateur (eq) coïncide en partie avec le pourtour du Pacifique. La zone aride qui le longe est bien caractérisée par les très importants gîtes d'évaporites lagunaires reconnus sur l'est de la plate-forme sibérienne, en bordure du Verkhoiansk (fig. 23 *c*), ainsi que sur la bordure méridionale de la Téthys. Les Archéocyathes, plus franchement marins, étaient suffisamment liés à une ambiance récifale pour que l'on doive penser qu'ils vivaient dans des mers chaudes et peu profondes (moins de 100 m). Cependant ils sont assez abondants dans le Sud marocain, tout près du pôle. Il faut admettre que non seulement la Téthys leur a servi de chenal mais encore qu'ils furent apportés par des courants chauds. Au contraire il n'y a pas d'Archéocyathes en Scandinavie : l'autre chenal méridien, celui du Protoatlantique, recevait probablement les eaux polaires fraîches.

Fig. 23 *e*
Un Archéocyathe *(Ajacicyathus)*

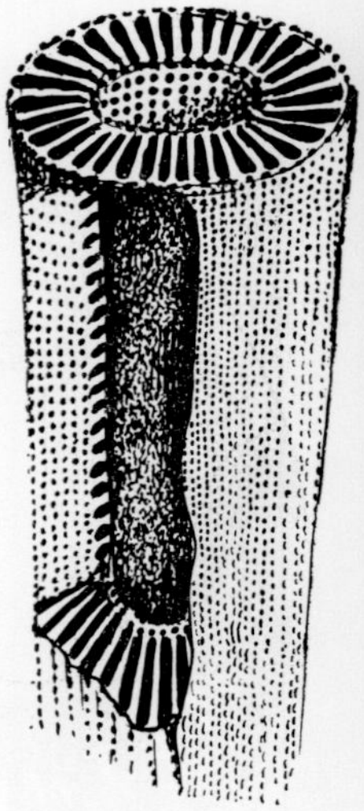

Un Archéocyathe *(Ajacicyathus)*, montrant un organisme à deux murailles poreuses unies par des cloisons (septes) également poreuses, autour d'une cavité centrale. La structure fonctionnelle rappelle celle des Spongiaires. Cependant, à ce bas niveau d'organisation, une comparaison s'impose aussi avec certaines Algues. Il est probable que les Archéocyathes sont proches du point de divergence entre Végétaux et Animaux, point qu'on pourrait situer auprès des Flagellés. L'ambiguïté a dû se prolonger, l'hétérotrophie animale pouvant être relayée par une persistance d'autotrophie accomplie par des Algues symbiotes comme on en connaît des exemples dans de nombreux Métazoaires modernes.

Radiocyathes

Fig. 23 *f*

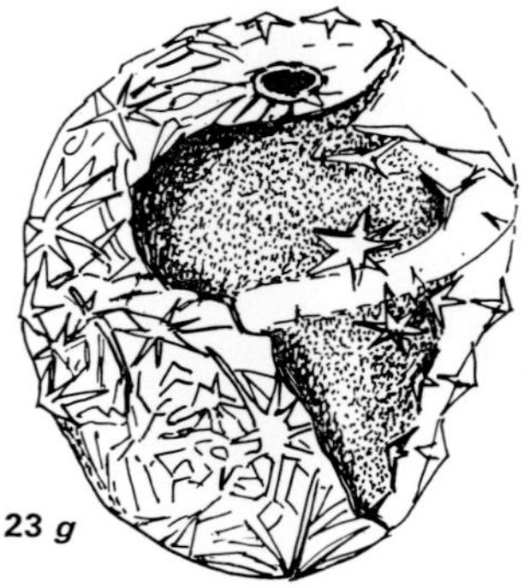

Fig. 23 *g*

f* - *Uranosphaera Bedford et Bedford, corps subsphérique offrant une ouverture à bord épaissi dont l'unique paroi est armée de nésastères.

g* - *Girphanovella Jouravleva, ovoïde à deux parois de nésastères.

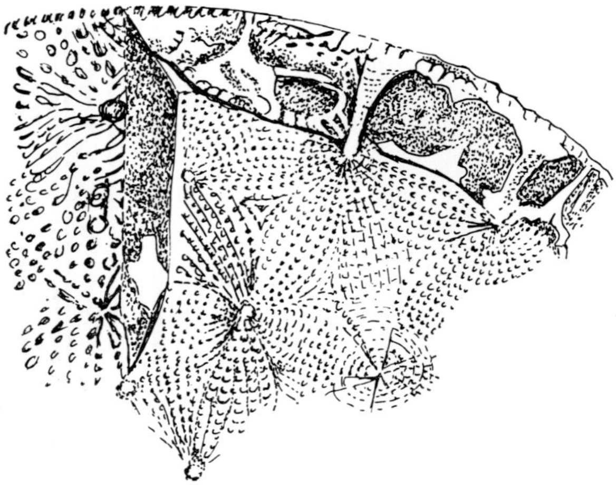

Fig. 23 *h*

h* - *Radiocyathus Okulitch, forme conique à deux murailles solides, non poreuses, construite autour d'éléments composés de crêtes rayonnant à partir de centres, lesquels sont unis d'une muraille à l'autre par des pivots tronconiques.

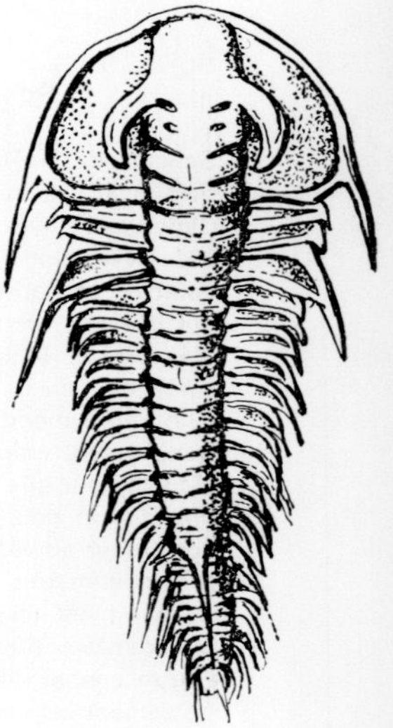

Fig. 23 *i*
Olenellus Walcott, Trilobite primitif

Les divers types d'Olenellides (et de Redlichiides) définissent des provinces biogéographiques contemporaines, indépendantes de la présence des Archéocyathes. *Olenellus* caractérise la province atlantique de l'Amérique du Nord.

permettent d'entrevoir l'existence d'une large zone tropicale aride parallèle à l'équateur au Cambrien.

Au début des temps fossilifères, la transgression édiacarienne avait été un phénomène postglaciaire; au Cambrien II, les glaciers avaient disparu à peu près complètement, même près des pôles et sauf dans certaines régions montagneuses, et les rochers émergés étaient attaqués par l'érosion. Les sédiments résultants resteront peu altérés jusqu'à leur arrivée dans la mer où ils deviendront des grès ou des argiles verdies par la chlorite ou bleuies par la glauconie (argiles bleues de Leningrad), deux minéraux d'altération des micas.

La présence d'empreintes de cristaux attribués à de la glace sous les couches à Fucoïdes d'Esthonie pose la question du climat scandinave au Cambrien inférieur. Il y a là une contradiction avec la présence de glauconie, minéral qui ne se forme pas de nos jours au-dessous de 15 °C. On pourrait penser soit à des courants froids, soit à une saison, peut-être une année froide dans une zone tempérée, ce qui expliquerait l'absence d'Archéocyathes dans la province balte. Mais les empreintes sont-elles bien celles de cristaux de glace ? La confusion avec des cristaux d'évaporite est fréquente et s'accommoderait bien de la zone intertropicale dans laquelle semble se placer la province acado-baltique. Des gîtes de sel importants jalonnent d'ailleurs cette zone (Arabie, Iran, Sibérie, Mongolie, Verkhoiansk) (voir fig. 23).

Le climat s'est refroidi au Cambrien moyen.

Explosion du monde animal développement du squelette chez les animaux. *Fig. 24, p. 141*

La *squelettisation*, production de pièces dures, minéralisées ou organiques, dans les systèmes animaux, est postédiacarienne. Le squelette, dans sa composition minéralogique comme dans sa structure, prend part aux impératifs de l'inorganique et, peu à peu, reçoit le façonnage du vivant. Les calcifications algaires demeurent des concrétions (Stromatolithes) et, au mieux, prennent l'empreinte des organes vivants. Chez les Protistes, la symétrie d'un test siliceux de Radiolaire a pu être comparée à celle des films des bulles de savon (Almgren et Taylor, 1976). D'Arcy Thomson (1934) insistait sur l'exemplarité des spirales logarithmiques et de la croissance gnomonique des coquilles de Céphalopodes et de Gastéropodes.

Le développement des charpentes a favorisé la croissance en taille des métazoaires. Servant à l'insertion des muscles, le squelette améliorait la rapidité et la précision des mouvements chez les animaux libres; enfin, il assure une protection et peut même servir de bouclier.

Composition et texture

La texture du squelette nous informe sur le développement de la vie animale. Dès le Cambrien inférieur on distingue deux groupes : d'abord les squelettes *cuticulaires*, dépôts liés aux épithéliums surtout externes (manteau) qu'ils enrobent d'une coquille tubulaire ou d'une carapace articulée. En second lieu, les squelettes *spiculaires*, d'origine plus profonde dans le corps de l'animal, sécrétés dans des cellules (scléroblastes) à l'intérieur des mésenchymes (mésoglée ou mésohyle des Diblastiques, mésoderme des Cœlomates). Ils constituent des squelettes ajourés qui, chez les Spongiaires et les Echinodermes, servent d'armature à des systèmes de canaux plus ou moins bien délimités (sinus) dans lesquels transitent les liquides nourriciers. Chez les Echinodermes, ils s'adaptent aussi aux nécessités de l'articulation. La combinaison d'un squelette cuticulaire et de spicules mésodermiques est fréquente (Ischyrosponges, Brachiopodes). Le squelette des Vertébrés, pourtant mésodermique, appartient à une autre catégorie, étant formé par strates autour d'éléments cellulaires souvent très ramifiés dont il épouse la forme.

Cette digression sur le squelette est rendue nécessaire par l'importance qu'il a : 1 / dans la partie animale de la biosphère en contribuant à la fixation de sels et d'éléments chimiques, à savoir les composés du carbone (élément principal de la matière organique) et du phosphore (élément énergétique de la vie) avec le calcium et 2 / dans la définition finale de l'animal. Carapace ou armature articulée, le squelette minéralisé ou sclérifié se substitue à d'autres mécanismes (squelettes hydrostatiques) et accroît la précision des mouvements; il a fait la fortune des Arthropodes, des Echinodermes et des Vertébrés.

Les squelettes minéralisés ont une fonction métabolique équivoque : excrétats, ils peuvent s'alourdir tellement qu'ils deviennent un handicap chez certains Mollusques dont ils paralysent les mouvements; réserves de calcium et, dans les squelettes phosphatés, de phosphore, ils sont fréquemment remaniés et partiellement dissous pendant la vie même de l'animal, si bien qu'il est parfois difficile, à partir du squelette d'un adulte, de retracer l'histoire de celui-ci.

L'association de squelettes solides et de spicules est fréquente même chez les plus anciens animaux, provenant de modalités sécrétrices différentes. Les diverses parties du squelette peuvent avoir des compositions chimiques très diverses : par exemple, association de spicules siliceux à un test solide carbonaté (Ischyrosponges), puis divergence vers la silice ou le calcaire; ou bien association d'éléments carbonatés et phosphatés (Vertébrés).

La composition minéralogique ou chimique ou la texture d'un groupe peut s'être modifiée au cours des temps géologiques. Deux voies d'évolution semblent avoir été suivies : l'une à partir du carbonate de calcium, l'autre à partir du phosphate de calcium. La première, indirectement favorisée par les réactions de la photosynthèse (les Algues fixant une part non négligeable de calcium); la seconde liée à des animaux plus franchement libérés du monde végétal.

Squelettes carbonatés

La calcite et l'aragonite sont deux formes cristallines du carbonate de calcium. La calcite tend à recristalliser en plages de sparite; l'aragonite fibreuse peut ou non se transformer en calcite. Il peut y avoir relais de la calcite par l'aragonite : au Permien chez les Ischyrosponges (?), au Trias, chez les polypiers de Cnidaires (E. Montanaro-Gallitelli, 1972) ; au Crétacé, chez les Ectoproctes (Schopf et Manheim, 1967). Le squelette des Echinodermes, composé de trabécules de calcite, est le plus stable dans le monde vivant, mais on connaît des spicules d'aragonite chez les Holothurides récents (G. Cherbonnier, comm. orale). La coquille des Mollusques comporte un mélange de calcite et d'aragonite avec une scléroprotéine, la conchyoline; celle des Dentales, des Monoplacophores et des Chitons est en aragonite. La calcite, rare chez les Céphalopodes, n'y compose que des pièces isolées [rostre des Bélemnites, aptychus (couvercle operculaire) des Ammonites]. La coquille des Gastéropodes et des Bivalves est mixte : la couche externe est alors un fragile cortex calcitique. Au sommet de la résistance, les nacres sont un produit mixte de très fines écailles d'aragonite avec une trame de conchyoline. Les coquilles uniquement calcitiques comme celles des Huîtres sont aussi les moins solides parce que leurs éléments cristallins sont beaucoup plus grossiers.

Les Archéocyathes. *Fig. 23 e*

Les Archéocyathes du Cambrien inférieur possédaient un squelette poreux hypercalcifié à texture granuleuse, dépourvu de spicules, mettant parfaitement en lumière de nombreux pores et souvent un atrium central (Ascone, Sycone). La présence fréquente de deux murailles de même style suggère une homogénéité cellulaire, voire un « tissu » ou peut-être un « syncytium » unique. La morphologie suggère aussi l'unicité physiologique que l'on confond souvent avec l'individualité. Ils pourraient être aussi proches du règne végétal et de l'économie végétale qu'ils le sont de l'origine des animaux : A. Opik (1975) les situe parmi les Algues voisines des Dasycladacées. Une étrange forme portant des épines verticillées, *Acanthopyrgus*, suggère aussi l'existence d'Algues symbiotes ayant pris en charge la nutrition des organismes (Handfield et McKinney, 1975). Cependant parmi les Archéocyathes monocyathides, un genre comme *Favilynthus* (Debrenne, 1974) évoque l'organisation d'une Eponge déjà évoluée (type sycone).

La comparaison avec les Spongiaires vivants nous amène à supposer qu'ils en possédaient les caractères les plus primitifs. Au nombre de ceux-ci comptent les *archéocytes* : ce sont des amibocytes (cellules mobiles) capables de traverser n'importe quelle partie du corps et *totipotents*, c'est-à-dire d'assumer toute fonction cellulaire. Par exemple, un statoblaste ou une gemmule est un produit de survie asexué, composé d'archéocytes qui peuvent reconstituer une Eponge complète. De même l'épithélium cilié (endodermique) de la larve blastuléenne de *Clathrina* conserve ses potentialités, certaines de ses cellules pouvant se transformer en cellules ectodermiques. Nous proposons de considérer les Archéocyathes comme possédant surtout des archéocytes. L'absence de spicules confirme cette manière de voir en éliminant la présence de scléroblastes. L'existence d'un squelette massif, hypercalcifié, qui les supplée ici peut être attribuée, au moins en partie (comme chez les Scléractinies et chez les Spongiaires hypercalcifiés modernes), à l'action photosynthétique directe ou indirecte de symbiotes algaires (zooxanthelles ou zoochlorelles) concentrés dans les archéocytes, qui peuvent les transmettre dans les gemmules. Quant à l'endoderme des Spongiaires, son caractère choanocytaire n'apparaissant guère que chez l'adulte, on ne peut affirmer que des choanocytes typiques aient existé dans les Archéocyathes. Chez les Démosponges, le rôle des choanocytes est de faire naître par leur battement coordonné un courant d'eau et de transmettre les particules nutritives aux archéocytes qui les transportent et les digèrent (Pourbaix, 1933). Chez les Calcisponges (Pourbaix, 1932), les choanocytes digèrent aussi les particules. L'épithélium choanocytaire (endoblaste) n'est d'ailleurs pas totalement fixé : lors de la gastrulation de la larve, les cellules endodermiques perdent d'abord leurs flagelles, puis constituent une couche unique de choanocytes. Il est donc probable que les Archéocyathes, très primitifs, n'avaient que des ébauches de différenciation tissulaire, l'élément cytologique le mieux représenté restant de type archéocyte. En revanche, la présence de deux murailles chez un grand nombre d'Archéocyathes y suggère fortement le développement entre les deux d'un mésenchyme ou mésohyle, élément structural caractéristique de l'ensemble du phylum. Le mésenchyme, riche en collagène, enveloppe dans les Spongiaires actuels des cellules initialement totipotentes mais douées de rôles différenciés et coordonnés par des hormones (et des cellules nerveuses ?). Une partie de ces coordinations, au moins hormonales, existait fort probablement déjà chez les Archéocyathes car leur différenciation en nombreux types à large distribution géographique est très précise et utilisée pour dater les terrains.

Les Archéocyathes ont participé à des récifs, associés à des Stromatolithes et à des Algues calcaires. Dès le Cambrien inférieur, le récif (voir p. 42) est un phénomène de concrétion du calcaire, sous-produit de la photosynthèse, où la plupart des animaux constructeurs sont subordonnés à un métabolisme chlorophyllien.

Le développement des Archéocyathes montre trois étapes (Jouravleva, 1968). Au début du Cambrien II (Tommotien), ils subirent une évolution explosive dans une province comprenant la Sibérie, l'Europe méridionale, le Maroc et l'Australie, et semblent n'avoir atteint la Californie qu'à l'Aldanien. A la fin du Cambrien II (Botomien), deux provinces à Archéocyathes se dessinaient : la première embrassait l'ouest (zone pacifique) et l'est de l'Amérique du Nord (zone atlantique), ainsi que la Sibérie, centre principal de diversification et de distribution; la deuxième province, « indo-australienne », comprenait l'Australie et l'Antarctide. Au Lénaien (Cambrien III), les Archéocyathes, restreints aux régions indo-australienne et pacifique, disparaissent à peu près complètement d'Europe et d'Afrique du Nord. Ils s'éteignent peu après le début du Cambrien moyen (dans la Montagne noire, un exemplaire attardé en est connu) et seraient même encore présents au Cambrien supérieur (Antarctide) (Webers, 1966). Des reconstitutions géographiques minutieuses donnent probablement la clef du problème : en Sibérie où passait l'équateur, les Archéocyathes sont le plus nombreux pendant tout le Cambrien

Fig. 24 - Evolution et affinités des Métazoaires
(H. et G. Termier)

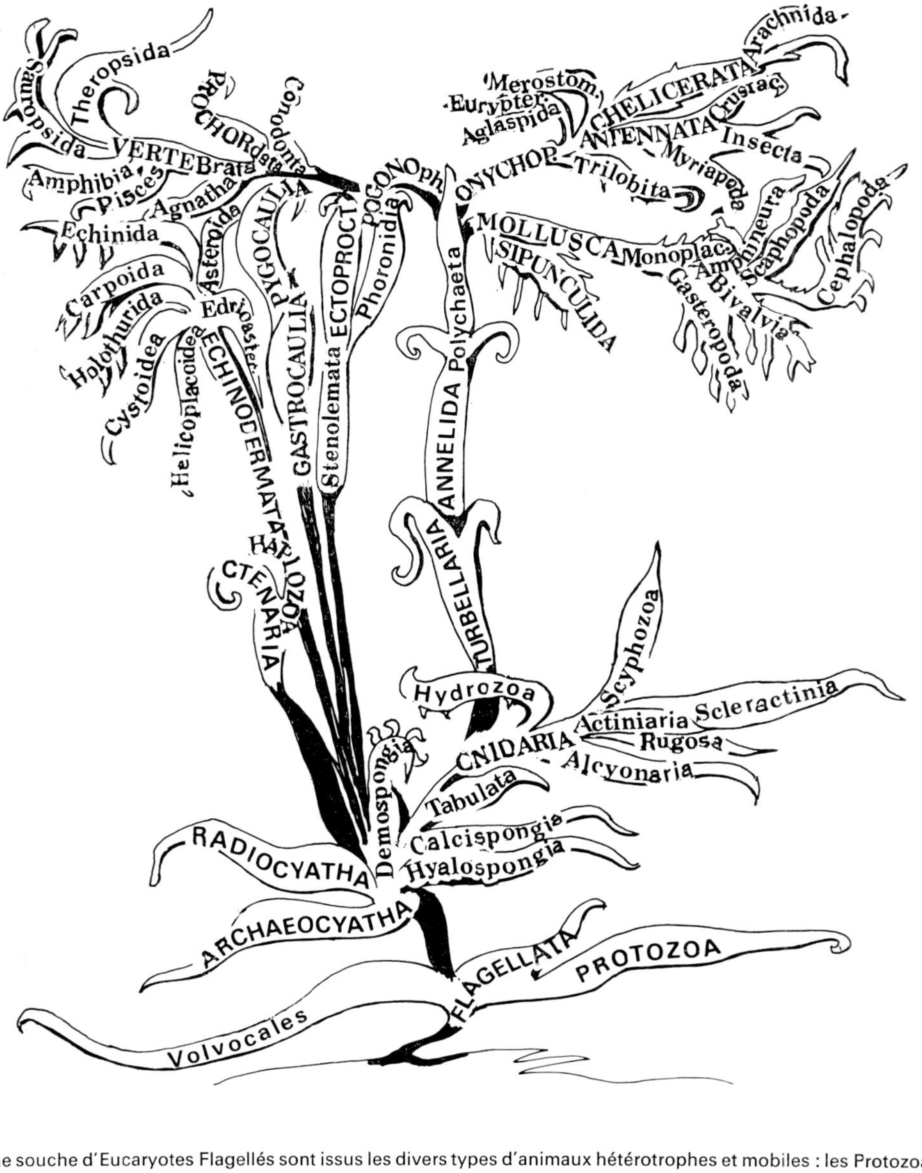

D'une souche d'Eucaryotes Flagellés sont issus les divers types d'animaux hétérotrophes et mobiles : les Protozoaires et les Métazoaires. Les Métazoaires les plus primitifs gravitent autour des Spongiaires pourvus d'un très petit nombre de types cellulaires et des Cnidaires.

Les frondes terminales comprennent les groupes les plus évolués, Coelomates marquant quatre tendances apparemment divergentes à partir du modèle Annélide ou de sa larve trochophore. Alors que les Mollusques, les Arthropodes et les Chordés (?) se laissent ranger plus ou moins facilement dans la descendance des Cnidaires et des Annélides, les Lophophoriens (Phoronidiens, Bryozoaires, Brachiopodes et Echinodermes), bien que possesseurs de larves dérivant aussi de la trochophore, présentent plutôt des affinités avec des groupes primitifs affines des Spongiaires et des Cténaires (voir p. 146).

inférieur. En Afrique du Nord, ils se sont développés surtout à la base du Cambrien inférieur, époque encore temporellement proche du l'Eocambrien, où l'axe polaire doit avoir percé le continent africain en Mauritanie ou un peu plus au sud. Cette suggestion rendrait compte de leur raréfaction progressive dans ces régions. Les Archéocyathes marocains sont répartis dans un vaste golfe marin ouvert sur le Iapetus; leur présence y est reconnue depuis les Jebilet (au nord de Marrakech) jusqu'au sud de Tiznit, dans l'Anti-Atlas, au sud de l'accident sud-atlasien, limite de l'Afrique du Nord et du bouclier saharien (Présahara).

Les Archéocyathes de Sibérie sont associés à des formes fixées *(Altaicyathus = Korovinella)* comparables à des Stromatopores, Ischyrosponges abondants à partir de l'Ordovicien (Jouravleva, 1971). Ce groupe d'importance considérable dans l'économie des récifs paléozoïques s'est perpétué par les Sclérosponges de l'époque actuelle. Composés de lames calcaires ajourées, successives, traversées ainsi que les vides qui les séparent par des piliers, certains possèdent des structures de rejet, les astrorhizes, dépourvues de parois propres.

Les récifs coralliens, entre l'Ordovicien supérieur et le Dévonien supérieur, c'est-à-dire pendant une soixantaine de millions d'années au moins eurent un substrat presque exclusivement composé de Stromatopores, lesquels occupèrent donc alors une place dans la niche écologique habituellement dévolue à des Algues calcaires. Il a été avancé pour le Sclérosponge actuel *Astrosclera* (qui pourtant vit souvent dans des grottes obscures) qu'une symbiose obligatoire avec une Algue unicellulaire pourrait être à l'origine du squelette principal.

Réflexions sur l'origine des Métazoaires et une possible descendance des Spongiaires. Fig. 24

Les Protozoaires autres que les Flagellés primitifs ne sont guère connus à l'orée des temps fossilifères. Alors que les Métazoaires y offrent une véritable explosion.

Les Spongiaires sont normalement au stade embryonnaire nommé gastrula, sac à double paroi pourvu d'une seule ouverture. De nombreuses observations montrent que la structure choanocytaire se rencontre dans beaucoup de Métazoaires différents des Spongiaires. Bilbaut et Pavans de Ceccaty (1971) en signalent dans des tissus d'origines embryologiques diverses de l'Octocoralliaire (Alcyonaire) *Veretillum*. Les Rangéides édiacariens étant rapportés aux Octocoralliaires, la séparation entre Cnidaires (Alcyonaires) et Spongiaires remonte aux environs de 700 millions d'années. Cependant, si les Octocoralliaires possèdent des spicules (donc les scléroblastes qui les sécrètent), ils ne se distinguent pas moins des Spongiaires, comme les autres Cnidaires et leurs descendants probables, par leur squelette organique, à base de chitine (Annélides, Mollusques, etc.), bien différent de la spongine.

Les Alcyonaires peuvent aussi posséder un squelette hypercalcifié aragonitique (par exemple l'actuel *Heliopora*), analogue aux Polypiers des Hydrocoralliaires et des Scléractinies.

Cependant il reste que le tube digestif à une seule ouverture du Cnidaire, qui lui permet d'absorber des proies, ne comporte pas le filtre du Spongiaire. L'endoderme du premier est digestif tandis que le choanosome du second a surtout le rôle mécanique de créer des courants d'eau. Nous verrons qu'il est possible d'envisager des types intermédiaires.

Avec les Hydrozoaires, quelques ressemblances persistent car il est difficile de distinguer les squelettes de certains Sclérosponges de ceux des Hydractiniaires et des Hydrocoralliaires. La comparaison — voire la confusion — a été faite fréquemment entre les astrorhizes, structures éjectrices des Stromatopores, et les empreintes radiaires et criblées des zooïdes des Hydractinies.

Nous distinguons les squelettes d'Hydractinies par une disposition étoilée servant de point d'appui à certains types de zooïdes [c'est le cas d'*Heterastridium* du Trias supérieur téthysien].

Près des Archéocyathes, les *Radiocyatha* (fig. 23*f*, *g*, *h*) (Debrenne, Termier et Termier, 1970, 1971), de forme subsphérique ou conique, comptent trois familles dont deux sont caractérisées par d'énormes sclérites à six branches, les nésastères, qui constituent une muraille *(Uranosphaeridae)* ou deux murailles *(Girphanovellidae)*. Les premiers semblent bien avoir eu un statut très primitif, avec un ectomésenchyme mince, tandis que les seconds fournissent l'image d'un Spongiaire complètement développé, véritable *gastraea* (Haeckel). Le squelette pourrait être considéré comme spiculaire et rapproché alors de celui des Hétéractinides. Cependant, dans plusieurs genres, les nésastères anastomosés constituent une charpente continue. En général les dimensions des nésastères sont telles que leur concrétion à l'intérieur d'un seul scléroblaste est peu crédible. Des alignements d'archéocytes, voire syncytiaux, le sont mieux. La troisième famille de *Radiocyatha*, celle des *Heterocyathidae*, est probablement capable de nous éclairer sur le type de sécrétion du squelette de ces formes : il n'y a pas de nésastères mais des plaques stellaires granuleuses, soudées en deux murailles formées à partir de centres de calcification. Ces plaques stellaires peuvent être considérées comme une étape vers la formation d'un squelette continu, tandis que les nésastères des autres familles suggèrent qu'il n'y a pas de frontière nette entre l'apparence de sclérites isolés et celle de plaques juxtaposées. Il n'y a pas de pores à proprement parler mais des intervalles qui restent libres entre les éléments du squelette de la muraille interne. Aucun des *Radiocyatha* ne montre de canaux susceptibles d'avoir abrité des expansions du choanosome (tubes ou corbeilles vibratiles) à l'intérieur de l'ectomésenchyme. Ils restent à un niveau très bas de différenciation et leur proximité dans le temps avec les Archéocyathes laisse supposer que l'endoderme était simple. Le filtrage, de type Spongiaire chez les formes à nésastères, perdait de sa puissance avec l'anastomose de ses sclérites et surtout avec le développement des plaques chez les Hétérocyathidés. Il semble qu'alors l'ectomésenchyme ait assumé un rôle de squelette perméable, s'éloignant du Spongiaire type pour se rapprocher de celui de l'Echinoderme.

Les Radiocyathes à nésastères pourraient avoir comme voisins une bonne partie des Hétéractinides, à savoir les *Astraespongiidae* à spicules octactines (8 branches) de grande taille. Ces Spongiaires ont la forme d'une coupe non fixée, soit constituée d'une seule couche de spicules *(Eifelia)* comme les *Uranosphaeridae*, soit alourdie par un profond désordre des sclérites conférant, au moins à cette partie squelettique de l'animal, les caractères d'un cul de bouteille. De tous les genres connus d'*Astraeospongiidae*, seul *Stellarispongia* du Dévonien (Rigby, 1976) présente des canaux radiaires aboutissant à l'atrium (comme dans une disposition sycone) et même aussi un canal concentrique. Chez les *Asteractinellidae*, *Asteractinella*, du Carbonifère, se présente de la même manière, avec des spicules non soudés dans toute l'étendue du réseau, disposés peut-être suivant une couche interne et une couche externe, qui composent une paroi ondulée laquelle comprend des bourrelets radiaires réunis par un « patagium » sclérosomal épais, aminci vers le bord (Vandercammen, 1950). La forme est d'un Astéride sans canaux radiaires spécifiquement définis. Il n'y a pas de pores. Pour Vandercammen, « le choanosome devait occuper l'espace interspiculaire ou tapisser la cavité pseudogastrique ». En fait, seule la seconde de ces hypothèses, qui envisage un endoderme peu spécialisé, nous semble plausible.

Ainsi le groupe *Radiocyatha-Heteractinida* se présente comme très simple et peu efficace quant aux caractéristiques spongiaires (par exemple la puissance de filtrage — *clearance*). Mais l'un de ses représentants au moins semble toucher un autre plan d'organisation, celui des Echinodermes.

Aux Hétéractinides sont rapportés généralement les *Chancelloriida* avec *Chancelloria* du Cambrien. L'espèce type de ce genre, *C. eros* Walcott, est représentée par une surface allongée portant des sclérites légers, non soudés et disposés en quinconce, arrangement qui n'est pas sans rapport avec les spicules d'un *Olynthus* (Calcisponge). La caractéristique fondamentale, retrouvée dans des sclérites (archiasters) se composant de rayons plus nombreux, est que la base de ces rayons est occupée par un creux se prolongeant dans la pointe par un canal. Un archiaster de *Chancelloria* est non seulement polyaxial mais encore les rayons en sont séparés et sans doute articulés les uns par rapport aux autres en formant des rosettes, voire des superpositions de rosettes. Une telle structure, inconnue chez les Spongiaires, n'est pas sans rappeler les radioles des Echinodermes, en particulier les paxilles des Astérides. D'ailleurs chaque rayon a une orientation cristallographique unique comme les pièces échinodermiques. [V. J. Gorjanskij (1973), s'appuyant sur la structure, estime d'ailleurs que les pièces squelettiques de *Chancelloria* n'ont rien à voir avec des spicules de Spongiaires et se rapprochent plutôt des Echinodermes.]

Les Echinodermes les plus primitifs (que l'on peut rapprocher des Astérides et des Holothurides) possèdent des plaques superficielles partant de centres étoilés, restant souvent très découpées et ménageant des pores pour des expansions « branchiales » du système sinusaire. Du point de vue du squelette, des analogies existent avec *Radiocyathus* et *Chancelloria*, mis à part que le matériau de base de la pièce échinodermique est le trabécule, sclérite calcitique à développement intracellulaire, fondé sur le tétraèdre régulier. Le comportement du squelette trabéculaire reste comparable à celui d'un réseau dictyonal de Spongiaire en ce qu'il est totalement perméable aux liquides et aux amibocytes. Un tel squelette est d'une grande plasticité, la maille du réseau étant modifiée selon l'importance du trafic (Termier et Termier, 1972). Le squelette du Spongiaire est défini dans l'ectomésenchyme, celui de l'Echinoderme dans le mésoderme dont la formation entérocœlienne est bien connue. Ces deux structures dont les comportements fonctionnels sont tout à fait comparables se distinguent fondamentalement parce que, tandis que les Spongiaires sont au plus bas de l'échelle animale (Acœlomates), les Echinodermes sont des Cœlomates. Cependant, parmi les Cœlomates, les Echinodermes, d'origine très ancienne, occupent une place à part, réfractaire jusqu'à présent à tout accord avec les autres groupes.

Les Echinodermes vivent dans des « nids » où un petit nombre d'espèces seulement se rencontrent en grand nombre d'individus. Au Cambrien, les principales options écologiques de ce groupe étaient esquissées : les Hélicoplacoïdes de Californie ressemblaient aux Holothuries actuelles par l'élasticité de la thèque et son allongement vectoriel situant la bouche à l'avant et l'anus à l'arrière. D'autres, comme les Eocrinoïdes, pourvus de bras articulés autour de la bouche et fixés par la base de leur thèque allongée en une grossière ébauche de pédoncule, avaient déjà le port des Crinoïdes. Les Stromatocystitoïdes, pentagonaux et aplatis, tenaient la place qu'auront plus tard les Etoiles de mer.

Le raccord se place certainement près des Spongiaires les plus primitifs, ainsi qu'en témoigne la porosité de la paroi du corps, laquelle devient très spongiforme, par exemple chez *Pachycalix* (Termier et Termier, 1950). Des cellules à collerette, comparables à des choanocytes, ont en outre été observées chez des larves d'Echinodermes (bandes ciliées du plutéus d'*Echinocyamus pusillus* et du brachiolaria d'*Asterias rubens*), ainsi que dans les épithéliums d'ampoules ambulacraires, de gonoductes et d'oviductes d'Astérides et d'Holothurides. Finalement la principale différenciation d'où est issu le plan de composition des Echinodermes est la délimitation d'un tube digestif et d'un système aquifère, tandis que les lacunes du système sinusaire conservent une démarcation floue encore comparable à celle du système aquifère des Spongiaires. Il est à noter l'importance du système sinusaire chez les Edrioastéroïdes et les Cystoïdes qui sont parmi les Echinodermes primitifs fixés. En acquérant des systèmes clos et spécialisés, l'Echinoderme a reçu de nouvelles potentialités : il est devenu de moins en moins filtreur, de plus en plus mobile, libéré, capable d'appréhender sa nourriture et polarisé pour ce faire.

Les Cténaires pourraient constituer un type intermédiaire entre Spongiaires et Echinodermes. Leur paroi se compose d'un ectoderme et d'un large mésenchyme renfermant un « ectomésoderme » en croix. Une telle structure, connue chez les Turbellariés où elle est interprétée comme l'ébauche d'un mésoderme, est comparable à une disposition issue de l'ectoderme de l'amphiblastula, larve des Calcisponges, les « cellules en croix » qui disparaissent lors de la fixation. Cette disposition de l'amphiblastula est considérée par O. Tuzet (1973) comme l'indice d'une tétramérie initiale; or une tétramérie est reconnaissable aussi chez les Cnidaires (Scyphozoaires, Tétracoralliaires par exemple) et chez les Echinodermes primitifs où elle finira par être masquée par la pentamérie. Celle des Cténaires aboutit à une symétrie bilatérale.

Chez les Cténaires, le mésenchyme est une mésoglée collenchymateuse renfermant des amibocytes et des fibres de toutes sortes. Les types actuels sont totalement dépourvus de squelette. Les Haplozoaires *(Peridionites, Cymbionites)*, du Cambrien IV (limite supérieure du Cambrien inférieur) du Queensland ont une symétrie et des caractères de Cténaires, soutenus par un squelette trabéculaire d'Echinoderme.

Le système gastrovasculaire des Cténaires comporte des canaux endodermiques (canaux pharyngiens, canaux excréteurs) qui s'enfoncent dans le mésenchyme. Cette disposition, qui comporte des pores anaux, exutoires des diverticules excréteurs du canal aboral, et une ouverture vers la bouche (stomodaeum ectodermique) des canaux pharyngiens, permettrait une comparaison à la fois avec le système aquifère des Spongiaires et avec les systèmes disjoints des Cnidaires et des Echinodermes.

La coupe du système endodermique d'un Cténaire est comparable dans le détail avec celle d'un élément du système aquifère d'un Démosponge depuis l'ectoderme jusqu'au choanosome :

Tableau 8. — *Comparaison d'une unité aquifère de Spongiaire et d'un système endodermique de Cténaire*

		Spongiaire		*Cténaire*	
Exopinacoderme Ectomésenchyme		Pore dermique (ostium) ↓	*Zone orale*	Stomodaeum ↓	Ectoderme Mésenchyme
	Chone	Pore chonal (sphincter) (ectochone)			
		Cavité sous-corticale (entochone) ↓			
Choanosome				Canaux pharyngiens ↓	Endoderme
				Canal aboral ↓	
		Atrium		Pores anaux	

Le reste de la faune tommotienne
(Rozanov et Missarzhevsky, 1966 ; Matthews et Missarzhevsky, 1975)

La mer à Archéocyathes de l'est de l'Eurasie, du sud de l'Australie et de l'Alaska, régions jalonnant le tracé équatorial de l'époque, a permis de connaître l'ensemble des animaux qui peuplaient ces récifs. Cet ensemble est très différent de celui de l'Ediacarien, lequel était composé surtout d'animaux flottants et dépourvus de squelette minéralisé. Dans le Tommotien, antérieur à l'apparition des Trilobites, la majeure partie de la faune possède un squelette calcaire légèrement phosphaté. Les tests d'animaux contenant du phosphate de calcium (Vertébrés, Conodontes, Brachiopodes inarticulés) incluent une forte proportion de matière organique sous forme de lames ou de remplissage de canalicules, et les fibres d'apatite sont d'une grande finesse (inférieures à 1 μ). Il s'ensuit une résistance et une élasticité supérieures à celles de la plupart des matériaux, et la possibilité d'élaboration de pièces extrêmement minces : certaines valves de Brachiopodes inarticulés ont une épaisseur de 20 à 40 μ. La coquille peut renfermer jusqu'à 50 % de P_2O_5-$3CaO$. On trouve des teneurs analogues chez les fossiles des mêmes groupes ou de groupes voisins.

La majeure partie des tests de Cœlomates du Cambrien inférieur, spécialement du Tommotien, sont phosphatés alors que les représentants ultérieurs de ces groupes sont surtout carbonatés. On pourrait penser que ce serait une preuve de la différence de composition entre l'atmosphère et l'hydrosphère de cette époque et celles des âges plus récents : l'atmosphère étant plus riche en gaz carbonique, les océans pourraient avoir été plus acides qu'aujourd'hui. Mais cette hypothèse ne tient pas compte de l'abondance des Stromatolithes et des Archéocyathes auxquels la faune phosphatée est souvent associée et dont le calcaire ne put être sécrété qu'à l'intérieur d'une fourchette de pH entre 7,8 et 8,2.

Hyolithes

Parmi les groupes fossiles à test aragonitique comptent les Hyolithes, apparus au Tommotien, dont la coquille carbonatée est chargée en apatite et se compose d'un tube conique fermé par un couvercle et complété par une paire de bras. Les organes internes sont des muscles nombreux, pairs, segmentés, et un tube digestif tordu en spirale aboutissant à un anus antérieur. Ces caractères suggèrent une parenté avec les Sipunculides (Runnegar, 1975).

Brachiopodes

Les Brachiopodes apparus au Cambrien inférieur sont des Gastrocaules (comme la Lingule actuelle), sortes de Vers pourvus d'un tube digestif complet, de deux bras spiralés relativement courts et fixés par un prolongement du corps, le pédoncule. L'ensemble est enfermé dans une coquille bivalve de matière organique, minéralisée en phosphate de calcium. Autre groupe de Brachiopodes, les Pygocaules ont un tube digestif court qui va perdre progressivement son ouverture anale, des bras spiralés plus longs et une coquille minéralisée en carbonate de calcium dont les deux valves sont articulées par une charnière. Ils entrent en scène également dès le Cambrien inférieur.

Conodontes

Appartenant à des organismes inconnus, peut-être proches des Chordés, ils apparaissent dans les sédiments de la fin du Cambrien inférieur. Ce sont des petites dents portant des points d'insertion laissant supposer qu'ils faisaient partie du tissu dermique d'animaux dotés d'un symétrie bilatérale. Leur composition est phosphatée.

En fait, les premiers Conodontes sont sécrétés comme des éléments cuticulaires (ectodermiques); au cours du Cambrien, on observe une tendance à leur enfoncement dans des poches épithéliales. A l'aboutissement de cette évolution, à la fin du Cambrien, ils acquièrent une croissance périphérique donnant lieu à des formes diversifiées (Bengtson, 1976).

Vertébrés

Des écailles de Vertébrés ont été recueillies dans des couches déposées à la fin du Cambrien moyen, puis un Poisson Agnathe Hétérostracé *(Anatolepis)* dans le Cambrien supérieur, tous dans le Wyoming. Rappelons que les os des Poissons renferment jusqu'à 88 % d'apatite.

Mollusques

La faune associée aux récifs d'Archéocyathes est composée de coquilles menues mais très diverses parmi lesquelles on reconnaît sans difficulté des représentants miniaturisés de plusieurs classes de Mollusques : Monoplacophores, Gastéropodes et un nombre assez grand de Bivalves rapportés à des phylums différents. Parmi ces Bivalves : 1 / *Fordilla* serait du type classique mais avec une coquille phosphatée (rappelons que, dans la nature actuelle, la prodissoconque de *Pinctada* (l' « huître » perlière) est phosphatée alors que la coquille adulte est carbonatée); 2 / les premiers Sténothécoïdes; 3 / un premier *Coniconchia (Heraultia)*. Certains fossiles rangés dans les Hyolithoïdes pourraient représenter une tendance vers les Céphalopodes. D'autre part, c'est dans une position comparable que l'on situe *Volborthella*, de la base du Cambrien de Leningrad.

Ostracodes

Les carapaces de certains Ostracodes du Cambrien et de l'Ordovicien ont un test renfermant du phosphate. Pour certaines de ces formes, cependant, le phosphate a remplacé le carbonate après la mort, lors de la fossilisation.

Assemblages énigmatiques

Restent une quantité de petites pièces de signification mal définie. Certaines appartiennent à des assemblages : Conodontes et peut-être Machaeridiens (les Tommotiidés).

La faune atdabanienne et les Trilobites cambriens (II-III)

Après le Tommotien, dès la base de l'Atdabanien, apparaissent les Trilobites du groupe des Olenello-Redlichides (fig. 23 *i*) à caractères archaïques, qui ne sont pas sans accointances avec les Annélides Polychètes errantes. Leur répartition géographique ne répond pas aux mêmes impératifs que celle des Archéocyathes. Chaque genre habite une aire bien délimitée; ceci laisse supposer que la durée de la vie pélagique était très courte et ne leur permettait qu'une expansion faible et lente. Toutes les mers du Cambrien inférieur ont eu leurs Trilobites, on peut donc penser que des mutations intervinrent pour différencier les genres caractérisant chaque province (voir p. 150). A la fin du Cambrien inférieur d'ailleurs la famille des Protolénidés se répand à travers les mers épicontinentales chaudes mais non récifales où ils sont accompagnés par des Hyolithoïdes, et le cloisonnement en province s'atténue.

Pendant le même laps de temps, de petits Trilobites, les *Miomera*, très proches des conditions larvaires par leur faible nombre de segments (2 à 3), furent transportés par les courants et se répandirent, sans grandes variations, dans toutes les mers.

La faune du Cambrien moyen (IV)

La meilleure image au monde animal du Cambrien moyen nous est donnée, à la base de cette période, par la faune des schistes de la Burgess Pass (mont Stephen), dans les montagnes Rocheuses de la Colombie canadienne. Ici, dans les mers qui, non loin de l'équateur, devaient être assez chaudes, a été conservé un ensemble unique au monde d'animaux dont non seulement le test mais aussi les contours des tissus nous ont été préservés. C'est un monde riche en Méduses, en Annélides (Polychètes errantes) et en Arthropodes marins proches des Crustacés, des Trilobites et des Mérostomes; on y rencontre aussi un premier Péripate. Cet ensemble est, jusqu'à un certain point, comparable à celui qui hante aujourd'hui les Sargasses.

Deux grands biotopes vont se développer. En premier lieu, le *biotope des calcaires* correspondant aux mers chaudes jouxtant la zone équatoriale bordière du Pacifique et dans lequel vont prospérer, auprès des Algues stromatolithiques, les animaux qui accompagnaient les Archéocyathes, maintenant disparus, animaux restés « en veilleuse » depuis le refroidissement du Cambrien moyen, à savoir les Brachiopodes articulés (Pygocaules) et les Mollusques, tous à test calcaire.

En second lieu, le *biotope des algueraies flottantes ou benthoniques*, dans lesquelles se développent des animaux à test surtout organique : Hydrozoaires, Brachiopodes inarticulés (Gastrocaules) et les Graptolithes, voisins des Ptérobranches d'aujourd'hui.

Brochant sur le tout, on assiste au développement d'animaux mobiles, construits pour la chasse, prédateurs qui vont devenir de plus en plus puissants jusqu'à modifier sans doute l'équilibre du peuplement animal des mers : les Céphalopodes et les Scorpions de mer (Euryptérides). Les premiers, d'abord cantonnés dans les calcaires, sont physiologiquement assujettis au milieu marin, et les seconds, dans les algueraies, finiront par pénétrer dans les fleuves.

Paléogéographie cambrienne. *Fig. 23, p. 133*

Les Trilobites du groupe Olénellidés-Redlichiidés définissent des provinces. A la répartition des Archéocyathes correspond à peu près *Redlichia*, type primitif moyen comportant certains caractères annélidiens, surtout dans la segmentation. Même en l'absence d'Archéocyathes, *Redlichia* et les genres voisins jalonnent la Téthys depuis le Maroc jusqu'en Chine en passant par Israël, l'Iran, la Salt Range (Pakistan) et, à la limite du Cambrien inférieur et moyen (l'Ordien de Opik), il atteint l'Australie. Le passage de cette mer téthysienne est encore jalonné par des Hyolithoïdes (Termier et Termier, 1971).

Deux provinces sont dépourvues d'Archéocyathes : il s'agit de la province acado-baltique (à l'est du Iapetus), caractérisée par l'Olénellide *Holmia*, et de la province de Yakoutie et Sibérie septentrionale à *Judomia*. Ces deux provinces semblent se répondre de part et d'autre de l'équateur de l'époque, si bien que l'on peut se demander si un système de courants relativement froids n'aurait pas été à l'origine de leur privation de récifs. La province atlantique à *Olenellus* fait transition entre la province acado-baltique et la province téthysienne, d'où nous avons vu qu'elle reçoit ses Archéocyathes. Le Sud marocain est situé au carrefour de deux provinces marines, la Téthys (Archéocyathes et *Redlichia*) et la proximité de l'Iapetus, par où essaiment des faunes atlantico-téthysiennes vers la province américano-pacifique, initialement caractérisée par un autre Olénellide, *Nevadia*, et dans laquelle vont se réunir des Archéocyathes, *Fallotaspis* téthysien et *Olenellus* atlantique.

La zone à *Fallotaspis* définie dans le Sud marocain a été reconnue depuis en URSS et en Californie. Les zones stratigraphiques à Archéocyathes et à Trilobites du Cambrien II offrent de nombreux points communs entre Maroc et Andalousie; celles du Cambrien III à Protolénidés *(Protolenus, Lusatiops)* sont communes au Maroc, à la péninsule Ibérique, la Méditerranée (Montagne noire, Sardaigne, Proche-Orient) et jusqu'en Extrême-Orient. Cet ensemble cambrien inférieur constitue la *mer à Redlichia* qui coïncide à peu près avec la Téthys.

Après la disparition des Archéocyathes, la mer à *Redlichia* fait place à une province euro-téthysienne.

A l'Ordien (voir tableau 7), les bassins de la Téthys fracturale ont entre eux des relations étroites mais localisées qui dessinent de minces chenaux marins empruntant des fissures, voire des *rifts*. A partir d'une sorte de plaque tournante, la Montagne noire, on voit s'établir des contacts avec la Sardaigne méridionale, alors la plus proche (le Trilobite *Sardoredlichia* Rasetti et des Archéocyathes sont communs aux deux bassins). La faune du Cambrien inférieur de la Montagne noire offrait déjà de grandes affinités avec celle du Léon septentrional; donc un chenal marin empruntait la voie de l'accident nord-pyrénéen - Biscaye (présence de *Lunolenus* dans les deux bassins). Le peuplement du bassin Celtibérique était aussi affine de celui de la Sardaigne, avec le genre endémique *Metadoxides*. Plus à l'est, l'aire méditerranéenne ne nous a laissé pour le moment que fort peu de jalons de la mer cambrienne. Mais en Turquie, la faune de la base du Cambrien moyen renferme *Badulesia*, Trilobite connu de Montagne noire et des monts celtibériques, donc un jalon de la province téthysienne. L'extension du golfe atlasique s'est amplifiée au Cambrien moyen, dont on connaît les dépôts jusqu'à Casablanca. Les faunes de Trilobites d'abord associées aux zones supérieures d'Archéocyathes, puis leur succédant, témoignent d'une série marine continue au moins jusqu'à la fin du Cambrien moyen.

En conséquence du refroidissement du Cambrien moyen, les récifs d'Archéocyathes disparaissent, les calcaires deviennent rares, voire absents, sauf dans les régions tropicales d'Extrême-Orient, et les conditions ambiantes sont si différentes de celles qui ont précédé que les animaux des milieux calcaires (Mollusques) passent au second plan sans évoluer ou ne subsistent que dans les eaux plus profondes, abritées des intempéries (Pogonophores). Les Brachiopodes surtout inarticulés se développent normalement.

La transgression marine s'est étendue sur le continent nord-américain où les géosynclinaux appalachien et cordillérien se joignent au sud du bouclier canadien, par la région du haut Mississipi. Des liaisons circumarctiques s'établissent.

Une transgression du Cambrien V entre les monts de Bohême dans le bassin barrandien fut éphémère, tandis qu'un ensemble faunique s'étend de l'Acadie à la Turquie (Dean, 1972) avec les Trilobites *Holasaphus* (New Scotia) et *Peronopsis* (Est de l'Amérique du Nord, Montagne noire, Bohême, Turquie); les couches à *Paradoxides* s'étendent du golfe marocain à l'Aragon, à la Montagne noire et à l'Europe moyenne. Au sein de la province euro-téthysienne, les Echinodermes *Cincta* dessinent un bassin comprenant Montagne noire, nord de l'Espagne, Bohême et Maroc (fig. 25 *a-c*). La découverte d'un *Cincta* en Himalaya (Gupta et Termier, 1978) indique son prolongement bien plus loin sur le bord sud de la Téthys.

Au Cambrien supérieur, des spécialisations deviennent possibles avec les Olénidés, nageurs et pourvus de vastes branchies, qui furent les hôtes presque exclusifs d'une province scandinave caractérisée par des fonds putrides où se déposaient des sulfures. La vie animale était devenue assez puissante pour subsister dans une algueraie surplombant un environnement pourtant si pollué que de telles vases sapropéliennes sont encore de nos jours les plus désertes (par exemple le fond de la mer Noire et celui des fjords norvégiens).

Fig. 25 - Cambrien moyen (IV)

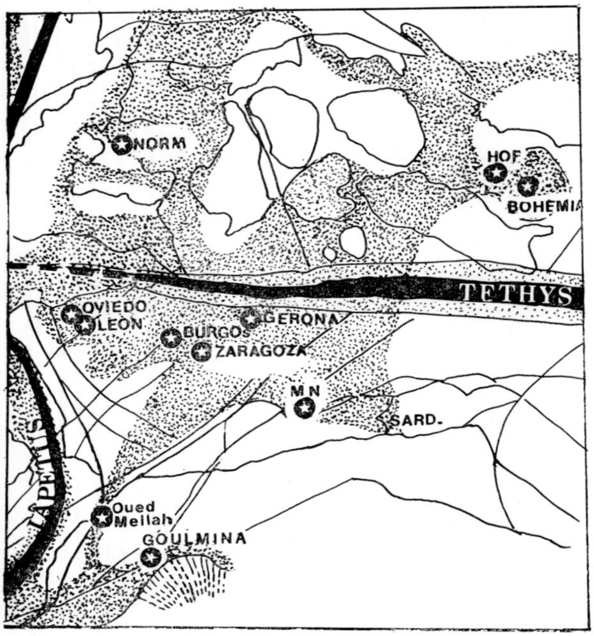

Fig. 25 *a* - Le bassin des Carpoïdes *Cincta*

Le bassin des Carpoïdes *Cincta*, groupe d'Echinodermes inconnu hors de ses limites spatio-temporelles, est localisé à la Méso-Europe et à une partie de la Moghrabia.

Au sud du couloir téthysien, la *province hispano-sarde* groupe le plus grand nombre de gisements : ceux du nord de l'Espagne et de la Montagne Noire (M.N.) renferment des espèces et des genres communs, échelonnés dans le temps.

En Montagne Noire, successivement : 1. *Decacystis hispanicus* ; 2. *Decacystis praeellipticus* ; 3. *D. praeellipticus, Sucocystis theronensis, Elliptocinctus barrandei, Cephalocinctus labiatus* ; 4. *Cephalocinctus labiatus, Cyclocinctus suborbicularis* ; 5. *Trochocinctus pardhailhanicus*. Le genre *Cyclocinctus* est présent dans le Maroc occidental.

Au nord du couloir téthysien, la seule espèce connue est celle de Bohême et de Hof, *Trochocystites bohemicus*, dont l'âge correspond au niveau 3 de la Montagne Noire ; c'est une forme isolée dans un bassin temporairement marin.

Deux Carpoïdes *Cincta*

Fig. 25 *b*

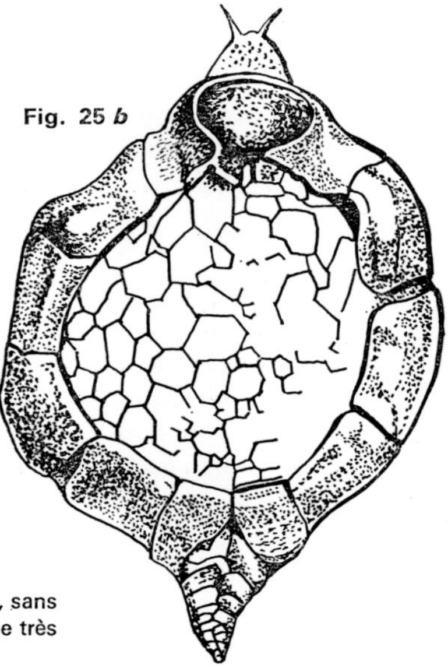

Fig. 25 *c*

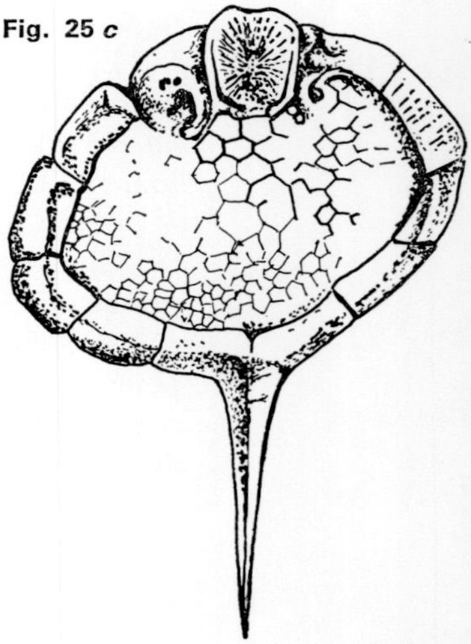

b* - *Cephalocinctus Termier et Termier, de la Montagne Noire, face opposée à celle portant l'operculum, lequel est visible en haut au second plan ;

c* - *Trochocystites Barrande, de Bohême, face portant l'operculum.

Notons que ces Echinodermes sont plats, sans symétrie, et munis d'un pédoncule à base très mobile ayant eu le rôle d'une queue.

Bibliographie

BENGTSON St., 1976 – The structure of some Middle Cambrian Conodonts and the early evolution of Conodont structure and function. *Lethaia*, *9*, p. 185-206.

BOISSONAS J., BORSI S., FERRARA G., FABRE J., FABRIES J. et GRAVELLE M., 1969 – On the Early Cambrian age of two late orogenic granites from West Central Ahaggar (Algerian Sahara). *Can. J. Earth Sci.*, *6*, p. 25-37.

BRIDEN J. C., 1968 – Palaeomagnetism of the Notonya Ring structure, Malawi. *J. Geophys. Res.*, *73*, 2, p. 725-733.

COURTESSOLE R., 1973 – *Le Cambrien moyen de la Montagne noire. Biostratigraphie*, 248 p., 27 pl.

CUIF J.-P., 1972 – Note sur les Madréporaires triasiques à fibres aragonitiques conservées. *CRAS*, *274*, p. 1272-1275.

D'ARCY THOMSON, 1934 – *On Growth and Form.*

DEAN W. T., 1972 – The Trilobite genus *Holasaphus* Matthew 1895 in the Middle Cambrian Rocks of Nova Scotia and Eastern Turkey. *Can. J. Earth Sci.*, *9*, p. 266-279.

DEBRENNE F., 1974 – Anatomie et systématique des Archéocyathes réguliers sans plancher d'Ajax mine (Cambrien inférieur, Australie du Sud). *Géobios*, *7* (2), p. 91-138, 3 fig., pl. 19-28.

DEBRENNE F., TERMIER H. et TERMIER G., 1970 – *Radiocyatha*, nouvelle classe d'organismes primitifs du Cambrien inférieur. *BSGF (7)*, XII, 1, p. 120-125.

DEBRENNE F., TERMIER H. et TERMIER G., 1971 – Sur de nouveaux représentants de la classe des *Radiocyatha*. Essai sur l'évolution des Métazoaires primitifs. *BSGF (7)*, XIII, 3-4, p. 439-444.

DEWEY J. F., 1972 – Plate tectonics. *Scient. Amer.*, p. 56-58.

DOIG R., 1970 – An alkaline rock province linking Europe and North America. *Can. J. Earth Sci.*, *7*, 22, p. 22-28.

DOIG R. et BARTON J. M., 1968 – Ages of carbonatites and other alkaline rocks in Quebec. *Can. J. Earth Sci.*, *5*, p. 1401-1407.

GORJANSKY V. Ju., 1973 – Sur la nécessité d'exclure le genre *Chancelloria* Walcott du type Spongiaire. *Probl. Pal. i. Biostrat. nijn. Kembrija Sibiri i Dal. Vostoka. Izd. Nauka Sibirskoe Otdel* (en russe, trad. M. DEBRENNE).

HANDFIELD R. C. et MCKINNEY F. K., 1975 – Form and function in an atypical Archaeocyathus. *Journ. of Pal.*, *49* (5), p. 599-807.

JOURAVLEVA I. T., 1970 – Porifera, Sphinctozoa, Archaeocyathi. Their connections. *Symp. Zool. Soc. London*, *25*, p. 41-59.

KENNEDY W. O., 1964 – The structural differenciation of Africa in the Pan-African (500 m.v.) tectonic episod. *8th Ann. Rep. Fes. Inst. Afr. Geol. Leeds Univ.*, p. 48-49.

MATTHEWS S. C. et MISSARZHEVSKY V. V., 1975 – Small shelly fossils of late Precambrian and early Cambrian age : a review of recent works. *J. Geol. Soc. London*, *131*, p. 289-304.

MATTINSON J. M., 1975 – Early Paleozoic ophiolite complexes of Newfoundland : isotopic ages of zircons. *Geology*, *3*, p. 181-183.

MONTANARO-GALLITELLI E., 1972 – Biochemistry of Triassic Coelenterates. *Ancient Cnidaria*, I, p. 61-62.

OPIK A. A., 1975 – Cymbric Vale fauna of New South Wales and Early Cambrian biostratigraphy. *Bur. Min. Res. Australia*, 78 p., 7 pl., 14 fig.

REPETSKI J. E., 1978 – A Fish from the Upper Cambrian of North America. *Science*, *200*, p. 529-531.

ROZANOV A. U. et MISSARZHEVSKY V. V., 1966 – Biostratigraphia i fauna nijnikh horizontov Kembrya. *Ak. Nauk SSSR.*

RUNNEGAR B., POJETA J. Jr., MORRIS J., TAYLOR J. D., TAYLOR M. E. et MCCLUNG G., 1975 – Biology of Myolitha. *Lethaia*, *8*, p. 181-191, 7 fig.

SCHINDEWOLF O. et SEILACHER A., 1955 – *Beiträge zur Kenntnis des Kambriums in der Salt Range (Pakistan)*. Akad-Wis. Lit. Mainz, m-n. Kl., 10.

SCHOPF T. J. M. et MANHEIM F. T., 1967 – Chemical composition of Ectoprocta (Bryozoa). *J. of Pal.*, *41* (5), p. 1197-1225.

TERMIER H. et TERMIER G., 1969 – Une hypothèse sur la paléogéographie de l'Afrique au cours du Paléozoïque inférieur. *Ann. Soc. belge de Géol.*, *92*, III, p. 447.

TERMIER H. et TERMIER G., 1973 – Stromatopores, Sclérosponges et Pharétrones : les *Ischyrospongia*. *Liv. Jub. Marcel Solignac. Ann. Mines et Géol. Tunis*, p. 285-297.

TERMIER H. et TERMIER G., 1973 – Les Echinodermes *Cincta* du Cambrien de la Montagne noire (France), *Géobios*, *6* (4), p. 243-266.

TERMIER H. et TERMIER G., 1974 – Une méthode nouvelle : l'utilisation des fragments d'Echinodermes contenus dans les sédiments dévoniens et carbonifères du Maroc. *N. Serv. Géol. Maroc*, *35*, 255, p. 27-53.

TUZET O., 1973 – In *Traité de Zoologie* (P.-P. GRASSÉ), Spongiaires.

WEBERS G. F., 1966 – Upper Cambrian Archaeocyathid from Antarctida. *Geol. Soc. Amer. Sp. Pap.*, *87*, p. 185.

3 L'Ordovicien

ORDOVICIEN IX-XIII

Survol paléogéographique de l'Ordovicien inférieur et moyen (IX-XI). *Fig. 26-27*

Au Trémadoc (IX) il y a 500 millions d'années, les climats semblent s'être à peu près homogénéisés à la surface du globe du fait de l'absence des grandes orogenèses et de l'aplanissement général des terres émergées qui en résultait. Ainsi le vieux bouclier africain restait-il une plate-forme de peu de relief. Les zones les plus élevées, demeurant alors largement au sud du Hoggar, alimentaient de longs fleuves paresseux dirigés vers le nord et déposant sur le Sahara et l'Afrique septentrionale (Maroc) des sables et des argiles mais fort peu de calcaires. Une sédimentation de même type s'installait également sur l'ouest de l'Europe : sud de l'Angleterre, Massif armoricain et sud-ouest de la France, Espagne et Portugal; un sondage effectué en Floride a fourni des sédiments et un fossile de même appartenance. Cet ensemble correspond à la « province des grès armoricains » (fig. 27). Qu'il s'agisse effectivement de grès composés de sables siliceux très purs ou des schistes qui leur succèdent le plus souvent, cette sédimentation pauvre en calcaire et en fossiles correspond à une mer tempérée ou fraîche : les grès armoricains, sédiments largement brassés par la mer, n'ont généralement pas conservé les tests carbonatés mais la surface des couches offre les traces d'une vie abondante, souvent enfouie (endofaune). On y trouve des pistes de Trilobites, des creux où ils aménageaient leur repos et des terriers de Vers. Les schistes ont beaucoup mieux conservé les tests : les Trilobites, les Brachiopodes, les Bivalves et les Ostracodes y sont nombreux mais se groupent en un petit nombre d'espèces, phénomène qui est aujourd'hui l'une des caractéristiques des faunes froides. Les Echinodermes significatifs sont les Amphorides en forme de sac à test inégalement épais. On peut ainsi parler d'une *province à Amphorides* qui s'étend sur les bords de la Téthys.

Tableau 9. — *Chronologie de l'Ordovicien*

			425 m. a.
XIII	*Ashgill* = *Richmondien*	*Orogenèse taconique* Glaciation africaine Transgression arctique (prov. à Caryocrinitides, etc.) Phase d'Ekné	433
			440
	Caradoc = *Trentonien*	2es Ophiolites de Terre-Neuve	463
XII	*Llandeilo* } *Chazyen*	Phase de Trondhjem	
			470
XI	*Llanvirn* } *Chazyen*	Début des récifs (prov. américano-arctique) Province à Amphorides (Méso-Europe, Téthys)	
X	*Skiddaw* = *Canadien*		
IX	*Trémadoc* { *Ozarkien* *Trempeleauen*	Phase de Trysil	
	Graptolites Dendroïdes — Transgression (ouverture d'un fond océanique ? dans l'Iapetus (prov. à Olenides)		
			500
		Orogenèse sarde 1res Ophiolites de Terre-Neuve (tableau 7)	

La Laurasie reste coupée au niveau de l'Iapetus. La phase d'expansion du Cambrien a atteint son terme dès le Trémadoc. Au nord-ouest, le continent nord-américain comprend le Lewisien d'Ecosse en avant-pays, en bordure duquel est encore situé le bassin Dalradien, également écossais. Au sud-est s'étendait la Fenno-Sarmatie eurasiatique. Pendant l'Ordovicien, l'Iapetus reste ouvert entre ces deux blocs mais des poussées d'un bloc vers l'autre

Fig. 26 - La Terre et des fossiles au Trémadoc (IX) il y a 500 millions d'années

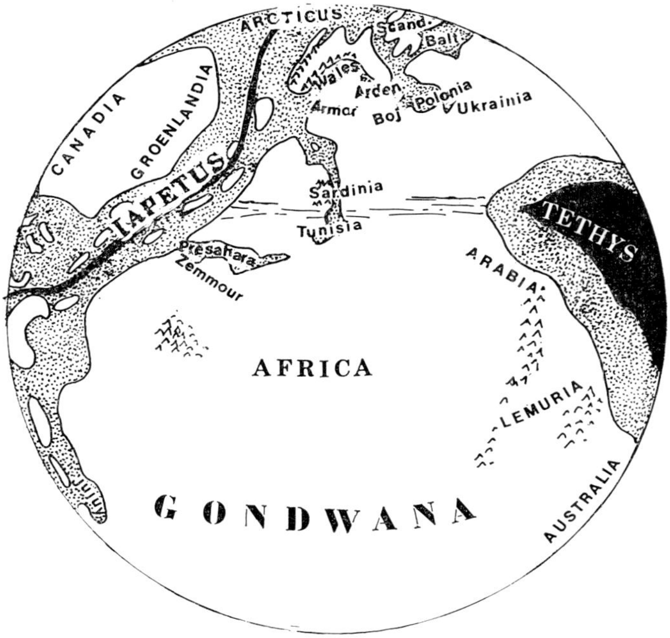

Fig. 26 *a*
La Terre au Trémadoc

Cette vue montre que, dans la Pangée, la Gondwanie et l'Europe occidentale constituaient un ensemble d'un seul tenant à la suite de la phase régressive dite bohémienne ou sarde. L'Iapetus (Protoatlantique), encombré d'îles et relativement large, permet la migration des faunes marines, en particulier des premiers Graptolites (fossile caractéristique : *Dictyonema flabelliforme* Eichwald) et de Trilobites Olénidés, que l'on suit depuis la Scandinavie jusque dans l'Argentine occidentale (fosse subandine et Jujuy). En Afrique, plusieurs chaînes demeurent actives. Boj : Bohême.

Fossiles du Trémadoc

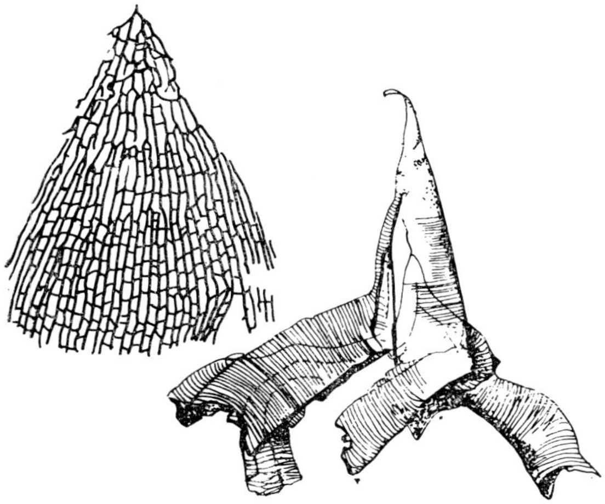

Fig. 26 *b* - Le Graptolite *Dictyonema*

À gauche : aspect d'une colonie flottante ; *à droite* : détail de la loge initiale d'où partent 4 loges, amorces des rameaux (d'ap. Ph. Legrand).

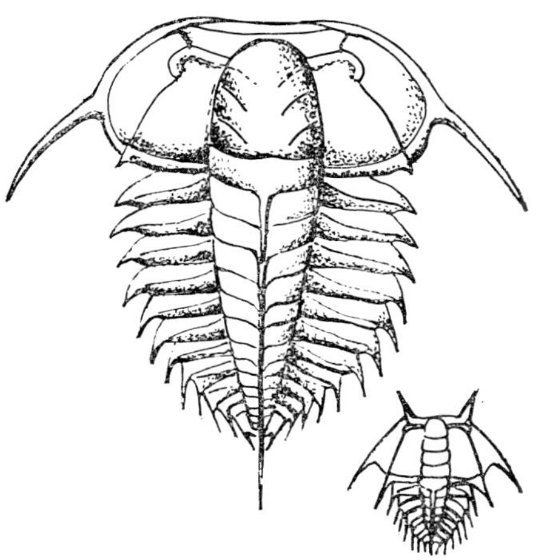

Fig. 26 *c* - Le Trilobite Olénidé *Leptoplastus*

Deux stades larvaires très épineux (à vie pélagique) du Trilobite Olénidé *Leptoplastus*.

sont perceptibles : au Trémadoc (la phase de Trysil est sensible à la limite du craton Eo-européen et des monts calédoniens), puis entre Llandeilo et Caradoc (phase de Trondhjem), enfin à la base de l'Ashgill (phase d'Ekné)). Le pays de Galles est alors le siège d'un volcanisme andésitique permanent. L'ensemble des plissements intervenus rétrécit l'Iapetus sans le fermer complètement encore que, en bordure de l'Amérique du Nord, dans les Appalaches septentrionales et au Spitzberg, l'orogenèse Taconique corresponde à un paroxysme de plissements.

Au nord de la province froide des grès armoricains, limitée à la chaîne varisque (hercynienne) toutes deux liées à la Téthys occidentale, la province calédonienne, caractérisée par des faunes de Trilobites, présente les caractères d'une mer chaude avec une zonation bathymétrique comparable à celle du littoral actuel (Berry, 1972), du continent vers la mer : 1 / une zone à Stromatolithes et Mollusques dans laquelle s'accomplit la grande promotion des Gastéropodes et des Chitons, zone riche en dépôts de carbonate de calcium et de magnésium (dolomie), représente la zone tidale et la zone supratidale; 2 / une zone infralittorale de dépôts calcaires où dominent les Brachiopodes et les Trilobites [sur la côte américaine, c'est la province à Bathyuridés, Illénoïdes apparus au Trémadoc (IX) dans l'Utah, qui gagnent le Groenland oriental, le Spitzberg et la pointe de Durness en Ecosse, à l'Ordovicien X, avant de disparaître à la fin de l'Ordovicien XI]; 3 / une zone épipélagique de dépôts schisteux à Graptolithes, zone d'algueraies flottantes de type Sargasses, qui peut avoir surplombé les pentes abruptes d'un talus continental. Les prémisses du grand affrontement calédonien se traduisent à cette époque préalable par un soulèvement général des plates-formes continentales, permettant aux zones supralittorale et tidale de s'étendre aux dépens de la zone infralittorale, en même temps que la zone épipélagique se trouve rétrécie. Les Trilobites étant surtout infralittoraux, leur espace vital est réduit et ils commencent à glisser vers la zone bathyale, comme font les Pogonophores et les Mollusques Monoplacophores depuis le Cambrien.

Une fosse (aulacogène) dans le sud de l'Oklahoma, branche latérale d'une intersection triple, reçoit une épaisse sédimentation littorale riche en épifaune (Longman et Sprinkle, 1976).

Dans la région du Cap (Afrique du Sud), une mer très peu profonde (estran riche en traces de Vers et de Trilobites) s'est maintenue pendant tout l'Ordovicien.

Voies de migration

Entre le Trémadoc et l'Ordovicien supérieur, les voies de migration choisies par les Invertébrés marins suivent les bordures « géosynclinales » des supercontinents. Une route méridienne emprunte le géosynclinal himalayen entre le prolongement européen de la Téthys (Maroc, Montagne noire, Bohême, Turquie, connue depuis le Cambrien moyen) et la Nouvelle-Zélande d'une part, la Birmanie, la Chine méridionale et centrale, l'Ouest américain (Utah),

Fig. 27 *a* - Esquisse de la Téthys à l'Ordovicien inférieur
(Arenig surtout - X-XI)

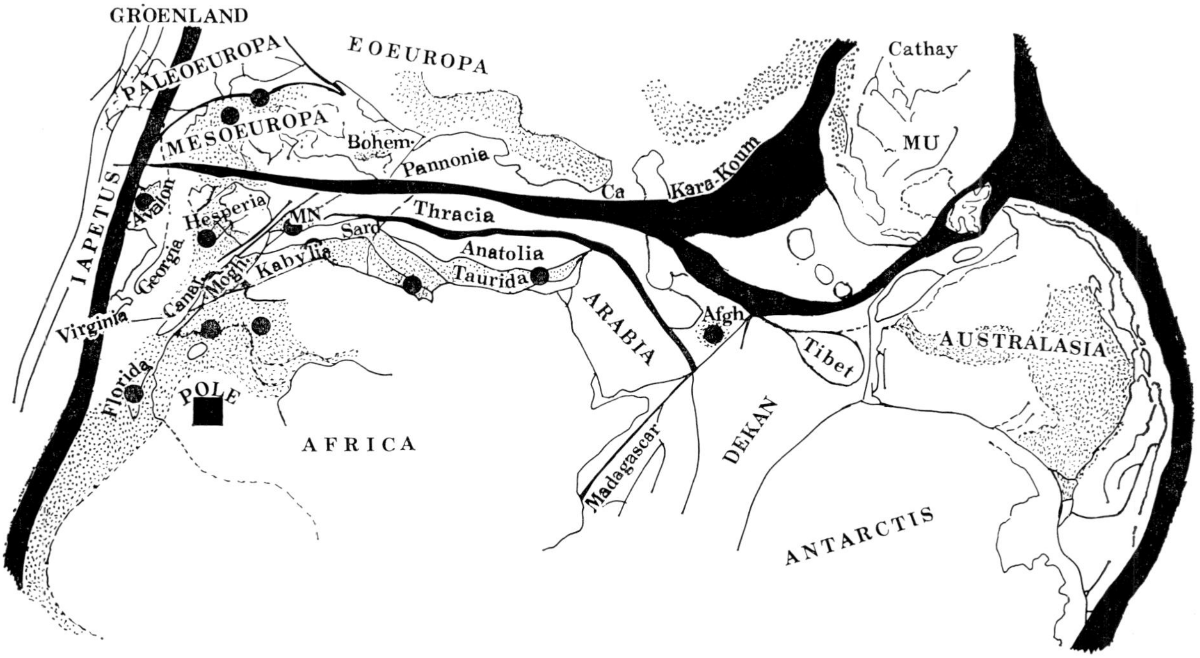

On peut noter la position du pôle (carré noir) loin de l'Ahaggar. Les cercles noirs indiquent les positions de certains Trilobites, tel *Neseuretus* (inspiré de Dean), le long de la Téthys. Comme pour cet auteur, notre point de vue est que la Téthys n'était pas un océan au Paléozoïque mais une plate-forme largement recouverte par des mers épicontinentales habitées par une faune assez homogène.

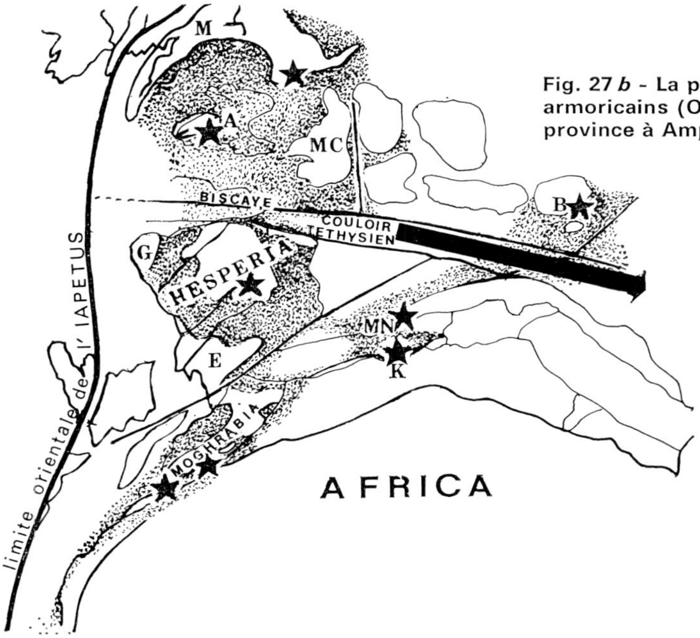

Fig. 27 *b* - La province des schistes à Calymènes et des grès armoricains (Ordovicien XI-XIII). Extrémité occidentale de la province à Amphorides

Les gisements de Cystoïdes du groupe des Amphorides ne dépassent pas vers l'ouest la limite constituée par la bordure orientale de l'Iapetus. On n'en connaît pas dans les Appalaches : cela signifie probablement que le Proto-Atlantique était alors particulièrement large. En revanche le couloir téthysien devait être passablement étroit car les faunes épicontinentales de la province, et d'ailleurs aussi les types de sédiments (souvent accompagnés de minerais de fer), sont identiques de part et d'autre. Vers l'est, la Téthys servait à la dissémination des mêmes faunes jusqu'en Birmanie.

A : Massif Armoricain ; B : Bohême ; E : massif d'Evora (Portugal) ; G : Galice ; K : Kabylie ; M : Terre des Midlands ; MC : Massif Central ; MN : Montagne Noire.

les Andes et la Floride d'autre part; une seconde route, septentrionale, va de l'Extrême-Orient à l'Europe du Nord-Ouest en passant par le Tien-Shan et la région balte. Entre ces deux voies existent d'ailleurs des jonctions : le géosynclinal ouralien et celui des Rocheuses.

Les récifs à Spongiaires hypercalcifiés

Depuis l'Ordovicien (XI) jusqu'à la fin du Dévonien (Strunien XXII), les conditions de la zone intertropicale ont été favorables à des récifs répondant aux caractéristiques du modèle littoral (fig. 7, p. 41) et ayant pour base principalement des Stromatoporoïdes et des Chaetétoïdes (Sclérosponges) auxquels s'ajoutent des formes sans répondants modernes, les Tabulés, groupe très divers qui renferme des types physiologiquement voisins des Spongiaires mais dont la morphologie est fixée autour de polypiers plus réguliers. Ils possèdent souvent des pores intercalicinaux, toujours des planchers, parfois des épines incluses dans le squelette, mais sans doute pas de spicules véritables (Termier et Termier, 1977).

Des Cnidaires simples ou composés, à polypier fibro-lamellaire calcitique (?), appartenant au groupe des Rugueux se sont insérés progressivement dans ces édifices biogènes; leur rôle demeure très faible à l'Ordovicien, mais ils se développeront surtout pendant le Dévonien. Chez les Rugueux, sans doute proches des Actiniaires, la symétrie des septes calcaires est une symétrie bilatérale qui correspond à celle des septes charnus (sarcoseptes) des Actiniaires, ce qui les différencie du polypier des Scléractinies postpaléozoïques, dont les scléroseptes (calcaires), s'intercalant seulement entre les sarcoseptes, rendent moins compte de la symétrie bilatérale et de l'organisation originelle et qui aboutiront à une symétrie radiaire.

Accentuation des contrastes climatiques dans la géographie à l'Ordovicien terminal (XIII), il y a 425 millions d'années

Le développement des Cnidaires à polypiers permet de déterminer la position de la mer équatoriale. La répartition des récifs, devenus nombreux sur les aires continentales et surtout leurs marges en bordure des géosynclinaux, dessine une bande prenant en écharpe l'archipel de l'Amérique arctique, la Scandinavie et les Pays baltes, la Sibérie et l'Australie. La zone équatoriale ne se superposait donc pas au pourtour de l'Eopacifique mais le recoupait. Le décalage de la zone équatoriale impose de concevoir le déplacement des divers blocs de la Laurasie, corroboré par les mesures du paléomagnétisme et par la formation des montagnes de l'orogenèse taconique. C'est le début d'une phase de déséquilibre dans la position des continents par rapport à l'axe des pôles, qui va durer plus de 300 millions d'années.

Fig. 28 - L'Ashgill (Ordovicien XIII)

Il y a 425 millions d'années, une courte période, synchrone de l'épeirogenèse-orogenèse Taconique, correspond à une importante glaciation autour du pôle traversant le Bouclier africain entre l'Ahaggar et les Canaries.

Fig. 28 *a* - L'inlandsis

L'inlandsis couvrait la région polaire située en Afrique (cf. Tucker et Reid, 1973) ainsi qu'une partie de l'Amérique du Sud. Des glaciers plus isolés étaient dispersés sur le nord de l'Afrique et les terres élevées d'Europe et de Nouvelle-Ecosse. Les zones couvertes de glace sont figurées par des étoiles blanches à 6 branches ; la distribution de certains Echinodermes *(Caryocrinites)* est indiquée par des étoiles noires à 5 branches. A : Massif Armoricain ; H : Hesperia (péninsule Ibérique).

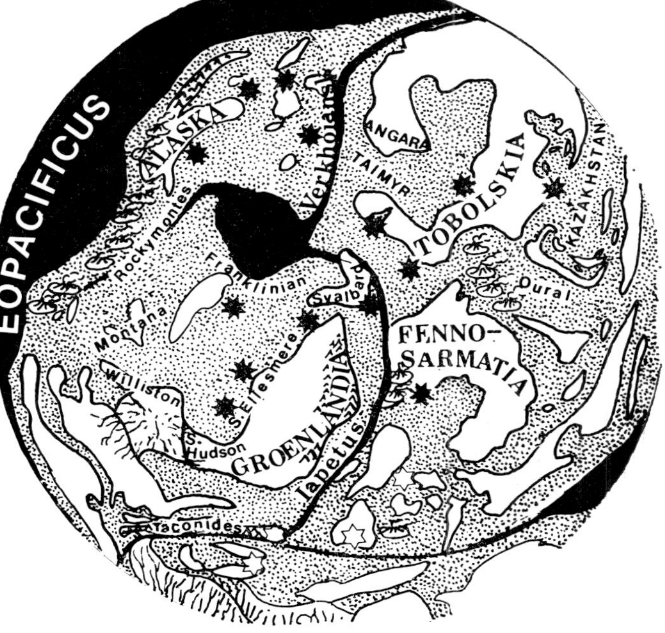

Fig. 28 *b* - La zone intertropicale

La zone intertropicale couvrait alors l'Amérique arctique et la Scandinavie (province américano-scandinave), une partie de la Sibérie et jusqu'à l'Australie (non visible sur ce croquis). Cet ensemble climatique était jalonné de récifs (Stromatopores, Tabulés, Réceptaculitides ; les Rugueux sont encore rares, marqués par des étoiles à 8 branches).

Fig. 28 *c* - Disposition structurale et climatique

P, emplacement de la zone polaire continentale ; eq, emplacement de la zone équatoriale. On voit que cette disposition s'est peu modifiée depuis la Révolution hudsonienne (fig. 11 *a* et 23 *d*).

Le contenu biologique des mers ordoviciennes (XI-XII), à l'exception de la zone équatoriale, n'a cessé de témoigner d'un refroidissement. Les faunes de l'Europe moyenne, par exemple dans le Massif armoricain, ont beaucoup de ressemblances avec celles de la province boréale actuelle, en particulier par la rareté des calcaires parmi des sédiments qui sont gréseux ou schisteux et par l'abondance de petits Bivalves voisins des Nuculacés modernes.

A la fin de l'Ordovicien (XIII), des courants chauds provenant de la zone équatoriale portaient loin à travers les mers tempérées ou froides les éléments les plus résistants de la faune chaude; cet épisode est caractérisé par des Echinodermes à thèque calcitique épaisse. Originaire de Scandinavie, le Cystoïde *Heliocrinus* va descendre dans le Massif armoricain, l'Algérie (Djurdjura), accompagné du Brachiopode *Nicolella actoniae*. Ce phénomène résulte d'une « transgression arctique » (de mer chaude, malgré l'allure paradoxale de ces mots). *Caryocrinites* offre à la même époque une large répartition (Scandinavie - Montagne Noire - Himalaya) de type téthysien (Stöcklin, Termier et Bhattarai, 1977).

Concurremment à cette transgression de mer chaude se produisait un vaste mouvement de surrection des orogènes dans les aires continentales. C'est la *phase taconique*, ainsi nommée du nom d'un chaînon du nord des Appalaches où elle a été mise en évidence pour la première fois. On peut lui reconnaître certains des caractères d'une orogenèse en ce qu'elle a fait surgir des montagnes dans les géosynclinaux du système calédonien surtout. Mais elle affecta aussi les vieilles plates-formes antécambriennes si bien que la sédimentation marine en fut arrêtée dans de nombreuses régions.

Cette régression, liée aux mouvements continentaux de l'*epeirogenèse taconique*, rendue manifeste en Afrique centrale par la surrection de l'Ahaggar, fut accentuée par la *glaciation fini-ordovicienne* autour du seul pôle qui était depuis le Cambrien dans l'aire continentale préatlantique à l'ouest de l'Afrique saharienne. Les traces abondantes de l'inlandsis fini-ordovicien sur le nord de l'Afrique permettent d'en retrouver la configuration : il occupait la majeure partie du Sahara et de l'Anti-Atlas marocain, et ses diverticules s'étendaient à travers la presqu'île ibérique jusqu'en Normandie.

Une phase aride préalable

Au début de l'Ordovicien supérieur, l'Afrique septentrionale se trouvait soumise à l'altération continentale d'un climat semi-aride. Les faciès marins de l'Afrique du Nord se montraient de type tempéré ou frais, généralement sous sédimentation gréseuse. Les calcaires y étaient rares, mise à part une prairie à Bryozoaires dans le Tafilelt (Termier et Termier, 1948).

Au niveau des monts d'Ougarta s'étendaient de grandes algueraies à population très dense, rappelant l'actuel étage des Laminaires, ancrées dans des sables quartzeux peu profonds. Sur ces Algues (brunes ?) géantes étaient fixés des Graptolithes. Ces masses calcaires étaient bordées de lentilles de gypse ou de glace, riches en oxyde de fer et qui indiquent un climat sec, peut-être froid, accompagnant une régression. Les conditions se sont stabilisées assez longtemps pour avoir permis la succession de plusieurs niveaux algaires (Arbey, 1971).

L'inlandsis saharien. Fig. 29 a

L'inlandsis saharien couvrait environ 8 millions de kilomètres carrés, soit une surface comparable à celle qu'occupe aujourd'hui l'inlandsis antarctique [bassins de Tindouf et de Taoudéni, Sahara algérien, est des Eglabs, Zemmour, Adrar, Tassilis (Beuf, Biju-Duval *et al.*, 1971)]. L'altitude élevée de l'Ahaggar plaçait cette région au pôle du froid. La surface qui était sous-jacente à l'inlandsis offre encore de fortes stries creusées par le mouvement des glaces; elle est entaillée de vallées comparables aux vallées glaciaires du Quaternaire, porte des poches isolées, des eskers, des argiles à blocaux (tillites), des drumlins et probablement des pingos (grosses lentilles de glace soulevant les sédiments qui les recouvrent). Les tillites étaient remaniées au cours des fontes saisonnières, amenant un écoulement actif vers le Nord où s'étendait, sur l'Afrique septentrionale, le vaste orogène moghrabin en partie submergé. Des chenaux périglaciaires se rencontrent entre les deux zones.

La période glaciaire saharienne a duré plusieurs millions d'années, coupée de phases de retrait plus longues que les avancées. Pendant ce temps, le niveau moyen des mers fut minimal, ce qui explique la régression mondiale de la fin de l'Ordovicien. Lors d'une dernière phase, l'inlandsis général se scinda en une calotte saharienne au nord, fondue la première, et, au sud de l'Ahaggar, une calotte qui persista parce que située sur des reliefs plus élevés.

Finalement la mer commença de revenir et son peuplement, dans les monts d'Ougarta, ressemblait un peu à ce qu'il fut lors de la phase aride préglaciaire. Une forêt d'Algues géantes, atteignant 6 m de long pour un diamètre de plusieurs dizaines de centimètres, put alors s'installer. Là aussi on pense à la zone actuelle des Laminaires.

Diverticules glaciaires vers le Nord

La confrontation des glaces avec la mer s'est opérée dans l'Anti-Atlas. Une langue glaciaire, comme on en connaît aujourd'hui en Scandinavie sous le cercle polaire, y déchargeait ses moraines dans une mer de climat boréal sur le fond de laquelle vivaient des Brachiopodes (*Nicolella actoniae*, *Hirnantia*). Cette langue glaciaire, ou d'autres indentations, se prolongeait dans le massif hespérique (chaînes celtibériques, Galice) et jusque dans le Massif armoricain (sud de Caen). Une autre atteignait la Thuringe. Dans ces divers cas, on rencontre des sédiments morainiques comportant des argiles, des pélites microconglomératiques et des galets striés. Pour plusieurs auteurs, ces dépôts pourraient avoir été transportés par des glaces flottantes. Le fait que la zone appalachienne était alors tout près de la côte africaine explique que des traces glaciaires aient été signalées en Nouvelle-Ecosse (Schenk, 1972).

Fig. 29

Quelques fossiles ordoviciens

Fig. 29 *a*

Caryocrinites

Un Echinoderme Cystoïde très répandu à l'Ordovicien supérieur dans la Téthys eurasiatique, présent plus tard, au Silurien, en Amérique du Nord. Le nombre fixe des plaques et le développement de bras indiquent une convergence avec les Crinoïdes.

Fig. 29 *b*

Astraspis desiderata

Astraspis desiderata Walcott, de l'Ordovicien moyen des Etats-Unis (Colorado), l'un des plus anciens Vertébrés Agnathes que nous connaissions. Ici une reconstitution de l'ensemble (d'après Ph. Janvier). La seule partie connue avec certitude, parce que fossilisée, est la cuirasse céphalique dorsale composée de dentine et de cosmine.

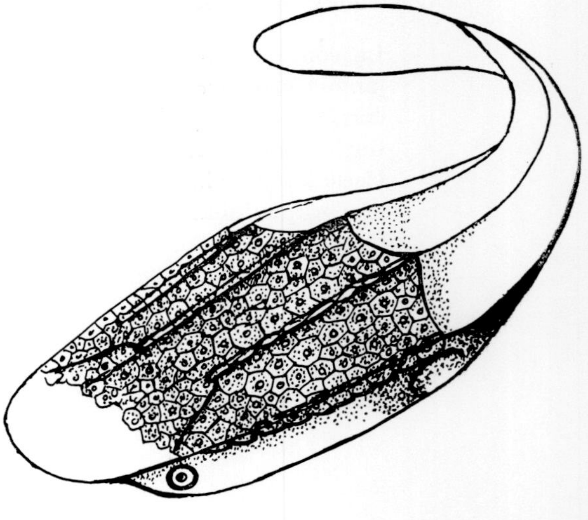

Biosphère : deux précurseurs du monde continental

Apparition du concept « arbre »

Tel que le conçoit Y. Lemoigne (1969), le concept « arbre », forme d'appareil végétatif la plus hautement différenciée, doit être appliquée à des Algues du milieu continental-marin (plage), comptant des axes, des feuilles et un appareil conducteur, réalisées de nos jours dans les Rhodophycophytes *(Delesseria)* et les Phæophycophytes *(Laminariales)*. Ces dernières y atteignent des dimensions extrêmes (*Nereocystis* : 40 m; *Macrocyctis* : 200 m). Il y a différenciation d'une écorce et d'un cylindre central à cellules criblées comme le liber; le bois manque sans doute parce que la plante est immergée.

Les Laminaires présentes au Sahara avant et après la glaciation de l'Ordovicien supérieur datent l'apparition de la différenciation physiologique « arbre ». Cette différenciation est contemporaine des premiers végétaux de type Hépatique dans l'Ordovicien de Pologne.

Vertébrés

Des Agnathes Hétérostracés ont été recueillis dans l'Ordovicien inférieur et moyen *(Anatolepis)* du Spitzberg, des plaques osseuses d'Agnathes *(Eriptychius, Astraspis)* dans des sédiments deltaïques de l'Amérique du Nord, d'autres *(Arandaspis, Porophoraspis)* dans l'Ordovicien supérieur d'Australie (Ritchie et Gilbert-Tomlinson, 1977).

Ces Vertébrés ordoviciens sont des Agnathes déjà relativement évolués, et il est correct d'en conclure que les premiers représentants du groupe, dépourvus de squelette minéralisé continu comme le sont les Céphalocordés *(Amphioxus)* ou les Tuniciers, n'ont pas été fossilisés mais sont apparus en même temps que les autres groupes de Métazoaires, c'est-à-dire à l'Ediacarien ou au Cambrien. La physiologie des Céphalocordés et des Myxines pourrait être révélatrice de celle de ces formes archaïques : avec H. Bjerring (1977) on peut les envisager comme inhalant par une ouverture antérieure terminale, « fente branchiale » médiane, l'eau chargée de particules venant du milieu extérieur pour irriguer les branchies dans la large cavité pharyngienne tandis que le tube digestif est réduit. Ph. Janvier (1976) suggère qu'il s'agissait d'animaux fouisseurs. En tout cas, le schéma auquel on aboutit nous paraît placer à l'origine des Vertébrés un Coelomate filtreur encore peu différencié dont le fonctionnement rappellerait celui des Brachiopodes.

Bibliographie

ARBEY F., 1971 – Les milieux de sédimentation des séries ordoviciennes terminales des monts d'Ougarta (Sahara algérien) : algueraies et Graptolithes. Découverte d'« Algues » géantes. *CRAS*, *273*, p. 1265-1267.

ARBEY F., 1971 – Glacio-tectonique et phénomènes périglaciaires dans les dépôts siluro-ordoviciens des monts d'Ougarta (Sahara algérien). *Ibid.*, p. 854-857.

BERRY W. B. N., 1972 – Early Ordovician bathyurid province lithofacies, biofacies and correlations. Their relationship to a proto-Atlantic ocean. *Lethaia*, *5*, 1, p. 69-83.

BEUF S., BIJU-DUVAL B., de CHARPAL O., ROGNON P., GARIEL O. et BENNACEF A., 1971 – *Les grès du Paléozoïque inférieur au Sahara* (Technip).

BJERRING H. C., 1977 – A Contribution to Structural Analysis of the Head of Craniate Animals. *Zoologica Scripta*, *6*, p. 127-183, 35 fig.

COCKS L. R. M., BRUNTON C. H. C., ROWELL A. J. et RUST I. C., 1970 – The first Lower Palaeozoic fauna proved from South Africa. *J. Geol. Soc. London*, *125*, p. 583-603.

CORMIER R. F. et SMITH T. E., 1973 – Radiometric ages of granitic rocks, Southwestern Nova Scotia. *Can. J. Earth Sci.*, *10*, p. 1204-1210.

JANVIER Ph., 1976 – Vers la reconstruction théorique du premier Vertébré. *Recherche*, *7* (68), p. 580-581.

LEMOIGNE Y., 1969 – Réflexions sur le concept « Arbre » dans une perspective phylogénétique. *94e Congr. Ann. Soc. Sav. Pau, Sc.*, III, p. 207-217.

LONGMAN M. W. et SPRINKLE J., 1976 – Facies and communities of an Ordovician aulacogen deposit : the Bromide formation of Southern Oklahoma. *Geol. Soc. Amer.*, ann. meeting.

PHILLIPS W. E. A., STILLMAN C. J. et MURPHY T., 1976 – A Caledonian plate tectonic model. *J. Geol. Soc. London*, *132*, p. 579-609.

SCHENK P. E., 1972 – Possible Late Ordovician glaciation of Nova Scotia. *Can. J. Earth Sci.*, *9*, p. 95-107.

STOCKLIN J., TERMIER G. et BHATTARAI K., 1977 – A propos des roches fossilifères de Chandragiri (Mahabharat Range, Népal, Himalaya). *BSGF*, *2*.

TERMIER H. et TERMIER G., 1948 – Un biotope à Bryozoaires dans l'Ordovicien du Tafillet (Maroc). *CR Soc. Biogéogr.*, *25*, p. 26-28.

TERMIER H. et TERMIER G., 1950 – Contribution à l'étude des faunes paléozoïques de l'Algérie. *Bull. Serv. Carte Géol. Algérie*, *1* (11), 83 p.

TERMIER H. et TERMIER G., 1976 – Changements de structure chez les Eponges et position systématique de certains Tabulés. *CRAS*, *284*, p. 21-24, 3 fig.

TERMIER H. et TERMIER G., 1977 – Anatomie et parentèle des Tabulés référables aux Spongiaires Ischyrosponges. *CRAS*, *284*, p. 1159-1161, 2 pl.

TUCKER M. E. et REID P. C., 1973 – The sedimentology and context of late Ordovician glacial marine sediments from Sierra Leone, West Africa. *Palaeogeogr.-climat.-écol.*, *13*, p. 289-307.

4 Silurien-Dévonien

JUSQU'AU FRASNIEN XIV-XX

La crise silurienne

Après l'orogenèse taconique et les contrastes climatiques de la fin de l'Ordovicien, le Silurien (25 millions d'années) se présente comme une crise, la *formation de la chaîne calédonienne*. Les plaques continentales de part et d'autre du Protoatlantique se rapprochent jusqu'à la disparition de celui-ci. Il s'y ajoute un soulèvement général des continents, l'épeirogenèse ardennaise qui affecte le nord de l'Eurasie (y compris la Scandinavie).

Au Silurien, l'inlandsis africain a fondu et le glissement des continents amène le pôle au niveau de l'Afrique du Sud. A ce moment, pour une croûte que l'on peut supposer moins indurée qu'elle ne l'est aujourd'hui, a dû se produire le même phénomène au moins qu'après la glaciation quaternaire : un soulèvement par isostasie compense l'enfoncement qu'avait provoqué le poids des glaces. Il s'accompagne d'un événement pétrographique important dans un vieux linéament de l'Ahaggar : la fin de la montée des granites alcalins des Taourirts (565-400 millions d'années).

La fonte des glaces de l'Ordovicien supérieur a entraîné une transgression eustatique mondiale de la mer à Graptolithes du Silurien inférieur, dans les géosynclinaux, puis dans les bassins qui gauchissent les boucliers, par exemple sur le nord de l'Afrique, ceux de Libye (Rhadamès, Mourzouk, Koufra). Le phénomène ressemble dans une certaine mesure à ce qui, après la fonte des inlandsis quaternaires, a déterminé la naissance de la mer Baltique et de la baie d'Hudson. On observe des plages soulevées successives au Sahara. La transgression a d'ailleurs été progressive. Sur la plate-forme saharienne, la teneur des sédiments en bore, élément dont la proportion dépend de la salinité, croît vers le nord : au Llandovery inférieur (début de la trangression), entre l'Ahnet et les Ajjers, la salinité demeurait très faible, comme celle de la Baltique actuelle; elle est devenue moyenne jusqu'au Wenlock où certaines parties de cette zone marine, au sud du Mouydir, sont même sursalées (Pelet et Tissot, 1970).

Tableau 10. — *Chronologie du Silurien et du Dévonien*

XXII	DÉVONIEN	Supérieur *Cyrtospirifer*	*Strunien* = apparition des Vertébrés Tétrapodes		
					360 m. a.
				Première *phase orogénique bretonne*	
XXI			*Famennien* Rhynchonellides géants *(Halorella)*	« Great Glen Fault » *Orogenèse acadienne*	
				et fin du Protoatlantique ↑	
XX			*Frasnien* { Développement des récifs à base de Stromatoporoïdes		
XIX		Moyen *Calceola*	*Givétien* Stringocéphalidés		380 m. a.
XVIII			*Couvinien = Eifélien*	transgression téthysienne	
					385
XVII		Inférieur	*Coblencien* Fin des Graptolithes Graptoloïdes } *Emsien*, *Siegénien, Praguien*		
XVI			Début des Céphalopodes Ammonoïdes	*Phase érienne*	
			Siluronien { *Gédinnien = Helderbergien*, *Ludlowien*		
			Premier développement de la flore continentale	*Orogenèse reussienne*	
					395-400
	SILURIEN			*Orogenèse ardennaise*	
XV			*Wenlock*, *Tarannon* } *Niagarien*	Transgression téthysienne	410
XIV			*Llandovery = Birkhill*		
					425
				Orogenèse taconique	

Une mer très peu profonde s'étend sur d'autres aires continentales, par exemple le sud de la Scandinavie, la Bohème, le Moyen-Orient.

L'étude du phytoplankton marin, dont chaque élément a des exigences de température précises, permet de reconnaître des zones dirigées parallèlement à l'équateur, qui sont des provinces en même temps climatiques et biologiques. Par exemple au Wenlock, Cramer (1971) distingue une province ibérique entre 20° et 30° Sud et une province brasilo-libyenne entre 40° et 50° Sud, séparées par une province intermédiaire.

Les climats et l'emplacement des pôles

Le déplacement des supercontinents s'accentue. Une zone équatoriale semi-aride s'étend sur l'ensemble du continent des Vieux Grès Rouges, c'est-à-dire qu'elle atteint l'Angleterre et la Podolie, bien au sud de l'emplacement de la zone corallienne américano-arctique de l'Ordovicien supérieur. Le nord de l'Afrique n'est pas sous climat froid : la flore des bassins libyens est la même que celle de Gaspé. Pendant le Siluronien XVI supérieur, des traces glaciaires n'existent que beaucoup plus au sud, sur l'emplacement actuel des îles Malouines (= Falkland), dans l'ouest desquelles on a trouvé des tillites ainsi que dans l'est de l'Etat du Cap. Les glaces flottantes pourraient même avoir atteint le bassin de Parnaiba au Brésil. Cette courte glaciation correspond à une régression et à une continentalisation importante.

Une époque rouge : le Siluronien et le Dévonien inférieur. *Fig. 30*

La surrection des orogènes calédoniens, fait exclusivement laurasien, rive pour longtemps l'Amérique du Nord à l'Europe, encore qu'un coulissage demeure actif le long de la faille du Glen et de son prolongement en Amérique du Nord. La double chaîne élevée par la phase ardennaise s'étend pratiquement des Appalaches au Spitzberg en passant par le Groenland et les monts scandinaves. Elle a des homologues en Eurasie soviétique jusque dans l'Altaï et la Sibérie orientale. Cette surrection de montagnes a entraîné une intense érosion résultant en une sédimentation détritique, plus ou moins grossière, les Vieux Grès Rouges.

Ces grès, entre autres caractérisés par leur teinte, correspondent à un climat de type semi-aride, sec avec des phases de grandes pluies faisant surgir d'importantes mares temporaires et même de grands bassins comme celui des Orcades qui déborde sur l'emplacement de la mer du Nord (dans lesquels se développent des poissons amphibies, les Dipneustes). Une végétation apparaît, encore clairsemée, disposée en bordure de mer et le long des rivières et des bassins.

Indépendamment de l'immense continent des Vieux Grès Rouges qui soude entre elles les parties de la Laurasie, les autres aires continentales ont été affectées par l'épeirogenèse ardennaise; des zones élevées, séparées par des bassins qui s'enfoncent plus ou moins régulièrement, apparaissent dans toutes les régions de la Gondwanie. Sur l'Afrique saharienne, les bassins libyens

Fig. 30 - Siluronien XVI

Il y a environ 400 millions d'années, à la limite du Silurien et du Dévonien.

Fig. 30 *a* - La Laurasie

A la limite de l'épeirogenèse-orogenèse calédonienne, l'Iapetus (Protoatlantique) s'est fermé, soudant un vaste continent nord-atlantique émergé, lequel, sous climat tropical semi-aride, se couvre de sédiments rouges (ORS = Old Red Sandstone) : c'est le continent des Vieux Grès Rouges dans lequel sont inclus l'Eo-Europe (Fennosarmatia), la Paléo-Europe, le Groenland et le bouclier canadien (Canadia). La zone des Variscides (Méso-Europe) et les régions méditerranéennes, autour et dans le prolongement de la Téthys, sont largement couvertes de mers épicontinentales. C'est aussi le cas de la Province rhénane, prolongée dans l'est de l'Amérique du Nord par le bras de mer Helderbergia. Sous climat subtropical, cette zone admet des éléments subrécifaux dans le faciès « hercynien ».

Fig. 30 *b* - Le sud de la Gondwanie

Le sud de la Gondwanie présente des traces glaciaires autour du bassin du Cap ainsi que dans le bassin sud-américain de Parnaïba. Une transgression marine affecte pour la première fois la région des Falklands (îles Malouines) et du Cap (Caffrerie) : cette province « malvino-caffre » est peuplée par une faune d'Invertébrés, assez semblable à celle de la province rhénane.

Fig. 30 *c*

Les figures *a* et *b* attestent un nouveau déplacement des continents par rapport au pôle continental et aux climats : pôle sud-africain, zone tropicale au sud des pays arctiques et se rapprochant de la Téthys occidentale. La Pangée constitue un élément de déséquilibre pour la rotation terrestre. Coupée obliquement par les climats, elle demeurera dans cet état (fig. *c*) jusqu'à la fin de l'ère paléozoïque.

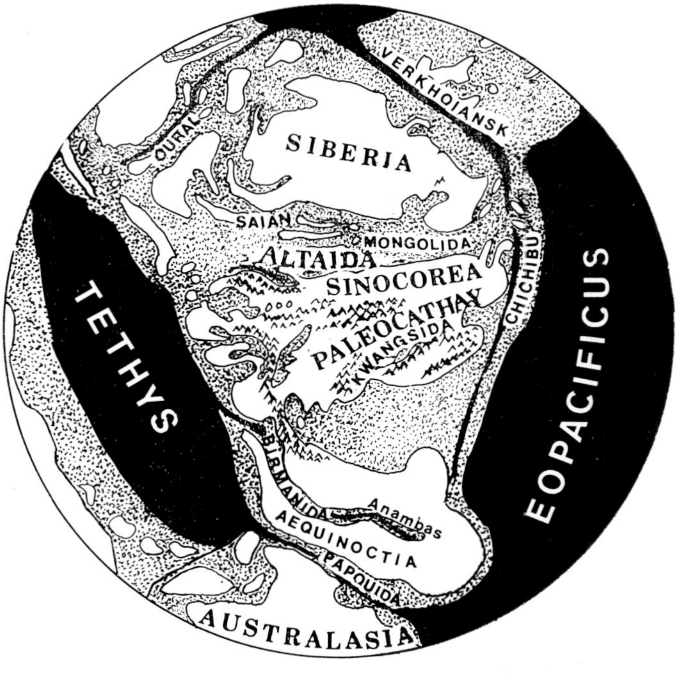

Fig. 30 *d* - La liaison entre l'Asie et l'Australasie

Naissance de nouvelles chaînes montagneuses et de sillons géosynclinaux. On peut envisager alors le continent Mu comme partagé par une mer épicontinentale en : 1) une zone nord : Chine du Nord (Sinocorea) + Paléocathay + Kwangsides, et 2) une zone sud correspondant à l'Æquinoctia (Insulinde, Birmanie).

Les chaînes de l'Asie centrale (Saian, Mongolides) s'érigent à cette époque tandis que les Altaïdes, prolongement des Variscides, se préparent à l'orogenèse varisque et que s'instaurent les Birmanides-Anambas par lesquels s'inaugure le futur géosynclinal Timor-Est Célèbes.

reçoivent les sédiments de l'Ahaggar et de l'Aïr, tandis que les hautes terres du Transvaal déversent les eaux de leurs fleuves chargés de sédiments détritiques sur la vaste plaine alluviale du Cap et le bassin du Natal. En Antarctide, les dépôts de la formation de Horlick (Ohio Range) représentent un delta. Les faunes et les flores continentales s'y développent comme sur la Laurasie. Cette épeirogenèse s'accompagne d'un volcanisme intense (sud de l'Alaska, ouest des Rocheuses, Appalaches du Nord (Gaspésie, Maine), Bohème, Oural, et d'une activité orogénique importante dans les géosynclinaux du complexe calédonien : les soulèvements locaux qui se multiplient y entraînent une importante sédimentation détritique.

Le glissement des continents s'accompagne d'un « balayage » décrit par l'équateur sur l'hémisphère occidental, si bien que les récifs encore solidement installés sur l'Amérique arctique, la Scandinavie et les Pays baltes, gagnent vers le centre de l'Amérique du Nord et de l'Europe. Une barrière récifale comparable, toutes proportions gardées, à l'actuelle barrière du Queensland, enserre le bassin du Michigan (au niveau des grands lacs) dans le centre duquel commence de s'installer une lagune d'évaporation. En Angleterre, les récifs viennent s'implanter sur le pays de Galles.

Les faunes de Graptolithes (Berry et Boucot, 1967) indiquent que les eaux demeuraient plus froides dans les régions de la Téthys moyenne que dans le Nord; il s'y passait un phénomène semblable à l'actuelle « convergence antarctique » [limite océanographique où les eaux glacées (0 °C) et de faible salinité s'enfoncent sous les eaux antiboréales plus chaudes (0,5 à 2 °C) et plus salées] qui influe sur la distribution du plankton, amenant les Radiolaires de mer chaude à se mêler à ceux des mers froides.

Premières Trachéophytes et premiers animaux continentaux

La teneur atmosphérique de 10 PAL (fig. 2) nécessaire à la vie des plantes continentales semble atteinte. En effet, la plupart des restes de végétaux vasculaires du Siluronien, époque qui paraît être celle de leur apparition sur les continents, ont été recueillis dans des couches marines littorales ou deltaïques. Il y a encore là ces « arbres » du milieu continental-marin que sont les Nématophytales voisines des Laminariales, pourvues même dans leurs parties développées au-dessus du plan d'eau d'éléments vasculaires semblables aux trachéides du bois. L'émersion des continents a privilégié le développement des Trachéophytes. Opposé au milieu marin, le milieu aérien pose de nouvelles conditions à la vie végétale : il est à la fois défavorable parce que desséchant et favorable parce que très lumineux. Les plantes cherchent l'eau et les substances dissoutes dans le sol auquel elles se fixent (apparition des racines) et, dressées, ont besoin d'un tissu de soutien solide, la stèle, axe vasculaire libéro-ligneux des organes (tige, racine ou feuille).

Dans la série évolutive (régression du gamétophyte, développement du sporophyte) des Bryophytes aux Angiospermes (Lemoigne, 1971), le Siluronien XVI marque le développement des *Ptéridophytes*. Les plus primitives sont les Psilophytoïdes représentées dans le Dévonien inférieur par la Psilotale *Rhynia* dont le gamétophyte encore vascularisé alterne avec le sporophyte déjà dominant, comme dans l'actuel *Psilotum*, épiphyte paléoendémique des régions tropicales. Il y a une protostèle, un rhizome, et les organes foliaires sont des phylloïdes sans stèle, émergences latérales de l'écorce (Lemoigne, 1967, 1968).

On a établi récemment l'existence d'une flore à Psilophytes et Lycophytes dans le Silurien (moyen ?) (formation Acacus) du bassin de Mourzouk (Libye) (Boureau, Lejal-Nicol et Massa, 1978).

Pendant le Dévonien, trois phylums de Ptéridophytes prennent de l'importance. Parmi les Lycopodoïdes, les Lépidophytales développent la ramification qui, dichotome (Sigillaroïdes) ou plus complexe (Lépidodendroïdes) va de pair avec une complication de la stèle (de protostèle à siphonostèle puis dialystèle). C'est le début de la conquête du continent par des formes « arbres ». On doit noter aussi l'apparition des Filicoïdes caractérisées par la foliarisation et des Equisétoïdes.

On a mis en évidence des centres de végétation déjà importants au Dévonien inférieur dans le bassin sud-africain (Bokkeveld), dans les bassins de la Libye occidentale, en Australie et en Europe; au Dévonien moyen, en Moghrabia, en Europe occidentale, en Gaspésie, dans le Saïan-Altaï.

En même temps, le monde animal s'insinue sur les continents sans toutefois que tous les groupes possèdent l'ensemble des mécanismes qui leur permettraient d'acquérir la maîtrise de l'espace subaérien. Les seuls qui semblent avoir acquis la possibilité de passer une partie de leur vie hors de l'eau dès le Dévonien inférieur sont des Arthropodes, encore qu'au Silurien on connaisse des Scorpions et des Myriapodes déjà bien caractérisés mais qui vivent dans l'eau, ne possédant pas encore les organes complets de la respiration aérienne. Au Dévonien inférieur apparaissent des Collemboles et même des Insectes ailés, étroitement liés à la flore à peine sortie de l'eau. On interprète ce fait comme l'établissement d'une atmosphère dont la teneur en oxygène devait approcher celle de l'air actuel. Quand les premiers Amphibiens, groupe particulièrement avide d'oxygène [212 cm^3 par kilogramme et par heure en moyenne (Mac Alester, 1970)] ont commencé de sortir des eaux, tout à fait à la fin du Dévonien (360 millions d'années), avec *Ichthyostega* qui se présente comme « un Poisson à quatre pattes », il est vraisemblable que la teneur en oxygène était approximativement ce qu'elle est aujourd'hui. Le couvert végétal des continents, devenu dense, contribuait à nettoyer l'atmosphère du gaz carbonique qu'elle continuait de retenir.

La large continentalisation issue de l'épeirogenèse ardennaise, l'oxygénation de l'atmosphère et le niveau évolutif atteint dans plusieurs groupes d'êtres vivants se conjuguaient pour aboutir à l'extension de la biosphère aux terres émergées.

Les mers au Dévonien inférieur

La petite calotte glaciaire du Siluronien supérieur a duré fort peu de temps. Après sa fusion, le niveau moyen des mers est remonté par transgression eustatique. Le contraste des climats demeure cependant visible dans le peuplement de deux provinces marines :

1 / La *province marine équatoriale*, dite *rhénane*, située à 10° de latitude de part et d'autre de l'équateur, s'étend sur l'Eurasie de la Pologne à la Nouvelle-Ecosse et à la Gaspésie. Associé au continent des Vieux Grès Rouges, le milieu marin épicontinental y est aussi caractérisé par une sédimentation détritique provenant de l'arasion des chaînes calédoniennes. La faune est dominée par des Mollusques, des Brachiopodes, des Trilobites, des Crinoïdes; les Polypiers sont rares, isolés, sauf en divers points des plates-formes qui, en eau peu profonde, chaude et libre d'ensablement, se trouvaient privilégiés. En ces points que l'on a parfois abusivement réunis en une province *hercynienne* ou *bohémienne* mais qui s'éparpillent en fait dans les zones envahies dans leur ensemble par la mer du domaine équatorial, on commence à trouver des taches de sédimentation purement calcaire, allant même jusqu'à la construction de récifs où dominent des Stromatopores et divers Polypiers, des Bryozoaires, des Brachiopodes et des Trilobites ornés. De telles constructions se rencontrent en Bohême (Koňeprusy), au Maroc, dans les Appalaches, au Bosphore, sud de l'Oural, Tien-Shan, Japon. La province rhénane pénètre dans l'est du Canada, lié à la zone moghrabine, mais pas dans le reste de l'Amérique du Nord, séparé des bassins européens par le continent des Vieux Grès Rouges.

2 / La *province malvino-caffre* (Boucot) correspond à l'envahissement par la mer des bassins glaciaires et périglaciaires circumpolaires de la région gondwane : bassin du Cap et des Falkland (faune de Bokkeveld), bassin antarctide de l'Ohio Range, Argentine, lac Titicaca. Les germes qu'apporte la transgression eustatique dans ces places vidées d'êtres vivants par les glaces étaient directement issus de la mer équatoriale sous son faciès rhénan banal (première faune à *Tropidoleptus*). Ceux de ces germes qui ont résisté à la rigueur plus grande du climat prospérèrent et évoluèrent vers des souches nouvelles, endémiques. Dans le bassin de l'Ohio Range, ces faunes sont dominées par des Bivalves fouisseurs et ressemblent écologiquement à celles de l'est du Groenland actuel : c'est un ensemble de mer froide (Mac Alester et Doumani, 1966).

La faune malvino-caffre, chassée des bassins continentaux promis à de nouvelles exondations, aura tendance à s'étendre jusqu'à se mêler à la province équatoriale lors de la grande transgression qui aboutira à l'uniformisation des faunes au Dévonien moyen.

Deux faits relatifs aux mers du Dévonien inférieur méritent d'être soulignés ici. En premier lieu, les limites de la province équatoriale se rapprochent de celles de la Téthys laquelle, quittant complètement sa position méridienne, deviendra la Mésogée tropico-équatoriale à partir du Trias.

En second lieu, les Céphalopodes que nous avons vu prospérer pendant l'Ordovicien et le Silurien, mais qui ont souffert du froid lors des deux glaciations et de la dessalure des transgressions eustatiques, vont prendre leur essor dans les mers chaudes à salure normale de la province équatoriale. Le groupe à petite coquille mince et droite des Bactritidés va donner naissance à deux types nouveaux promis à un brillant avenir : les Ammonoïdes à coquille enroulée et les Bélemnitoïdes dont la coquille droite tend à régresser comme celle des Calmars actuels (Termier et Termier, 1970).

Transgression téthysienne du Dévonien moyen : la mer à Calcéoles. *Fig. 31*

La zone équatoriale coïncide à peu près avec le passage de la Téthys, entre les deux supercontinents, Laurasie et Gondwanie, qui va permettre à des eaux réchauffées de s'étendre lors des transgressions sur les aires continentales et orogéniques qui la bordent. A de telles transgressions partant de la Téthys et réchauffant mers et continents nous avons donné le nom de *transgressions téthysiennes* (Termier et Termier, 1951). C'est un phénomène qui désormais se reproduira régulièrement au cours des temps géologiques. La première conséquence est l'homogénéisation des températures dans les mers qui deviennent uniformément chaudes et dans lesquelles les larves pélagiques vont poursuivre de longs voyages, homogénéisant ainsi également les faunes. En second lieu, les transgressions téthysiennes apportent sur les terres émergées la même unification d'un climat chaud et humide. Ces conditions sont favorables au développement de la vie dans tous les domaines, marins et terrestres.

Au Dévonien moyen (XVIII-XIX), les mers chaudes débordent largement les limites de la Téthys vers le sud et vers le nord. Directement issue de celle du Dévonien inférieur, la province marine équatoriale s'est étendue sur les aires continentales rabotées par l'érosion, sauf sur l'emplacement des chaînes calédoniennes qui, quoique déjà aplanies, constituent la forteresse encore inexpugnable du continent des Vieux Grès Rouges. Les sondages effectués pour les recherches de pétrole en mer du Nord montrent d'ailleurs que la mer s'avança, venant du sud de l'Angleterre, jusque sur l'emplacement de la branche sud du graben central (Pennington, 1975). Dans cette mer, les sédiments détritiques deviennent plus fins et moins abondants, les carbonates l'emportent et, avec eux, un cortège biologique qui va comporter de plus en plus de récifs.

Dans les niveaux non construits va s'installer un fossile caractéristique, médiocre Polypier simple en forme de babouche, fermé par un opercule : *Calceola sandalina* (fig. 31 *b*). La transgression téthysienne du Dévonien moyen

Fig. 31 - La Laurasie au Givétien (Dévonien XIX)

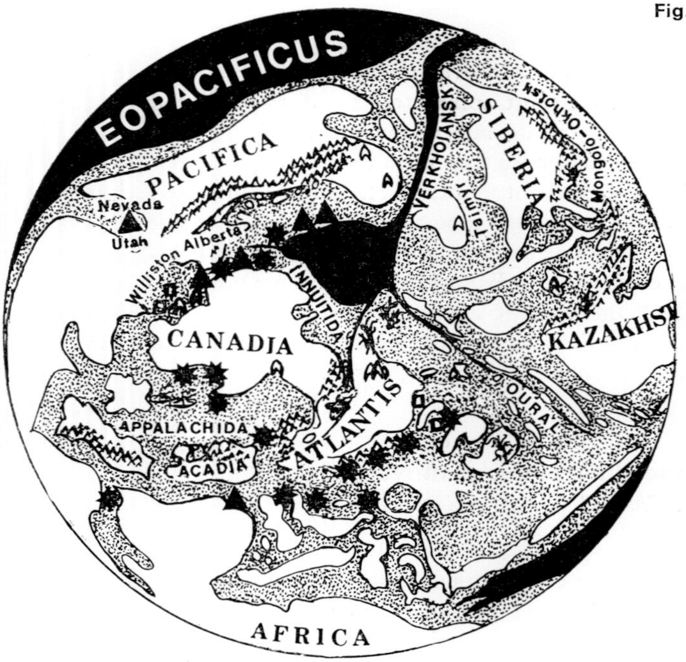

Fig. 31 *a* - La Laurasie au Givétien

Le Continent des Vieux Grès Rouges (Canadia + Atlantis) reçoit des mers chaudes sur ses bordures, provenant de l'ère Varisque (la Méso-Europe) soit directement, soit en passant par la voie arctique : ainsi sont atteints le nord de l'Afrique (Moghrabia), la zone appalachienne et le bras de mer de l'Alberta. Les récifs à Stromatopores, Tabulés et Rugueux (étoiles à 8 branches) abondent dans ces régions où pénètrent aussi de grands Brachiopodes à test épais (Stringocéphalidés, représentés par des triangles noirs). Vers l'est, depuis l'Eifélien (Dévonien XX), un polypier non récifal, operculé, *Calceola sandalina*, est présent en Méso-Europe, sur le bouclier saharien ainsi qu'en Asie, jusqu'en Extrême-Orient. On peut parler d'une mer à Calcéoles. Celle-ci n'atteint plus l'Amérique à l'époque considérée.

En bordure des mers et dans les bassins de la large zone intertropicale se déposent des évaporites (sel représenté par des carrés, gypse représenté par des fers de lance). Par places aussi (Oural, Kazakhstan) s'étend le domaine des végétaux terrestres.

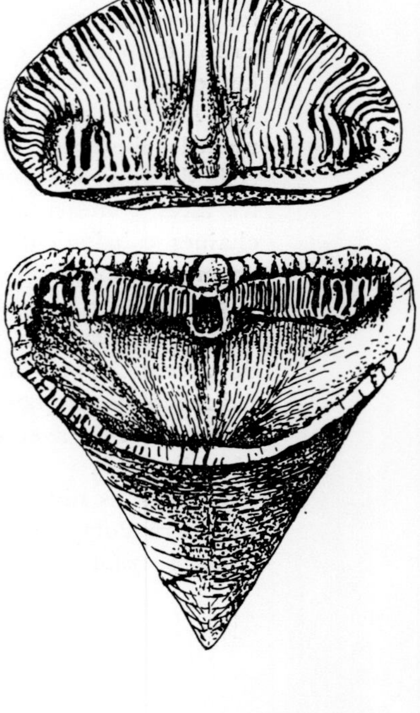

Fig. 31 *b* - *Calceola sandalina*

Calceola sandalina Linné est caractérisé par sa forme de babouche et son opercule. Son test est une véritable coquille portant les traces d'une symétrie analogue à celle des septes des Rugueux les plus simples. Sa texture est fibro-lamellaire et canaliculée comme celle de certains Tabulés (rapportés à une physiologie de Spongiaires dans le présent ouvrage), par exemple les Palaeacidés (Lafuste, 1968). Une comparaison avec des Actiniaires avait été proposée (Carlgren, 1918). Sur cette figure, on peut remarquer le grand développement d'une charnière dont les éléments, dans la valve creuse, constituent même deux ensembles successifs, particulièrement épais dans cet individu.

aboutit à l'élaboration d'une province à Calcéoles, il y a 385 à 380 millions d'années environ. Il ne s'agit pas d'un Polypier récifal mais d'un accompagnateur solide de la faune coquillère chaude n'exigeant pas les conditions précises et forcément limitées des Polypiers récifaux. Sa répartition indique les contours de la transgression téthysienne : toute l'Europe moyenne (province eifélienne), Pologne méridionale (monts de Sainte-Croix), Volhynie, Alpes carniques, Allemagne (Eifel, Hartz, Thuringe), Vosges, Ardennes, sud de l'Angleterre, Massif armoricain (Anjou), Navarre et nord de l'Espagne; Moghrabia, Présahara et Sahara occidental; Oural et île sud de la Nouvelle-Zemble, Azerbaïdjian, Altaï et Tien-Shan, sud de la Chine, haut Laos, Yunnan, Birmanie et Japon (Hondo), enfin le géosynclinal Tasman en Australie orientale. La mer à Calcéoles n'atteint pas les Amériques qui, coupées d'elle par le continent des Vieux Grès Rouges, sont ensemencées par le Sud (province malvino-caffre).

Les vrais récifs à substrat de Stromatopores, Tabulés et Polypiers Rugueux s'installent, lorsque les conditions le permettent, dans les limites de la mer à Calcéoles. On en connaît au Maroc, en Espagne (Asturies et Léon), dans l'Ardenne et le massif schisteux rhénan, en Sibérie, en Australie où des récifs sont installés dans les bassins de Kimberley et de Carnarvon par la transgression du géosynclinal westralien. Ils se développent surtout au Givétien (XIX) - Frasnien (XX) où ils constituent une véritable « mer de corail » sur l'Europe moyenne, le Maroc et l'Amérique du Nord où la jonction s'établit avec le bras de mer de l'Alberta ensemencé par l'Europe moyenne à travers la liaison arctique (province à Stringocéphales). Cependant l'est de l'Amérique du Nord présente une sorte de fjord prodeltaïque, des eaux à fond non aéré, riches en matière organique dont le dépôt aboutit à des hydrocarbures soufrés; non loin de là débute d'ailleurs le grand delta des Catskill qui durera jusqu'à la fin du Dévonien. La faune de Bivalves et de Brachiopodes de ces bassins étend son endémisme au Sahara jusqu'en Libye.

Ailleurs, dans des sortes de chenaux où abonde la végétation marine se développent les Goniatites (sillon de la Saoura entre la Catalogne et le Tassili des Ajjer).

Le tracé de l'équateur s'étend du sud du Groenland au sud-ouest de l'Altaï et les climats contrastés ont pu être reconstitués grâce aux sédiments continentaux (Strakhov, 1952). La zone tropicale humide, de part et d'autre de l'équateur, est reconnaissable à la présence déjà de petits bassins houillers (Timan, Kazakhstan, Sibérie méridionale, Kouznetsk, Spitzberg) et de sols plus ou moins ferrallitiques (minerais de fer de la plate-forme Volga-Timan et du massif sudète, minerais de manganèse, bauxites de l'Oural et du Tien-Shan). L'aridité s'étend sur le bouclier sibérien, le Saian, le bassin de Kouznetsk et le Taïmyr, et on en rencontre des restes aux abords de Leningrad sur la plate-forme russe, avec des couches rouges à dépôts de gypse.

Dérives et orogenèses

A la fin de l'orogenèse calédonienne s'est produit l'affrontement de l'Amérique du Nord et de l'Europe, pendant les quelques millions d'années qu'a duré le Dévonien moyen (Naylor, 1970, 1971), consacrant la fermeture définitive du Protoatlantique. Des soulèvements accompagnés d'un volcanisme intense ont eu lieu dans le Groenland oriental, la Grande-Bretagne et le Nord des Appalaches, conservant émergé le continent des Vieux Grès Rouges. L'orogenèse acadienne (380 millions d'années) est aussi l'époque de la déformation principale des Appalaches. Dans le nord de la chaîne, comparée au système andin, des événements importants se sont passés : nappes de charriage semblables aux nappes penniques du Miocène dans les Alpes, montées granitiques, métamorphisme affectant le Dévonien antégivétien et finalement un soulèvement général.

Cependant un coulissage s'amorce entre l'Amérique du Nord et l'Eurasie, c'est-à-dire en plein cœur du continent des Vieux Grès Rouges. C'est le début du décrochement de Glen, prolongé vers le sud-ouest dans les Appalaches et vers le nord-est dans les monts scandinaves de Norvège (et alors il est probable qu'il affectait aussi l'Islande) continuant sans doute jusqu'au Pacifique entre les deux Amériques et y confluant avec la Téthys. Le prolongement de l'activité du décrochement de Glen dans l'Arctique est difficile à mettre en évidence après l'ouverture bien plus récente de l'Atlantique Nord (mer de Norvège, mer du Groenland) et le jeu du décrochement de Nansen, mouvements qui, en gros, lui sont orthogonaux. Si on cherche à reconstruire l'état de l'Arctique à cette époque, la crête Lomonosov pourrait avoir coïncidé avec un tel prolongement : elle-même se raccordait à l'hiatus du Verkhoiansk qui rejoint le Pacifique. Autrement dit, une coupure parfaite soumise à des rejeux, zone certainement séismique (elle l'est encore de nos jours en Ecosse), existait entre deux cratons : une « plaque » nord-américaine (comprenant le Groenland et la Sibérie orientale) et une « plaque » eurasienne. Ce linéament, parallèle à des zones de faiblesse que nous avons déjà signalées depuis la révolution hudsonienne, d'importance planétaire, a quelque ressemblance avec les crêtes médio-océaniques actuelles. A la vérité, son histoire fut différente : c'est un décrochement selon lequel se sont effectués des coulissages mais ne s'est produite aucune expansion océanique. Ainsi la carte géologique de Grande-Bretagne montre un décalage de plus de 100 km entre les deux moitiés de certains granites d'âge paléozoïque coupés par le Glen. Ce décrochement « calédonien » représente une forme de la tectonique des « plaques », analogue au cisaillement téthysien, mais il paraît difficile d'admettre qu'il ait été un jour en position équatoriale et ainsi ait pu être causé par les forces centrifuges et de torsion actives en une telle position.

En Eurasie, l'évolution de l'Altaï est parallèle à l'orogenèse calédono-acadienne.

Briden (1967) décèle par les données paléomagnétiques une première dérive d'ensemble de la Gondwanie, depuis la fin de l'Eifélien (XVIII) jusqu'à celle du Frasnien (XX). C'est l'indice de la cohésion du supercontinent. Son résultat est un nouveau déplacement relatif par rapport au pôle, lequel quitte définitivement le continent africain pour s'installer de plus en plus près de l'Antarctide jusqu'à y pénétrer. Déjà des fragments isolés de la Gondwanie, au moins la Floride et le sud de la Turquie, semblent la précéder dans sa dérive.

Le continent australien se soulevait dans son ensemble tandis que dans le géosynclinal tasman surgissait la chaîne de Tabberabbera.

L'orogène varisque (voir p. 181) intéresse la majeure partie de l'Europe moyenne et se prolonge même dans la zone appalachienne par l'orogène avalonien. Il constitue la bordure septentrionale de la Téthys qui, en cette place, restait à l'état de zone de fractures. Cependant le volcanisme commençait de s'y installer, par exemple dans les Sudètes.

Bibliographie

Berry W. B. N. et Boucot A. J., 1967 – Pelecypod-Graptolite association in the old World Silurian. *Bull. Geol. Soc. America*, *78* (2), p. 1515-1522, 1 fig.

Boureau E., Lejal-Nicol A. et Massa D., 1978 – *CRAS*, p. 1567-1571.

Briden J. C., 1967 – Recurrent continental drift of Gondwanaland. *Nature*, *215*, p. 1334-1339.

Cramer F. H., 1971 – A palynostratigraphic model for Atlantic Pangea during Silurian time. *Mém. BRGM*, *73*, Brest, coll. « Ordovicien-Silurien », p. 229-235.

Lemoigne Y., 1967 – Révision de la notion de stèle. *91e Congr. Soc. Sav. Rennes*, III, 1966, p. 83-105.

Lemoigne Y., 1968 – Les genres *Rhynia* Kidston et Lang du Dévonien et *Psilotum* Seward actuel appartiennent-ils au même phylum ? *Bull. Soc. Bot. Fr.*, *115*, p. 425-440.

Lemoigne Y., 1971 – Réflexion sur la systématique des végétaux vasculaires et des Ptéridophytes en particulier. *96e Congr. Soc. Sav., Toulouse, Sc.*, V, p. 387-390.

Mac Alester A. L., et Doumani G. A., 1966 – Bivalve ecology in the Devonian of Antarctica. *Journ. of Pal.*, *40* (3), p. 752-755.

Mac Alester A. L., et Doumani G. A., 1970 – Animal extinctions, oxygen consumption and atmospheric history. *Journ. of Pal.*, *44*, 3, p. 405-409.

Naylor R. S., 1971 – Acadian orogeny : an abrupt and brief event. *Science*, *172*, p. 558-560.

Pelet R. et Tissot B., 1970 – Etude géochimique du Silurien de la bordure nord du Hoggar (argiles à graptolithes). *Rev. Inst. Fr. Pétr.*, XXV, 5, p. 543-574.

Pennington J. J., 1975 – *The geology of the Argyll field. In* Woodland A. W., p. 285-291.

Strakhov N. M., 1952 – *Osnovy Theori Lithogeneza*. Trad. angl., 1970.

Termier H. et Termier G., 1952 – La paléobiologie, fil conducteur de l'histoire de la Terre. *Rev. Scientif.*, *3315*, p. 31-42.

Termier H. et Termier G., 1970 – Les Prebelemnitida : un nouvel ordre de Céphalopodes. *Ann. Soc. Géol. Nord*, *90*, p. 109-112.

5

De la fin du Dévonien à celle du Carbonifère

XXI-XXVI

Préparation de l'orogène varisque : le Dévonien supérieur. *Fig. 32*

L'orogène varisque constitue la Méso-Europe, limitée au nord par le continent des Vieux Grès Rouges le long d'un grand linéament, le futur sillon houiller. Des zones s'échelonnent du nord vers le sud : la zone rhéno-hercynienne, un linéament médian peut-être océanique, la zone saxo-thuringienne et sudète. Cet ensemble comporte, dans le géosynclinal, des massifs de matériel ancien (Münchberg, Wildenfels, Franckenberg, Hirschberg) et il est soumis à l'épeirogenèse caractéristique des cratons comme le matériel des boucliers. Encore plus au sud, la future chaîne des Alpes à première trame d'âge hercynien (H. et G. Termier, *Orogenèse*, fig. 118), est la frange méridionale de l'orogène varisque méso-européen. Vers l'ouest, la Méso-Europe se prolonge dans les chaînes cantabriques, à l'ouest du massif hespérique, et même en Moghrabia (la Méséta marocaine), ainsi que dans la presqu'île d'Avalon (Terre-Neuve), l'orogène avalonien.

Fig. 32 - Famennien-Strunien (Dévonien XXI-XXII)

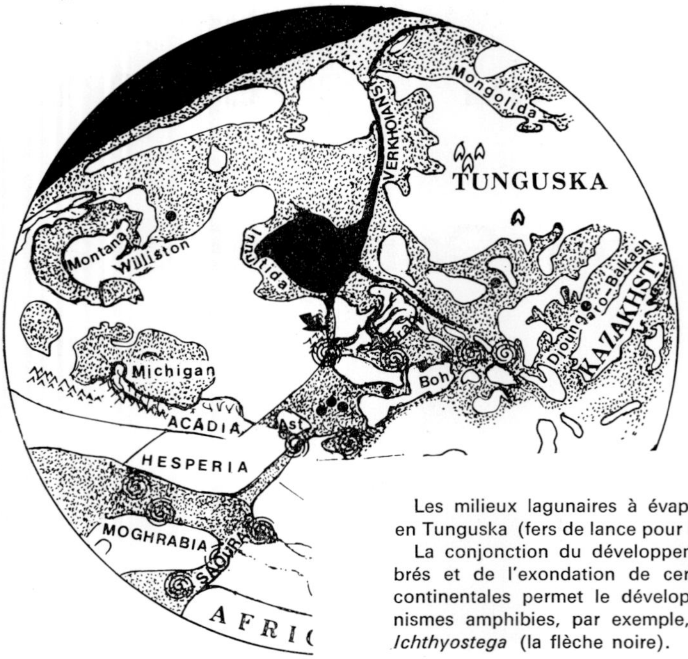

Fig. 32 *a*

La surrection de la chaîne acadienne et de la chaîne bretonne dans l'aire varisque s'accompagne d'épeirogenèses nombreuses, surtout dans la région de l'Atlantique futur, en Europe méridionale, en Moghrabia et dans le Présahara, ainsi que dans l'est de l'Amérique du Nord (Acadia). Les sables succèdent aux calcaires. Des récifs de dimensions bien plus petites, dominés par les Spongiaires Stromatoporides (points noirs), persistent en quelques points de la Méso-Europe, de l'Eurasie et même dans le bras de mer de l'Alberta. Au contraire, les chenaux où dans un milieu d'algueraies ou d'herbiers vivent les Goniatites (spirales) sont bien individualisés en Méso-Europe, Espagne-Portugal, Moghrabia, Présahara et Sahara (couloir de la Saoura), d'une part, Oural d'autre part. Ast : Asturies ; Boh : Bohême.

Les milieux lagunaires à évaporites persistent en Tunguska (fers de lance pour le gypse).

La conjonction du développement des Vertébrés et de l'exondation de certaines bordures continentales permet le développement d'organismes amphibies, par exemple, au Groenland, *Ichthyostega* (la flèche noire).

Fig. 32 *b*

L'Arthrodire (Antiarche) *Bothriolepis*, Poisson cuirassé typique (sud de la presqu'île de Gaspé, Québec) : *en bas*, silhouette d'ensemble du Poisson. *Au-dessus*, le bouclier antérieur (vue dorsale), constitué par d'épaisses plaques osseuses, très ornées ; la partie céphalique possède un double hublot pour les yeux, médians comme ceux des Raies. Latéralement une forte épine représente une nageoire antérieure transformée. Le membre symétrique n'a pas été figuré.

Fig. 32 *c*

Un Crossoptérygien, *Eusthenopteron*, provenant du même gisement que le précédent : *en bas*, silhouette d'ensemble du Poisson. *Au-dessus*, squelette du membre antérieur, montrant le caractère bisérié des os de la nageoire, ce qui annonce le dispositif d'une main.

Fig. 32 *d*

Le Tétrapode primitif *Ichthyostega* (Strunien du mont Celsius, Groenland oriental) : *en bas*, silhouette d'ensemble. *Au-dessus*, squelette du membre antérieur dont la main est pourvue de 5 doigts comme celle des autres Tétrapodes primitifs.

Fig. 32 *e*

La Téthys au Dévonien supérieur (Frasnien-Famennien). Distribution (d'après Janvier et Ritchie, 1977) de l'Arthrodire *Groenlandaspis* Heintz, lequel (cercles noirs), mis à part un gisement au Groenland et un en Biélorussie, se rencontre essentiellement le long de la Téthys : sur sa bordure septentrionale en Irlande, tous les autres points étant sur sa bordure gondwane

Développement des Vertébrés

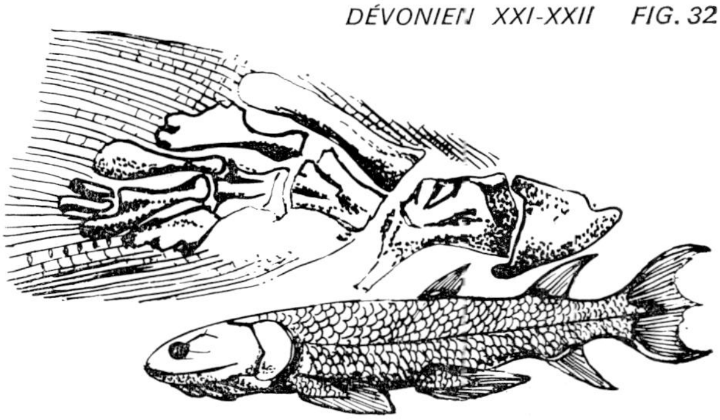

Fig. 32 *c* - Un Crossoptérygien, *Eusthenopteron*

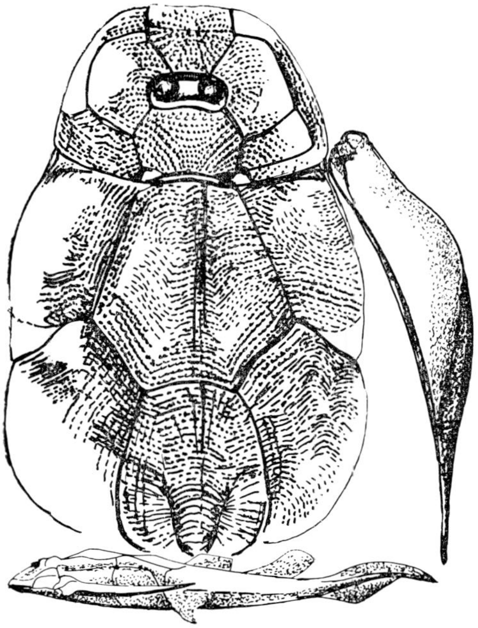

Fig. 32 *b* - L'Arthrodire (Antiarche) *Bothriolepis*

Fig. 32 *d* - Le Tétrapode primitif *Ichthyostega*

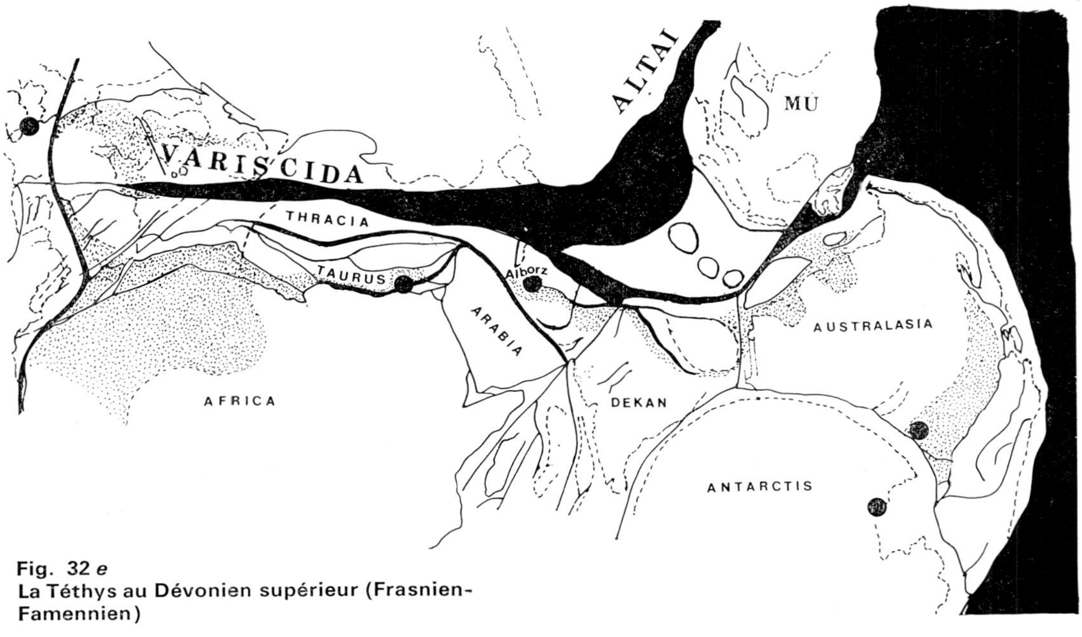

Fig. 32 *e*
La Téthys au Dévonien supérieur (Frasnien-Famennien)

Dès la fin du Dévonien moyen, des rides éphémères apparaissent dans l'aire varisque (Espagne, Bohême, sud de la Pologne). Au Dévonien supérieur, cette tendance s'accentue et la surrection de cordillères entre en unisson avec les monts acadiens du sud des Appalaches. Le grand linéament calédonien continue d'ailleurs de jouer, surtout au Spitzberg, soulevé et cassé en deux par des failles. Il s'instaure un ensemble de mouvements localisés, aussi bien dans le système calédonien (Groenland oriental, Appalaches) que dans les chaînes bordières de la Téthys : chaîne varisque d'Europe, rides ardennaise, bretonne et angevine, Asturides en Espagne, Altaïdes en Asie centrale, Moghrabides en Afrique du Nord (failles et plis du Tafilelt). De la fin du Dévonien supérieur, vers 360 millions d'années, datent les granites des Appalaches et le métamorphisme du Sénégal oriental, c'est-à-dire un épisode pétrogénétique assez profond en divers points du globe.

Tableau 11. — *Chronologie du Carbonifère (XXII-XXVI)*

				Phase saalienne	
					260-270 m. a.
XXVI	*Pennsylvanien*	Epeirogenèse mésocarbonifère — Bassins houillers	*Autunien* { *Sakmarien*, *Assélien*, *Gjélien* }	mer à Eurydesma glaciation gondwane	
				Phase bourbonnaise	
			Orenburgien (Stéphanien) : développement des Amphibiens, apparition des Reptiles (granite de Cornwall et de Bretagne) Exondation de la Méso-Europe et de la Berbérie à l'Ouest de la Tunisie		280 m. a
				Orogenèse asturienne	
					290-295
XXV			*Moscovien (Westphalien)* { *Myatschkovien*, *Kasimovien* }		
		Namurien	*Bashkirien*		
				Orogenèse erzgebirgienne	
					310-315
	Mississipien	*Namurien*	*Sabdénien* *Chokiérien* *Arnsbergien*		
XXIV		*Viséen*	*Chestérien = Serpukhovien*		
				Orogenèse sudète	
					325
			Osagéen = Okien		
XXIII			*Tournaisien*		
				Orogenèse bretonne (principale)	
					345-350
XXII	Passage dévonien-carbonifère		*Strunien*		
					360

Une transgression arctique envahit les points bas du continent nord-américain par l'intermédiaire du bras de mer de l'Alberta : il s'établit des mers fermées (Alberta, Williston) qui finiront en bassins évaporatoires dans la zone tropicale aride. Une autre transgression fait déborder les eaux de l'Oural sur un golfe latvien (Riga) et un golfe blanrussien dans la région du Pripet, qui deviendront aussi des lagunes d'évaporation.

Le début du Dévonien supérieur marque une première transgression sur le continent des Vieux Grès Rouges dont la bordure est aplanie par le ruissellement, et les boues rougies transportées par les fleuves teintent des sédiments marins.

La Grande-Bretagne est entamée par un chenal à travers l'Ecosse et l'Angleterre qui, envahi à l'est par la mer, reçoit sur ses deux rives les dépôts deltaïques de rivières ravinant les terres restées élevées. Il communiquait vers le sud avec la mer baignant l'Ardenne, le massif schisteux rhénan et les Vosges.

Une longue bande de terre formée au Siluronien, réunissant le bouclier sibérien à la Chine et à l'Ordos, sépare la province marine « eurasienne » (Europe, Oural, Tien-Shan, Kuen-Lun et Indochine) de la province « pacifique » (Kazakhstan central, Altaï, Transbaïkalie, Chine et ouest de l'Amérique du Nord). Ainsi peut-on parler de blocs continentaux pré-varisques : *Kazakhstania* (ouest du Kazakhstan central et nord du Tien-Shan plissés en même temps que les Calédonides), *Siberia* (Altaï-Sayan et nord de la Mongolie). Des déformations ont fait naître des bassins intramontagneux où se sont déposés des sédiments en même temps que montaient des larves andésitiques et des plutons granitiques (ex. Minusinsk, Tuva). Des géosynclinaux qui continuent l'orogène varisque s'installent sur la Mongolie du Sud, la frontière Djoungarie-Chine du Nord, la zone Irtysh-Zaisan. On y observe des ophiolites (Zonenshain, 1973).

Des algueraies, parfois des herbiers, se développent dans les mers côtières abritant des Mollusques parmi lesquels des Céphalopodes qui viennent y pondre; leurs fonds putrides sont riches en carbone et en sulfure de fer. Or ces chenaux côtiers, presque continus parce qu'ils coïncident avec des zones orogéniques en accord d'évolution sur les bords de la mer équatoriale, vont servir de voie de migration aux Goniatites qui, incapables, semble-t-il, de traverser de vastes océans, se répandent non seulement en Europe occidentale (Harz, Finistère, Montagne noire) et dans le nord de l'Afrique mais aussi en Amérique du Nord (New York), en Eurasie (sud de la Pologne, Oural oriental), dans le sud de la Chine et en Australie occidentale, selon des voies provenant encore le plus souvent de l'Arctique et éloignées de 15 à 100 km des côtes.

L'abondance croissante des boues et des sables apportés des continents le long des côtes semble avoir eu raison, à la longue, des récifs coralliens, encore très beaux au Frasnien (Ardenne, Maroc, Alberta, Eurasie) mais disparus au Famennien. De plus, les mers commencent à se refroidir tout en conservant une température assez uniforme, et se retirent en une grande régression s'accompagnant d'une continentalisation importante.

Alors s'esquissent de nouvelles provinces continentales caractérisées par leurs flores. L'une d'elles, *extrême-orientale*, s'étend du Japon (sud des monts Kitakami) au bassin du Yangtsé et à la chaîne tasmane. Une telle province prouve déjà l'existence d'un climat marin chaud, homogénéisant, en bordure du Pacifique moyen : elle correspond au continent Mu déjà bien lié à l'Australasie.

Une autre province borde la mer équatoriale en Eurasie, du Timan à l'Oural et au Kazakhstan, où l'on trouve de petits bassins houillers dont le charbon provient de Fougères.

En Europe occidentale, dont une partie, les hauts plateaux de Grande-Bretagne, reste « continent des Vieux Grès Rouges », un bassin ardennais est alimenté en sédiments détritiques par un grand fleuve venant des abords de la Norvège méridionale. Les marges de ce bassin comportent des lagunes d'évaporation et des dépôts rouges provenant du lessivage d'un continent couvert de sols formés sous climat oxydant, à partir d'une savane tropicale alternativement pluvieuse et sèche, avec parfois de longues périodes d'aridité ou au contraire de longues moussons.

Les terres encadrant la Téthys étaient sous un climat plus humide, sublatéritique, des phases de pluviosité moyenne alternant avec de fortes précipitations. Comme aujourd'hui sur le pourtour de Madagascar, les pluies transportent les boues rouges jusqu'à la mer, d'où le dépôt de sédiments de couleur laque carminée *(atropurpurea)* ou laque brûlée, à savoir les griottes connues dans les Pyrénées, en Espagne, au Maroc ainsi qu'au Kazakhstan. Dans le sud de la Téthys, au Maroc, ce régime de griottes n'est qu'épisodique. Il coïncide avec l'évolution ferrallitique de certaines des terres émergées, mais d'autres terres, couvertes de sables quartzeux, restaient quasi impropres à la vie végétale et, battues par les vents, offraient des caractéristiques désertiques, en particulier des sables.

Cette zone est intensément compartimentée en petits bassins côtiers de salinité variable, propices à la spéciation. On y observe des séries intéressantes, de Brachiopodes par exemple, tels que *Cyrtospirifer* et *Halorella* dont les formes multiples, tant au Maroc que dans le sud de l'Oural, défient la classification.

Les conditions régressives devenaient très favorables au développement des Vertébrés (fig. 32 *b-d*) et surtout de la faune et de la flore terrestres. On voit apparaître sur les côtes du Maroc et de l'est de l'Amérique du Nord de monstrueux poissons carnivores qui pouvaient atteindre plusieurs mètres de long, les Titanichthyidés, voisins des Requins, pourvus d'une armure osseuse très épaisse, avec un vide articulaire séparant la tête du bouclier thoracique, d'où une ouverture démesurée des mâchoires rappelant celle des Serpents.

La répartition géographique de l'Arthrodire *Groenlandaspis* au cours du Dévonien moyen-supérieur indique une diffusion marine le long du rivage sud de la Téthys [Antarctide, Nouvelles Galles du Sud (Australie), Alborz oriental, Taurus], dans la bordure varisque (Biélorussie, Groenland oriental) (Janvier et Ritchie, 1977).

Les Crossoptérygiens, possédant des narines internes (*Eusthenopteron*, fig. 32 *c*), préparent les premiers Amphibiens.

L'essor des premiers Poissons (munis d'un poumon en plus de leurs branchies) est corrélatif de l'alternance d'humidité et de sécheresse sur les continents. Les Dipneustes actuels comme ceux du Dévonien ont tous un poumon fonctionnel; les Crossoptérygiens sont représentés aujourd'hui par

Latimeria, forme marine ayant conservé les traces d'un poumon devenu inutile; enfin, parmi les Actinoptérygiens, de nos jours les plus primitifs, *Polypterus* et *Calamoichthys* d'Afrique possèdent un poumon. Au Dévonien supérieur, l'Antiarche *Bothriolepis* (fig. 32 *b*) était pourvu d'une paire de poumons. La respiration aérienne faisait donc partie des potentialités des poissons osseux ou cartilagineux du Dévonien et préadaptait ceux-ci au climat tropical de la phase sèche du continent des Vieux Grès Rouges. C'est le climat dans lequel subsistent aujourd'hui les Dipneustes (*Epiceratodus* d'Australie, *Protopterus* d'Afrique, *Lepidosiren* d'Amérique du Sud). Hors de la saison des pluies, les fleuves asséchés et les estrans laissent des mares d'eau dans lesquelles la respiration branchiale devient impossible; seule la présence de poumons permet la survie.

Une catastrophe entre Dévonien et Carbonifère ? Le Strunien

En un moment très court, eu égard à l'échelle des temps géologiques, la faune marine prend une physionomie complètement différente. C'est l'énigme du Strunien, encore que la définition de ce niveau (zone d'Etroeungt, dans le nord de la France) ne corresponde qu'à une partie de l'étage dans lequel les Goniatites et les Brachiopodes du Dévonien se prolongent à côté d'un dernier Trilobite Phacopidé et d'une seule famille (Proetidés) qui vivra jusqu'à la fin de l'ère primaire. On y rencontre aussi de nouveaux Coraux, les Brachiopodes et les Foraminifères du Carbonifère.

On explique cette transformation brutale par les orogenèses d'âge varisque affectant la plupart des mers épicontinentales à peuplement dévonien. L'orogène liminaire au nord de la Téthys est la zone varisque, connectée aux orogènes hespérique et moghrabin, et qui entame le bord du bouclier nord-américain par l'orogène avalonien (Schenk, 1971) [à savoir l'est de Terre-Neuve (presqu'île d'Avalon), la Nouvelle-Ecosse et le bassin d'Essaouira (Mogador)]. Elle vient buter sur une liaison plus étroite entre le continent africain et la zone de jonction reliant les Appalaches taconiques à la chaîne sud des Etats-Unis (Marathon). Une activité tellurique se manifeste dans les Appalaches où montent les *granites acadiens* dont l'âge moyen est de 350 millions d'années. Le domaine atlantique de l'Amérique du Nord est entièrement continental.

Les orogènes circumpacifiques restent bien établis, couvrant le Japon, le sud de la Chine et le géosynclinal tasman, l'ouest de l'Amérique du Nord où la chaîne d'Antler est comparable aux Alpes, tant pas son style tectonique (charriages de 96 km de déplacement) que par sa longueur (c'est un arc de 750 km de long entre le Nevada et l'Idaho). L'est de l'Oural est volcanisé.

Cet ensemble orogénique s'accompagne généralement de régressions. Ainsi tout régime marin disparaît de l'est du Groenland comme de la Gaspésie :

Fig. 33 - Quelques fossiles du Mississipien et la Téthys au Viséen

Brachiopodes

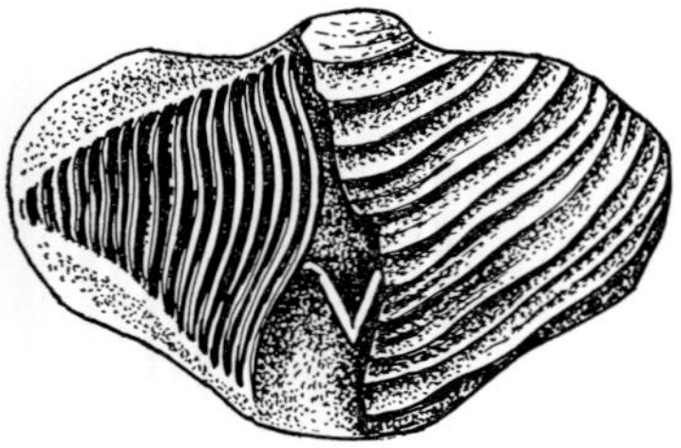

Fig. 33 *a* - *Athyris lamellosa* Léveillé, montrant une de ses deux hélices brachidiales ;

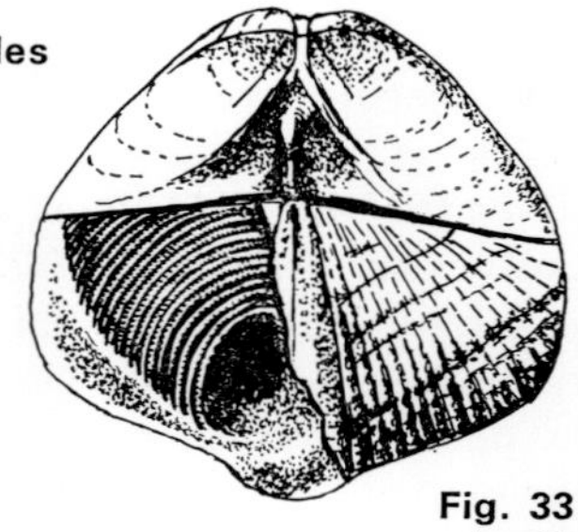

Fig. 33 *b* - *Histosyrinx vautrini* Termier et Termier, Syringothyride tournaisien du Sahara, montrant l'une de ses deux hélices brachidiales.

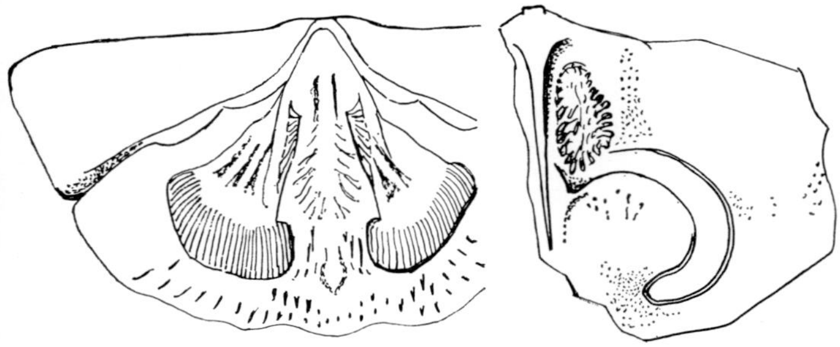

Fig. 33 *c* - Caractères internes d'un *Gigantoproductus* ; à gauche, valve ventrale ; à droite, la moitié d'une valve brachiale dévoilant l'empreinte complexe d'un muscle adducteur et celle, en croissant, de l'un des deux bras du lophophore.

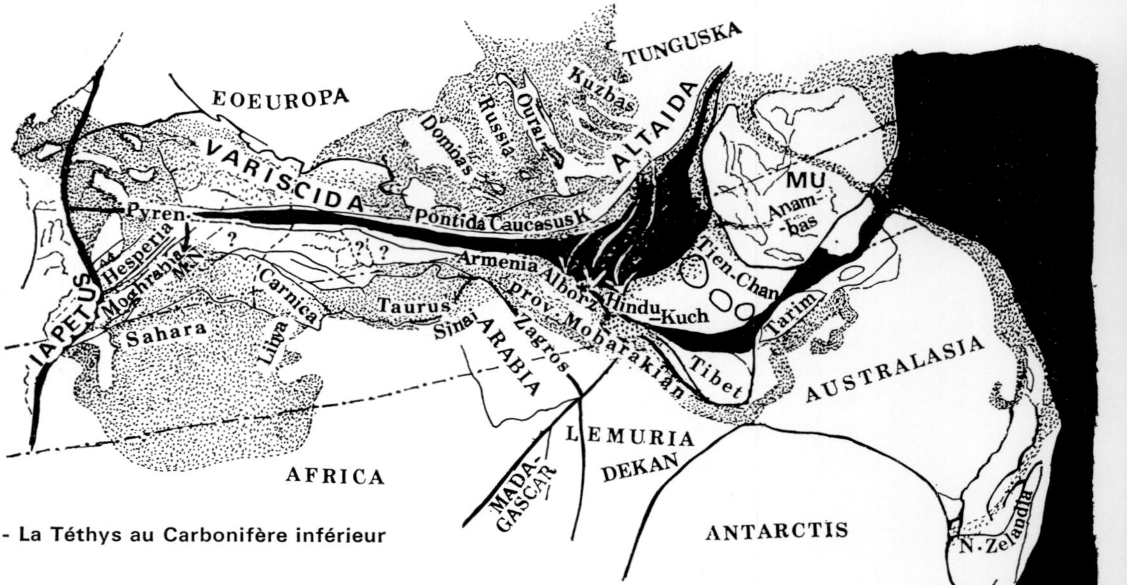

Fig. 33 *d* - La Téthys au Carbonifère inférieur (Viséen)

Cet âge correspond à une large transgression téthysienne qui explique le faible endémisme des Invertébrés marins ; ainsi la faune d'Europe occidentale (Grande-Bretagne, Belgique) que l'on peut suivre jusque dans les Pontides, se retrouve vers le sud au Maroc (Moghrabia et Présahara), au Sahara, en Libye, dans le Taurus, au Sinaï et en Irak. Une zone Transcaucasie-Alborz-Afghanistan (Hazarajat)-Himalaya, constituant une grande province mobarakienne, possède de nombreux éléments de cette faune (Syringothyris limestones, Fenestella shales) mais reçut aussi des Invertébrés issus de la bordure nord de la Téthys, par exemple de l'Altaï. Une faune apparentée se suit jusqu'en Australie. Une petite poussée glaciaire fait arriver une faune froide dans l'Alborz et l'Hazarajat.

dans ces lieux, où naguère des mers épicontinentales avaient abrité de riches faunes de poissons, apparaissent les premiers tétrapodes, à savoir des Amphibiens encore pisciformes comme *Ichthyostega* (fig. 32 *d*). C'est l'une des réponses de la vie à la précarité des mers peu profondes, réponse qui n'était possible que parce que la teneur de l'air en oxygène était pratiquement celle d'aujourd'hui.

La naissance des Tétrapodes a nécessité une « préadaptation » à la marche (le Crossoptérygien *Latimeria* est un « poisson à pattes » marchant sur le fond de la mer) et à la respiration aérienne (les Crossoptérygiens Rhipidistiens, qui restaient aquatiques, avaient des narines internes. Enfin les contraintes dues à la pesanteur ont entraîné la position transverse des membres et le renforcement des ceintures (Janvier, 1977).

Les mers se retirent lentement, laissant des lagunes où se développent des monstres peu viables, par exemple parmi les Goniatites, les *Wocklumeria* à coquille difforme, qui se rencontrent en Allemagne, au Sahara et jusqu'en Chine. Ailleurs, des lieux jusque-là abrités, comme les algueraies et les herbiers qui servaient de frayères, sont asséchés ou bien détruits par les ressacs. Ces géographies sont très mobiles même en Eurasie où l'on note quelques transgressions.

A ces explications paléogéographiques il faut peut-être ajouter que le Carbonifère inférieur subit un assez grand nombre d'inversions des pôles qui pourraient avoir perturbé sérieusement la biosphère lors des annulations du champ magnétique en permettant à des rayonnements nuisibles d'atteindre la surface de la Terre et d'y provoquer des mutations qui ne sont pas toujours bénéfiques.

La transgression téthysienne du Mississipien (XXIII-XXIV). *Fig. 33*

Entre la crise strunienne et le Viséen, une vingtaine de millions d'années (de 350 à 330 millions d'années (tabl. 11)) correspondant au Tournaisien ont fait transition. L'orogenèse s'affirme dans tous les géosynclinaux des systèmes téthysien et circumpacifique, avec un cortège volcanique ou granitique, l'émersion de beaucoup de cordillères, voire de chaînes de montagnes, l'une d'elles coïncidant par exemple avec les Pyrénées. En contrepartie, ces reliefs jeunes et mal assurés donnent naissance à d'épaisses séries marines, composées de débris plus ou moins grossiers à calibrage variable mais ordonné en cycles, séries auxquelles on donne le nom de *culm*.

Dans ces milieux tourmentés, les récifs coralliens ont du mal à s'implanter tandis que des constructions hétérogènes, dans lesquelles des organismes peu exigeants sur la pureté de l'eau ont la part principale, se répandent dans les mers chaudes épicontinentales (le Waulsortien à Bryozoaires par exemple). On aboutit à de petits pâtés cimentés par des concrétions d'origine algaire.

Les mers épicontinentales ne sont pas froides et les sédiments continentaux indiquent même des climats assez chauds. Des houilles se forment dans la zone équatoriale (bassins du Spitzberg, de Moscou, du Donetz, de l'Oural, de Karaganda, du Kazakhstan). Des oxydes de manganèse alimentent des sédiments marins sur les terres du Kazakhstan, dans le Waulsortien et dans le Minervois (sud de la France) où ils se déposent dans des marécages. En Argentine (précordillère de San Juan) et en Afrique du Sud, des traces glaciaires indiquent la proximité d'un pôle, l'autre pôle, calculé par les méthodes paléomagnétiques, se plaçant près de la position actuelle de l'île Sakhaline.

La mer commence à s'avancer sur les terres émergées au Dévonien et au Strunien, à savoir sur le continent nord-Atlantique, l'Europe moyenne, le nord de l'Afrique et la plate-forme russe. C'est une transgression téthysienne qui, dans les mers épicontinentales très peu profondes de la zone chaude, va rapidement constituer des « mers de corail » (par exemple en Angleterre et en Irlande). Elle pénètre les vallées, s'engage souvent assez profondément sur les terres aplanies en détruisant les forêts proches du niveau de la mer, ce qui se traduit par une quantité de bois flottés dans les dépôts de cet âge. Pendant le Tournaisien où la transgression reste de faible amplitude, le cloisonnement en provinces marines et même en bassins de spéciation reste tangible : par exemple une province russe (plate-forme russe et zone ouest de l'Oural) ainsi qu'une province sibérienne. Et c'est seulement au Viséen que, le niveau de la mer s'élevant, les barrières cèdent et les faunes de la province russe pénètrent indépendamment en Europe occidentale et dans l'Amérique du Nord, laquelle est en relation étroite avec la Téthys. Comme lors de toutes les transgressions téthysiennes, il y a homogénéisation de la faune marine.

Du fait de l'orogenèse varisque, toute la Téthys occidentale proprement dite (Pyrénées, Massif central, Massif armoricain, Massif hespérique, Maroc) est émergée ou en voie de l'être à la fin du Tournaisien, ce qui posera plus tard des problèmes quand, le niveau de la mer baissant, les eaux équatoriales ne pourront plus contourner cet obstacle. Au sud de cette zone de hauts-fonds s'installent les bassins sahariens (Colomb-Béchar, Tindouf, Taoudeni, Reggane et le Sahara central sur le nord de l'Afrique) qui reçoivent une sédimentation sableuse et une faune de mer tempérée, non récifale, dominée par de grands Brachiopodes de mer agitée, les Syringothyrides. Ce faciès s'étend à toute la bordure sud de la Téthys jusqu'à l'Himalaya en passant par l'Afghanistan (Meissami, Termier et Termier, 1977).

Avec la transgression viséenne, la mer pénètre pour la première fois sur la plate-forme antécambrienne de la région de Suez, mer peu profonde et vite rétractée car cette zone conservera longtemps son caractère épeirogénique.

L'aire varisque demeure instable, composée de bassins qui s'enfoncent et de cordillères locales, effacés aussitôt que nés. Les séismes y sont fréquents (on en a retrouvé des traces en Angleterre).

La transgression téthysienne du Viséen homogénéise temporairement la température des mers et leur peuplement. En même temps qu'un épisode récifal, on constate que les faunes de Céphalopodes par exemple comportent de nombreuses espèces communes à toutes les mers épicontinentales. Les faunes sont identiques de l'Ecosse au Sahara central et à l'est de l'Amérique du Nord. Cette homogénéisation atteint le climat des zones émergées dont la flore est remarquablement constante à travers les continents, mis à part le fait que Fougères et Ptéridospermées sont beaucoup mieux représentées au Spitzberg qu'au Maroc, où dominent les Lépidophytes.

Toute la partie émergée de la zone équatoriale, qui correspond en gros à l'aire varisque, est couverte d'une végétation luxuriante, riche en Lycopodinées et en Fougères. C'est le début de la forêt houillère, caractérisée par une forte humidité, surtout dans les plaines alluviales et les bassins paraliques (en bordure de mer) soumis à un climat de moussons. On reconstitue de véritables « louisianes » autour de deltas, comparables à celui du Mississipi, qui ont duré des dizaines de millions d'années. Dans les lagunes qui jouxtaient la forêt, l'abondance de matière organique donnait naissance à des fonds putrides où la vie était rare, limitée à des Bactéries, des Algues, des Champignons, des Nématodes. Des coups de mer y faisaient échouer aussi des animaux pélagiques, par exemple des Méduses. Ces lagunes pouvaient également recevoir des matériaux arrachés aux aires voisines.

A la limite, on trouve un littoral très habité dans lequel les animaux étaient aussi abondants et divers qu'ils le sont aujourd'hui dans notre province indo-pacifique.

Les récifs deviennent temporairement nombreux à la fin du Viséen supérieur et au début du Namurien, avec des Polypiers rugueux coloniaux *(Lithostrotion, Lonsdaleia)*, des Algues calcaires et des formations stromatolithiques, des Bryozoaires, des Spongiaires et des Crinoïdes qui peuvent constituer jusqu'à 75 % des éléments du calcaire carbonifère. Les Brachiopodes abondent (Gigantoproductides) et aussi les Foraminifères. Malgré l'homogénéisation des climats, on peut distinguer une zone particulièrement chaude, caractérisée par des calcaires récifaux riches en microflore et en microfaune, zone qui correspond à une succession de bassins de la Téthys où la transgression est la plus tardive (Asturies, Alpes orientales, Sud-Oranais, Oural) et où la mer s'est maintenue le plus longtemps. Une zone voisine à sédimentation terrigène la double depuis le Sahara central jusqu'au Ferghana, au Kazakhstan et à l'Altaï. Le développement et l'expansion des mers chaudes ont favorisé les faunes marines. De nouvelles dynasties de Coraux et de Goniatites s'installent dans les milieux épicontinentaux; ces types organiques dureront jusqu'à la fin de l'ère primaire.

Cette époque marque la dernière station de la mer paléozoïque en Moghrabia, dans le Pré-Sahara, le Sahara occidental, le Mouydir, le nord de la Turquie (bassin d'Heraklée-Zonguldak).

Les grands soulèvements du Carbonifère moyen (épeirogenèse mésocarbonifère)

Dès la fin du Viséen et surtout dans la deuxième moitié du Namurien, un soulèvement de grand style de l'ensemble des continents, y compris leurs marges orogéniques, a entraîné une forte érosion par les rivières et les vents, d'où la formation d'énormes dépôts détritiques, surtout en bordure des mers. Ces zones demeurées instables vont subir des allées et venues marines. Ce sont les bassins paraliques dans lesquels se sont accumulés les plus beaux gîtes de houille. La majeure partie des orogènes varisque, moghrabin, hespérique, les Altaïdes et l'ensemble de l'Asie du Taimyr au Kazakhstan et au Tien-Shan, une partie du Japon et la chaîne tasmane, ont subi déjà tant de phases de plissement, de volcanisme et de granitisation que le matériel, très induré, n'y réagit plus avec souplesse mais d'une manière rigide et cassante : on passe du style à grandes nappes de charriage au style faillé.

C'est l'âge de la montée des granites métallifères de la chaîne varisque qui firent la fortune de l'Europe antique et médiévale. Le volcanisme se développe, tantôt fissural, tantôt explosif. Les premiers indices des fractures qui diviseront les supercontinents au Permien et au Trias apparaissent au Sahara et dans le domaine préandin, par exemple. Parallèlement à la chaîne Mozambique du Précambrien et du Paléozoïque inférieur s'instaure sur l'emplacement du canal de Mozambique une zone subsidente, véritable géosynclinal (Tarling, 1971) dans lequel commencent de s'accumuler de puissants dépôts continentaux (14 000 m) qui continueront pendant toute l'ère secondaire (Dixey, 1965).

On notera l'apparition d'un long fossé subsident sur l'emplacement des Alpes : leur individualisation est inaugurée par le géosynclinal briançonnais.

Cette période d'épeirogenèse qui a joué un rôle primordial dans la formation des chaînes varisques a continué jusque vers 280 millions d'années, époque des derniers granites de Cornwall (Dartmoor) et de Bretagne (Huelgoat). La régression générale a eu pour premier résultat la prédominance des milieux continentaux, dans les bassins paraliques d'abord, aussi bien en Amérique du Nord qu'en Eurasie et toujours sous climat équatorial. Un autre type de bassins prenait d'ailleurs naissance soit sur l'emplacement des bassins paraliques qui se sont éloignés de la mer, soit entre les montagnes, hors de toute référence marine : ce sont des bassins limniques, lacustres.

Ainsi l'influence adoucissante des mers s'efface progressivement. Sur les continents, on peut maintenant distinguer du nord vers le sud (Strakhov, 1952) :

— une zone tempérée septentrionale comprenant le continent angarien (Sibérie) dont les bassins houillers dureront presque 100 millions d'années;
— une zone aride septentrionale qui s'étend sur le continent nord-Atlantique, la Scandinavie, la Russie d'Europe et le Tien-Shan, zone mal drainée où s'épuisent les vents marins humides et caractérisée par des dépôts d'évaporites; à la fin du Mississipien, un fossé tectonique, qui s'était ouvert au niveau de la baie de Fundy à l'orée de l'orogenèse acadienne et fut ultérieurement envahi par la mer, reçoit une sédimentation abondante et de durée relativement brève (moins de 4 millions d'années), d'évaporites chlorurées (essentiellement ClNa) : c'est le bassin windsorien (Nouvelle-Ecosse et Nouveau-Brunswick). La question se pose de savoir s'il s'agit d'une mer résiduelle peu profonde comme le sera la mer du Zechstein à la

fin du Permien, ou bien d'une mer (analogue à la mer Morte au Plio-Pléistocène) dans laquelle une telle sédimentation, épaisse de plus de 3 600 m, peut s'être faite alors à une profondeur assez grande en moins de 4 millions d'années (Evans, 1970);

— une zone tropicale à climat sahélien, alternativement humide et sec, avec les marécages marins (semblables aux *swamps* de la Floride actuelle) où prospérait la forêt houillère. L'absence générale de bois à anneaux saisonniers témoigne d'une température égale toute l'année, comparable à celle de certains pays de mousson. Les plantes y sont des Equisétoïdes, des Filicoïdes souvent arborescentes, voisines des Osmundacées et des Marattiales, et des Fougères à ovules (Ptéridospermées ou Préspermaphytes), plantes grimpantes dont le niveau d'évolution s'approche de celui des Gymnospermes. Les troncs d'arbres sont lisses, les poils sur les feuilles sont rares. Sous ce couvert végétal, dans la terre humide, vivaient d'énormes Mille-pattes (*Arthropleura* atteint 1,50 m de long), des Scorpions, des larves d'Insectes et des Amphibiens (Stégocéphales). Cette zone comprend une bonne partie de l'Amérique du Nord, l'Europe moyenne et l'Afrique septentrionale; elle correspond pratiquement à l'aire varisque.

En bordure des continents, là où se localisent les orogènes, les bassins paraliques et les récifs coralliens, se produisent des pulsations de soulèvement et d'enfoncement selon des rythmes voisins, voire identiques.

Nous connaissons surtout le peuplement de ces zones bordières mais, en fait, les chenaux et les plaines côtières s'inséraient dans un paysage élevé, celui des chaînes varisques au sens large. La lagune houillère humide était encastrée au sein de régions dominantes (comme l'était alors le Condroz en Ardenne, dont l'altitude était très grande) dont une fraction importante n'était pas habillée par la végétation mais offrait une sédimentation soit glaciaire soit périglaciaire, enregistrant les variations diurnes de température. Une partie de ces glaciers semble même avoir abouti à la mer. Une conséquence de l'épeirogenèse mésocarbonifère est en effet la présence de glaciers sur les hauts sommets et leur écoulement jusqu'à une mer encore chaude. Il s'agit de glaciers comparables à ceux qui couvrent les hautes montagnes de l'Afrique équatoriale et de la Nouvelle-Zélande actuelles.

Sous les Calamites et les Lépidophytales géantes, dont l'organisation et le mode de croissance sont liés au milieu humide, les sols des bassins houillers ont quelque ressemblance avec ceux des marécages forestiers et des tourbières sous climat tempéré (sols à gley, podsols) où la nappe phréatique affleure souvent (fig. 33 *a*).

Sur les pentes vivaient des plantes différentes, parmi lesquelles de grands arbres, les Cordaïtes (Préphanérogames) et les premiers Conifères peut-être, d'un niveau d'organisation plus élevé, comportant des graines caractérisées par un développement retardé.

Les sommets de moyenne altitude étaient dénudés et subissaient un climat aride.

Les conséquences de l'épeirogenèse mésocarbonifère sont :

1 / Le *cloisonnement de la mer téthysienne* : les Appalaches forment à l'est une barrière à la mer couvrant le Midcontinent; l'ouest du Sahara, le Maroc et l'Espagne émergeaient en un continent eurafricain, les transgressions n'intéressant que les aires continentales situées à l'est du méridien d'Oujda (Maroc oriental) et de Béchar, encore les eaux restent-elles peu profondes; sur le Fezzan et le pays Ajjer s'étend une mer fermée dans laquelle vivotent des faunes pauvres, avant l'évaporation finale qui laisse du gypse et des argiles rouges. Il en est de même dans les Rocheuses où des golfes à demi-fermés, en s'asséchant, deviennent des lagunes évaporatoires (sel et gypse) où se déposent des sables pétrolifères.

Les mers chaudes épicontinentales constituent un ensemble caractérisé par de grands Foraminifères, les Fusulines, qui vivaient à une profondeur variant entre 13 et au moins 22 m (Stevens, 1969). C'est le début de la « mer à Fusulines » qui prend en écharpe la Téthys, mais aussi le Spitzberg et l'Alaska.

La jonction de cette mer chaude avec les bordures continentales paraliques a pu être retrouvée en certains points où la mer transgressait temporairement. C'est le cas dans le sillon houiller d'Europe. En Amérique du Nord, une mangrove, dans laquelle le rôle des Palétuviers était joué par les Cordaïtes, est connue sur les deltas de plusieurs grands fleuves. On a évalué à quatre ans la durée de l'une de ces transgressions sur la côte septentrionale, dans l'Indiana, dont les dépôts, comparables à ceux des bayous actuels de Louisiane (Zangerl et Richardson, 1963), indiquent de grandes variations de salinité dans une eau peu profonde et stagnante, couverte d'Algues de surface, à fond putride et toxique dans lequel venait mourir la faune de haute mer drossée à la côte. Il en va de même dans l'Illinois où s'est échouée une faune étonnante (Mazon Creek) comptant des Méduses, des Vers et un vrai Calmar.

2 / L'épeirogenèse mésocarbonifère, au début du Pennsylvanien, a permis le développement d'animaux continentaux, tandis que d'autres ne se maintenaient que dans des réserves bien délimitées. L'une des conséquences les plus importantes est la *différenciation de provinces florales* dont les conséquences sont encore tangibles dans le peuplement des continents actuels (Florin, 1940).

Les faunes marines sont peu touchées : le développement des Foraminifères, des Polypiers, des Brachiopodes et des Goniatites n'offre pas d'interruption brusque. Il y a eu seulement rétrécissement de la plupart des mers épicontinentales. L'évolution normale des genres ne peut être observée qu'en des points privilégiés. Là où les conditions marines et continentales ont alterné, de nombreux genres disparaissent et les fossiles dateurs n'y sont que des visiteurs sans descendance : ainsi les horizons marins du bassin houiller franco-belge sont bien séparés par des épisodes continentaux qui ont duré plus longtemps qu'eux. Les variations de salinité qui s'y sont produites ont certainement fait périr de nombreuses formes inadaptables (Céphalopodes, Echinodermes, certains Brachiopodes).

Structure globale des Altaïdes (système varisque). *Fig. 33, 34 a, b, c*

L'Europe moyenne et le centre de l'Asie, au sud de la Sibérie et au nord de la Téthys, c'est-à-dire l'Altaï, l'Afrique du Nord et l'ouest de la Mauritanie, les Marathonides au sud du Bouclier canadien et le sud de la Téthys orientale (Himalaya, Tien-Shan), font partie du système varisque (Altaïdes de Suess). Il s'agit d'un très grand ensemble, largement minéralisé (la richesse de l'Ancien Monde), qui ne ressemble pas à la chaîne calédonienne, laquelle, parallèle aux grands linéaments et aux plissements du Grenville, se présente comme l'aboutissement d'une action débutée 1,5 milliard d'années auparavant. La plus grande partie du système varisque, en position téthysienne (voir fig. 13, p. 87), sur un grand cercle du globe également, était installée sur une croûte faible, souvent océanique, parsemée de nuclei de croûte continentale antécambrienne. Les relations faciles avec le manteau sont responsables d'une minéralisation qui n'est pas loin d'égaler celle des chaînes antécambriennes. Beaucoup des mouvements qui ont affecté la chaîne varisque furent des mouvements verticaux de blocs anciens (Granulitgebirge, Erzgebirge, etc.).

L'induration des chaînes varisques aboutissant à la cratonisation s'est terminée à la fin du Carbonifère, époque pendant laquelle se produisirent des cassures dont certaines sont de véritables linéaments. L'étude de ce rhegmatisme permet de déceler des réseaux de directions privilégiées vers le nord-est, et moins importants vers le nord-ouest dans le massif hespérique (Parga, 1969). En Moghrabia, des deux directions principales, l'une est parallèle au rivage atlantique (linéament Agadir-Tizi n'Test-Tazeka), l'autre constitue une famille d'accidents parallèles à la Téthys (accidents sud-atlasiens) prolongeant probablement le décrochement entre Appalaches Nord et Sud. Ces accidents sont responsables d'une grande partie du volcanisme, du plutonisme et des minéralisations ultérieures. Pour ce qui concerne ces deux pays, l'apparente imperfection des alignements peut être attribuée à des déplacements ultérieurs tels que la rotation du sphénochasme de Biscaye.

En France existent des cassures N 80° et 30° (Guillemot *et al.*, 1973; Duplan, 1974). Le grand sillon houiller et la faille de Villefort sont des décrochements antéstéphaniens (Cogné *et al.*, 1966).

A partir de 260 millions d'années, les « plaques » voyaient modifiées certaines de leurs positions. La « Pangée » se retrouvait dans une situation comparable à celle de la chélogenèse kénorienne, l'équateur coïncidant approximativement avec la Téthys si bien que les forces centrifuges sont maximales au niveau de cette zone déjà faible.

Des forces de dislocation parallèles à l'équateur téthysien ont joué pour former les *rifts* dirigés N 30° E, bien définis à partir des linéaments alignés depuis le lac Mjøs en Norvège jusqu'à la Méditerranée en passant par le fossé d'Oslo, les Vosges et le Massif Schisteux Rhénan (la bordure orientale du Massif central cristallin, la vallée du Rhône entre le sud de Valence et le nord de Lyon sont

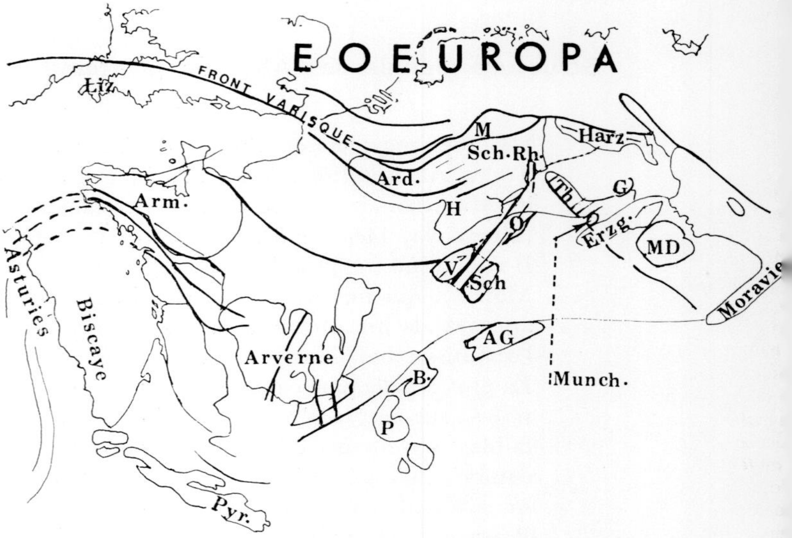

Fig. 34 *a* - L'aire de la chaîne Varisque (Méso-Europe)

Cette aire offre un substratum cristallin antécambrien sur lequel reposent des sédiments paléozoïques plus ou moins transformés par des plissements et par le métamorphisme. La limite nord de l'aire Varisque s'appuie sur l'Europe ancienne (Eo-Europe). Au Carbonifère supérieur, elle est suivie par le sillon houiller anglo-franco-belgo-hollandais. La zone la plus fortement affectée par les plissements et le métamorphisme régional est celle qui s'étend du Massif Armoricain au Moldanubicum (MD).

Les massifs de la chaîne Varisque : A-G : Aar-Gothard ; Ard : Ardenne ; Arm : Massif Armoricain ; Arverne : Massif Central ; B : Mont-Blanc ; Erz : Erzgebirge ; G : Granulitgebirge ; H : Hunsrück ; Liz : Lizard ; MD : Moldanubicum ; M Sch Rh : Massif Schisteux Rhénan ; Munch : Munchberg ; O : Oldenwald ; P : Pelvoux ; Pyr : Pyrénées ; Schw : Schwarzwald ; Th : Thuringe ; V : Vosges.

La plupart de ces massifs ont une armature antécambrienne qui a joué surtout par épeirogenèse ou diapirisme, c'est-à-dire par mouvements verticaux, provoquant autour d'eux des plissements et des charriages. Cependant la présence de charriages au sud du Massif Central, et peut-être d'une « syntaxis » (terme désignant l'angle aigu dessiné par les directions de certaines chaînes de montagnes, par exemple à chaque extrémité de l'Himalaya, à l'ouest au niveau de Pamir, à l'est au niveau de l'Assam) affectant les Asturies et le Massif Armoricain, permettent de faire entrer cette chaîne dans un modèle de collision comparable à l'Himalaya.

Fig. 34 *b* - Paysage de la forêt houillère

De gauche à droite :

- au premier plan : diverses Equisétales : *Calamites*, *Annularia*, et un « Mille-pattes » géant (jusqu'à 1,5 m de long) : *Arthropleura* ;
- au deuxième plan : des Lycopodales : divers types de *Sigillaria* ; autour du tronc de l'un de ceux-ci, une Fougère grimpante, *Mariopteris* ; une Lépidodendrée, *Bothrodendron* ; et une « Libellule » (Protodonate) : *Meganeura* (0,50 m d'envergure).

Sakmarien-Autunien (Pennsylvanien XXVI)

y a plus de 280 millions d'années la paléogéographie traduit ›s conséquences de l'épeirogenèse mésocarbonifère et du aroxysme orogénique que représentent, en Europe, la phase sturienne et en Amérique du Nord, la phase Allegheny.

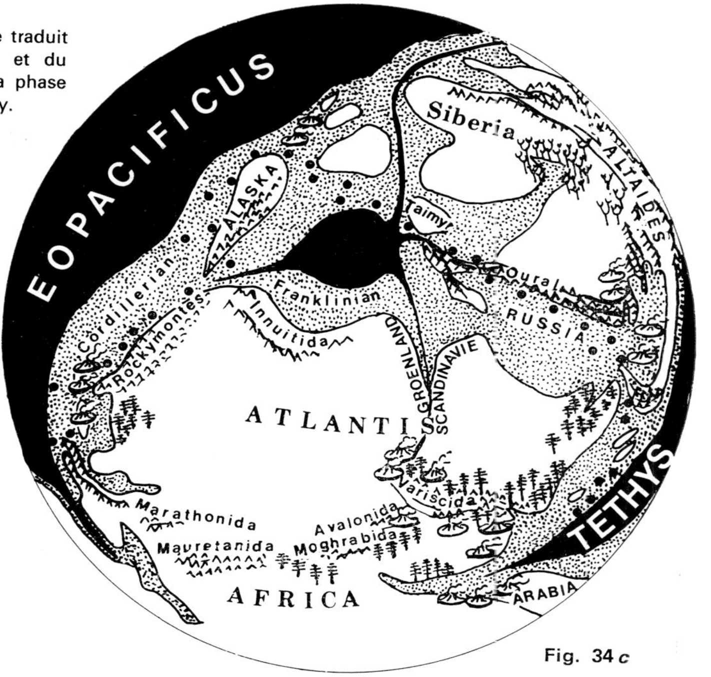

Fig. 34 *c*

'ig. 34 *c* - **Laurasie.** L'un des résultats de ces évé-ements est le début d'une phase de suturation de Téthys et l'esquisse d'un continent Nord-Atlantique Atlantis) étendu aux chaînes de la Moghrabia et du ord de l'Afrique (Maurétanides) qui se soudent à zone appalachienne (Marathonides, Avalonides). n Eurasie, l'orogenèse varisque se prolonge par les ltaïdes (fig. 34 *g*). L'ensemble de cet hémisphère uit de climats chauds ou tempérés qui ont permis développement d'une végétation de climat moins umide que celle de la flore mouillée à laquelle elle uccède. A l'Autunien, au sens large, ce sont des onifères qui couvrent la majeure partie du continent ord-Atlantique alors que des restes de flore houillère ersistent en Sibérie. La plupart des mers épiconti-entales étaient chaudes, caractérisées par de grands oraminifères (Fusulines Durhaminidae, petits points oirs).

ig. 34 *d* - **Gondwanie.** Le pôle étant situé vers la mite de l'Afrique et de l'Antarctide, une grande aciation se produit dans cet hémisphère, formant n plusieurs phases des inlandsis (étoiles à 6 bran-hes, blanches sur les terres, noires sur les mers) à orphologie changeante sur l'Afrique du Sud Dwyka) et le Congo, l'Uruguay, Madagascar (Sa-oa), l'Antarctide, l'Australie, l'Inde jusqu'en Arabie Oman) et l'Himalaya. Ces régions sont caractérisées ar la flore à *Glossopteris*. Un bassin fluvio-lacustre elie l'Afrique du Sud (fleuve Orange) au Brésil. Il orite les Mésosaures, premiers Reptiles aquatiques osanges noirs). Après les phases glaciaires, sur les ordures des continents qui en ont été affectés, ansgresse une mer peu salée et à faune appauvrie, mer à *Eurydesma* (gros points noirs). Vers cette poque pourrait s'être esquissée une première trans-ression sur quelques points de l'ouest de Mada-ascar.

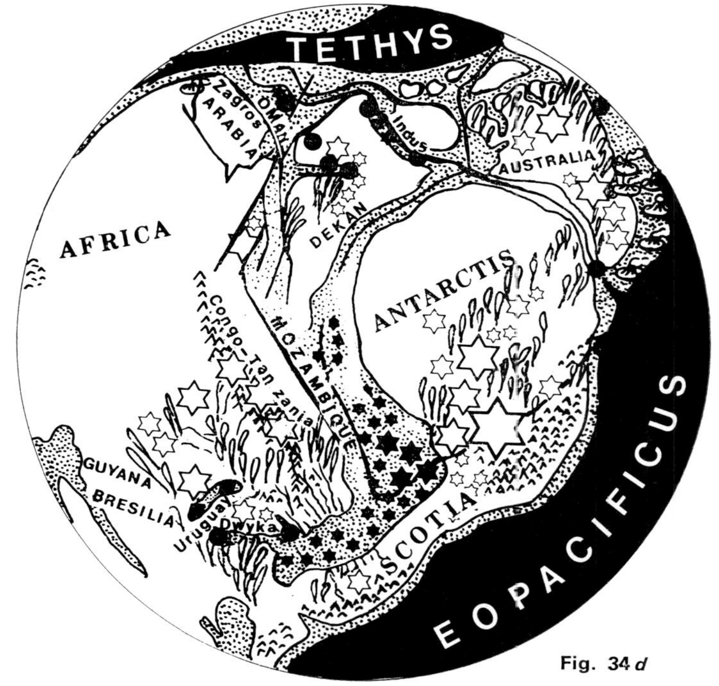

Fig. 34 *d*

Fig. 34 e - Schéma de la disposition de l'équateur (eq) et du pôle (P) par rapport à la Pangée.

Fig. 34 f - Paysage à Mésosauriens

(Afrique du Sud - Amérique du Sud)

Une lagune dans une forêt sud-africaine

Le Mésosaure est un Reptile particulier (tabl. 14 p. 224) caractérisé par ses longues dents.

Au premier plan, des Arthrophytes (Equisétales) : à droite, *Sphenophyllum* (feuilles triangulaires) ; à gauche, *Phyllotheca* et *Schizoneura*.

A l'arrière-plan, à gauche, *Gangamopteris* à larges feuilles dépourvues de nervure principale médiane ; au centre, une grande Fougère ; à droite, une Glossoptéride arborescente.

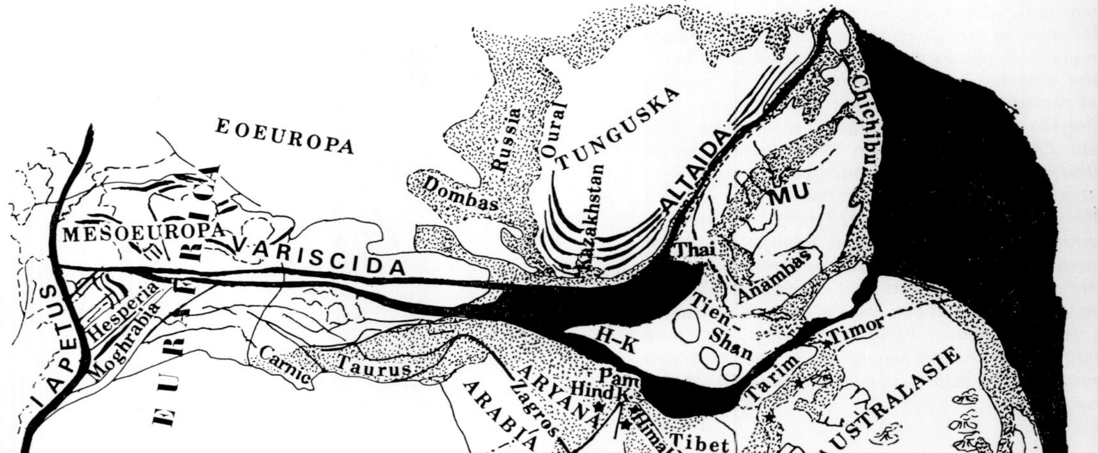

Fig. 34 *g* - La Téthys à l'Assélien-Autunien inférieur

Cette époque correspond pour l'Eurasie à l'achèvement des chaînes varisco-altaïdes, et pour la Gondwanie à la principale phase de la glaciation fini-carbonifère à laquelle correspond une faune froide d'Invertébrés marins (étoiles noires à 5 branches). Au nord, la Téthys plus chaude renferme des Fusulines. La mer épicontinentale recouvrant la plate-forme téthysienne dans la région méditerranéenne régresse et est arrêtée par la surrection d'un continent Eurafrica, issu de l'orogenèse varisque et de l'épeirogenèse mésocarbonifère, laquelle, à la différence de l'orogenèse varisque, affecte également la Gondwanie.

pratiquement rectilignes) ainsi que l'Esterel. Ces *rifts* du fossé rhénan relayé par la Bresse sont volcanisés, donnant naissance à des émissions de laves acides (rhyolites) et alcalines (roches néphéliniques), dont on reconnaît souvent encore les évents qui furent de grands volcans. Il nous semble probable que les grabens nord-sud et nord-ouest - sud-est sous-jacents à la mer du Nord ont fonctionné à la même époque : *graben central* entre les massifs de Fyn et du centre de la mer du Nord, *graben viking* entre la Norvège et la plate-forme des Shetlands orientales (Kent, 1975). Une telle structure, semblable aux récents fossés africains, indique l'ébauche de la délimitation de deux nouvelles plaques. Des structures comparables existaient plus à l'ouest, sur l'emplacement de l'Atlantique Nord, par exemple au niveau de la « Fall Line », bordure des Appalaches le long de l'emplacement de l'Atlantique.

Cependant l'ouest de la Méditerranée, composé de massifs anciens soudés par des chaînes d'âge varisque, était complètement émergé et constituait le *continent eurafricain* déjà très faillé.

On a décelé aussi des sphénochasmes (écartement de deux régions formant un angle, Carey, 1958) dans les Carpathes occidentales de Tchécoslovaquie : la rotation apparente depuis le Permien serait de 45° dans le sens des aiguilles d'une montre; les déplacements atteignent des dizaines de kilomètres.

En Sibérie commencent de grands épanchements de basaltes associés à tout un système de failles nord-sud. Ce phénomène durera jusqu'au Rhétien.

La péninsule italienne (massif préapulien), faisait partie intégrante des zones continentales, étant parallèle au littoral africain, au sud du massif corso-sarde.

Les eaux de la Téthys ne dépassent pas les Alpes carniques au nord, la région de Palerme à l'ouest, et celle de Medenine-Djebel Tebaga (Tunisie) au sud. A l'ouest, en effet, le bloc eurafricain soudé par l'orogène varisque était entièrement émergé : l'emplacement de la mer d'Alboran, par exemple, est alors couvert de dépôts continentaux.

Actuellement au nord de la Méditerranée orientale, on a de fortes raisons de penser que des chaînes insulaires, massifs cristallins de la région des Balkans et de Turquie (Rhodope, Cyclades, Thrace, Anatolie), étaient séparées par des zones de failles et des fossés de direction téthysienne.

Une partie au moins d'entre eux appartenaient à la bordure sud de la Téthys (fig. 34), c'est-à-dire à la frange nord-gondwane.

Au Permien également s'ouvriront les linéaments anciens qui délimiteront l'Arabie au niveau des monts d'Oman où du manteau supérieur s'élèvent les premiers gabbros et s'épanchent les premiers basaltes de cette province (Reinhardt, 1969). Sur le bord sud de l'océan Téthysien, le Tien-Shan s'élève à la fin du Carbonifère et au Permien où il est granitisé (Burtman, 1975).

Dans l'est de la Gondwanie, le début de la mer tasmane, séparant l'Australie de l'arc des 3N, pourrait être marqué en Nouvelle-Calédonie par des venues éruptives datables du Kungurien-Kazanien (Waterhouse, 1970).

Les climats au Carbonifère et au début du Permien

Pendant le Carbonifère inférieur, le champ géomagnétique était inversé sauf en de brèves périodes de polarité normale (surtout pendant le Viséen moyen). Des études récentes (Turner et Tarling, 1975) ont montré que la Laurasie a subi une lente rotation entre 345 et 285 millions d'années (c'est-à-dire jusqu'à la fin du Westphalien) dans le sens des aiguilles d'une montre par rapport au pôle géomagnétique. De plus, ils confirment le fait que les bordures méridionales de l'Amérique du Nord et de l'Europe étaient en position équatoriale tandis que la Sibérie, décrochée lors de la fermeture de l'Oural au Carbonifère supérieur se déplaçait vers de plus hautes latitudes, ce qui explique l'existence d'une flore angarienne froide (Chaloner et Meyen, 1973) et quelques traces de glaciers sur les terres élevées.

La glaciation de la Gondwanie semble aussi avoir débuté au Carbonifère inférieur ou moyen : varves de Dwyka en Afrique du Sud, faune marine froide du Viséen dans l'Alborz (Iran) et dans l'Afghanistan central (Termier, Termier et Vachard, 1977); ainsi qu'au Bashkirien en Australie (Campbell, 1968).

L'aridité avant les glaces

L'un des pôles était situé dans l'Antarctide, l'autre vers le sud de l'île Sakhaline. A mesure que passe le temps, les climats se détériorent. Finies les avancées marines sur les bassins houillers de l'Europe et de l'Afrique du Nord qui, lorsqu'ils subsistent, de paraliques deviennent des marécages limniques. Les chaînes varisques emplacées sur la Téthys nord gagnent en altitude; l'éloignement des mers s'accompagne d'un compartimentage des climats et de l'élaboration de bassins intramontagneux. Les sols, de plus en plus déboisés par la sécheresse, se dégradent et cette altération confère aux sédiments une teinte rouge caractéristique. L'action des eaux courantes n'est pas freinée, l'épandage des zones élevées donne d'épaisses séries détritiques.

A la fin du Pennsylvanien (XXV = Westphalien), les conditions climatiques ont basculé vers l'aridité, la surface couverte par les dépôts deltaïques s'est restreinte et avec elle, celle des bassins paraliques et des *swamps* qui se réduisent à peu de chose. C'est le cas, par exemple, du sillon houiller du sud de l'Angleterre, déjà dominé dans la région de Birmingham par une terre aride sur laquelle se déposent des grès et des marnes rouges dont l'alternance indique un climat semi-aride.

On ne peut guère distinguer une zone tropicale humide, encore qu'un tel climat puisse localement avoir existé dans certaines parties de l'Angleterre (nord de l'Ayrshire) et de l'Amérique du Nord où, au début du Pennsylvanien, s'est produite une évolution latéritique.

Une zone subglaciale gondwane commence à se développer, dans laquelle les glaciers restent encore localisés aux montagnes. Une véritable glaciation n'est connue que dans l'est de l'Australie. Sur les terres basses, une flore (à *Rhacopteris*) connue dans le Mississipien d'Angleterre et qui a migré lentement s'est installée en Australie, en Argentine et au Brésil, ainsi que dans le sud de l'Afrique, où des Protoglossoptéridées et des Mousses pourraient appartenir à cet âge (Plumstead, 1969).

Au sein de ces continents dont les climats contrastés évoquent ceux que nous connaissons de nos jours, le nord de la Téthys est demeuré en pleine zone tropico-équatoriale, jalonnée d'organismes subrécifaux et même de vrais récifs; également au Texas. Ce régime demeurera jusqu'à la fin du Carbonifère. La mer équatoriale occupe une surface restreinte par rapport au Viséen, fait que matérialise la répartition des Fusulines (Foraminifères géants), absentes du bassin houiller franco-belge, tandis qu'elles marquent des jalons dans la zone cantabrique et les bassins d'Algérie orientale et de Libye, la Transcaucasie, l'Elbourz et le Zagros, ainsi qu'en URSS et aux Etats-Unis.

Le sud de la Téthys orientale (Afghanistan central, Salt Range, Inde péninsulaire, Australie) n'est plus dans la zone équatoriale. Une partie des franges bordières a subi des régressions, et les eaux qui les baignent ne sont pas chaudes mais tempérées ou même fraîches. Les dépôts calcaires du Mississipien, dont la faune variée était comparable à celle de l'Europe occidentale ou de l'Afrique du Nord, font alors place, quand la mer est restée, ce qui est rare et temporaire, à des grès et à des vases à faune pauvre en espèces, parfois riche en individus (A.-F. de Lapparent, H. Termier et G. Termier, 1970). La mer équatoriale, au contraire, transgresse sur le versant septentrional de l'Hindou-Kouch jusqu'alors émergé (Boulin et Lys, 1971) et y dépose des calcaires qui se réfèrent à la mer à Fusulines. Celle-ci se suit jusqu'à Timor.

Les faunes et les flores continentales se sont modifiées radicalement. Après le Namurien et le Bashkirien, les Insectes à métamorphoses complètes disparaissent presque complètement de l'hémisphère nord. Seuls y restent confinés les Paléodictyoptères et les Protorthoptères qui ont des larves aquatiques : c'est une conséquence de l'accroissement d'aridité dans la zone tropicale. Les migrations d'Insectes devaient d'ailleurs être favorisées par l'extension des terres émergées. Cependant, cette période marque l'une des pointes de l'évolution des Insectes par l'abondance de leurs restes fossiles et leur diversité. On peut citer parmi eux les Paléodictyoptères et les Blattes. Ces dernières ont dès lors acquis tous leurs perfectionnements actuels, y compris l'oothèque qui enveloppe la ponte de certaines d'entre elles.

L'étendue des terres émergées favorisa aussi l'essor des Vertébrés continentaux. Tout d'abord ceux qui ont un développement partiellement aquatique, et ce fut l'ère des Stégocéphales, Amphibiens dont l'émail dentaire dessinait des figures qui justifient leur autre nom de Labyrinthodontes. Dans la vase humide ils laissèrent souvent l'empreinte de leurs pas lourds. Mais un progrès incontestable se manifeste : l'œuf reptilien, pratiquement identique à celui des Oiseaux, est isolé du monde extérieur comme une capsule spatiale. Il permet à l'embryon de commencer son développement avant de naître, c'est-à-dire d'être plongé dans le milieu extérieur. Il rend donc inutile une vie larvaire dans l'eau et libère ainsi tout un groupe du milieu aquatique. Ce perfectionnement, apparu au moment où l'aridité commence d'envahir les parties habitées des continents, permettra dès lors aux Vertébrés de conquérir le monde.

En bordure du Pacifique, la flore à *Gigantopteris* (Fougère dont la feuille rappelle celle du Tabac) correspond à un climat de mousson.

Bien que l'Europe occidentale et centrale se trouve toujours située dans la zone équatoriale et intertropicale, elle semble être sous un climat un peu moins chaud et surtout plus sec. Les troncs d'arbres *(Dadoxylon)* sont zonés, indice que des saisons intervenaient malgré la persistance du couple semi-aride, à savoir l'alternance d'humidité et de sécheresse. Certains *Dadoxylon* du Donetz furent fossilisés dans de véritables salines. Les Ptéridospermées se couvrent de poils absorbant l'humidité. Les épiphytes disparaissent. Les écorces s'épaississent, emmagasinant de l'eau.

Cette zone équatoriale et tropicale est flanquée par l'ébauche de deux zones arides (la flore texane est xérophytique) et surtout par deux zones tempérées atteignant les régions subpolaires : la zone toungouse et la zone gondwane, dans lesquelles prospéraient les Cordaïtes et les Ptéridospermées, les Glossoptérides et les Reptiles.

En zone gondwane, le bassin du Cap, du Natal et du Transvaal, au sud de l'actuel 33e degré de latitude sud, reçoit d'abondants dépôts fluviaux mais dans des conditions arides. Le couvert végétal, de type tropophile, est celui d'une zone périglaciaire. Là se développent les Insectes à métamorphoses complètes.

La grande glaciation gondwane

Entre 280 et 260 millions d'années, une glaciation a couvert d'une vaste calotte glaciaire la majeure partie du continent de Gondwana. Comme celles qui l'ont précédée, elle est survenue à la suite d'une ample continentalisation accompagnée de la surrection de montagnes élevées et de l'établissement d'une aridité croissante. Les latitudes calculées pour l'Afrique du Sud et l'Australie montrent qu'alors ces continents se trouvaient disposés également très près du pôle « Sud », situé lui-même en Antarctide où l'on connaît des traces glaciaires de cet âge.

L'Afrique du Sud est entrée dans la phase de Dwyka, marquée par d'abondantes traces glaciaires (tillites, roches moutonnées) dès la fin du Mississipien.

Le continent australasien fut aussi presque complètement recouvert par un inlandsis qui s'est ensuite fragmenté en petites calottes indépendantes d'où des glaciers devaient s'écouler jusqu'à la mer comme cela se produit aujourd'hui au Groenland. Assez loin du pôle, sur la chaîne tasmane, en particulier en Tasmanie, jusqu'au niveau du cercle polaire, les glaciers encapuchonnaient seulement les hauts reliefs.

Dans la partie centrale de la Gondwanie, des traces glaciaires [socles striés, roches moutonnées, moraines fossiles (tillites), varves] abondent aussi bien dans ces régions qu'à Madagascar, dans l'Inde péninsulaire et l'Himalaya (Salt Range, Kashmir) qui à cette époque appartenait aussi à la Gondwanie. Il en est de même en Argentine et dans les îles Falkland. Des prolongements de glaciers s'étendent en Afrique sur l'Angola, l'est du Congo, l'ouest du Tanganyika. Dans ces régions septentrionales et éloignées du pôle, les glaciers ont laissé jusqu'au Kivu des moraines, des argilites avec ou sans blocaux (plissées par le mouvement des glaciers), des blocs erratiques et un substratum strié offrant des roches moutonnées. Enfin on observe également des complexes fluvio-glaciaires et glacio-lacustres. En réalité, on n'est plus ici en présence d'un inlandsis mais d'une succession de glaciers de montagne partant d'une crête à peu près nord-sud, correspondant plus ou moins au méridien 28° 15′ et se raccordant aux têtes des vallées glaciaires jusqu'au parallèle 4° 30′ sud (Boutakoff, 1939). Les glaciers devaient fluer de part et d'autre de cette crête. Mais les restes qu'on en connaît sont surtout situés sur le versant occidental d'où ils s'écoulaient sur le Congo et l'Angola. Une vallée fluviale nord-sud préexistante a été reconstituée (Cahen, 1954) avec ses affluents est-ouest. Coïncidant déjà en partie avec le tracé du Lualaba, elle servait tout naturellement d'exutoire et de collecteur aux glaciers descendant des centres principaux de la crête : celui du Walikale au nord, celui des monts Hakansson et du mont Kitala, plus au sud. Le mouvement des glaces se faisait vers l'ouest et le sud-ouest. Peut-être d'ailleurs au moment du maximum de froid, les langues glaciaires dévalant le flanc occidental de la crête Congo-Tanganyika fusionnaient-elles en un immense glacier de piedmont s'écoulant vers l'ouest dans une dépression occupant l'est de la cuvette centrale du Congo actuel. Un autre centre glaciaire se situait sans doute sur le Kasai et le nord de l'Angola. Dans le Zaïre ont pu être reconnues les pulsations de cette glaciation. Tout à fait au nord, près de la limite des glaces, dans le Kivu, on a reconstitué deux phases glaciaires. Plus au sud, dans la région intermédiaire, six avancées successives ont été dénombrées. Il semble bien d'ailleurs que la phase glaciaire la plus importante corresponde à la moraine de base, les autres poussées glaciaires étant limitées à des glaciers suspendus sur le sommet des montagnes, le climat alentour étant redevenu plus clément. Aux moments de retrait, des barrages par les moraines ou les glaces sur le fleuve collecteur donnaient naissance à des lacs recevant les vallées glaciaires et dans lesquels se déposaient des argiles (interglaciaires), des grès (fluviatiles) et des lœss (dépôts jaunes éoliens périglaciaires qui sont à la fois quartzeux, argileux et calcaires) : on peut distinguer un lac au niveau du mont Kitala et un autre, très vaste, parsemé d'îles ou de caps, sur le bassin de la Lovoy (monts Hakansson).

Dans l'Inde péninsulaire (Dekkan), les tillites indiquent une large répartition des glaciers, provenant en particulier de deux groupes montagneux, les monts Vindhyens et les monts Aravalli. D'après K. Jacob (1952), les glaciers des monts Vindhyens se seraient écoulés vers la mer au sud et au sud-est dans la vallée de la Mahanadi, et à l'est dans les vallées de la Damodar et de la Sou, passant à des dépôts fluvio-glaciaires (grès à *ripple-marks*) indiquant un écoulement vers le sud-est dans la région type de Talchir. Dans l'est, les eaux fluvio-glaciaires se déversaient dans le bassin houiller du Bihar et du Bengale. Vers l'ouest - sud-ouest, les glaciers des monts Vindhyens s'épandaient dans la zone de Satpura. Au nord, les glaciers descendant des monts Aravalli se dirigeaient vers la mer au nord - nord-ouest (détroit de la Salt Range). D'après A. J. Smith (1963), le continent ancien, longtemps soumis à l'érosion, s'est trouvé affecté d'une activité tectonique selon de vieilles lignes de cassures juste avant le dépôt de la série de Gondwana dont elle constitue les prémices. Il se forma ainsi des aires soulevées sur lesquelles s'installèrent des glaciers et des bassins limités par des failles où se déposèrent des sédiments transportés entre autres par ces glaciers ainsi que des galets fluviatiles. Les glaciers atteignirent d'ailleurs les basses terres.

Le maximum de la glaciation peut être situé au niveau de la base de l'étage sakmarien s.l. ou assélien, et correspond approximativement à un nouveau soulèvement épeirogénique, à peu près contemporain du début de la phase saalienne datée de 260-270 millions d'années environ.

Sur les continents laurasiens, l'abondance des bassins limniques et la richesse de leur faune et de leur flore témoignent d'un phénomène climatique comparable à celui des « pluviaux » africains pendant les glaciations du Quaternaire où chaque poussée glaciaire a correspondu à une pluviosité accrue sur les aires situées aujourd'hui dans la zone aride. De même, pendant l'Autunien, un regain d'humidité a rempli les bassins de Laurasie, avec une flore nouvelle où le privilège est donné à l'ovule et surtout à la graine (développement différé) : Ptéridospermales et Araucariées.

Dans ce milieu tempéré ou chaud, bien arrosé, prospèrent les Poissons, les Stégocéphales et les Reptiles. Ces derniers donnent dès maintenant des types divers, particulièrement en Amérique du Nord où cohabitent des Pélycosauriens carnivores *(Dimetrodon)* et herbivores *(Edaphosaurus)* dont l'aspect général est rendu comparable par la grande crête en forme de voile armée d'apophyses vertébrales.

La bordure orogénique de la Gondwanie sur le front téthysien restait pratiquement libre de glaces, sauf peut-être au niveau de l'Inde péninsulaire et de l'Australie, c'est-à-dire au sud de la Téthys orientale.

Pendant la glaciation, les marges marines des continents ont subi la régression normale, notoire sur l'emplacement de la Téthys : la mer à Fusulines recule, n'étant plus perceptible dans la Téthys occidentale où la jonction continentale complète persiste entre l'Europe et l'Afrique du Nord. En Amérique du Nord, elle régresse également dans les Rocheuses qui, juste après une transgression missourienne venue du Pacifique, sont soumises à l'aridité et couvertes de dunes de sable. Le désert s'étend sur le nord et le centre du Texas, l'Utah et l'Arizona. On passe de la flore luxuriante des marécages à la forêt-galerie limitée à des chenaux de verdure puis à un pays semi-aride à longue saison sèche où des mares entourées de Conifères rabougris et se raréfiant sans cesse abritent les cocons des Dipneustes estivants. Des mers demeurent quelques bassins : le bassin Delaware, assez profond par places et parsemé de petits récifs dans le Sud; le bassin Sonorien qui appartient à la province à Fusulines, c'est-à-dire à la zone équatoriale (province grandienne, Yancey, 1975).

La province gondwane, éprouvée durement par la glaciation, offre un peuplement appauvri. Les mers n'y renferment ni Fusulines ni Ammonoïdes; leur faune est surtout composée de Mollusques et de Brachiopodes. La flore spéciale à cette province est la flore à *Glossopteris* (étages Dwyka et Ecca). Etudiée en Afrique du Sud (Plumstead, 1969), cette flore renferme des plantes de type carbonifère européen *(Pecopteris, Sphenopteris)* ayant subi un endémisme *(Gondwanidium)*, associées aux Glossoptéridophytes qui resteront typiques de la Gondwanie même si elles ont pénétré localement en Eurasie, comme les Reptiles. Enfin on rencontre déjà des éléments avant-coureurs des Bennettitales et des Gingkoales de l'ère secondaire. Des traces de déprédations dues à des Insectes ont été trouvées dans ces plantes.

La transgression eustatique

Comme toutes les glaciations, la glaciation gondwane a subi des fluctuations et accentué la régression générale. Le recul des glaciers donne le départ à une transgression eustatique à l'Assélien-Sakmarien, sur le bord des aires continentales. En Gondwanie, c'est la transgression de la *mer à Eurydesma*, que l'on rencontre dans les golfes d'Australie occidentale et orientale (Tasmanie), de la Salt Range au Madhya Pradesh (Inde), de l'Afrique du Sud et de l'Argentine. *Eurydesma* est un Bivalve à coquille assez épaisse qui devait vivre dans des mers aussi peu salées que la Baltique actuelle, et on ne le retrouve pas en dehors des anciens emplacements glaciaires. Il est accompagné d'une faune pauvre [Bivalves, Gastéropodes, Ectoproctes et Brachiopodes, surtout Productoïdes et Spiriféroïdes spéciaux *(Tomiopsis)*], vivant dans une vase noire à passées gréseuses et qui a survécu à *Eurydesma* malgré de petites régressions au cours desquelles la végétation terrestre a regagné sur la mer et déposé des couches de houille.

Le rivage marin caractérisé par *Eurydesma* offre une précision écologique remarquable par sa constance sur des milliers de kilomètres. Les lagunes hantées par ce genre se sont installées directement sur les moraines abandonnées par les glaciers en bordure de la mer. Les organismes de mers chaudes ne sont qu'épisodiques, tel *Eoasianites modestus*, seule Goniatite arrivée en Afrique du Sud, en Uruguay et en Afghanistan central. Hors des terres et des lagunes héritières de glaciers, la mer littorale de la Salt Range, de l'Afghanistan et du nord de l'Australie restait froide et se trouvait caractérisée par des Conulaires écologiquement comparables aux Scyphozoaires fixés (Lucernaires) que l'on rencontre aujourd'hui, par exemple dans les algueraies à la limite de la marée basse en mer du Nord. Notons que les Conulaires étaient aussi présents dans la province froide de l'Europe moyenne et du Maroc à l'Ordovicien.

La bordure marine du continent gondwanien qui n'avait jamais été glacée bien qu'appartenant à une province climatique froide (du type boréal actuel), a probablement fourni les premiers ensemencements de la mer à *Eurydesma* présente en Afghanistan central et en Nouvelle-Zélande (groupe de Maitai).

A la fin du Sakmarien également, les mers de l'Australie et celles de l'Inde péninsulaire demeuraient froides et les calcaires étaient très rares. Le Productoïde *Stepanoviella* semble caractériser cette phase comparable au faciès boréal de la transgression flandrienne récente. La mer à *Stepanoviella* (niveau d'Umaria) s'insinuait dans des rias encore plus étroites, par exemple le linéament de la Narbada (voir p. 81) à partir de l'Afghanistan central jusqu'au cœur de l'Inde péninsulaire (A.-F. de Lapparent, G. Termier et H. Termier, 1971).

Tableau 12. — *Stades évolutifs des Trachéophytes*
(inspiré des travaux de Y. Lemoigne et de E. Plumstead)

Angiospermes —— { Monocotylédones (cf. Filicophytes) ; Dicotylédones (cf. Lycophytes) { hétéroxylées — Ombellifères, etc. ; homoxylées — Magnoliales }

Chlamydospermes —— { Gnétales ; Welwitschiales (endémique à l'Afrique du Sud) ; Ephédrales ? }

Coniférales —— { Abiétinées (→ Conifères modernes) ; Araucariées (à partir du Paléozoïque) }

Gymnospermes —— { Siphonogames (Vectrices) ; Zoïdogames (Natrices) }

Glossoptéridophytes
Préspermaphytes = Préphanérogames —— { Gingkoales ; Cycadales + Bennettitales = Cycadophytes ; Cordaïtales ; Ptéridospermales — }

Ptéridophytes
Psilophytoïdes (*Rhynia*)
↑
Bryophytes

Sporophyte vasculaire gamétophyte réduit (vasculaire chez Psilophytales) —— {
app. végétatif Filicophytes : Hydroptéridiales (sporocarpe → angiosporangie)
foliarisation Filicoïdes : Protofilicinées, Filicinées, Ptéridospermées (ovule)
stèles caulinaires → foliaires | Lycophytes = Lycopodoïdes : Lycopodiales, Lépidophytales, Sélaginellales (angiosporangie ; tendance à l'ovule) (Premiers arbres continentaux)
| Sphénophytes = Equisétoïdes : Calamitales, Sphénophyllales, Equisétales }

élément cellulaire hydroïne non lignifié

Régression du gamétophyte →
Développement du sporophyte →

Stade initial haploïde

Pendant ce temps, en Amérique du Sud, tandis que la mer à Fusulines couvrait le Venezuela, la Colombie et s'insinuait entre le Pérou et la Bolivie jusqu'aux lacs Titicaca et Poopo, le Paraguay, le Brésil méridional, l'Argentine et le sud de l'Afrique constituaient une province de golfes du type « baltique », peu profonds et de salinité anormalement faible, baignant des terres basses et abritant des Reptiles aquatiques crocodiliformes, les Mésosauriens (fig. 34 *d*, tableau 14).

Après la fonte des glaces, le relèvement isostatique fit émerger la plupart des boucliers; l'emplacement de chaque glacier devenait une cuvette recevant d'énormes décharges fluviales qui, grâce à l'amélioration du climat, étaient rapidement envahies par une végétation devant plus tard donner du charbon.

Bibliographie

BAMBER E. W. et WATERHOUSE J. B., 1971 – Carboniferous and Permian stratigraphy and Palaeontology, Northern Yukon territory, Canada. *Bull. Can. Petrol. Geol.*, *19* (1), p. 29-250.

BOULIN J. et LYS M., 1971 – Découverte de Carbonifère et de Permien marins à Khinjan, sur le versant Nord de l'Hindou Kouch, en Afghanistan. *CRAS*, *273* (D), p. 555-557.

BOUTAKOFF N., 1939 – Géologie des territoires situés à l'ouest et au nord-ouest du fossé tectonique du Kivu, *MIGUL*, IX (1).

BURTMAN V. S., 1975 – Structural geology of Variscan Tien-Shan, USSR. *Am. Journ. Sc.*, *275 A*, p. 157-186.

CAHEN L., 1954 – *Géologie du Congo belge*. Liège.

CAMPBELL K. S. W., 1960 – *Journ. of Pal.*, *36* (1), p. 38-52.

CAREY S. W., 1958 – Tectonic approach to Continental Drift. *Continental Drift, a symposium*, Univ. Tasmania Press, p. 177-358.

CHALONER W. G. et MEYEN S. V., 1973 – Carboniferous and Permian floras of the northern continents. *in* HALLAM, *Atlas of palaeobiogeography*, p. 169-186.

COGNE J., GEZE B., GOGUEL J., GROLIER J., LETOURNEUR J., PELLET J., ROTHE J. et SITTER Cl., 1966 – Les « rifts » et les failles de décrochement en France. *Rev. Géogr. Phys. et Géol. Dyn.* (2), 8 (2), p. 123-131.

DIXEY F., 1965 – The East African Rift System. *Colon. Geol. and Min. Res. Bull.*, *1*.

DUPLAN L., 1974 – Les grands linéaments de la France. *CRAS*, *276*, p. 2947-2949.

EVANS G., 1970 – Coastal and nearshore sedimentation : a comparison of clastic and carbonate deposition. *Proc. Geol. Ass. London*, *81*, p. 493-508.

FLORIN R., 1940 – The tertiary fossil Conifers of South Chile and their phytogeographical significance with a review of fossil Conifers of southern lands. *K. svenska Vetnsk Akad. Handl.*, *19* (2), p. 1-107.

GUILLEMOT J., GUY M. et LOBJOIT M., 1973 – Un système cohérent d'alignements structuraux commun aux Alpes et aux Pyrénées, mis en évidence par le satellite ERTS 1. *CRAS*, *277*, p. 481-484.

JACOB K. et ROBINSON P. L., 1952 – A brief summary of the stratigraphy and palaeontology of the Gondwana system with notes on the structure of the Gondwana basins and the probable directions of movement of the Carboniferous ice sheets. *19th Int. Geol. Symp. Gondwana*.

JANVIER Ph., 1977 – Des pattes pour nager ou des nageoires pour marcher. *Recherche*, *79* (8), p. 585-587.

JANVIER Ph. et RITCHIE A., 1977 – Le genre *Groenlandaspis* Heintz (Pisces, Placodermi, Arthrodira) dans le Dévonien d'Asie. *CRAS*, *284*, p. 1385-1388.

KENT P. E., 1975 – Review of North Sea basin development. *J. Geol. Soc. London*, *131*, p. 435-468.

LAPPARENT A.-F. de, TERMIER H. et TERMIER G., 1970 – Découverte de la faune d'Umaria en Afghanistan. *CRAS*, *272*, p. 381-384.

Meissami A., Termier H. et Termier G., 1977 – La phase transgressive mobarakienne (Tournaisien-Viséen) sur la bordure méridionale de la Téthys. *CRAS, 285*, p. 727-729.

Parga J. R., 1969 – Spätvarisziche Bruchsystem im Hesperischen Massiv. *Geol. Rundsch., 59* (1), p. 323-326.

Plumstead E. A., 1969 – Three thousand millions years of Plant Life in Africa. *Geol. Soc. South Africa*, ann. vol. 72 (11), 72 p., 25 pl.

Reinhardt B. M., 1969 – On the genesis and emplacement of ophiolites in the Oman Mountains geosyncline. *Schw. Min. Petr. Mit., 49*, 1, p. 1-30.

Schenk P. E., 1971 – Southeastern Atlantic Canada, Northwestern Africa and continental drift. *Can. Journ. Earth Sci., 8*, p.1218.

Stevens C. H., 1969 – Water depth control of Fusulinid distribution. *Lethaia, 2*, p. 121-132.

Strakhov N. M., 1952 – *Osnovy theory lithogeneza*. Trad. anglaise, 1967.

Tarling D. H., 1971 – Gondwanaland, paleomagnetism and continental drift. *Nature, 229*, p. 17-22.

Termier H. et Termier G., 1956-1957 – *L'évolution de la lithosphère*. II. *Orogenèse I et II* (Masson éd.).

Termier H. et Termier G., 1974 – Rhegmatisme et grands accidents du Maroc : la Moghrabia, le Jebel Tichka. *Ann Sc. Univ. Besançon, 3* (22), p. 155-161.

Termier H. et Termier G., 1974 – Distribution des faunes marines dans le Sud de la Téthys et sur la bordure septentrionale du Gondwana au cours du Paléozoïque supérieur. *Ann. Soc. Géol. Belgique, 97*, p. 387-446.

Termier H. et Termier G., 1976 – Configuration de la Téthys en connexion avec la Gondwanie au Paléozoïque supérieur. *CRAS, 283*, p. 139-142.

Termier H., Termier G. et Vachard D., 1977 – Sur l'âge des faunes marines froides corrélatives des glaciations gondwanes du Carbonifère. *CRAS, 284*, p. 2321-2322.

Turner P. et Tarling D. H., 1975 – Implications of new palaeomagnetic results from the Carboniferous system of Britain. *Journ. Geol. Soc. London, 131*, p. 469-488.

Waterhouse J. B., 1970 – A new Permian fauna from New Caledonia and its relationships to Gondwana and the Tethys. *IUGS Gondwana Symp.*, 1967, Buenos-Aires, p. 249-272.

Yancey T. E., 1975 – Permian marine biotic provinces in North America. *Journ. of Pal., 49* (4), p. 758-766.

Zangerl R. et Richardson E. S., 1963 – The palaeoecological history of two Pennsylvanian black shales. *Chicago Nat. Hist. Mus. Fieldiana Geol. Mem.* 4.

Zonenshain L. P., 1973 – The evolution of central asiatic geosynclines through sea-floor spreading. *Tectonophysics, 19*, p. 213-232.

6 Le Permien et le Permotrias

XXVII-XXVIII

Le nouvel optimum climatique : l'Artinskien

Passée la première partie de la transgression eustatique qui aboutissait à une phase de type « baltique », la mer équatoriale s'est de nouveau étendue sur les continents réchauffés et l'un des premiers bénéfices obtenus fut que les golfes à *Eurydesma* ont été remplis d'une eau à salinité normale. On les voit alors se peupler d'organismes ne supportant pas les variations de salure, à savoir au premier chef les Céphalopodes et les Echinodermes, lesquels immigrent immédiatement dans les bassins d'Australie, avec un beau cortège d'Invertébrés littoraux venus de la « mer à Fusulines » mais où cependant manqueront toujours les Fusulines elles-mêmes, liées à une température plus élevée. Seules les régions voisines du pôle, comme la Tasmanie et l'ouest de la Nouvelle-Zélande, conservent une faune de mer fraîche, alors que des courants chauds apportent une faune téthysienne dans le Queensland et dans le « géosynclinal » néo-zélandais, situé plus à l'est en bordure du Pacifique.

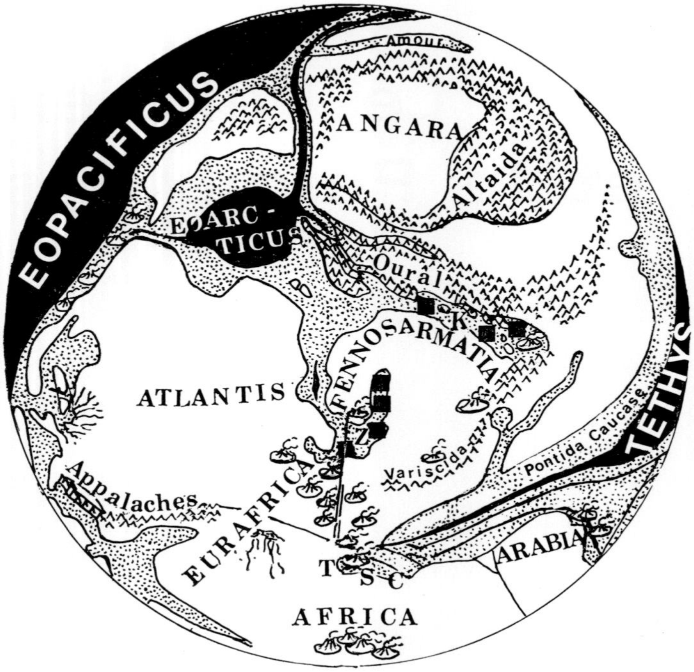

Il y a 255 millions d'années, la surface de la Pangée atteint une continentalisation maximale : l'Eurafrique et l'Atlantis se conjuguent lors de la suturation complète de la partie du couloir téthysien (fractural) situé à l'ouest de la Tunisie (T). De même l'Oural s'est suturé à l'Artinskien, achevant la rigidité de la Laurasie.

Fig. 35*a* - Laurasie

L'Atlantis est entamé par la mer du Zechstein (Z), la plate-forme russe par celle du Kungurien (K) : ce sont des mers résiduelles sans rapport avec la Téthys, perdant rapidement leurs liens avec l'Arctique (Eoarcticus) et devenant, sous climat aride, d'immenses bassins évaporatoires (carrés noirs). De grandes fractures volcanisées apparaissent entre la Norvège et la Téthys (rifts Mjøs-Méditerranée). D'une manière générale il y a régression sur les aires continentales. Sur la bordure méridionale de la Téthys, la mer demeure en Tunisie (T), Sicile (S), dans les Alpes Carniques (C), en Grèce et en Turquie.

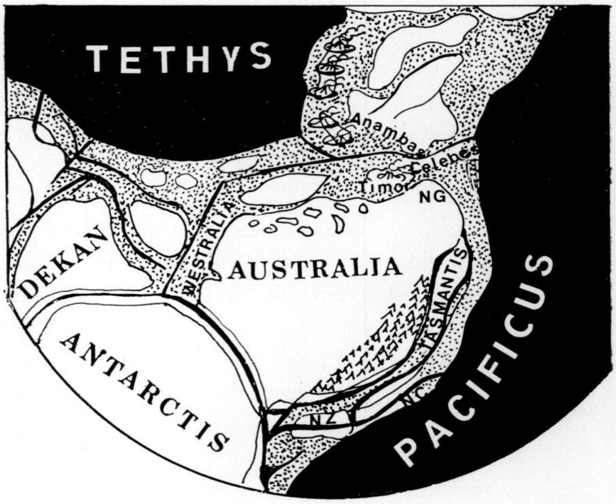

Fig. 35*b*

La liaison de l'Australasie, y compris la Nouvelle-Guinée (NG), avec l'Asie par la région de Timor, de Célèbes, de Bornéo et de la Sonde est déjà comparable en position avec ce qu'elle est aujourd'hui.

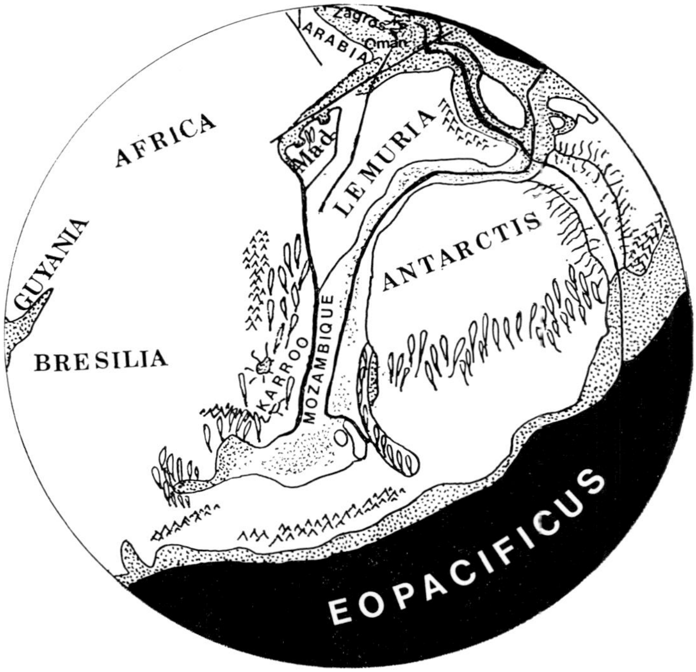

Fig. 35 c - Gondwanie

Elle continue de se fissurer au niveau du Mozambique mais elle subit la même régression générale que la Laurasie (Mad = Madagascar). Dans le sud de l'Afrique se développe un bassin fluvial et marécageux, le Karroo, où prospèrent les « Reptiles », souches des Vertébrés supérieurs (vrais Reptiles, Sauropsidés et Théropsidés).

Fig. 35 d

Fossiles continentaux du Permien : paysage du Permien supérieur au nord de la Dvina (Eurasie) : *Inostrancevia alexandrii* Amalitzky (Gorgonopsiens) ; *Scutosaurus karpinskii* Amalitzky (Cotylosauriens Pareiasauridés). (Reconstitutions inspirées de Flérov.)

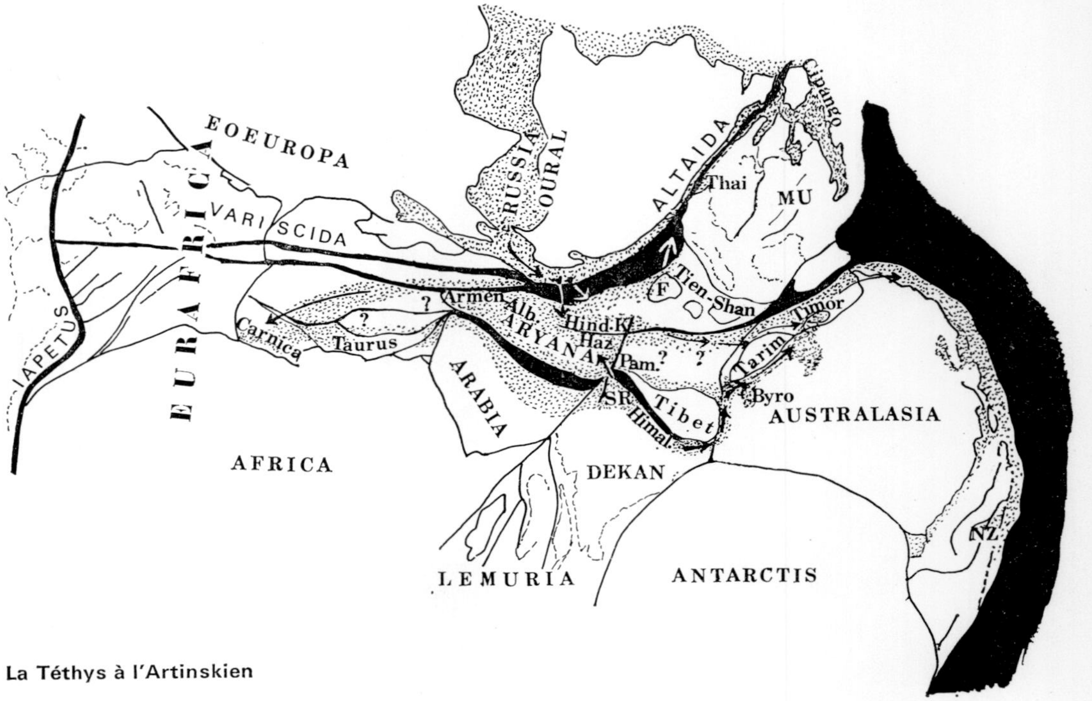

La Téthys à l'Artinskien

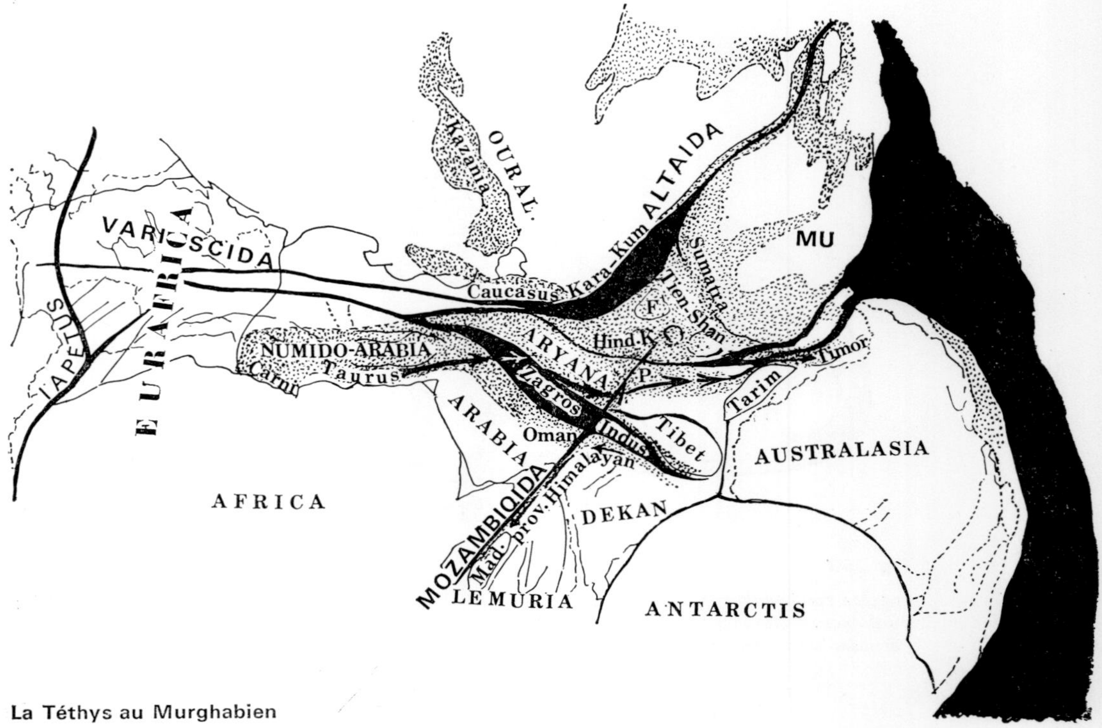

La Téthys au Murghabien

Fig. 35 *e*

La Téthys à l'Artinskien

Une période de transgression téthysienne chaude, faisant progresser jusque sur la bordure gondwane naguère froide la mer à Fusulines (climat tropical). Le bloc Aryana, comprenant la Transcaucasie (Armen), l'Alborz et l'Hazarajat, quitte la mouvance himalayenne, gondwane et tempérée, pour appartenir désormais à la mer à Fusulines, chaude et plus proche de l'axe téthysien. Ce déplacement semble avoir été commandé par une première ouverture du Zagros (à fond océanique) et probablement un coulissage le long de la faille Chaman Argandeh, prolongement probable du Linéament Mozambiquide.

Fig. 35 *f*

La Téthys au Murghabien

Les caractères de l'Artinskien s'accentuent. Le long du Linéament Mozambiquide pénètre la mer de la province himalayenne (sans Fusulines et avec des faunes de mer tempérée ou froide). La plate-forme téthysienne, divisée en Numido-Arabia (Tunisie, Sicile, Alpes Carniques, Taurus) et Aryana (Transcaucasie, Alborz, Hazarajat) est couverte par la mer à Fusulines, laquelle baigne aussi les bords du continent Mu (Sumatra, Thaïlande, Japon) ; sa faune extrêmement diversifiée est présente à Timor (à l'exception des Fusulines).

Quelques fossiles marins de la Téthys permienne

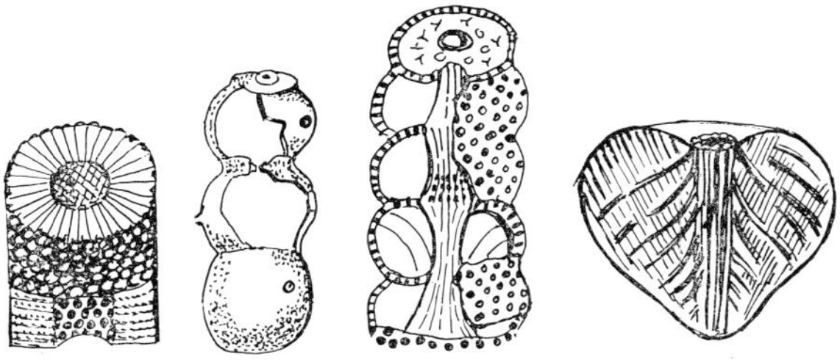

Fig. 35 *g*

Spongiaires hypercalcifiés : de gauche à droite : *Guadalupia*, de type sycone (Amérique du Nord, Sicile, Tunisie) ; deux *Permosphincta* : *Sollasia*, *Amblysiphonella* ; une Pharétronide : *Precorynella*.

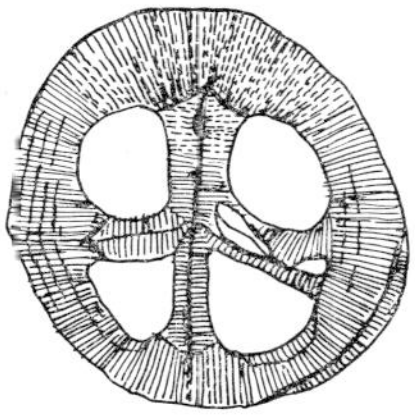

Fig. 35 *h*

Section transverse d'un Polypier Rugueux de très petite taille, peut-être sur la voie des Scléractinies modernes : *Hexalasma* ; c'est l'un des derniers Tétracoralliaires.

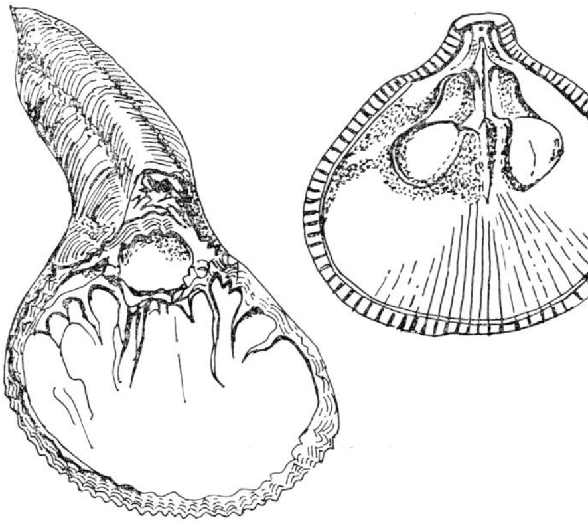

Fig. 35 *i*

Un Brachiopode Richthofénidé, coralliforme : *Gemmellaroia*, à valve pédonculaire conique fixée et valve brachiale operculaire, les deux valves étant figurées vues de l'intérieur pour montrer leur anatomie (Sicile, Tunisie).

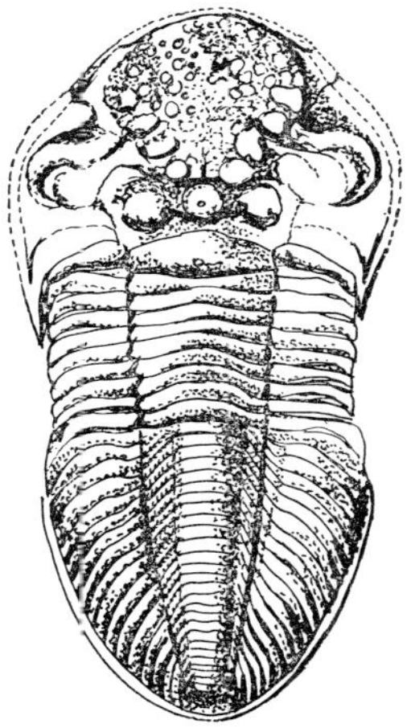

Fig. 35 *j*

L'un des derniers Trilobites : *Pseudophillipsia azzouzi* (Tunisie) ; c'est aussi le plus grand représentant du genre *Pseudophillipsia*.

Il y a donc une certaine homogénéisation du peuplement des mers épicontinentales, dans lesquelles croisent des Requins, entre autres les curieux *Helicoprion* à dents symphysaires disposées sur une spirale (peut-être enroulée après la mort par rétraction du cartilage). D'un bout à l'autre de la mer équatoriale, les Goniatites ont des airs de famille et même une espèce, *Perrinites hilli*, se rencontre au Texas, au Nouveau-Mexique, au Mexique, au nord de la bordure colombo-vénézuélienne et sur le versant sud de l'Hindou-Kouch. (H. Termier et G. Termier, 1970).

La mer à Fusulines prend une nouvelle extension à partir de l'Artinskien : la province marine équatoriale s'élargit aux deux rives de la Téthys orientale (Chine septentrionale, Birmanie, Thaïlande, Afghanistan, Salt Range, Himalaya, Nouvelle-Guinée) et s'étend largement jusqu'au Japon, lequel est alors déjà une cordillère caractérisée par un intense volcanisme sous-marin.

Cette mer téthysienne homogène, caractérisée par des Goniatites, persiste après l'Artinskien. Ainsi existe-t-il peu de différence entre la faune du Permien de Sicile, celle de l'Afghanistan et celle du Texas pendant le Wordien (= Kubergandien).

Tableau 13. — *Chronologie du Permien-Permotrias*

			220 m. a
XXVIII	*Permotrias s. s.*	*Werfénien* = Buntsandstein	
		Limite Permien - Trias	230
		Tatarien = Djoulfien	
		Suturation du couloir téthysien	
			240
XXVII	*Kazanien* = Murghabien		
	Koungourien = Kubergandien = Wordien		
	Artinskien	Suturation de l'Oural Transgression téthysienne	
		Phase saalienne	
			260

Climats de la fin d'une ère

Avec le Permien nous touchons la fin de l'ère primaire. Pourquoi placer ici une limite qui paraît servir surtout à la classification pédagogique ? En fait, le Permien représente une très grande crise, non seulement par les dislocations qui s'y sont manifestées mais aussi par les conditions géographiques et climatiques qui ont soumis le monde vivant à une constante épreuve de vérité.

Le contrôle des provinces fauniques par la température est évident. On peut distinguer une province à formes archaïques et cosmopolites de Brachiopodes, et une province téthysienne renfermant de nombreux types endémiques de Brachiopodes.

Cependant il semble qu'un mouvement crustal advenu dès la fin du Sakmarien ait détaché un ensemble composé de la Transcaucasie, de l'Alborz et de l'Hazarajat (bloc Aryana, Termier et Termier, 1977) par l'ouverture de la zone de fracture du Zagros (située au Sud-Ouest) et coulissage le long de la fracture de Chaman-Argandeh. Ce mouvement pousse l'Aryana dans la zone chaude (mer à Fusulines). Il confirme les données paléomagnétiques (Krumsiek, 1976).

Après l'Artinskien, la mer téthysienne et équatoriale est demeurée assez vaste. C'est toujours la mer à Fusulines (Verbeekinidés), bien représentée dans l'ouest des deux Amériques et au Mexique. Sur l'emplacement de la Méditerranée, elle atteint la Sicile et le Sud tunisien, butant encore sur le continent occidental eurafricain et s'étalant sur l'actuelle zone des moussons : Japon, Sikhota Alin, Chine, Indochine, Malaisie, Sumatra, Philippines et Timor.

La mer à Fusulines a peu de relations avec les autres mers épicontinentales de même âge appartenant aux deux hémisphères. Sur la Gondwanie, les golfes australiens s'assèchent progressivement mais un nouveau golfe étroit venant de la Téthys s'insinue dans le linéament du géosynclinal de Mozambique, entre l'Afrique-Arabie d'une part, l'Inde péninsulaire et l'île de Madagascar d'autre part, qui commencent à se détacher, elles aussi : peu à peu on voit poindre les prémices de l'océan Indien. Les faunes marines malgaches sont himalayennes de mer tempérée à salinité normale.

Relativement à la Laurasie, une large mer s'étale sur l'ouest du Groenland, le nord de l'Angleterre et de l'Allemagne, la plate-forme russe. C'est la mer du Zechstein qui dépend pratiquement de l'Arctique et paraît ne pas avoir de relation avec la Téthys. La mer du Zechstein, tout entière dans la zone septentrionale aride, encombrée à l'origine de matériaux détritiques grossiers, a d'abord subi une sédimentation bitumineuse de fond putride, puis s'est vite transformée en un ensemble de playas, asséchées en quatre épisodes s'étendant sur une centaine de milliers d'années et subissant des variations saisonnières de température (plus de 23 °C en été, 15 °C en hiver). Elle est située au sein d'une Laurasie battue par des vents dominants (de type alizés), et partiellement couverte par des dunes de sables. Celles du nord de l'Angleterre, bien conservées en bordure de la mer, sont suivies de lagunes couvertes d'algues avant d'être remplacées par de grandioses salines. D'autres, dans l'ouest des Etats-Unis, sont de véritables ergs.

Les évaporites du Zechstein sont parmi les plus importants dépôts du monde. Elles ont un eu rôle considérable dans l'élaboration de la tectonique de l'Allemagne du Nord parce que, roches légères enfouies sous d'épaisses séries sédimentaires, elles se sont élevées sous forme de dômes légers à travers elles (diapirisme). En outre, elles sont associées à des gîtes de gaz ou de pétrole exploités en Allemagne, en Angleterre et en pleine mer du Nord où débute une subsidence importante.

Dans le sud-ouest des Etats-Unis, la mer se ferme aussi et devient une saline (Castile). Des évaporites se déposent également dans le Sud-Est asiatique.

Le domaine alpin de la Téthys sud est dans la zone aride et a fourni des évaporites, par exemple dans les Alpes autrichiennes, en Italie du Nord, dans les Dolomites et le Vicentin, en Hongrie et en Yougoslavie : il s'agit des Dinarides.

L'importance des dépôts d'évaporites du Zechstein dans l'économie de notre planète est difficile à évaluer. Les sulfates qui y participent représentent environ 10 % de la teneur en sulfate des océans actuels (Schaeffer, *in* Holland, 1972) et on peut penser que la salinité des eaux océaniques a dû alors, dans sa totalité, être considérablement diminuée.

L'ensemble de la Gondwanie est couvert de mares temporaires. En Afrique du Sud, de vastes plaines alluviales, souvent marécageuses et temporairement asséchées sur de grandes surfaces étaient étoilées de lacs, permanents par défaut de drainage, à la limite de l'aridité mais sous une température modérée.

La fin du Permien ne fut pas une période chaude et l'eau commençait à manquer sur tous les continents. Il n'est donc pas étonnant que la biosphère ait souffert dans son ensemble : c'est presque la fin d'un monde.

Caractéristiques de la biosphère permienne : les extinctions et l'avenir

La vie dans les mers

Dans les mers du Permien, bien séparées les unes des autres, la biosphère est mise à rude épreuve. Par exemple, la mer du Zechstein, qui subit d'importantes variations de salinité jusqu'à comprendre d'immenses salines, s'en trouve privée de Céphalopodes et d'Echinodermes. Les Bryozoaires s'y portent médiocrement, les Brachiopodes se raréfient et même se réduisent à quelques groupes, en particulier certains Productides épineux (ex. *Horridonia*) protégés par leur habitat vaseux. Les Bivalves et les Gastéropodes se révèlent les mieux armés mais sont de petite taille : la faune du Zechstein est rabougrie. En Angleterre du Nord, les lagunes qui précèdent l'évaporation terminale ne contiennent plus que des Algues bleues qui concrétionnent des Oncolithes et des Stromatolithes (Termier et Termier, 1968). Les mers épicontinentales se retirent pratiquement des rives de la Gondwanie.

Pendant ce temps, la mer à Fusulines, fermée à l'ouest par le bloc eurafricain, se fractionne en bassins interconnectés qui s'amenuisent peu à peu. Il s'agit des bassins sédimentaires méditerranéens (Sicile, Tunisie, Alpes carniques, Hongrie, Grèce, Crimée) et d'Asie méridionale. Dans ces grandes cuvettes la faune présente une certaine uniformité, mais plusieurs décalages dans le temps témoignent de la difficulté des communications : les Productoïdes artinskiens du Texas par exemple ne parviennent dans le sud-est de l'Asie qu'au Guadalupien, une dizaine de millions d'années plus tard. Mais justement ce groupe de Productoïdes offre des sujets d'étonnement. Ces Brachiopodes que nous suivons depuis le Dévonien et qui vont s'éteindre complètement à la base du Trias, nous offrent ici un « feu d'artifice » de formes étranges : certaines d'entre elles, les Richthoféniidés, ressemblent à des Coraux; d'autres, les Lyttoniidés, ont une valve brachiale réduite pratiquement à l'insertion de l'appareil brachial; dans ces groupes le manteau était largement exposé, débordant la coquille, ce qui laisse supposer que celle-ci abritait des Algues symbiotes (zoo- ou chloroxanthelles) aidant le métabolisme et la sécrétion calcaire (voir p. 125).

La mer équatoriale reste longtemps la mer à Fusulines, mais ce groupe de Foraminifères s'éteint brusquement avant la fin du Permien. Cette disparition soudaine suggère un refroidissement général que ne dément pas la distribution des genres de Productoïdes, qui rappellent ceux de la phase glaciaire du Sakmarien.

Quant aux Ammonoïdes, leur répartition se restreint considérablement. Au Djoulfien, ils sont cantonnés dans de petits bassins limités (le seul qui ait duré jusque dans le Trias est celui de Djoulfa, frontalier entre la Transcaucasie et l'Iran; il semble relié avec celui de la Salt Range. Une résurrection des Ammonoïdes se produira à partir de ces quelques genres lors de la transgression triasique; certains aboutiront aux Ammonites de l'ère secondaire.

La vie sur les continents

La grande sécheresse qui s'installe peu à peu et provoque une rubéfaction des terrains ne permet la survie que des plantes dont les modalités de reproduction et de dispersion comptent des phases d'expectative, dans l'attente de la saison humide, comme les Phanérogames qui ont une graine (développement retardé). Les Conifères couvrent toutes les régions pour elles habitables et, de ce fait, la Laurasie avec la Moghrabia en annexe deviennent leur apanage et le resteront jusqu'à nos jours. Les Fougères qui persistent gagnent quelques terres élevées de l'Asie des moussons.

La Gondwanie reste le continent des Glossoptérides, dans l'Inde, en Antarctide et en Australie, au Brésil et, avec le bassin du Karroo, en Afrique du Sud et en Rhodésie du Nord. La vie s'y concentre autour des mares temporaires peuplées par de petits Crustacés (le Conchostracé *Leaia*) et des zones marécageuses peu profondes, dans la boue desquelles s'enracinent des Equisétales (*Schizoneura*, *Phyllotheca*) tandis que les pas des Reptiles du Karroo, qui mangeaient les pousses de ces plantes, s'y enfonçaient pesamment. Les Carnivores sont encore rares. A plus haute altitude, sur les terrains sec, les végétaux, Glossoptérides, Fougères, arbres et lianes (*Sphenophyllum*) apprenaient la chute saisonnière des feuilles et les Reptiles s'aventuraient à manger les bourgeons, les fruits charnus et les graines, tandis que les Insectes et surtout leurs larves commençaient de dévorer les feuilles comme font aujourd'hui les Chenilles et les Sauterelles.

La faune « reptilienne » de l'Afrique du Sud s'étend à l'Antarctide qui lui est encore solidement attachée; par exemple la faune à *Lystrosaurus*

Fig. 36 *a*
La Gondwanie orientale et méridionale au sud de la Téthys

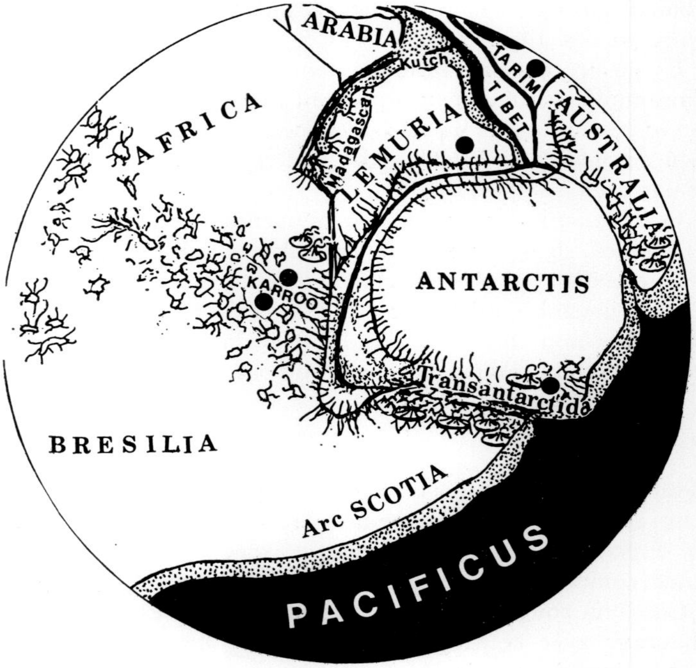

Cet âge, il y a 230 millions d'années, correspond à l'étage de transition entre les ères primaire et secondaire. L'indivision continentale de la Pangée demeure. Pour ce qui concerne la Gondwanie, représentée ici, son unité est prouvée par la répartition de la faune reptilienne continentale, alors caractérisée par *Lystrosaurus* (points noirs) dont les restes ont été retrouvés en Afrique du Sud (bassin du Karroo) ainsi que dans l'Antarctide, la Lémurie (Inde) et le Tarim.

Cependant certaines sutures en position parallèle à l'axe téthysien commencent de s'ouvrir (par exemple celle de l'Indus entre Tibet et Lémurie), annonçant l'élargissement général de la Téthys, laquelle va devenir la Mésogée équatoriale.

Fig. 36 *b*

Lystrosaurus, un Thérapside Dicynodonte dont la répartition indique que la Gondwanie restait d'un seul tenant, et la flore gondwane de l'époque, surtout composée de Glossoptéridophytes (à grandes feuilles) et de Ptéridospermales (voir tableau 12) telles que *Dicroidium* (aspect de Fougère à feuilles divisées).

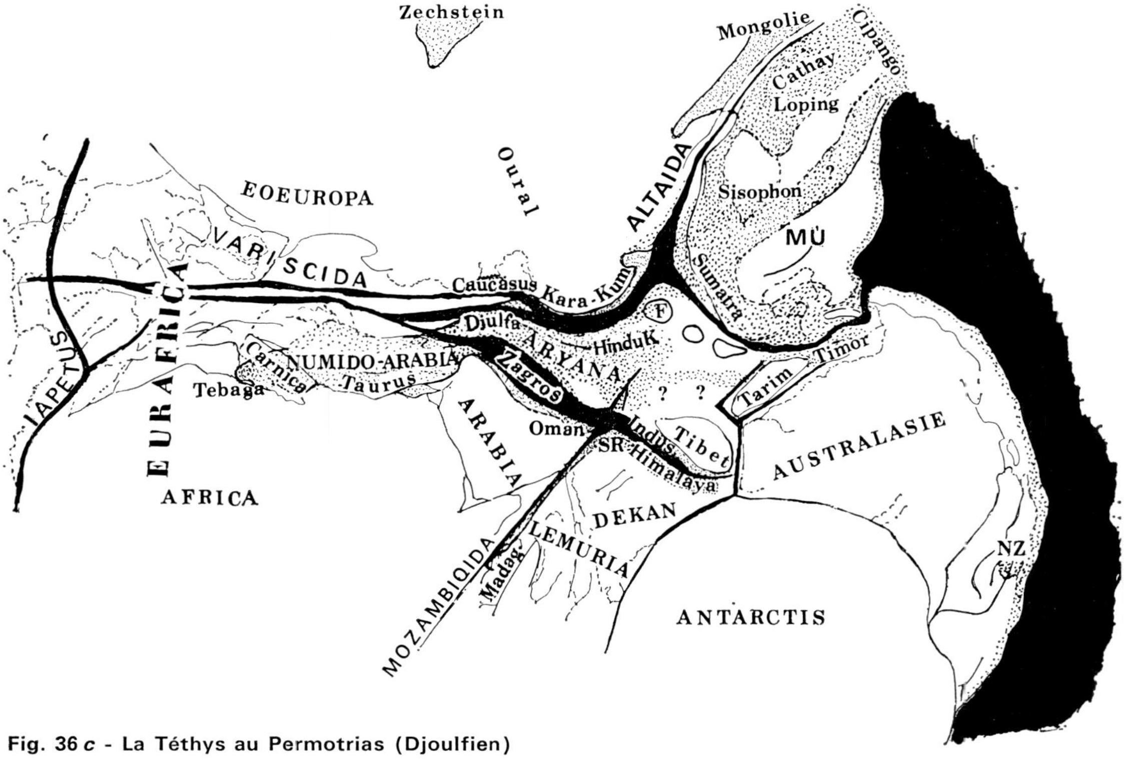

Fig. 36 *c* - La Téthys au Permotrias (Djoulfien)

Cette figure correspond à la fin de l'ère primaire, précédant la grande dislocation triasique de la plate-forme téthysienne. Un océan Zagros-Indus, ouvert, sépare la province himalayenne du reste de la Téthys, duquel régresse la mer (en même temps que s'éteignent les Fusulines). Cet événement, grande épeirogenèse qui clôture à la fois la surrection des Varisco-Altaïdes et les épeirogenèses gondwanes, est couplé avec une translation de la Gondwanie qui aboutira à la fermeture provisoire du Zagros et du canal de Mozambique au début du Trias moyen.

La mer djoulfienne est surtout répartie sur la bordure sud de la Téthys (Tebaga dans le Sud tunisien, Alpes Carniques, Dinarides, aire égéenne, bloc Aryana y compris Djoulfa, Salt Range, Kashmir, Cambodge, Chine du Sud).

de Beaufort moyen existe au glacier Shackleton (monts de la Reine Maud) avec une espèce commune, *Procolophodon trigoniceps* (Kitching, Collinson, Elliott et Colbert, 1972). De même cette faune est connue en Indochine, dans l'Inde et jusqu'au Tarim, c'est-à-dire près de la Chine du Sud. Cet ensemble prouve que, à la limite des ères primaire et secondaire : 1 / l'est de la Gondwanie formait encore une terre d'un seul tenant; 2 / le Tarim faisait bien partie de la bordure méridionale de la Téthys (cf. Crawford, 1970).

En Eurasie, sur la plaine russe, un vaste continent se trouve unifié par la surrection de l'Oural. On y trouve une flore commune à des bassins distincts, mais aussi l'individualisation d'une nouvelle province végétale en Sibérie, la province angarienne qui reçoit des apports floristiques voisins de la flore gondwane à Glossoptérides. D'ailleurs les Reptiles d'Afrique du Sud ont maintenant des répondants, à l'espèce près, dans les bassins lagunaires, estuariens ou deltaïques qui se sont établis dès le Houiller sur la plate-forme russe, au pied de l'Oural, en particulier vers le Nord où existait un grand delta (bassins de la Petchora et de la Dvina). Cet incontestable passage de Tétrapodes continentaux du plus profond de la Gondwanie jusqu'au cœur de l'Eurasie prouve l'existence d'importantes discontinuités de la Téthys en tant que structure océanique. Passage par le continent eurafricain, par le continent Mu, voire par la zone turque? Force nous est de constater que ces trois régions se présentent comme des verrous jusqu'au Trias inférieur.

En bordure de la Téthys méditerranéenne, les terres aujourd'hui européennes de l'Italie septentrionale et du haut Adige, de Serbie orientale, de Hongrie et de Bulgarie, reçoivent d'importantes décharges de grès, de cailloutis, de conglomérats, provenant des chaînes et des hauts plateaux en cours de démantèlement.

Limite du Permien et du Trias

La limite entre le Permien et le Trias est difficile à tracer et il est plus raisonnable de parler d'un Permotrias (XXVIII), étage intermédiaire comptant le Djoulfien (fin du Permien) dont la base date d'environ 225 millions d'années, et le Werfénien (début du Trias), tant ces deux étages sont étroitement liés l'un à l'autre par la disposition des terres et des climats. On y assiste à la fin des groupes paléozoïques et au début de ceux de l'ère secondaire dans la période assez courte qui a permis à la régression permienne de s'achever et à la transgression triasique de s'esquisser. Pendant ce « moment » de la vie de notre planète, les places où de vraies mers épicontinentales assuraient la relève étaient restreintes : le bassin de Djoulfa et la Salt Range sont parmi les rares exemples où l'on observe le passage des faunes d'Ammonoïdes du Paléozoïque au Mésozoïque.

Un soulèvement général des continents, surtout dans les aires plissées, constitue la dernière phase de ces immenses Varisco-altaïdes. L'érosion par les fleuves et le vent s'y donne à cœur joie, même pas contrecarrée par une flore rabougrie de Conifères. Il s'ensuit un nivellement qui atteint parfois la perfection et des décharges énormes de matériaux détritiques dans les deltas. Tels sont les grès bigarrés d'Europe (grès vosgiens de l'est de la France), suite d'une continentalisation maximale postérieure à l'épisode marin du Zechstein. Dans l'ensemble, ce Permotrias qui correspond à une dominante de climat sec sur l'Europe occidentale (phase palatine) est une époque rouge.

Le delta des grès à *Voltzia* qui appartient aux grès vosgiens a été construit entre 5° et 20° de latitude nord par un fleuve sud-nord venant d'un promontoire du continent eurafricain, le continent gaulois aplani et que commençait à envahir au nord une mer épicontinentale transgressive, aux allées et venues incessantes, qui préfigurait la mer du Nord actuelle, dont l'enfoncement (subsidence) fut pratiquement permanent. Comme l'actuel golfe du Mexique ou comme le golfe du Bengale, des ouragans balayaient fréquemment cette côte, provoquant des incursions marines sur le delta (Grauvogel et Gall, 1962; Gall, 1971). L'ensemble se trouve sillonné de chenaux et piqueté de lagunes. Le peuplement d'un delta de ce type rend bien compte des caractéristiques du Permotrias. Les parties les plus sèches étaient des sables couverts de Conifères buissonnants, en particulier, commun dans toute la Laurasie et en Afrique du Nord, le genre *Voltzia*, et de Préspermaphytes, les Gingkoales, tandis que des Prêles et des Fougères s'implantaient en bordure des chenaux. Cette flore terrestre abritait de grands Amphibiens dont les têtards accomplissaient leur développement dans l'eau, des Scorpions amphibies et des Insectes également à larves aquatiques aussi abondants qu'aujourd'hui. Chenaux, bras morts, étangs et lagunes renfermaient une vie intense : Poissons, Crustacés, larves d'Insectes, Annélides. Les zones saumâtres offraient des Lingules, des Bivalves et des Limules. Enfin des méduses d'Hydrozoaires *(Progonionemus)* pénétraient dans les eaux douces.

En ce qui concerne les Invertébrés marins, les Lingules, Brachiopodes inarticulés, qualifiés aujourd'hui de fossiles vivants, sont localisés dans les plages infratidales de l'Asie des moussons, et les Limules, Arthropodes, autres fossiles vivants, se rencontrent dans les lagunes tidales sous climat chaud et humide dans le Sud-Est asiatique et en bordure du golfe du Mexique (baie Delaware). Ces deux groupes n'ont donc pas plus changé de milieu qu'ils n'ont changé de forme; ils sont liés aux côtes d'une mer tropico-équatoriale, la Mésogée téthysienne. Quant à l'actuel *Gonionemus* (Hydrozoaires), il se trouve dans les eaux douces du bouclier africain, habitat à partir duquel il a conquis récemment presque tous les continents jusqu'au sud de la Scandinavie, ayant migré dans des eaux à température et salinité variables. L'examen des sols indique l'établissement progressif d'un climat chaud et humide à partir d'un climat localement aride, provoquant un accroissement de la chlorinité et donnant naissance à des salines.

Des rivières débouchaient sur le bassin de l'Allemagne du Nord où elles se jetaient dans un fleuve se dirigeant vers l'ouest et rejoignant le delta des Vosges sur la mer du Nord. D'autres cours d'eau convergeaient vers le même bassin, mais cette fois venant de l'ouest, c'est-à-dire de l'Angleterre, formant deux deltas qui s'épanouissaient de part et d'autre de l'axe émergé du pays de Galles. Les Vosges étaient séparées de la Forêt-Noire par un fossé, future vallée du Rhin, appartenant au système Mjøs-Méditerranée installé déjà depuis 20 millions d'années.

Le climat sur l'ensemble de la Terre, malgré la sécheresse qui domine encore dans les zones tropicales, s'est diversifié. A des latitudes plus élevées, les mers montrent une homogénéisation des faunes témoignant d'une température assez chaude : cette homogénéisation affecte les Poissons, les Ammonites et les Bivalves qui comptent des formes très voisines entre le Groenland occidental, le Spitzberg, la basse Tungunska, le Karroo du Tanganyika et Madagascar (Lehman, 1952, 1958), enfin le Paraguay.

De grandes forêts de futaie sont représentées par les troncs silicifiés d'Araucariées en divers points de l'Afrique du Sud au niveau de Beaufort, côtoyant les bois moins élevés de la flore à *Glossopteris* ainsi que des marécages riches en Equisétales *(Phyllotheca, Schizoneura)*.

Dans ce contexte, les Amphibiens reprennent un peu d'extension, avec quelques Stégocéphales qui parfois ressemblent aux tout premiers Ichthyostégides, sur les continents situés hors des zones tropicales, en particulier en Gondwanie. Parmi eux apparaît le premier Anoure, *Protobatrachus* (Piveteau, 1937), Grenouille pourvue d'une courte queue trouvée à Madagascar. Le Karroo d'Afrique et les formations contemporaines d'Eurasie échangent des populations tant florales que fauniques, en particulier des Reptiles qui passaient facilement par l'Eurafrique occidentale.

Développement des « Reptiles »

La période du Permien et du Trias nous offre le premier exemple d'une occupation universelle des continents par des Vertébrés subaériens. Apparus au Carbonifère, il y a 290 millions d'années, les Reptiles marquent un progrès dans la vie sur les continents. Grâce à leur œuf pourvu d'annexes (réserves alimentaires, sac antipollution, membrane et coque isolantes), ils se développent hors de l'eau, ce qui leur permet de demeurer sur des terres plus arides telles que les continents permiens.

Les Reptiles ne constituent pas un phylum homogène mais un stade évolutif, obligatoire aussi bien dans la lignée des Reptiles modernes que dans celle des Oiseaux et dans celle des Mammifères.

Le Permo-Trias est surtout l'âge des « Reptiles » ayant des caractères les rapprochant des Mammifères (réduction des os de l'articulation mandibulaire, apparition d'un palais secondaire qui sépare la zone nasale de la zone alimentaire, différenciation de plusieurs types de dents à fonctions spécialisées, redressement des membres portant le corps) : les Théropsidés, apparus à la fin du Carbonifère mais dont l'apogée se situe au Permien moyen et supérieur, avec les Dicynodontes d'Afrique et d'Europe. Ces Théropsidés fournissent pour la première fois des comparaisons étroites entre les peuplements de continents éloignés mais aux mêmes niveaux. Ils n'ont pour témoins récents que les Mammifères. Cependant, les Sauropsidés représentés de nos jours par tous les Reptiles vivants et les Oiseaux, apparus à la fin du Permien, auront une apogée au Trias supérieur où ils relaieront les Théropsidés. Pendant le Permien, les Théropsidés occupèrent progressivement tous les rôles écologiques possibles : des herbivores d'abord, des insectivores et des omnivores, puis des carnivores plus spécialisés, tandis qu'à la fin du Trias ces rôles seront tenus par des Sauropsidés. Il semble que le relais des Théropsidés par les Sauropsidés ait été au moins partiellement lié à des facteurs écologiques et physiologiques. La comparaison des métabolismes (P. L. Robinson, 1971) de types appartenant à des groupes différents est pleine d'enseignements. Parmi les Sauropsidés, un Serpent à sonnette (Crotale) fournit 7,7 calories par kilogramme et 91 calories par mètre carré de surface corporelle par jour, tandis que, descendant direct des Théropsidés, un Lapin fournit dans le même temps 44,8 calories par kilogramme et 418 calories par mètre carré. Les Mammifères et les Oiseaux, dotés d'un mécanisme de régulation de la température, ont donc un taux de métabolisme basal beaucoup plus élevé, exigeant une nourriture plus riche, des organes excréteurs plus puissants. L'excrétion d'urée chez les Mammifères demande une certaine quantité d'eau pour sa mise en solution, tandis que ce besoin n'existe pas chez les Sauropsidés qui excrètent de l'acide urique peu soluble. D'un autre côté, la température interne plus élevée des Oiseaux leur permet de supporter le froid mieux que tous les autres animaux. Les Mammifères viennent après, et les « Reptiles à sang froid » sont presque exclus des zones glacées mais supportent bien les climats arides. Le maintien des Mammifères dans les zones arides les oblige à des régulations particulières pour conserver leur eau. Au Permien, les climats diversifiés et souvent de type pluvial favorisaient l'économie reptilienne dans son ensemble. Les plus anciens Reptiles (Synapsides Pélycosauriens) étaient des Vertébrés à sang froid ainsi que le montre l'histologie de leurs os. La régulation thermique des Théropsidés ne semble pas avoir été encore parfaite. Chez les Cynodontes de la base du Trias, elle devait être comparable à celle des Ornithorhynques. Mais déjà, sans doute, les deux types d'excrétion de l'azote séparaient Théropsidés et Sauropsidés. La présence d'eau dans l'environnement profitait donc aux premiers. Mais à la limite du Permien et du Trias, l'aridité du Zechstein et du Tatarien modifia l'équilibre en faveur des Sauropsidés qui envahirent alors les terres basses dont les marécages avaient naguère servi l'expansion des Théropsidés. L'aridité ne diminua qu'à la fin du Trias. Les Théropsidés étaient alors devenus des formes de petite taille, assez rares, sans doute limitées à d'étroits refuges microclimatiques essentiellement humides : ils comptaient les Mammifères les plus anciens.

C'est au Permo-Trias (base du Trias inférieur) qu'à la faveur de l'exondation des aires continentales, on assiste à l'expansion de certains groupes de Vertébrés. Ainsi la répartition du Dicynodonte *Lystrosaurus* s'étend de l'Afrique du Sud à l'Inde et au Tarim, ce qui prouve que subsistait encore la connexion entre ces terres gondwanes (Elliott *et al.*, 1970; Piveteau, 1938; Romer, 1970).

Tableau 14. — *Chronologie et filiations des Vertébrés Tétrapodes*

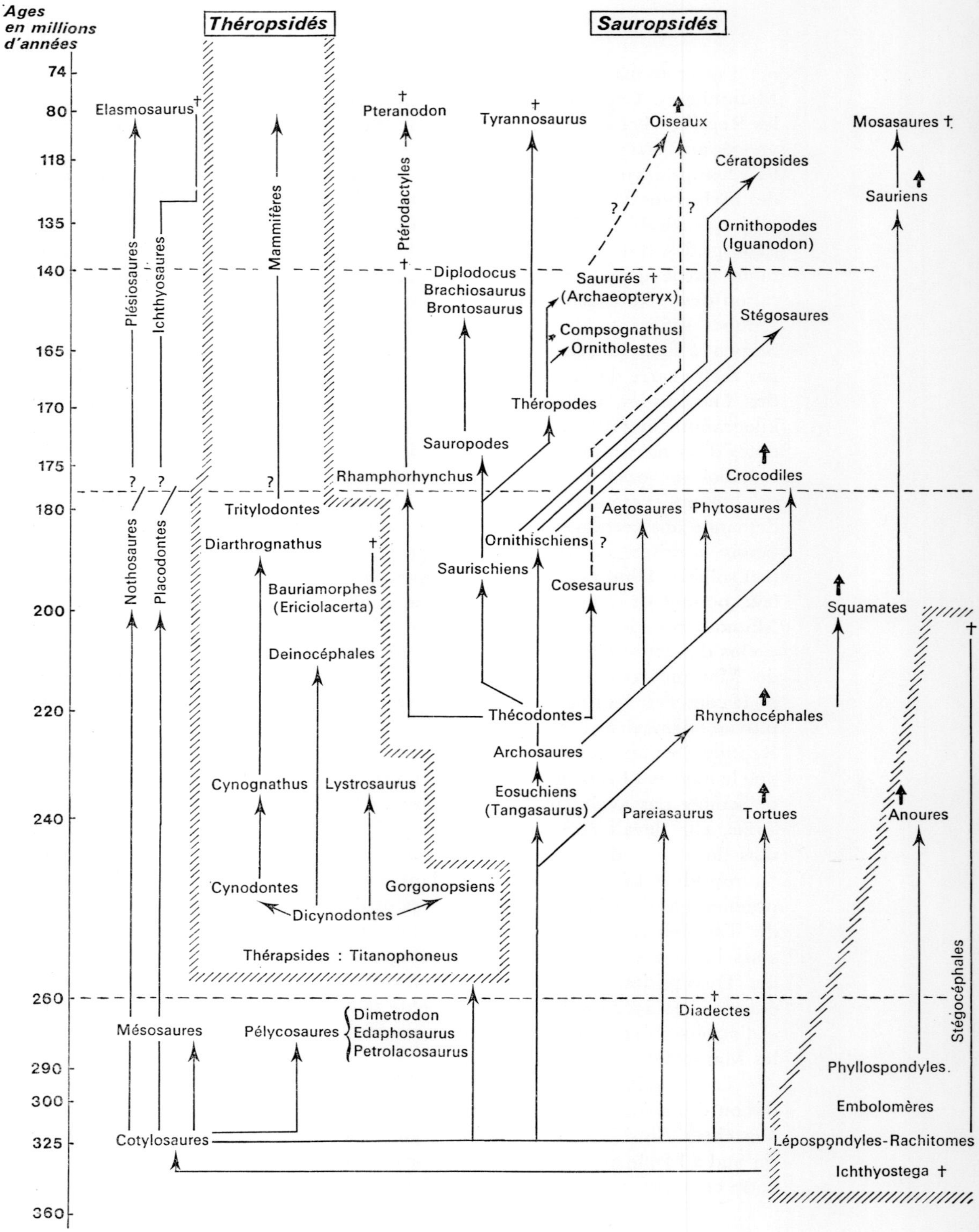

Bibliographie

ELLIOTT D. H., COLBERT E. H., BREED W. J., JENSEN J. A. et POWELL J. S., 1970 – Triassic Tetrapods from Antarctica : evidence for continental drift. *Science, 16c*, p. 1197-1201.

GALL J.-C., 1971 – *Faunes et paysages du grès à Voltzia du Nord des Vosges. Essai paléoécologique sur le Bundsanstein supérieur.* Thèse. Strasbourg, 318 p., 36 pl.

GRAUVOGEL L. et GALL J.-C., 1962 – *Progonionemus vogesiacus* nov. gen. nov. sp. une Méduse du grès à Voltzia des Vosges septentrionales. *Bull. Serv. carte Géol. Als. Lorr., 15* (2), p. 17-27.

KRUMSIEK K., 1976 – Zur Bewegung der Iranisch-Afghanischen Platte. *Geol. Rundschau, 65*, p. 909-929, 11 fig.

PIVETEAU J., 1937 – Un Amphibien du Trias inférieur. Essai sur l'origine et l'évolution des Amphibiens Anoures. *Ann. Pal., 26.*

PIVETEAU J., 1938 – Un Thérapsidé d'Indochine. Remarques sur la notion de continent de Gondwana. *Ann. Pal., 27.*

ROBINSON P. L., 1971 – A problem of faunal replacement on Permo-triassic continents. *Palaeontology, 14* (1), p. 131-153.

ROMER A. S., 1970 – Tetrapod Vertebrates and Gondwanaland. *Gondw. Symp. South Africa CSIR*, p. 111-124.

TERMIER H. et TERMIER G., 1968 – *Biologie des premiers fossiles.* Paris, Masson éd.

TERMIER H. et TERMIER G., 1968 – Conditions subtropicales de la vie au Riphéen (Précambrien supérieur) et dans les dépôts du Permien d'Angleterre. *Bull. Ac. Soc. Lorraine Sci.*, IX, *1*, p. 270-294.

TERMIER H. et TERMIER G., 1970 – Ammonoïdes de l'Artinskien (Zygarien) de la montagne de Bamyan (Afghanistan). *Ann. Soc. Géol. Nord, 90* (2), p. 93-100.

TERMIER H. et TERMIER G., 1970 – Les Productoïdes du Djoulfien (Permien supérieur) dans la Téthys orientale : essai sur l'agonie d'un phylum. *Cent. Soc. Géol. Nord, 90* (4), p. 443-461.

TERMIER H. et TERMIER G., 1971 – Bryozoaires du Paléozoïque supérieur d'Afghanistan. *Doc. Lab. Géol. Fac. Sc. Lyon, 47.*

TERMIER H. et TERMIER G., 1976 – *Les animaux préhistoriques.* Paris, PUF, « Que sais-je ? ».

WATERHOUSE J. B., 1973 – Permian Brachiopod correlations for South-East Asia. *Geol. Soc. Malaysia, 6*, p. 187-210.

TERMIER H. et TERMIER G., 1977 – Position entre Gondwana et Téthys des provinces afghanes au Carbonifère et au Permien. Essai biogéographique. *Mém. h. s. Soc. Géol. France, 8*, p. 309-324, 2 fig., 2 tabl.

TERMIER H. et TERMIER G., 1977 – Palaeogeographic positions of Variscids, Tethyan platform and Northern Gondwana in Eastern Mediterranean area during the Upper Palaeozoic. *VIe Coll. Egéen*, Izmir, Turquie.

TERMIER G., TERMIER H., MARIN P., DESPARMET R., et LAPPARENT A. F. de, 1973 – Données nouvelles sur la transgression glacio-eustatique permo-carbonifère (Gzhélien-Sakmarien) en Afghanistan central. *CRAS, 276*, p. 943-947.

TERMIER G., TERMIER H., LAPPARENT A. F. de, et MARIN P., 1974 – Monographie du Permo-Carbonifère de Wardak (Afghanistan central). *Doc. Lab. Géol. Fac. Sc. Lyon*, h. s. *2*, 167 p., 37 pl., 25 textfig.

WATERHOUSE J. B., 1975 – Global distribution and character of Permian Biomes based on Brachiopod assemblages. *Journ. Can. Sc. T., 12* (7), p. 1085-1146.

Troisième partie

Dislocation de la Pangée

1 Le Trias

XXIX-XXX

Tableau 15. — *Chronologie du Trias*

			Orogenèse cimmérienne ancienne (Alpes, Crimée, Pontides)		190 m. a.
XXXI	*Rhétien*	Norien *p. p.* Charbons du Vietnam	Récifs coralliens (Alpes autrichiennes)	Fracturation et Volcanisme gondwans (dolérites du Karroo, etc.)	
XXX	*Keuper*	Norien Carnien	*Phases labidiennes* (Sibérie, Japon) transgression téthysienne		
XXIX	*Muschelkalk*	Ladinien Virglorien	épanchement principal des ophiolites téthysiennes		
		Début des mouvements alpins			220
			Phase palatine		225
XXVIII	*Permotrias*	*Scythien* (Buntsandstein) = Werfénien	« Continent à Lystrosaurus »	ouverture de la Téthys	230
		Tatarien = Djoulfien			240

Fig. 37 - Trias moyen et supérieur : démantèlement de la Pangée

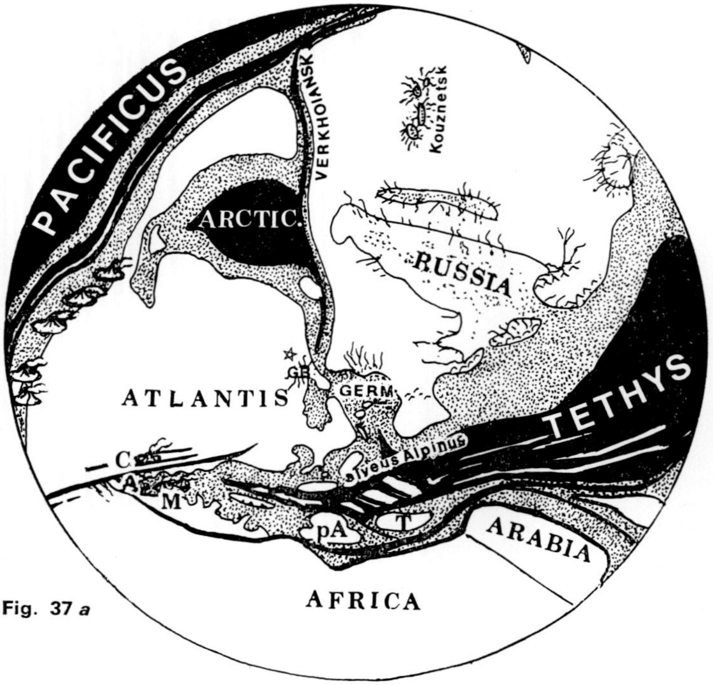

Fig. 37 *a*

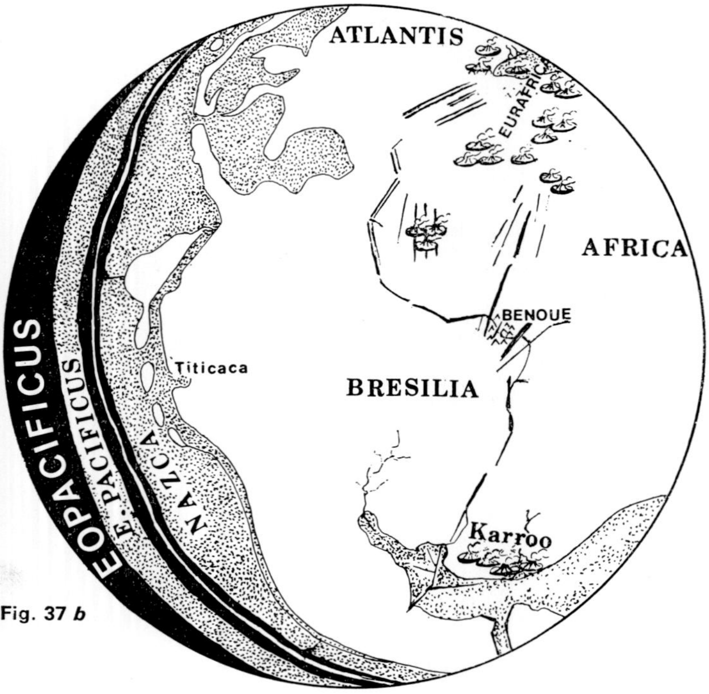

Fig. 37 *b*

Il y a 185 millions d'années, un nouvel équilibre de la Pangée par rapport à l'axe des pôles succède à l'instabilité instaurée au Siluronien, instabilité qui eut pour théâtre les orogenèses calédoniennes et varisques, ainsi que les épeirogenèses ardennaise et mésocarbonifère. Cet équilibre place un pôle dans l'Antarctide, l'autre dans le nord du Pacifique, c'est-à-dire que presque toute la croûte continentale se trouve située sur une face de la Terre (fig. 37 *c*), donc soumise à toute la gradation des forces de Coriolis, minimales au niveau de la Téthys, Mésogée équatoriale où les forces centrifuges atteignent leur maximum.

Fig. 37 *c*

Fig. 37 *a* - Fracturée par de nombreux rifts et sutures parallèles à l'Equateur, la Téthys s'élargit. Les massifs anciens de sa bordure méridionale se trouvent séparés de la Gondwanie (pré-Apulia : pA ; Taurides : T). Le sillon alpin *(alveus alpinus)* se matérialise sur sa bordure septentrionale. La majeure partie des ophiolites qui jouèrent un rôle si important dans cette région pendant le Secondaire et le Tertiaire sont datés du Trias supérieur (par exemple en Grèce et en Turquie, où l'on a trouvé des fossiles de cet âge). Leurs alignements qui peuvent être suivis sur de longs parcours semblent devoir être interprétés comme les restes de fonds océaniques s'étant pour la plupart ouverts au Trias, puis refermés ultérieurement, à des dates échelonnées lors de l'orogenèse alpine, jusqu'à la suturation finale de l'Oligocène-Miocène.

Du côté nord-américain, un phénomène analogue mais se situant plus près de la charnière entre les deux supercontinents donne naissance à des fossés (Connecticut : C) que leur position ambiguë situe également comme premiers indices de l'Atlantique Nord. Ces fossés ont des répondants en Afrique du Nord, au Maroc (M : Moghrabia), pratiquement couvert de volcans, et en Algérie. Dans le Sud-Ouest marocain, le couloir d'Argana (A) reçoit 6 000 m de sédiments. Avec les premiers « plutons » un véritable arc volcanique débute dans la zone cordillérienne.

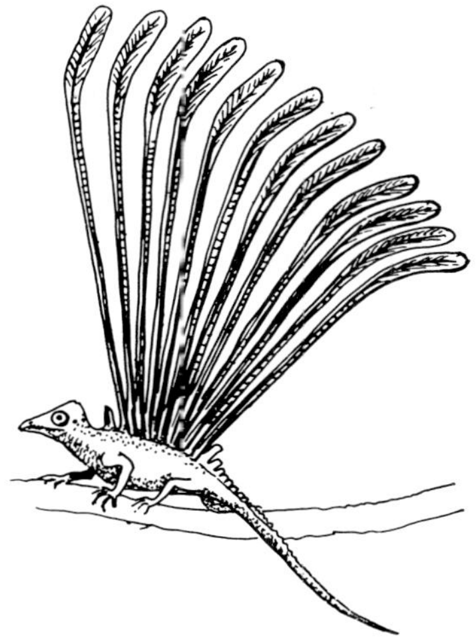

Fig. 37 *d* - *Longisquama insignis* Sharov. Reptile Pseudosuchien du Trias du Ferghana, qui possède de grandes écailles dorsales ayant une structure proche de celle des plumes.

Fig. 37 *b* - En ce qui concerne la Gondwanie, celle-ci est volcanisée et fracturée de tous côtés : le Lesotho est d'abord occupé par le vaste delta de Molteno, lequel sera recouvert par le volcanisme du Karroo. Les premières fractures s'ouvrent dans la zone de la Bénoué. Mais surtout c'est le début des grandes cassures le long desquelles s'ouvrira l'Atlantique central et méridional. En même temps d'ailleurs, un nouveau rift apparaît dans l'est de l'océan Eopacifique : c'est la naissance du Pacifique oriental (et de la plaque Nazca).

Fig. 37 *c* - La recherche d'un nouvel équilibre pour la croûte continentale passe par des structures méridiennes : l'histoire de l'Est pacifique, de l'Atlantique et de l'océan Indien commence.

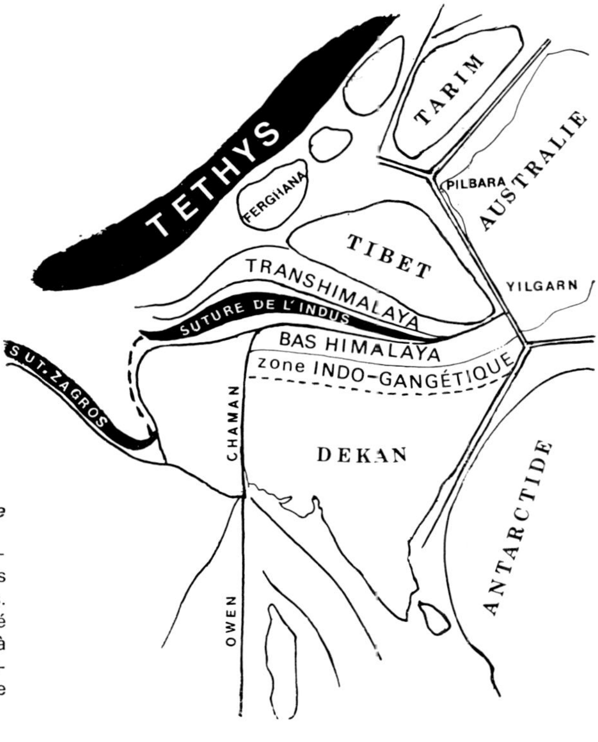

Fig. 37 *e*

Essai de reconstitution des connexions continentales au Trias, lors de l'ouverture de certaines parties de la Téthys et des sutures océaniques. Le raccord Zagros-Indus semble s'être modifié plusieurs fois depuis le Permien, sans doute à cause de la présence du décrochement constamment actif de Chaman (Argandeh) et de Owen.

Esquisse des contours continentaux et ouverture d'océans à partir du Permo-Trias XXVIII

Du nouveau pour la Téthys : ouverture du sillon alpin et d'autres fissures; ouverture du golfe du Mexique

Dès la fin du Permien et au Trias, le continent eurafricain occidental, situé sur la zone méditerranéenne de la Téthys, haché de fissures soit subméridiennes, soit subparallèles à l'équateur (voir p. 199 et 318), se trouvait soumis à des mouvements de distension et d'expansion donnant naissance à des fossés comparables à l'actuelle mer Rouge et aux fossés africains qui lui sont associés. De même qu'aujourd'hui s'esquisse un futur océan érythréen, de même au Permo-Trias s'ébauche un futur « océan » de la Téthys occidentale. Des hiatus apparaissent ainsi entre des copeaux continentaux et leur ouverture semble tenir moins de l'expansion du fond océanique classique que de rotations (sphénochasmes) selon les modalités envisagées naguère par Carey (1958). On voit ainsi s'ouvrir la mer Ligure par pivotement du massif corso-sarde, la mer Hespérienne plus au sud, la mer Tyrrhénienne par giration de l'Italie apennine, la mer Adriatique entre celle-ci et les Balkans. Le bloc eurafricain commence son démantèlement vers un nouveau partage des terres entre la Laurasie et la Gondwanie.

Les parentés paléontologiques nous contraignent à penser que depuis le Cambrien, la Moghrabia et le sud de la péninsule Ibérique (Andalousie) composaient, en bordure de la Gondwanie, une seule province qui continuait à assurer une liaison entre les supercontinents écartelés. Le massif corso-sarde et les Baléares bordent aussi encore le couloir téthysien. La péninsule italique, la Sicile attachée à la Tunisie et la péninsule balkanique font encore partie de la bordure gondwane, sans doute au niveau de la Grande Syrte : dans l'histoire de la zone alpine, une partie de cet ensemble prendra le nom de Dinarides. Plus à l'est, le sud de la Turquie (Taurides) dont le détachement remonterait au Dévonien (voir p. 179), Rhodes et Chypre, où fonctionnent quelques volcans (Mamonia), appartiennent aussi à la bordure de la Gondwanie se raccordant au Liban, limité au nord-ouest par l'accident de Bitlis. Le Rhodope, le Grand Balkan et le massif d'Istranja (massif Thrace), les Anatolides et les Cyclades sont plus près du couloir téthysien.

Le couloir téthysien va s'ouvrir : cette fissure correspond à l'écartement de la Laurasie et de la Gondwanie et il est logique d'évoquer ici une expansion du fond océanique dans l'optique d'une complexe tectonique de plaques (Dercourt, 1970; Dewey *et al.*, 1973). Dans le mouvement général des deux supercontinents que nous suivons depuis au moins le Dévonien, tout se passe comme si la Gondwanie était alors stabilisée tandis que la Laurasie continuait de dériver vers le nord mais à une vitesse moindre, poussée par l'extension téthysienne. Sur le bord nord du couloir téthysien s'installe un ourlet « géosynclinal » comparable à ceux qui bordent aujourd'hui le Pacifique, pourvu

Fig. 38 - Zones ophiolitiques de la Téthys (Néo-Europe - Néo-Asie)

Fig. 38 *a*

Le long de la Téthys on rencontre des affleurements, souvent alignés, de roches basiques et ultrabasiques (basaltes et spilites, laves sous-marines de la composition du fond océanique, voire du manteau supérieur, gabbros, péridotites et serpentines), accompagnées de biosédiments pélagiques siliceux (Radiolarites) : cet ensemble est le *complexe ophiolitique*. Sa mise en place, au moins depuis le Pinde jusqu'à l'Oman, semble s'être effectuée d'abord au Trias moyen-supérieur (Brunn, 1976), c'est-à-dire lors de l'ouverture mésozoïque de la Téthys. Les phénomènes tectoniques accompagnant les divers stades de l'orogenèse alpino-himalayenne ont amené ces ophiolites à jouer de nouveaux rôles jusque pendant le Crétacé et le Tertiaire. Elles prennent part entre autres à de grands charriages.

Il y a une liaison précise entre les ophiolites de la Téthys, que l'on peut interpréter comme les vestiges de fonds océaniques suturés lors des collisions alpines, et les lignes de grande séismicité qui correspondraient aux cicatrices du choc entre la bordure gondwane (Dinarides au sens large) et celle du sud de la Laurasie (les Alpes au sens strict) : il s'agit entre autres, dans la région alpine proprement dite, de la ligne tonalitique et de la zone d'Ivrée ; en Turquie, de la cicatrice nord-anatolienne (ligne paphlagonienne) ; dans l'Himalaya, de la suture de l'Indus.

Les alignements d'ophiolites constituent, dans leur position actuelle, la suture tangible entre la bordure septentrionale de la Téthys et la bordure méridionale de la Laurasie à la suite des plissements alpins.

Fig. 38 *b*

La région du Zagros
(inspiré de Falcon)

Les zones ophiolitiques sont figurées en traits noirs. Le Zagros, à la limite Arabie-Iran, est une chaîne plissée charriée sur le plateau iranien, c'est-à-dire vers le nord-est. Parallèlement au charriage, mais encore plus au nord-est, se situe une importante zone volcanique de type ophiolitique. Un nombre considérable de décrochements quadrillent cette zone du Moyen-Orient. Aussi est-il le plus souvent admis que la zone ophiolitique (océanique ?) du Zagros fut initialement prolongée jusqu'en Himalaya par la suture de l'Indus, puis écartée d'elle par plusieurs décrochements. Il pourrait donc y avoir eu ici une continuité (océanique ?) en direction téthysienne jusqu'en Dalmatie. Nous avons exposé plus haut que la répartition des faunes marines, confortant les données du paléomagnétisme, donnait à penser que l'ouverture du Zagros avait dû intervenir dès l'Artinskien, probablement en toute indépendance par rapport à l'Indus.

de guirlandes d'îles, affecté de volcanisme et offrant en profondeur toute une évolution pétrogénétique (métamorphisme, granitisation). Une évolution orogénique de cette sorte, qui aboutira à la surrection de chaînes de montagnes, est très comparable à celle du système calédonien et n'a rien à voir avec celle des bords de l'Atlantique et de l'océan Indien, typique de l'expansion océanique actuelle. De toute façon, si les phénomènes initialement mis en cause sont de même ordre ou de même qualité, ils n'ont pas eu le même devenir car l'expansion téthysienne a été de courte durée, bien moins de 100 millions d'années. Le système instauré entre l'Europe et l'Afrique par les cassures, les rotations, les *rifts* et les expansions du couloir téthysien prend le nom de système alpin. Il entre en liaison avec les bordures orogéniques existant déjà au sud de l'Asie.

Dès le Permo-Trias et surtout à partir de la base du Trias moyen, la plate-forme téthysienne s'ouvre au nord du Taurus (sud de la Turquie). Des phénomènes analogues et contemporains se produisent en Asie, dans le Zagros, dans l'Hindou Kouch et, au cœur de l'Himalaya, la « suture de l'Indus » (fig. 38 *e*). Cette ouverture, soulignée par des épanchements basaltiques et la montée d'ophiolites, est le début d'un océan.

Des radiolarites, associées à ces roches de fond océanique, confirment que les dépôts sédimentaires eux-mêmes ne doivent rien aux détritiques continentaux mais se sont formés à partir d'organismes pélagiques déposés loin des côtes, pendant une bonne partie de l'ère Secondaire.

Dans l'est du système téthysien, les Vertébrés continentaux du Permo-Trias passent de la Gondwanie au Tarim (ex. *Lystrosaurus*, fig. 36 *a* et *c*).

A partir du Trias moyen, la mer s'étend plus largement sur la zone téthysienne et au-delà. La séparation de la Gondwanie et de l'Eurasie s'accomplit même au niveau du continent eurafricain où la mer recouvre la région bético-rifaine.

La future mer du Nord

Après l'assèchement de la mer du Zechstein, un bassin subsident continental occupa la position de la mer du Nord sur les grabens préexistants (p. 199).

L'Amérique centrale

Dans l'assemblage triasique des continents, encore semblable à celui du Paléozoïque, l'Amérique centrale était proche de la zone méditerranéenne et on la considère d'ailleurs comme téthysienne. Tandis que se formait le sillon alpin à la suite d'un écartement temporaire des supercontinents et des sphénochasmes dinariques, des causes analogues aboutissaient à l'ouverture du golfe du Mexique : en particulier, se détachant du continent, les Honduras et le Yucatan effectuaient une rotation dans le sens des aiguilles d'une montre vers leurs positions actuelles (Freeland et Dietz, 1971).

Les orogenèses circumpacifiques

Des Andes à la presqu'île antarctide en passant par les éléments aujourd'hui déplacés de l'Arc Scotia s'étend une zone orogénique succédant au géosynclinal de Samfrau qui commence à se couvrir de volcans. Les débuts de cette future chaîne gondwane sont à peu près contemporains du paroxysme de l'orogenèse labidienne de l'Extrême-Orient. On peut en conclure à une crise générale sur le pourtour du Pacifique. On assiste depuis la fin du Permien à un curieux relais entre les chaînes labidiennes, depuis le Sikhota Alin en passant par le Japon, jusqu'à l'Asie du Sud-Est (H. et G. Termier, 1956). Un tel relais témoigne peut-être du lent déplacement des courants de convection dans le manteau. Les rapports de cette partie du complexe avec les chaînes téthysiennes sont d'autant plus intéressants que depuis le Permien, la liaison avec l'Australie restée attachée au Gondwana est assurée par l'Insulinde dont la position est comparable à celle qu'elle occupe aujourd'hui. D'ailleurs, les réactions du complexe tasman, en particulier au niveau de la Nouvelle-Zélande, s'accordent avec celles des chaînes labidiennes.

La biosphère triasique

Développement des « Reptiles ». Tableau 14

Dans ce cadre complexe, la vie se développait selon des voies souvent inédites. Dans son ensemble, le Trias demeure une période continentale et rouge, même si des ouvertures océaniques et quelques transgressions ont commencé de briser son unité. C'est le début du règne des Sauropsidés. On voit apparaître les premiers Dinosauriens avec leurs deux phylums principaux (distincts par la structure du bassin), les Saurischiens et les Ornithischiens. La texture osseuse des Dinosauriens montre que leur croissance était rapide et qu'ils disposaient d'une régulation thermique perfectionnée leur fournissant l'énergie nécessaire aux dépenses de corps géants doués d'une activité analogue à celle des grands Mammifères modernes.

Les Lépidosauriens apparus au Permien avec les Eosuchiens subissent une évolution explosive pendant le Trias, donnant d'une part les Rhynchocéphales qui ne sont plus représentés aujourd'hui que par le *Sphenodon* néo-zélandais, d'autre part les Squamates de type Lézard : ce sont les Reptiles vrais.

Les Protomammifères comptent, dès le Trias moyen en France et en Amérique du Nord, au Trias supérieur en Afrique, des formes trotteuses, galopeuses ou sauteuses à pieds joints, couvertes de poils souples; certains Thériodontes digitigrades à griffes rétractiles possèdent des poils rèches entre les doigts (P. Ellenberger, 1975). Des Protoaviens bipèdes sont connus dans le Trias supérieur d'Afrique du Sud : petits Lacunaviens glabres, percheurs, sautant à pieds joints dans les bosquets et les fougères des marécages du Stromberg inférieur; puis Limnaviens pêcheurs, également glabres et à pattes palmées, du Keuper moyen, sur les berges et les îles des fleuves; petits Carnaviens à plumes, dans les mares en voie d'assèchement, aux pattes pourvues de palmures légères et de phanères sous-digitales du type grimpeur, et aux membres antérieurs en éventail. Cependant un ancêtre (?) de l'*Archaeopteryx* jurassique, plus ancien puisque trouvé dans le Trias de Catalogne, est *Cosesaurus*, de la taille d'un Oiseau-mouche, au bec denté, des os pneumatiques et d'une ceinture d'os dermiques préfigurant un sternum (P. Ellenberger, 1974). Cet « Archéornithe » n'avait pas de vraies plumes mais un revêtement de longs poils (filoplumes?) : Thécodonte ou déjà Dinosaure, les lobes optiques de son cerveau étaient développés comme ceux des Oiseaux. En outre, dans le Trias moyen du Turkestan, Sharov (1970) a décrit un Thécodonte pourvu de longues écailles carénées préfigurant des plumes, *Longisquama* (fig. 37 *d*).

Le continent eurafricain reste en étroite connexion avec l'Amérique du Nord. C'est encore une zone de terres rouges. Il existe donc toujours un continent nord-Atlantique, peut-être déjà fissuré mais en tout cas permettant le passage des faunes continentales entre les trois blocs, l'Afrique, l'Europe et l'Amérique du Nord : les faunes migrent de l'Afrique à l'Europe par le Maroc occidental, et de l'Europe à l'Amérique du Nord, ainsi qu'en témoigne la présence de Lézards volants voisins des Dragons (*Kuhnosaurus*), identiques en Angleterre et dans les Appalaches. Les gisements de Reptiles les plus célèbres, dans le Karroo d'Afrique du Sud, ne sont pas isolés puisqu'une série également ancienne est aujourd'hui connue dans le Nord du Niger. Au Maroc, entre le Haut Atlas déjà montagneux et l'actuel Atlantique, au nord du Sous, une faune très complète de poissons Dipneustes, d'Amphibiens et de « Reptiles », parmi lesquels des Dicynodontes comparables à ceux du Cap, a été recueillie dans le couloir d'Argana, passage entre Afrique et Europe. Il s'agit d'une zone marécageuse où poussaient des Prêles, jouissant encore d'un climat semi-aride et rubéfiant (Dutuit, 1976). Peu à peu, le climat devenait plus humide et le Maroc, qui à la fin du Trias est en partie submergé par une transgression marine, se couvrait en outre de mares, d'étangs et de playas.

En Afrique du Sud, l'énorme delta de Molteno montre le paysage floral nouveau du Trias supérieur, riche en Ptéridospermes (*Dicroidium*), en Cycadophytes, en Conifères, en Ginkgoales et en Glossoptérides.

Toujours dans les conditions du Karroo se rencontrent, il y a 200 à 190 millions d'années, les premiers Mammifères connus (*Erythrotherium* et *Megalostrodon*), précédant de peu leurs équivalents d'Europe occidentale, dans le Rhétien qui est à la limite du Trias et du Lias, il y a 190 millions d'années.

En bordure de la Téthys et de ses dépendances, les Reptiles prennent possession du rivage et même certains d'entre eux adoptent un mode de vie purement marin : ce sont les premiers Plésiosaures ou Nothosaures, mangeurs de poissons et encore attachés au littoral; des broyeurs de coquillages à dents plates comme des meules, les Placodontes, dont la place est tenue dans les mers actuelles par les Raies; les premiers Ichthyosaures, vivipares, dont le mode de vie était plutôt celui des Dauphins; les Archosaures, semi-aquatiques, qui étaient basés sur le rivage et chassaient dans l'eau à la manière des Crocodiles; enfin des Lézards littoraux qui s'éparpillaient entre la vie purement terrestre et une existence de pêcheurs restant à la côte (Tarlo, 1967).

A la fin du Trias, l'époque tiède et douce de la transgression téthysienne du Muschelkalk se termine une fois de plus par une vaste régression sur le continent africain. A partir des mers peu profondes, souvent lagunaires au départ, vont demeurer des flaques, parfois de vastes salines (nous leur devons le sel lorrain) et des playas à gypse dans une immensité de boues rouges ou vertes. Ce régime, bien connu en Allemagne (c'est le Keuper) et au Maroc, témoigne de l'aridité des climats de part et d'autre de l'équateur, qui coïncide avec la mer alpine et téthysienne, laquelle reste caractérisée par les algues Dasycladacées. Cette aridité ne ménage pas les faunes et les flores. Sur les terres émergées on constate la présence de plantes grasses *(Pleuromeia)* et le développement des Reptiles continue. Parmi ceux-ci se distinguent toujours des Théropsidés (Mammaliens) et, à leur voisinage, des types nouveaux qui se rapprochent encore plus des Mammifères par l'ébauche d'un système de régulation thermique et de muscles faciaux *(Ericiolacerta)*.

Des Préspermaphytes, proches des Cycadales, connues sur tous les continents (Bennettitales), sont à la base d'importants gîtes de charbon dans le sud de l'Asie, sur les bords de la Téthys (par exemple au Vietnam).

Invertébrés marins

Les faunes sont encore séparées comme elles l'étaient au Permien, et pour les mêmes raisons, en deux groupes :

— un groupe de mer chaude à salinité normale, lié à la Téthys et aux portions de la zone circumpacifique qui la jouxtent à ses extrémités; c'est la faune dite du Trias alpin qui ne dépasse guère à l'ouest le méridien limite de la Tunisie orientale, mais s'étend vers l'est sur toute la Méditerranée jusqu'en Turquie et au-delà jusqu'à Timor;

— un groupe de mer tempérée ou chaude mais à salinité variable occupe une grande partie de l'Europe occidentale, l'Espagne et l'Afrique du Nord en bordure du continent nord-africain; c'est la faune dite du Trias germanique.

Héritière des quelques gîtes permo-triasiques (Djoulfa), la mer du Trias alpin est le berceau des Ammonoïdes du Trias, lesquels comprennent peu de types vraiment voisins de ceux du Permien. Les genres sont différents et probablement aussi leur écologie. Beaucoup de Goniatites permiennes étaient littorales et se rencontrent dans les gisements algaires de type herbier, riches en microfaune. Les Ammonites du Trias sont plus souvent associées à des sédiments à grain très fin comme il peut s'en déposer en haute mer. Les types qui subsisteront à la fin de la période et passeront dans le Jurassique ont des coquilles peu ornées et leur forme semble s'adapter à une bonne hydrodynamique : les Phyllocératides devaient être d'excellents nageurs. De même les Nautiles ornés disparaissent tous : le seul genre lisse de ce groupe, *Cenoceras*, sera à l'origine de tous les Nautiles modernes. Les Bélemnites, Dibranchiaux archaïques, certainement nageurs aussi, complètent le tableau des Céphalopodes triasiques.

Des critères écologiques sont certainement à l'origine de cette modification radicale par rapport aux faunes paléozoïques. Le mode de vie de presque tous les Céphalopodes devient plus intimement lié à la haute mer et à la natation, supportant de grandes différences de profondeur, comme les Calmars et les Nautiles modernes. Sauf exception, les Ammonites rompent leurs attaches avec le littoral mais les herbiers conservent leur rôle de frayères où les adultes viennent pondre et quelquefois mourir. Sans doute la répulsion du groupe pour le rivage provenait-elle d'un apport exagéré d'eaux douces s'écoulant des terres émergées (les Céphalopodes sont des organismes sténohalins pœcilosmotiques).

Le continent eurafricain - nord-atlantique subsistant, on peut distinguer les deux provinces marines équatoriale et mésogéenne qu'il sépare : celle de l'Amérique centrale et celle de l'Eurasie qui devait se prolonger jusqu'au large de l'Australie occidentale, mais cela n'a pas été prouvé par le résultat de sondages profonds. Ceci mis à part, de tels sondages montrent qu'il n'y a pas de sédiments triasiques marins dans les grands bassins océaniques, ce qui prouve que la disjonction des grandes aires continentales, Eurasie et Gondwanie, n'avait pas commencé (Tozer, 1971). L'uniformité des faunes ammonitiques du Trias, niveau par niveau, est l'indice d'une température uniforme des mers concernées.

La transgression du Muschelkalk sur les massifs anciens arasés qui accompagne le début de l'expansion du fond océanique dans le sillon alpin apporte sur l'Allemagne, l'Andalousie, l'Afrique du Nord (province germano-andalouse) la faune marine non récifale où les Ammonites demeurent rares et où les Bivalves et les Gastéropodes appartenant à des groupes qui supportent des apports massifs d'eau douce sont souvent de petite taille comme dans les herbiers. Sur les continents voisins de la mer équatoriale régnait un climat plus humide, entraînant en effet un intarissable ruissellement.

Mais à la limite de cette mer d'herbiers, plus ou moins saumâtre, et de la haute mer téthysienne à Céphalopodes, on voit s'installer des organismes constructeurs. Disposés selon le modèle littoral (p. 42, fig. 7), les récifs du Trias ne sont pas encore dominés par des Coraux, mais par des Algues, des Spongiaires *(Ischyrosponges)*, des Hydrozoaires en boules *(Heterastridium)* et des Bivalves. Ce n'est qu'au Trias supérieur que les colonies coralliennes de *Thecosmilia* prennent une place importante (Alpes autrichiennes, au sud de Salzburg). Les Algues sont surtout des Dasycladacées (calcaires à « Gyroporelles ») et les Bivalves, appartenant à plusieurs familles, sont caractérisés par l'épaisseur de leur coquille (calcaires à *Megalodon*). Les Scléractinies, demeurées petites et isolées, transmettront aux Polypiers plus récents une partie seulement des caractéristiques des Rugueux paléozoïques. En effet, la plupart des groupes, en particulier tous les Polypiers composés hermatypiques, qui participaient aux rares récifs du Permien se sont éteints. Cette carence de la faune pourrait constituer une information sur la température de la mer équatoriale au Trias moyen. Celle-ci devait se situer entre 15 °C, température au-dessous de laquelle les grandes masses de calcaires ne se déposent pas facilement, et 28 °C, température nécessaire à la vie des récifs coralliens. En fait, on a mesuré dans les couches marines du Trias alpin (Ladinien et Carnien) des paléotempératures de 17 à 17,9 °C pour des Bivalves vivant sur le fond. Ce faciès très typique, presque identique à celui du Murghabien-Djoulfien de Tunisie (p. 212-213), correspond à l'arrière-récif de la formation Cassian des Alpes méridionales (Fürsich et Wendt, 1977), d'âge Carnien; et au niveau Norien de Sögütcük (Taurus) dans lequel se diversifient les Scléractinies, des Ischyrosponges et des Algues.

La médiocrité des climats est probablement aussi l'une des raisons de la restriction de la répartition des Ammonoïdes aux seules régions téthysiennes du Trias supérieur. Ainsi les faunes d'Invertébrés marins du Japon, en pleine zone orogénique, sont des faunes boréales (province à *Entomonotis ochotica*) en liaison avec l'Arctique, diversifiées surtout par la teneur en sel et la profondeur. On retiendra le grand développement des Bivalves dans toutes les mers. C'est une véritable explosion évolutive où se distinguent déjà tous les groupes modernes, des Avicules aux Trigonies, et où semble s'être manifestée une tendance pour certains Pectinacés à donner des formes nageuses ou transportées sur des Algues flottantes favorables à une dispersion par les courants (les genres *Halobia*, *Daonella*, *Posidonia*, sont présents dans toutes les mers qu'elles soient froides ou chaudes).

Bibliographie

Bakker R. T., 1975 – Dinosaur renaissance. *Scient. Amer.*, *232* (4), p. 58-78.

Brunn J. H., 1976 – L'arc concave zagro-taurique et les arcs convexes taurique et égéen : collision et arcs induits. *BSGF*, *7* (18), 2, p. 553-567.

Carey, 1958 – Voir p. 43.

Cox C. B., 1973 – Triassic Tetrapods. In *Atlas of Palaeobiogeography* (Hallam), p. 213-223, 3 fig.

Dercourt J., 1970 – L'expansion océanique actuelle et fossile : ses implications géotectoniques. *BSGF*, *7*, XII, p. 261-317.

Dewey J. F., Pitman III, W. C., Ryan W. B. F. et Bonnin J., 1973 – Plate tectonics and the evolution of the Alpine System. *Bull. Geol. Soc. America*, *84*, p. 3137-3180.

Dutuit J.-M., 1976 – Introduction à l'étude paléontologique du Trias continental marocain. *Mém. Mus. Nat. Hist. Nat.*, NS. (C), 36, 253 p., 70 pl.

Ellenberger P., 1975 – Piste accompagnée de poils rèches dans le Trias moyen de Lodève. *Sc. de la Terre* (3), Montpellier, p. 142.

Ellenberger P. et Villalta J. F. de, 1974 – Sur la présence d'un ancêtre probable des Oiseaux dans le Muschelkalk supérieur de Catalogne (Espagne). Note préliminaire. *Act. Geol. Hispanica*, IX (5), p. 162-168.

Falcon N. L., 1969 – Problems of the relationship between surface structure and deep displacements illustrated by the Zagros Range. *Time and Place in Orogeny*, p. 9-22, 3 pl., 7 fig.

FREELAND G. L. et DIETZ R. S., 1971 – Plate tectonic evolution of Caribbean-Gulf of Mexico Region. *Nature*, *232*, p. 20-23.

FURSICH F. T. et WENDT J., 1977 – Biostratinomy and palaeoecology of the Cassian formation (Triassic) of the Southern Alps. *Palaeogeogr.*, *Palaeocl.*, *Palaeoecol.*, *22*, p. 257-323, 26 fig.

KITCHING J. W., COLLINSON J. W., ELLIOTT D. M. et COLBERTE. H., 1972 – Lystrosaurus zone (Triassic) fauna from Antarctica. *Science*, *175*, p. 524-527.

NOWROOZI A. A., 1972 – Focal mechanism of earthquakes and plate Tectonics of Middle East. *Bull. Seism. Soc. America*, *62* (3), p. 823-850, 10 fig.

PLUMSTEAD E. P., 1969 – Voir p. 208.

SHAROV A. G., 1970 – Svoiebraznaia Reptilia iz Nijnego Triasa Ferghana. *Pal. Journ.*, *1*, p. 127-130, 4 fig.

TARLO L. B. H., 1967 – Triassic Reptiles from the Shores of Tethys. *Syst. Ass. Publ. 7. Aspects of Tethyan Biogeogr.*, p. 103-109.

TERMIER H. et TERMIER G., 1956 – *Orogenèse*, Paris, Masson.

TOZER E. T., 1971 – Triassic time and Ammonoids : problems and proposals. *Canad. J. Earth Sci.*, *8*, p. 989-1031.

2 Fin du Trias et Jurassique

XXXI-XXXVI

Dislocation dans les supercontinents

A la fin du Trias se pressentent déjà les coupures majeures de la grande dérive du Crétacé. Des dislocations préludent à l'ouverture de l'Atlantique ainsi qu'à la séparation de l'Antarctide et de l'Afrique.

Au Permien, nous avons vu naître une fêlure de l'Europe occidentale, la ligne Mjøs-Méditerranée, jalonnée par un volcanisme important, et l'initiation d'une série de lézardes sur l'emplacement de la Méditerranée. Au Trias supérieur, l'expansion du sillon alpin s'accentue, prolongée à l'est par des fissures volcanisées et ophiolitisées dans une longue fente océanique Dinaro-Hellénides-Taurus-Zagros-Oman-(Hindou Kouch ?)-Indus. Des Dinarides à l'Oman, cet ensemble long de plus de 5 000 km fut ensuite charrié sur la Gondwanie (africano-arabe) au cours du Crétacé (p. 279) (Ricou, Argyriadis et Marcoux, 1975).

Les dislocations, s'attaquant encore plus à la vieille Gondwanie, s'accompagnent d'importantes remontées de laves basaltiques (« basaltes des plateaux », émissions fissurales tout à fait comparables à celles qui se produisent de nos jours dans le domaine océanique, par exemple aux Hawaï. Elles suivent les fractures ouvertes des continents. Dans le Maroc central, le phénomène débute par un volcanisme basaltique permotriasique. Au Trias supérieur, les épanchements fissuraux de ce type recouvrent la pénéplaine postmoghrabine du Maroc (Termier et Termier, 1949) de tables de 50 à 100 m d'épaisseur en plusieurs épisodes, montrant encore la structure en orgues; parfois ils ont pénétré dans des lacs et leur structure est en « oreillers » *(pillow-lavas)* (Cogney, Termier et Termier, 1971). Non loin de la flexure saharienne, apparaissent des fractures et des fossés subparallèles à l'actuelle côte atlantique : le couloir d'Argana, fossé dans lequel s'accumulent 6 000 m de sédiments et de laves triasiques. Dans son prolongement vers le Sud-Ouest, il est possible que la fracture qui a coupé les Canaries de l'Afrique ait débuté alors.

Tableau 16. — *Chronologie du Jurassique*

					Paléomagnétisme	
			Orogenèse cimmérienne récente (zone alpine) plis et ophiolites dans le Tien-Shan et le Kun-Lun		J 17 norm.	
				135 m. a.		
XXXVI	*Malm*	*Portlandien*	*Suturation du Verkhoiansk*		M 19	Serra Geral (mélange)
			Récifs coralliens et à Hexactinellides en Bavière		J 18 norm. M 20 J 19 norm.	
			Division du Gondwana en 2 au niveau de la faille d'Owen		M 21	
				140		
XXXV		Kiméridgien			M 22 M 23 M 24	
				145		
		Oxfordien	Premiers récifs à Rudistes *(Diceras)*		M 25	
			Transgression arctique	150	Spitzberg	
		Callovien supérieur	*Orogenèse d'Adyghe (Crimée)*			
				155		
XXXIV	*Dogger*	*Callovien inférieur* (Macrocéphalitien)	Transgression téthysienne		Balkan normal	Balkan normal
		Bathonien *Bajocien*	Récifs coralliens en Europe — Fin de l'ouverture de la Téthys	165	Pospelova normal	Kedon (mélange)
				170		
		Aalénien			Startovaja normal	
				175		
XXXIII	*Lias*	*Toarcien*			Cotswold normal	
		Plienbaschien (Domérien, Carixien)	Récifs coralliens Récifs à Hexactinellides (Maroc)		Left Kedon	
XXXII		Lotharingien		180		
		Sinémurien			normal	Newark normal
				185		
		Hettangien			Nuanetsi	
				190		
XXXI		Rhétien	*Orogenèse cimmérienne ancienne* (Alpes, Crimée, Pontides)			

On peut donc penser au prélude de l'ouverture de l'Atlantique sous la forme d'une intense fracturation volcanisée à la fin du Trias de part et d'autre de l'océan actuel. Dans les Appalaches, on peut citer les fossés du Connecticut, accompagnés finalement par les coulées de basalte de Palisades, près de New York. On peut aussi se demander si le Grand Banc de Terre-Neuve n'aurait pas commencé vers cette époque par un dépôt de sel. De même s'effondraient ou s'accentuaient des fossés en Moghrabia (Khemisset, Azrou, bordure de la Chaouia, Doukkala), *rifts* perpendiculaires à la côte dans lesquels semblent avoir pénétré de brèves incursions marines laissant derrière elles les évaporites du Trias supérieur (gypse, sel) (Salvan, 1968). Ces accidents, intervenus sur les deux rives de l'Atlantique actuel, appartenaient à un seul système guidé par un grand « *rift* » *pré-médio-atlantique* comparable aux actuels fossés africains, voire à une sorte d'étroite « mer Rouge » dont la formation remonterait au Trias moyen. Le bouclier saharien est sillonné, de l'Anti-Atlas à Taoudéni, par un réseau de grandes fractures est - nord-est passant à nord-est, remplies de dolérites (roches ophitiques intermédiaires entre le basalte et le gabbro) dont l'âge s'échelonne du Carbonifère supérieur au Trias supérieur (Dars, 1960). Un âge de 185 millions d'années a été mesuré pour celles situées au nord d'Agadir Tissint dans la région du Dra. De telles fractures peuvent être homologuées aux racines d'un volcanisme fissural qui ne s'est peut-être pas réalisé totalement.

A la limite du Trias et du Rhétien, l'Afrique du Sud, dont le paysage était resté depuis le Permien celui du Karroo, devient soumise aussi à un volcanisme fissural d'échelle planétaire, issu de linéaments antécambriens. Les plateaux de laves recouvrent tout jusqu'au Swaziland (grâce à un véritable *rift*, le Lebombo) sous le désert de Kalahari, en Angola et en Rhodésie méridionale; leurs relations avec les fractures sont encore visibles en bien des points, ainsi d'ailleurs que des cônes volcaniques plus délimités. De vastes épanchements souterrains se produisent aussi, les dolérites du Karroo. Pour ce qui est du domaine africain, cette intense fracturation peut être considérée comme la suite des événements survenus pendant le Permien au niveau de la Téthys occidentale d'une part et du géosynclinal mozambique d'autre part. A cette époque remontent sans doute les débuts du volcanisme basaltique encore actif dans les îles du canal de Mozambique et sur la côte occidentale de Madagascar. Mais la Grande Ile était située alors bien plus au nord, accolée à la côte somalie.

D'un autre côté, l'Amérique du Sud restait encore étroitement soudée à l'Afrique. Dans un même ensemble continental, il n'est pas étonnant que se soient produits les mêmes phénomènes : un volcanisme de plateaux très important et daté également du Trias se rencontre non seulement sur le vieux bouclier brésilien mais aussi dans toute la région préandine où ses prémices datent de l'épeirogenèse mésocarbonifère.

Quant à l'emplacement de la mer du Nord, la subsidence demeure contrôlée par des fossés profonds (contrôle taphrogénique) : le graben Viking, le bassin du Moray Firth ont alors pour analogues sur le territoire britannique le bassin du Cheshire et le graben de Worcester et, sur le territoire allemand, les bassins du Nord-Ouest. Le graben central de la mer du Nord reçoit la forte sédimentation deltaïque de fleuves usant les blocs émergés (Heybroek, 1975).

La transgression téthysienne du Lias

Le Trias pris dans son ensemble a été une phase continentale (épeirogénique) de l'histoire de la Terre, et l'aridité avait envahi la majeure partie des terres émergées.

Une époque de transition, le Rhétien, il y a 190 millions d'années, matérialise un nouveau tournant, à savoir le début d'une transgression de grand style sur l'Europe et l'Afrique du Nord. Mais c'est une mer tiède ou même froide qui s'insinue sur les marges des terres anciennes; les Céphalopodes sont rares, les Bivalves et les Brachiopodes dominent. Le sillon alpin, en voie d'élargissement, et la Téthys restent les mers chaudes où se maintiennent encore des Ammonites de type triasique : les paléotempératures calculées pour des Céphalopodes Bélemnitoïdes y sont de 30,2 °C pour les jeunes, de 23,7 °C pour les adultes qui vivaient sans doute à plus grande profondeur.

Pendant la quinzaine de millions d'années que durera le Lias, en même temps que progresse l'inondation des terres basses par des mers peu profondes, celles-ci sont attiédies par les eaux téthysiennes et l'on peut suivre de très près ce réchauffement grâce à la répartition des fossiles marins.

Comme toujours depuis le Permien, la continuité se maintient donc en zone téthysienne, qui restera une mer chaude jusqu'à l'Eocène, la *Mésogée*. Les sédiments carbonatés (dolomies et calcaires) continuent de s'y déposer sous le même faciès dolomitique que pendant le Trias, avec les mêmes fossiles (« Mégalodons » et Dasycladacées), aussi bien en Afrique du Nord (surtout au Maroc mais aussi en Algérie) que dans la péninsule balkanique (Argolide), jusqu'à la base du Lias supérieur. En Sicile, le Lias inférieur et moyen est d'un type voisin. Ces formations carbonatées dessinent un ruban largement lié à l'Afrique du Nord et aux Dinarides, caractérisé par des conditions climatiques et bathymétriques, mer chaude équatoriale et littorale, au niveau de l'herbier subrécifal mais sans vrais récifs, où les Scléractinies coloniales sont encore rares.

La mer semble s'être étendue pendant un temps très court en un golfe atlantique qui se dessécha rapidement mais laisse encore du sel sur le préconti-nent marocain. Dans le Haut-Atlas, les playas de style triasique se prolongent dans la base du Lias, puis au Lias inférieur et moyen le paysage ressemble à celui de la bordure actuelle du golfe Persique, avec des lagunes et des platiers supratidaux à intertidaux dans lesquels se déposent des sédiments stromato-lithiques admettant encore des nodules gypseux. Les zones les plus marines de ces lagunes abritent des Bivalves à test épais (« Mégalodon », *Opisoma*) et les sédiments y deviennent des dolomies à tendance récifale. Dans le Moyen-Atlas, une zone plus profonde, pouvant être située vers la limite des étages néritique et bathyal présente de belles accumulations de Spongiaires Hexactinellides ensevelis lentement dans de fines vases calcaires (Du Dresnay, 1972, 1975).

Une zone téthysienne beaucoup plus large, correspondant à des eaux éloignées des côtes, est dessinée par la répartition d'un certain nombre d'Ammonites. *Phylloceras*, en particulier, genre directement issu de formes triasiques, montre une extension fort intéressante à partir d'une aire limitée à l'ouest, suivant le contour de la Téthys permo-triasique, à savoir la côte tunisienne (Sinémurien inférieur). Sa répartition est ensuite étalée dès le Sinémurien supérieur - Plienbachien inférieur, sur toute l'Afrique du Nord et les Alpes; puis elle s'étend à la péninsule Ibérique et au sud de la France pendant le Plienbachien supérieur (Donovan, 1968). La morphologie de *Phylloceras* en fait un bon nageur et suggère, comme pour nombre d'Ammonites triasiques, un mode de vie comparable à celui des Nautiles actuels.

Au nord de l'aire géographique de *Phylloceras* et depuis l'Hettangien se rencontrent d'autres types d'Ammonites, qui jalonnent une mer normale incluse dans la zone tempérée. La limite des zones équatoriale et tempérée se déplaçait donc avec la transgression, et cette translation subissait des vicissitudes. Divers genres d'ailleurs sont communs à toutes les mers.

Au Domérien, il y a de grandes analogies entre les faunes ammonitiques italiennes (Alpes lombardes, Apennin) et celles du Maroc (Moyen Atlas) avec de nombreuses espèces communes (de *Lytoceras*, *Arieticeras*, *Grammoceras*, *Seguenziceras*, *Asteroceras*, *Coeloceras*, *Dactylioceras*, *Harpoceras*) (H. Termier, 1936).

Au Toarcien, selon l'une des conditions habituelles aux transgressions de mers chaudes (en particulier les transgressions téthysiennes), on aboutit à une homogénéisation des températures des mers et des faunes d'Ammonites. C'est l'époque des beaux gisements à Reptiles nageurs du sud de l'Angleterre (Lyme-Regis) et du Wurtemberg (Boll, Holzmaden), où des Ichthyosaures profilés comme des Dauphins, des Plésiosaures à long cou de Cygne, des Crocodiles et un grand nombre de Poissons côtoyaient une splendide faune d'Invertébrés marins : gerbes de Crinoïdes (Pentacrines) à longue tige flexueuse attachés à des bois flottants, Crustacés Eryonidés (vivant aujourd'hui dans la zone bathyale), Céphalopodes dibranchiaux (Bélemnoïdes), nombreuses Ammonites (Harpocératidés), Bivalves fixés à des Algues.

La présence de plantes terrestres dans les gisements, l'abondance de matière organique bitumineuse et le fait que les squelettes y sont pratiquement toujours transformés en sulfure de fer suggèrent que cet ensemble est venu mourir près du littoral, dans un herbier ou une algueraie, et qu'il vivait sans doute tout près de là. En effet, mise à part sa conservation exceptionnelle, la faune du Wurtemberg est celle de toutes les mers tempérées de l'Europe occidentale au Toarcien.

En même temps, nous assistons à l'expansion des Bouleicératidés, non pas vers la zone tempérée septentrionale mais dans les dépendances de la

Fig. 39 - Lias moyen-supérieur (XXXII)

Il y a 165 millions d'années, la Téthys méso géenne, en période d'ouverture depuis le Trias alimentait aussi une transgression marine chaude sur les aires continentales. Il s'ensuit une extension des climats chauds et humides (climats de mousson).

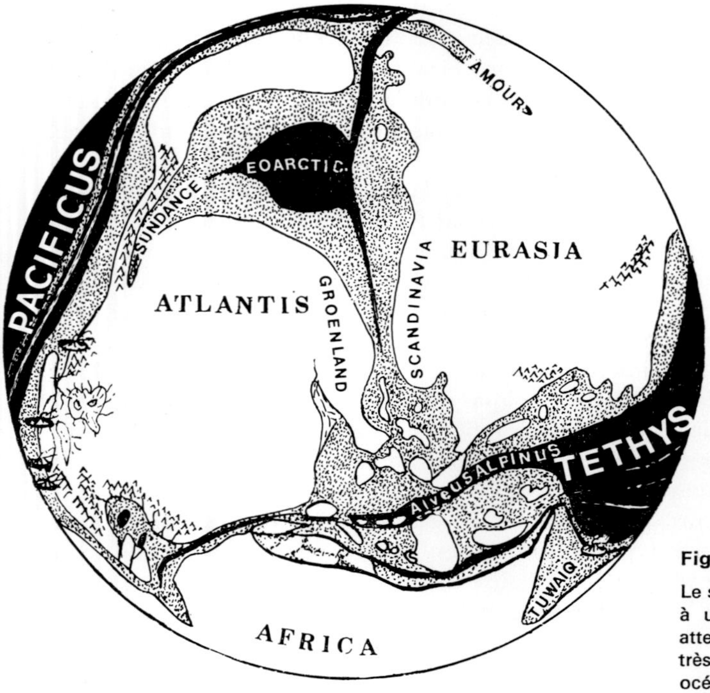

Fig. 39 *a* - Laurasie

Le sillon alpin *(alveus alpinus)*, correspondant à une partie du fond océanique téthysien, atteint sa largeur maximale. L'Atlantique reste très étroit et peu profond. Des traces de fond océanique ne sont soupçonnées que dans sa région centrale.

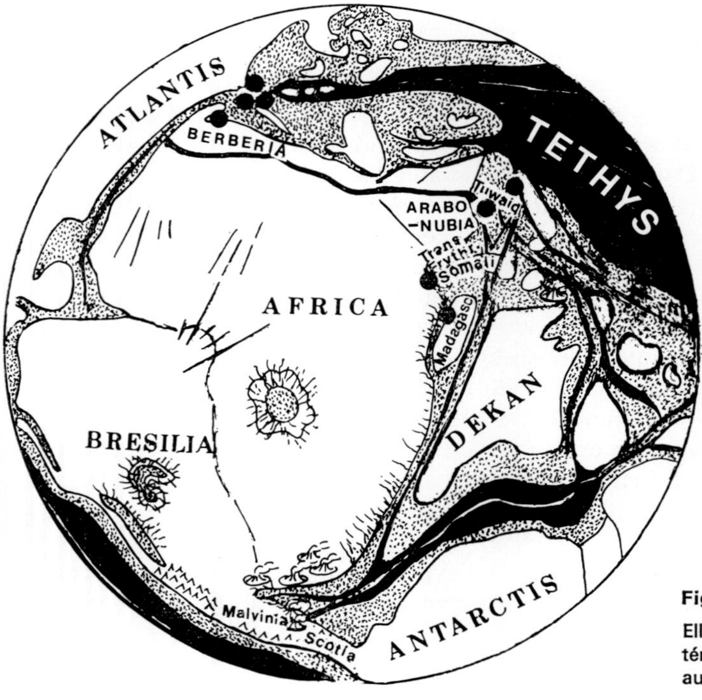

Fig. 39 *b* - Gondwanie

Elle se disloque de plus en plus ainsi qu'en témoigne l'apparition d'un volcanisme fissural aux abords de la limite Afrique-Antarctide.

Fig. 39 *c*
Bouleiceras nitescens Thévenin

Les Bouleicératidés (points noirs), Ammonoïdes de la base du Lias supérieur, à test épais et épineux, probablement côtiers, jalonnent une province marine comprenant la presqu'île Ibérique (Portugal, Espagne), le Maroc oriental, la province transérythréenne (Tuwaiq, Somalie, Madagascar).

On note la suture cloisonnaire (visible par usure du test) dont le dessin est très simple, comparable à celui des Cératites.

Fig. 39 *d* - Paysage du Lias supérieur d'Europe (Holzmaden, Wurtemberg)

Une mer à fond putride où nagent des Céphalopodes (Ammonites). Les bois d'arbres arrachés au rivage flottent, portant des Crinoïdes à longues tiges ancrés à leur face antérieure. Les Ichthyosaures croisent généralement en surface, leur anatomie leur imposant une ligne de flottaison précise. Ils peuvent plonger cependant en utilisant la partie inférieure, plus longue, de leur queue (hétérocercie inverse) comme une sorte d'hélice. Une île plate porte quelques touffes de Cycadales. Dans l'air vole un Ptérosaure à longue queue, *Ramphorhynchus*. On sait que les Rhamphorhynchidés possédaient une toison de poils (par exemple *Sordes pilosus* Sharov du Lias d'Asie centrale).

Téthys occidentale : cette famille à coquille épaisse et ornée possède une suture cloisonnaire rappelant celle des Cératites du Trias; ce sont des formes littorales. La répartition de *Bouleiceras* diffère fondamentalement de celle de *Phylloceras*; elle montre une sorte de résurrection du mode de vie des Goniatites et des Cératites, Ammonoïdes littoraux éteints au Permien et à la fin du Trias. On rencontre en effet *Bouleiceras* depuis le Portugal, l'Espagne, le Maroc et l'Algérie, jusque dans la Somalie, le bassin de Majunga (Madagascar), l'Arabie (golfe de Tuwaiq et canal transérythréen), le Béloutchistan et le Kenya : cette province à *Bouleiceras* longe étroitement le rivage gondwan jusqu'au nord du géosynclinal de Mozambique (fig. 39 *c*).

Le caractère foncièrement continental de l'Afrique se révèle par l'abondance des dépôts fossilifères contenant des flores depuis le Rhétien jusqu'au Crétacé inférieur. Dans ce milieu vont se développer d'importantes faunes de Vertébrés, Poissons d'eau douce et Dinosauriens entre autres. Sur la majeure partie de la Syrie, du Sinaï et de l'Egypte, ce sont les grès de Nubie. Le « continental intercalaire » s'étend sur tout le Sahara depuis l'Est de la Mauritanie, à l'ouest, jusqu'au Soudan à l'est, et trouve des équivalents au Nigeria, au Cameroun, au Zaïre et jusqu'en Afrique du Sud. Il y a transition avec les séries du Karroo et du Gondwana. A Madagascar ce sont les grès de l'Isalo. Le supercontinent de Gondwana se couvre donc de bassins continentaux qui reçoivent les déblais d'une érosion intense.

Tenant compte de la mégatectonique d'alors, il semble de plus en plus certain que la distance entre la Laurasie et le Gondwana a régulièrement augmenté jusqu'à la fin du Lias supérieur. Cette hypothèse permet d'expliquer une anomalie apparente de l'expansion du genre *Phylloceras* dans le cadre de la transgression téthysienne : en effet, au Toarcien, la limite septentrionale de sa répartition coïncide pratiquement avec celle qu'il avait eue au Plienbachien supérieur. Ce retrait apparent semble être une modification de la distribution des climats due à la translation apparente vers le « nord » de la Laurasie, que la Gondwanie ne suit pas.

La transgression téthysienne du Lias correspond à un adoucissement des climats continentaux. En bordure du Pacifique, mais aussi sur le pourtour de la Scandinavie et le long des côtes gondwanes s'accentuaient les caractéristiques du climat de mousson dominé par la présence de Fougère diptéridées. De façon concomitante, il y a restriction des climats arides : des évaporites sont connues au Maroc (Haut-Atlas) et des sables dunaires (Californie).

Même dans l'intérieur des aires continentales, les flores deviennent assez abondantes : la Gondwanie conserve son originalité issue de la flore à *Glossopteris* du Permien, c'est la flore à *Thinnfeldia* de l'Inde. En Laurasie la zone tempérée est surtout riche en Cycadophytes, tandis que de l'Oural à la Léna s'étendent des forêts de Conifères.

La stabilisation du Dogger

Bien que les mouvements orogéniques paraissent avoir été de faible amplitude, ils furent suffisants pour que les climats soient légèrement différenciés sur les continents : moins humides que pendant le Lias des moussons, mais avec un ruissellement mal drainé favorable à la formation de grandes masses de dépôts détritiques n'atteignant pas la mer et à l'établissement de vastes marécages dont certains évolueront en champs pétrolifères. Là, en de nombreuses contrées de la Laurasie comme de la Gondwanie se développèrent les Dinosauriens Sauropodes, dans des paysages où la chaleur ambiante et l'existence de vastes plans d'eau permirent le gigantisme de ces animaux herbivores et plus ou moins aquatiques. Beaucoup furent des amphibies au pas lourd dont le mode de vie peut être comparé à celui des Hippopotames de l'Afrique moderne.

Le Maroc émerge en partie au Bathonien supérieur : dans le Haut et le Moyen-Atlas s'installent des plaines alluviales que sillonnent de grands Sauropodes *(Cetiosaurus)*.

L'élargissement du sillon alpin pendant le Trias et le Lias fut pratiquement arrêté pendant le Dogger, il y a un peu moins de 165 millions d'années. Sa largeur atteignait alors peut-être plusieurs centaines de kilomètres. A la même époque, la transgression téthysienne était à son maximum sur l'Europe, des récifs de coraux venant s'installer sur le Jura, l'est du bassin de Paris et même le sud de l'Angleterre, en bordure d'un delta de la « mer du Nord » dans lequel s'insinuent de temps en temps les eaux océaniques : des volcans apparaissent sur les fissures du Nord (aire pétrolière de Torties-Piper, centre de Wich Ground).

La mer commençait à s'étendre sur le sud de l'Oural. Elle débordait aussi largement ses frontières liasiques dans l'est de l'Afrique (Arabie, Kutch, ouest de Madagascar).

A cette époque, il est probable que le massif corso-sarde avait atteint une position voisine de celle qu'il occupe aujourd'hui par rapport à la côte provençale. Probablement aussi, la péninsule italique et la partie connexe de la Yougoslavie avaient-elles commencé de se détacher comme un arc insulaire de la côte gondwane avec laquelle cependant elles restaient en liaison (Dinarides) par l'intermédiaire de la Sicile et du seuil siculo-tunisien. Quelques mouvements orogéniques locaux se produisaient d'ailleurs dans la bordure septentrionale de la Téthys, par exemple en Crimée où s'élevait une cordillère volcanisée, et en Malaisie. Un volcanisme important s'étendait sur l'Asie.

Inversion des courants marins : la transgression arctique du Jurassique supérieur et l'inversion des mouvements relatifs des supercontinents à cette époque

Au Jurassique supérieur, les deux dynamiques liées à la Téthys ont changé de sens. Le groupe des Ammonites Stéphanocératacés en est le meilleur révélateur.

La transgression arctique commence après la grande homogénéisation des faunes marines dominées par les Macrocéphalitidés (Bathonien-Callovien inférieur), ensemble de répartition quasi universelle. A partir de la seconde moitié du Callovien, on voit s'ébaucher une province marine directement en rapport avec l'océan Arctique par un bras de mer russe, nouvellement formé, qui s'étend sur la plate-forme russe et se bifurque ensuite d'une part vers la Crimée, d'autre part vers la Pologne, l'Allemagne du Nord et la Lithuanie. Cette province a une faune d'Ammonites qui lui est propre, en particulier les Cardiocératidés qui vont caractériser l'Oxfordien. Mais on ne peut dire qu'elle soit froide car des récifs existent encore jusqu'en Allemagne du Nord : c'est l'étage corallien, maximum du développement des récifs de Scléractinies dans le Jura. L'approfondissement de la mer du Nord peut être mis en rapport avec la stabilisation tectonique de l'Europe du Nord-Ouest. On peut penser que les bras de mer issus de l'Arctique, anciens comme celui du Verkhoiansk en Sibérie orientale, la mer de Sundance au Canada, ou nouveaux comme la mer du Nord devenue paralique, les bassins du Yorkshire et du Dorset, ainsi que le bras de mer russe, ont eu leurs eaux réchauffées par la transgression téthysienne antérieure, mais les courants tièdes porteurs de larves d'Invertébrés se dessinent non plus à partir de la Téthys mais à partir de l'Arctique.

Un autre bras de mer permet des migrations temporaires de Macrocéphalitidés à la périphérie des zones australes (Madagascar-Afrique du Sud-Antarctide-Patagonie-Chili, avec bifurcation vers la Nouvelle-Guinée).

Le dynamisme interne de la même époque montre un freinage de la dérive laurasienne. Il ne se produit plus aucune expansion du fond océanique au niveau du sillon alpin. Le Jurassique supérieur marque le début d'une nouvelle disposition des courants sous-crustaux. Mais sur l'emplacement méditerranéen, une phase tectonique importante s'inaugure entre des blocs continentaux en cours de dislocation, soulevant les zones ophiolitiques de la péninsule hellénique et de la Syrie, énormes masses de roches ultrabasiques, c'est-à-dire du même type que la croûte océanique, dont la mise en place date souvent du Trias (p. 234). Très souvent altérées en serpentines, elles sont accompagnées par des dépôts sédimentaires siliceux, jaspes et radiolarites, montrant que, épanché sous la mer, l'apport de silice qu'elles fournissent a favorisé le pullulement des organismes à test siliceux, en particulier un plankton de Radiolaires. Ces zones ophiolitiques séparent le Rhodope (Eurasie) de l'Apulie encore africaine. Doit-on penser avec J. Dercourt (1970) qu'elles appartiendraient à la « ride médio-téthysienne » qui, ayant cessé son rôle d'expansion, commencerait à subir des compressions ? Ou bien comme ce sera le cas pour le croissant péri-arabe au Crétacé supérieur, ne s'agit-il pas d'une tectonique liée étroitement à la bordure activée de la Gondwanie au niveau des Dinarides que leur proximité du socle européen amène, les premières, à subir les conséquences du rapprochement gondwano-laurasien ? Une cordillère s'élève en Transcaucasie.

En Afghanistan central, une phase de plissement accompagnée d'une granitisation (granodiorite d'Alishah) date de la fin du Jurassique (Blaise, Leutwein et Sonet, 1972).

Durant la même époque, les autres zones orogéniques du globe subissaient aussi de fortes compressions. Sur le pourtour oriental du Pacifique, les cratons continentaux constitués par l'Amérique du Nord et l'Amérique du Sud affrontaient à nouveau le craton inférieur constitué par le Pacifique (voir p. 111). Il s'agit de l'orogenèse névadienne en Amérique du Nord où surgissent les Névadides (Sierra Nevada) et de l'orogenèse andine en Amérique du Sud, prolongée par les chaînes gondwanes de Patagonie, de l'Arc Scotia et de l'Antarctide. Ces chaînes commencent de s'élever au Kiméridgien. En ce qui concerne les Andes, il s'agit surtout d'un vaste soulèvement accompagné du développement de failles ou de la montée de plutonites. Un tel soulèvement entraîne d'ailleurs une forte érosion et le dépôt d'épais sédiments sur l'emplacement de la chaîne côtière.

A la fin du Jurassique et au début du Crétacé, de très grandes éruptions basaltiques se sont épanchées sur le Parana; leurs fissures d'amenée sont de direction nord-sud.

Enfin, depuis le Précambrien, la Sibérie orientale fait partie du continent Pacifica auquel elle est liée au niveau de l'Alaska. Elle est séparée de l'Eurasie par un grand trait structural que matérialise, dans la géographie de surface, le bras de mer du Verkhoiansk. Au Jurassique supérieur, les deux « plaques », Amérique du Nord - Sibérie orientale et Sibérie centrale, s'affrontent et s'accolent; le bras de mer du Verkhoiansk subit une évolution orogénique qui n'est pas sans rappeler celle de la zone calédonienne : des cordillères volcanisées, puis une véritable chaîne de montagnes s'y élèvent, en jonction avec le géosynclinal de l'Amour, entre la mer d'Okhotsk et le Baïkal. Cette suture s'inscrit donc initialement dans le même phénomène qui implique la bordure orogénique névadienne dont elle pourrait être l'un des prolongements mais désormais ne s'y produiront que des mouvements posthumes. La continentalisation de l'Asie sibérienne est achevée : les bras de mer du Verkhoiansk et de l'Amour auront bientôt disparu. Il en sera de même jusqu'au Crétacé pour le bras de mer du Nevada - mer de Sundance.

Il serait vraisemblable, si l'on tient compte de l'orogenèse névado-andine et de la fermeture du Verkhoiansk, que l'ouverture de l'Atlantique ait été consommée au cours du Jurassique supérieur. Nous n'avons aucune évidence de l'existence d'un fond vraiment océanique de cet âge mais, au

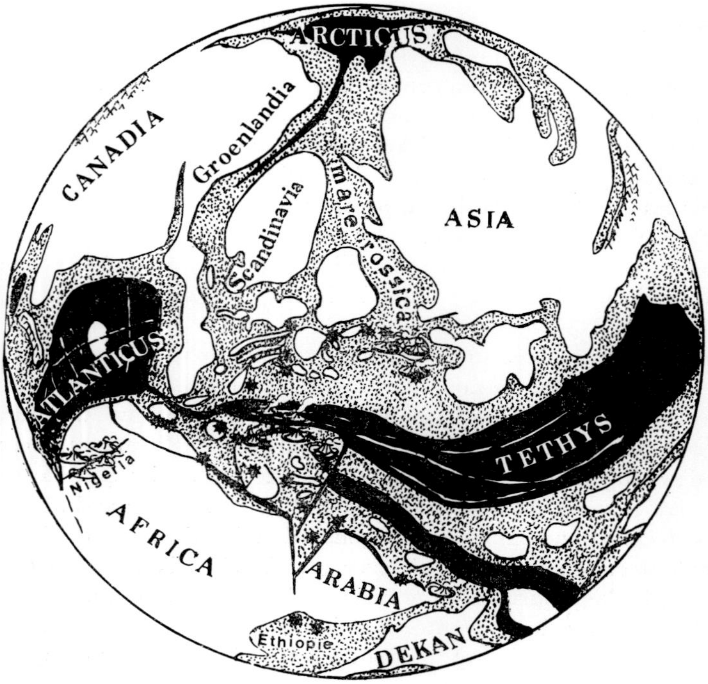

Fig. 40 *a*

Laurasie, Téthys (Mésogée équatoriale), nord de la Gondwanie. Les étoiles à 8 branches désignent les récifs (en particulier à *Cladocoropsis* et *Ellipsactinia*). Développement du bras de mer Russe *(mare Rossica)*.

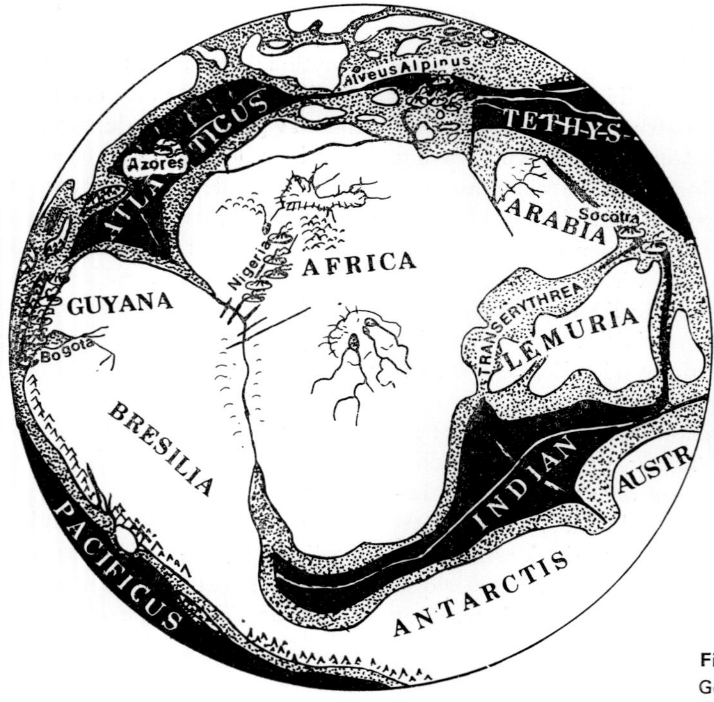

Fig. 40 *b*

Gondwanie en pleine dislocation

Fig. 40 - Fin du Jurassique

Il y a 140 millions d'années, la coupure entre Afrique et Antarctide est pratiquement consommée. L'Atlantique central possède désormais un fond océanique important qui ne cesse de s'élargir. A la suite de mouvements entre « plaques », ou entre supercontinents, des roches ultrabasiques (océaniques) et des granites (continentaux) montent vers la surface, par exemple dans la Téthys. L'orogenèse andine affecte l'ouest des Amériques où le plutonisme granodioritique atteint son maximum. Le Verkhoiansk se suture définitivement.

Fig. 40 *c* - Biotope du Jurassique supérieur de la Bavière
(lagune de Solnhofen)

Parmi les Cycadales, au bord de l'eau, un Théropode carnivore, à station tripode, *Compsognathus*. Au Cycadoïde de droite s'accroche un Saururé, *Archaeopteryx*, Oiseau par ses plumes et ses ailes mais dont les autres caractères (crâne, dents, cerveau, mains) sont très proches de *Compsognathus*. Une Libellule dont l'envergure dépasse 17 cm.

niveau des *rifts* triasiques, une mer peu profonde semble avoir opéré la jonction Antilles-zone alpine en prolongeant la Mésogée.

Enfin, dans la dislocation gondwane compte le début du glissement de la Lémurie (Dekkan-Madagascar) vers le nord-est.

Climats et biosphère jurassiques

Dans les mers encore chaudes du Jurassique supérieur, les récifs sont dominés par des Algues, des Spongiaires calcaires (Ellipsactinies, *Cladocoropsis* entre autres) et des Foraminifères. On y rencontre souvent des polypiers coloniaux et deux groupes de Mollusques dont la coquille est très épaisse : les Rudistes, Bivalves fixés descendant des Mégalodons du Trias et du Lias jouent un rôle constructeur; les Nérinées sont des Gastéropodes à test très épais dont le poids était tel qu'il devrait avoir souvent empêché tout mouvement de quelque ampleur. Les deux groupes continueront de hanter des récifs (d'un type un peu spécial puisque ces animaux sont plus tolérants aux variations de salinité) et des milieux subrécifaux ou pararécifaux pendant 100 millions d'années, c'est-à-dire jusqu'à la fin du Crétacé. Dans l'ensemble, la Mésogée occupant maintenant un grand cercle complet, est toujours le siège de la mer équatoriale chaude et des biotopes récifaux qu'elle abrite; c'est le cas du Mexique comme du sud de l'Europe, de la Turquie et de Sumatra. Mais des courants chauds font essaimer ses organismes également plus au nord, par exemple dans le Jura et en Hongrie ainsi qu'au Japon, et plus au sud jusqu'en Tanzanie. En ce qui concerne le Jura, où d'ailleurs on rencontre aussi des récifs composés de Spongiaires Hexactinellides, les récifs coralliens reculent vers le Sud au cours du Jurassique supérieur : c'est le signe d'un refroidissement lent mais régulier.

Dans une ambiance récifale, les lagons accueillent des organismes marins de toutes sortes en même temps que des animaux terrestres, dont une partie importante de volateurs attirés par une nourriture abondante mais plaqués au sol par les coups de vent. Telle est la conjoncture à Solnhofen, en Bavière, exemple le plus complet de ce type. Là, à côté d'une admirable collection de Céphalopodes (parmi lesquels on remarque de nombreux Dibranchiaux, voisins ou ancêtres des Seiches), des Crustacés et des Crinoïdes (tel *Saccocoma* qui était pélagique) se rencontrent de fort beaux Insectes (en particulier des Libellules) avec des Reptiles volants dont on connaît l'existence depuis le Lias (*Rhamphorhynchus* et *Pterodactylus*). Enfin et surtout, on y a trouvé un Oiseau, *Archaeopteryx* (voir p. 236), pourvu de plumes mais se distinguant encore mal des Reptiles (son crâne est celui d'un Reptile, avec une sclérotique ossifiée et une mâchoire dentée, ses ailes portent encore des doigts comparables à ceux de certains Théropodes Cœlurosauriens tels que *Ornitholestes* et *Compsognathus*, fig. 40). Enfin il a une longue queue dans laquelle se prolonge la colonne vertébrale, bien différente d'un croupion.

Une province marine nouvelle, dont l'importance ira croissant jusqu'à l'époque actuelle, prend naissance : c'est la province indo-pacifique dont la population est issue à l'Oxfordien de la faune téthysienne (Arkell, 1956). A cette époque, en effet, la faune d'Ammonites de Madagascar et du Kutch, de l'Afrique orientale, de l'Himalaya et de l'Indonésie s'individualise, par exemple avec les Mayaitidés qui ne sont pas sans ressembler aux Macrocéphalitidés (Collignon, 1958-1960). Cette particularisation atteint les Bélemnites *(Belemnopsis)* (Stevens, 1965; Hallam, 1967) et les Bivalves (l'Arcidé *Indogrammatodon*, du Kutch, de Tanzanie et de Madagascar). A la fin du Jurassique, la faune indo-pacifique envahit la Nouvelle Zélande qui formait jusque-là un bassin fermé où vivait une faune endémique.

Un ruban correspondant à peu près à l'axe du sillon alpin de l'Andalousie et du Rif aux Carpathes polonaises est occupé par des dépôts différents à faunes totalement distinctes (H. Termier et G. Termier, 1962). Ce sont des roches à grain très fin, qui sont d'anciennes vases calcaires, généralement blanches mais parfois rougies par le lessivage des terres émergées voisines. Ces dépôts ont commencé au Lias moyen (Pliensbachien) et furent associés à une faune de fond (benthonique) progressivement particularisée : Brachiopodes, surtout des Térébratulacés, atteignant leur maximum de spécialisation à la fin du Jurassique avec les Pygopes dont la coquille épouse la forme des lobes brachiaux et se soude vers l'avant, aboutissant à un aspect troué ; et premiers Echinides irréguliers. Une faune nageuse (nektonique) s'y ajoute : il s'agit de divers types d'Ammonites (beaucoup de Phyllocératidés, visiteurs caractéristiques de la mer équatoriale téthysienne dans son ensemble), de Bélemnites, certains endémiques, et de Requins. En ce qui concerne les Céphalopodes, on sait qu'une partie de leur vie se passe en profondeur mais que leurs coquilles cloisonnées flottent facilement. Ceci nous semble expliquer l'étrange répartition des Phyllocératidés dans cette zone qui ne convenait certainement pas à leurs besoins thermiques. Le plankton qui nourrissait tous ces animaux était abondant : zooplankton (Tintinnoïdiens et Radiolaires) et phytoplankton (Coccolithophoridées et Chlorophytes). L'abondance de plankton siliceux, qui s'accompagne d'ailleurs de dépôt de silex, suggère un système de courants relativement froids (température inférieure à 18 °C ou 20 °C), ce que corrobore l'absence de récifs le long de cette zone. La stabilisation de ce système de courants froids pendant plusieurs dizaines de millions d'années explique l'endémisme des faunes subsistant sur leur passage (H. et G. Termier, 1962).

Sur les terres fermes, les climats s'indiquent nettement. Un peu partout sur la bordure nord de la Téthys, les calcaires érodés en karst recevaient depuis le Lias des poussières latéritiques transportées par le vent ou les rivières depuis les massifs cristallins dont elles représentent les sols issus d'un couvert végétal sous climat tropical humide. De véritables bauxites dont l'origine est soit latéritique soit autochtone à partir des calcaires mêmes, du Lias et du Dogger, se rencontrent dans les Alpes de Savoie (Vanoise), le nord-est de l'Espagne, le Kazakhstan, l'Uzbekistan et en Mongolie (désert de Gobi). Au Jurassique supérieur les gîtes de bauxite se raréfient (on en trouve encore dans l'Ariège). Mais dans l'ensemble nous atteignons une nouvelle phase d'aridité sur les continents : des lagunes d'évaporation où se déposent du sel et du gypse se rencontrent sur les terres attenantes à la Mésogée, aussi bien en Amérique du Nord et du Sud qu'en Afrique et en Eurasie. Par exemple, dans le Kara Taou, au nord de Tashkent, un lac a une faune extrêmement riche en Insectes et en plantes de climat aride tropical (Hekker, 1948). Les Conifères et les Gingkoales sont favorisées par un tel climat. Les flores africaines du « Continental intercalaire », assez constantes entre le Jurassique moyen et le Crétacé inférieur, sont des Conifères (Araucariées), des Cycadophytes et des Dicotylédones déjà variées (Laurier, Cinnamome, Anone, Magnolia), évidemment accompagnées de Fougères et de Prêles.

La Sibérie et le Japon sont dans la zone tempérée septentrionale couverte de forêts de Cycadophytes, l'Australie dans la zone tempérée méridionale. A la limite entre la zone aride et la zone tempérée, de part et d'autre de l'équateur, les grandes décharges fluviales et les marécages mal drainés continuent d'être des lieux d'élection pour l'évolution des grands Reptiles Dinosauriens (par exemple la plaine alluviale de Morrison dans les Rocheuses). Les Mammifères, encore rares, se développent dans la même zone.

La distribution des Vertébrés tétrapodes continentaux du Jurassique supérieur traduit fidèlement les relations encore très directes entre les terres émergées. C'est ainsi qu'une comparaison étroite peut être établie entre la faune de Tanzanie (Tendaguru) et celle de Morrison, toutes deux riches en Dinosauriens et renfermant seulement de rares Mammifères (un seul, un Pantothère en Tanzanie). En outre, on doit noter que des liens terrestres existent entre l'Australie et soit encore la Gondwanie, soit la Laurasie, puisqu'on y trouve un représentant de la faune reptilienne mondiale *(Bothriospondylus)*.

Les mers venant de l'Arctique correspondent bien au climat tempéré des terres qu'elles traversent. Elles constituent la *province volgienne* d'Eurasie, parce qu'elles ont leur type dans les bassin de la Volga. On y trouve de vastes herbiers, très riches en matière organique d'origine végétale et dans laquelle vivait une faune de Vers, de Lingules, d'Ammonites, de Calmars, de Gastéropodes, de Bivalves et d'Echinodermes. Un petit Bivalve que l'on connaît dans ce biotope, *Buchia*, jalonne les chenaux volgiens depuis le Spitzberg et le Groenland. Le plankton est souvent abondant (Coccolithophoridées des marnes de Villers-sur-Mer).

Bibliographie

Arkell W. J., 1956 – *The jurassic of the world.*

Blaise J., Leutwein F. et Sonet J., 1972 – Sur la datation à 140-150 m.a. de la granodiorite d'Alishah et sur ses conséquences pour la géologie des montagnes à l'ouest de Kaboul (Afghanistan central). *CRAS*, *274*, p. 1457-1460.

Cogney G., Termier H. et Termier G., 1971 – Sur la présence de « pillow-lavas » dans le basalte du Permo-Trias au Maroc central. *CRAS*, *273*, p. 446-449.

COLLIGNON M., 1958-1960 – *Atlas des fossiles caractéristiques de Madagascar.* 2, 3, 4. Service Géologique de Madagascar.

DARS R., 1960 (61) – *Mém. BRGM*, nº 12.

DERCOURT J., 1970 – L'expansion océanique actuelle et fossile ; ses implications géotectoniques. *BSGF*, *12*, p. 261.

DEWEY J. F., PITMAN W. C., RYAN W. B. F., BONNIN J., 1973 – Plate tectonics and the evolution of the Alpine system. *Geol. Soc. Amer. Bull.*, *84*, p. 3137.

DONOVAN D. T. *et al.*, 1968 – *Geology of shelf seas.* (Oliver and Boyd.)

DU DRESNAY R., 1972 – Les phénomènes de bordure des constructions carbonatées du Lias moyen du Haut Atlas oriental (Maroc). *CRAS*, *275 D*, p. 535-537.

DU DRESNAY R., 1975 – *Le milieu récifal fossile du Jurassique inférieur (Lias) dans le domaine des chaînes atlasiques du Maroc.*

DU DRESNAY R., TERMIER H. et TERMIER G., 1978 – Hexactinellides (Lyssakides et Dictyonines) du Lias marocain. *Géobios*, *11* (3), p. 269-294, 4 fig., 5 pl.

DUTUIT J. M., 1976 – Voir p. 239.

HALLAM A., 1967 – The bearing of certain palaeogeographic data on continental drift. *Palaeogeogr.-climat.-ecol.*, *3*, p. 201-241.

HEKKER R. F., 1948 – The Jurassic locality of flora and fauna Kara-tau. *Trud. Pal. Inst. Akad. Nauk SSSR*, 15, 1.

HEYBROEK P., 1975 – *On the structure of the Dutch part of the central North sea graben. In* WOODLAND A. W., p. 339-352.

JOLY B., 1976 – Les *Phylloceratidae* malgaches au Jurassique. *Doc. Lab. Géol. Fac. Sc. Lyon*, *67*, 471 p., 70 pl., 147 fig.

OSTROM J. H., 1975 – The origin of Birds. *Ann. Rev. Earth and Planet. Sci.*, *3*, p. 55-77.

RICOU L. E., ARGYRIADIS I. et MARCOUX J., 1975 – L'axe calcaire du Taurus, un alignement de fenêtres arabo-africaines sous des nappes radiolaritiques, ophiolitiques et métamorphiques. *BSGF* (7), *17* (6), p. 1024-1044.

SALVAN H. M., 1968 – L'évolution du problème des évaporites et ses conséquences sur l'interprétation des gisements marocains. *Mines et Géol.*, *27*, p. 1-30.

SYLVESTER-BRADLEY P. C., 1968 – Téthys : the lost ocean. *Science Journ.*, sept. 1968, p. 47-63.

TERMIER H., 1936 – Etudes géologiques sur le Maroc central et le Moyen Atlas septentrional. *N. et Mém. Serv. Carte Géol. Maroc*, *33*.

TERMIER H. et TERMIER G., 1949 – Mode de gisement du basalte permotriasique au Maroc. *BSGF*, *19*, p. 112-134.

TERMIER H. et TERMIER G., 1962 – Une hypothèse sur le rôle des courants marins dans le dépôt de certains calcaires jurassiques et crétacés. *Liv. Mém. P. Fallot*, p. 97-101.

THIERRY J., 1976 – Paléobiogéographie de quelques Stéphanocératacés (Ammonitina) du Jurassique moyen et supérieur; une confrontation avec la théorie mobiliste. *Géobios*, *9*, 3, p. 291-331.

VAN HINTE J. E., 1976 – A Jurassic time scale. *Amer. Ass. Petr. Geol. Bull.*, *60* (4), p. 489-497.

3 Le Crétacé

XXXVII-XLI

La continentalisation (épeirogenèse) au début du Crétacé et ses conséquences

Après la phase orogénique du Jurassique supérieur, quelques-uns des aspects paléogéographiques qui en découlent immédiatement ont subsisté tandis que s'estompaient les grands traits des parties inférieure et moyenne de cette période. Ainsi les continents, quittés par une bonne partie des eaux marines, retrouvent-ils une plus grande aridité dès la limite supérieure du Jurassique (Purbeckien) et au début du Crétacé (Wealdien), sauf en bordure de grands plans d'eau où des flores riches en Fougères montrent une large répartition des climats de moussons. L'extension des terres émergées a favorisé les migrations de troupeaux de Dinosauriens sauropodes, qui envahissent tous les continents, et des Iguanodontes, Ornithopodes laurasiens.

Tableau 17. — *Chronologie du Crétacé*

						Ech. géomagnétique (inversion des pôles)			
				Orogenèse laramide	64-65 m. a.	26	zone de mélange	Beringov	
XLI		*Maestrichtien*		Régression		27			
					69				
	Sénonien	*Campanien*		Transgression		28			
				Régression		29			
				Transgression — Ophiolites de l'Indus-Tsangpo	75	30			
				Régression		31			
					82				
		Santonien		Transgression et début de la grande dérive		Akoh			
					86	32		Mercanton (peu d'inversion)	Keathley
		Coniacien		Début de l'expansion de l'Atlantique Nord	87				
XL		*Turonien*		Régression					
				Changement dans la direction des zones de fractures dans le centre de l'Atlantique Nord		inversion			
					90				
		Cénomanien		Ouverture de l'océan Indien : séparation Dekkan-Madagascar					
				Transgression téthysienne « mer » à Huîtres sur l'Afrique					
				Orogenèse autrichienne (Gosau)					
					100	mélange			
XXXIX		*Albien*	séparation progressive de l'Afrique de l'Amérique du Sud et de l'Antarctide		105	inversion			
				Décollement Afrique-Antarctide	106				
						Gatan			
XXXVIII	Urgonien	*Aptien*		Bassins lagunaires entre Afrique et Amérique du Sud		M0			
					115	inversion			
		Barrémien		Ouverture golfe Biscaye, bras de mer russe		M1			
					120				
XXXVII	Néocomien (Wealdien)	*Hauterivien*				M5	Serra Geral (zone de mélange)		
						M10			
					125	M10 N			
		Valanginien							
					130				
		Berriasien		Epeirogenèse					
				Régression, aridité		M15			
					135				
				Orogenèse andine					
		Jurassique			150				

La province boréale et la province téthysienne du Jurassique supérieur se sont perpétuées pendant l'Hauterivien jusqu'à il y a un peu plus de 120 millions d'années.

Les mers chaudes se restreignent aux abords immédiats de la Téthys où l'on voit prospérer les mêmes ensembles fauniques : celui du faciès récifal ou subrécifal à Rudistes et Nérinées, celui du courant axial alpin. Le bras de mer russe se scinde en deux parties, l'une, au nord, restant en communication avec l'Arctique, l'autre, au sud, avec la Téthys.

A la suite de mouvements tectoniques, la mer a quitté l'extrémité méridionale du géosynclinal des Andes occidentales tandis qu'elle reste présente plus au sud, dans la région occupée maintenant par le géosynclinal de Magellan.

Les vieux massifs indurés subissent l'épeirogenèse en Europe comme en Afrique du Nord et finissent par émerger tandis que les sillons les séparant reçoivent une sédimentation détritique.

Les massifs émergés de la région mésogéenne de part et d'autre du sillon alpin sont alors sous le climat tropical humide favorable à une évolution latéritique des sols, qui peuvent ensuite avoir été emportés et redéposés ailleurs sous forme de bauxite. C'est le cas du Crétacé inférieur dans le nord de l'Espagne et le sud de la France où l'isthme durancien relie le Massif central à celui des Maures et de l'Esterel. Dans les Dinarides, l'Istrie et une bonne partie des rives de l'Adriatique les calcaires jurassiques émergèrent et subirent une évolution karstique; on y connaît quelques gîtes de bauxite formés sur place ou non. Plus à l'est, c'est encore le cas du Kazakhstan et plus à l'ouest, celui d'une partie du Brésil.

En mer du Nord, la tectonique salifère (halokinèse) continue de différencier des aires de tension entre les blocs faillés. Mais il existe une tendance à l'homogénéisation de cette région en un seul bassin envahi par la mer dès le Néocomien pour le Sud et dès l'Aptien pour le Nord. Le volcanisme né sur les grabens persiste.

Dislocation entre l'Afrique du Sud et l'Antarctide

Après la grande phase volcanique du Lias qui affecta l'Afrique du Sud ainsi que l'est de l'Amérique du Sud, puis pendant les prémices de la grande ouverture de l'océan Atlantique, l'Afrique et l'Antarctide commencent de se décoller l'une de l'autre. On peut dater de la limite du Jurassique et du Crétacé le début de cette dislocation qui fut complète à l'Albien. Il semble que l'expansion du fond océanique de part et d'autre de la branche sud-ouest de la crête Carlsberg (entre l'île Maurice et celles du Prince Edward) ait été presque terminée au Crétacé supérieur. L'Inde péninsulaire et Madagascar n'en font pas moins encore partie intégrante de la Gondwanie. L'Antarctide reste soudée à l'Amérique du Sud tandis que, dès le Jurassique supérieur, un *rift* fourchu s'installe entre l'Australie et l'Antarctide, le long de la Grande Baie

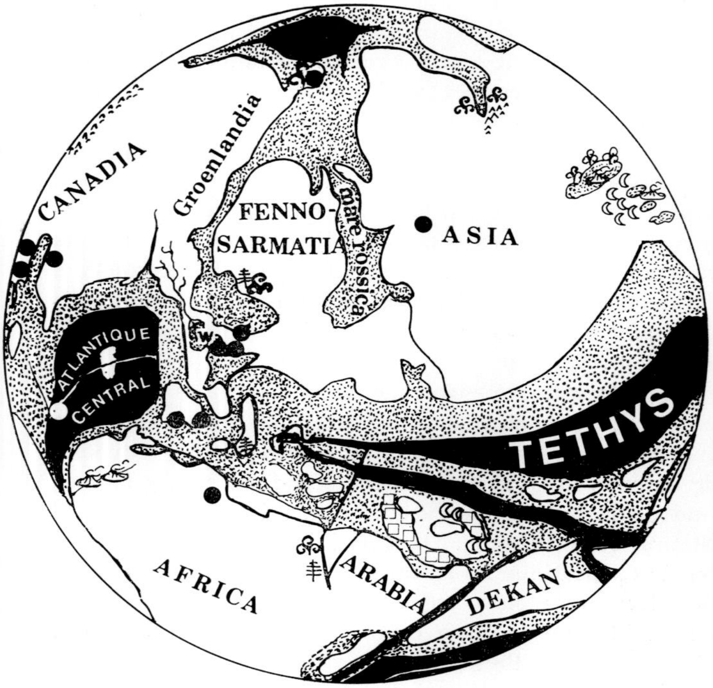

Fig. 41 - La Terre au Crétacé inférieur (Nécomien XXXVII)

Fig. 41 *a* - Amérique du Nord - Atlantique - Europe ; nord de l'Afrique

Le bassin de l'Atlantique central s'ouvre ; un fond océanique de 5 000 m va se former par une rapide subsidence dans une partie du plateau de Blake, naguère tout à fait littoral et peuplé d'Algues. Après les orogenèses du Jurassique supérieur, une tendance à la régression affecte diverses régions aplanies, en particulier l'Europe occidentale où s'étend l'immense delta du Weald (W.). Il en est de même en d'autres points du globe. Là prospèrent de grands « Reptiles », en particulier les Iguanodons (points noirs). Le climat chaud et humide, de type mousson, favorise une belle végétation (signe en forme de triple crosse : Fougères).

Fig. 41 *b*
Biotope wealdien

— *Au premier plan*, quelques Fougères : à gauche, *Matonidium*, à droite *Weichselia*.

— *Au centre*, un *Iguanodon* (4,5 m de haut, 9 m de long) en station tripode (repos sur les membres postérieurs et la queue). La tête est chevaline ; les pouces sont de puissants ergots ; en arrière de l'animal, deux traces de ses pieds dans la boue craquelée.

— *A gauche et en arrière*, un Théropode *Megalosaurus*, carnivore.

— *A droite*, accroché à une branche de pin par les pieds, un Ptérosaurien, *Pterodactylus*.

(Reconstitution inspirée de Seward, Swinton, Engelen *in* Casier.)

australienne : le fossé de Bass séparait la Tasmanie du Victoria et un autre, la Tasmanie de l'Antarctide (Carey, 1970). En même temps, la grande « Faille alpine » (450 km de décrochement), qui prend en écharpe la Nouvelle-Zélande, subissait des rejeux violents.

Comment et quand s'ouvrit l'océan Atlantique. La transgression mésocrétacée

Un bassin (golfe) mexicain d'eau peu profonde débouchait déjà sur l'Atlantique au Lias. La découverte (Pratt et Heezen, 1964) de sables jurassiques riches en Algues, donc de mer peu profonde, dans les grands fonds actuels près du plateau de Blake, au large des Caraïbes, prouve l'existence d'un fond océanique à cet endroit. Par conséquent, l'écartement de la partie centrale de l'océan Atlantique date au moins du Crétacé inférieur et plus probablement de la fin du Jurassique. A ce moment, le *rift* atlantique laissait se former d'étroits chenaux marins venant du nord jusqu'à la côte sénégalaise (Reyre, 1966), tandis que, venant du sud, la province indo-africaine mordait entre le Brésil et l'Afrique du Sud dès le Néocomien (Reyment, 1969). A l'Aptien, on assiste à la formation, le long du *rift* atlantique, d'une série de bassins jalonnant sur les deux rives la limite entre la future Amérique du Sud et la future Afrique au niveau du golfe de Guinée (Belmonte, Hirtz et Wenger, 1965). Ces bassins ont d'abord reçu des rivières continentales comme la Cuenza (au sud du Congo), mais ils indiquaient la continuation de la zone de faiblesse et de fracturation initiée au Trias entre les deux continents; ils sont devenus lagunaires et évaporatoires à l'Aptien supérieur. Dans un seul d'entre eux, la mer venant des îles du Cap Vert pénétrait en Guinée, au Cameroun et en Angola où l'on trouve *Puzosia*, Ammonite mésogéenne bien représentée dans le midi de la France, aux Baléares et au Maroc. A l'Albien supérieur, *Elobiceras* (Reyment, 1969), genre endémique à rapprocher des Mortonicératidés, cohabite avec d'autres genres d'Ammonites, parmi lesquels *Mortoniceras* lui-même; ils gagnent de nouveaux gîtes côtiers dans la Guinée, le Nigeria, l'Angola, la Côte-d'Ivoire et le Gabon, d'une part, la côte brésilienne d'autre part (Reyment, 1971).

Par conséquent, la mer occupait l'Atlantique central au niveau de la Téthys (zone antillaise) et dirigeait des diverticules temporaires sur le sud-ouest du Maroc (bassin de Tarfaya, Collignon, 1966; Freneix, 1972) et jusque dans le nord du golfe de Guinée. Après cette phase et les dépôts d'évaporites qui lui ont succédé, la mer s'est insinuée au Cénomanien, cette fois définitivement, dans les mêmes bassins : littorale et peu profonde (Dartevelle et Freneix, 1957; Freneix, 1966), elle ne consommait pas encore complètement le divorce des deux continents.

Déjà fonctionne la tectonique caraïbe; île peut-être détachée de l'Amérique du Sud (Vandel, 1972), Cuba offre dans la province de l'Oriente un

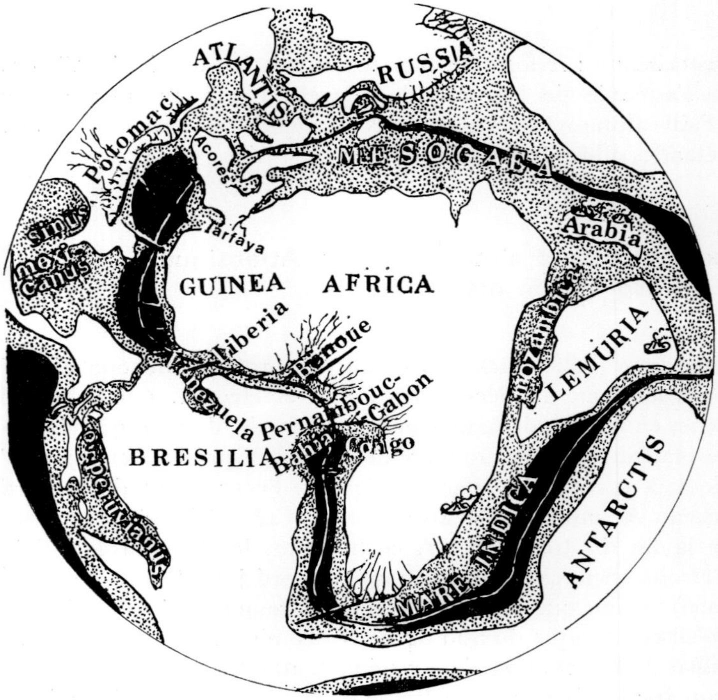

Fig. 42 *a* - Séparation de l'Afrique et de l'Amérique

Il y a 100 millions d'années, la séparation de l'Afrique et de l'Amérique est pratiquement accomplie. Les chenaux représentant l'Atlantique central et l'Atlantique Sud sont encore séparés par un isthme Pernambouc - Gabon. Des lagunes, puis des golfes marins apparaissent d'abord sur les deux rives atlantiques : sur la côte africaine, celui de Tarfaya au sud du Maroc, celui du Libéria, celui de la Bénoué (accompagné de fractures), celui du Congo ; sur la côte sud-américaine, le golfe vénézuélien et celui de Bahia.

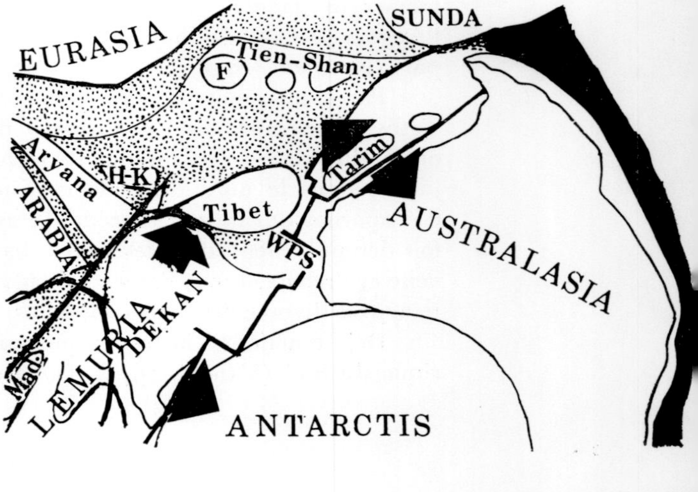

Fig. 42 *b*
Evolution de la bordure gondwane orientale au Crétacé inférieur

Après l'ouverture mozambique dès le Permien ; celle en échelon de la limite Dekan (Antarctide-Australie) comprend l'escarpement de Wallaby et l'amorce de la crête Ninety-East. Le mouvement vers le sud-est de l'Antarctide-Australasie libère la Lémurie et l'Inde se déplace vers le nord-nord-est.

bloc septentrional qui s'est stabilisé au cours du Crétacé tandis qu'une zone méridionale devient une fosse volcanisée qui restera en action jusqu'à l'Eocène inférieur (Kumpera, 1969).

Dans la région des Bahamas (plateau de Blake), on constate pendant le Cénomanien l'existence d'une sédimentation de mer peu profonde (Algues, Foraminifères) que les sondages ont ramenée du fond actuellement océanique (entre 3 000 et 5 000 m) : sur le même point, on passait alors brutalement de la zone littorale à la zone abyssale (5 000 m) (Heezen et Sheridan, 1966). L'ouverture de l'Atlantique central *en tant que fond océanique* date de cet âge, et les profondeurs aujourd'hui atteintes mesurent l'enfoncement effectué depuis lors. Ainsi peut-on penser que du nord au sud la crête médio-atlantique commençait une existence active, des hiatus encore parcellaires comme celui, cité plus haut, du plateau de Blake, inaugurant l'expansion océanique qui devait en résulter.

Cette ouverture est liée à des mouvements intratelluriques préparés de longue date, peut-être l'augmentation du nombre de cellules de convection dans le manteau supérieur, qui passerait de quatre à cinq (Runcorn, 1962). A cette cause profonde s'ajoutent de vastes remuements superficiels des mers, à savoir l'une des plus grandes transgressions téthysiennes de tous les temps, la *transgression cénomanienne* qui va s'étendre sur toutes les aires continentales. Après un court rétablissement du bras de mer russe au Barrémien, sa zone arctique s'efface peu à peu tandis qu'il communique avec l'océan du Zagros et avec le « géosynclinal » Béloutche. Une mer épicontinentale téthysienne s'étale sur toute l'Europe du Nord jusqu'en Asie centrale. A la fin du Cénomanien, elle s'engage sur une grande partie du nord de l'Afrique, à l'ouest de l'Ahaggar, où elle entre en jonction avec certains des golfes atlantiques en utilisant de grands linéaments comme celui de la Bénoué. Elle pénètre aussi dans le nord de la région de Suez. Des phénomènes analogues se produisent en Amérique centrale et dans les Rocheuses.

Après plus de 100 millions d'années d'arrêt presque complet, la Gondwanie reprend son glissement vers le Nord à la poursuite d'une Laurasie dont le mouvement avait été à peu près continu. L'ouverture méditerranéenne n'ayant été que partielle et de faible amplitude, les conséquences de l'affrontement commencent à se faire sentir très tôt, dès l'Albien, entre les bordures déjà détachées des deux grands ensembles (Dinarides et Alpides). Pour la Lémurie, isolée de l'Afrique depuis le Trias, le mouvement est plus rapide, mais l'affrontement sera tout de même tardif parce que la distance à parcourir (toute la largeur de l'ancien « océan » téthysien) était plus grande. Un premier résultat s'inscrit déjà : l'ouverture de l'océan Indien.

A l'Albien, la mer transgressive sur l'Europe reste fraîche et le ruissellement venant des terres soulevées un peu partout est important, aussi bien en Europe qu'en Afrique du Nord. De tous ces faits résultent de grands dépôts détritiques de cailloutis fluviatiles, des sédiments transgressifs de mer non chaude où se forment de la glauconie (donc au-dessus de 15 °C) et des phosphates.

En remontant le temps mesuré d'après les linéations magnétiques des fonds océaniques, on a pu calculer que le début du fonctionnement complet du système d'expansion par rapport aux crêtes médio-océaniques encore actives aujourd'hui remonte à environ 86 millions d'années, c'est-à-dire au Sénonien (Crétacé supérieur) (Vine, 1966; Van Hinte, 1976). Cependant, le décollement de l'Afrique et de l'Antarctide préfiguré dès le Siluronien par la province marine malvino-caffre et au Sakmarien par la mer à *Eurydesma* (p. 205) était chose faite dès la limite entre l'Aptien et l'Albien, il y a 110 millions d'années (Jardine et McKenzie, 1972). Dès lors l'unité continentale de la Gondwanie était rompue et un continent périphérique comprenant l'Amérique du Sud, l'Antarctide et l'Australie, se montrait bien délimité.

Climats et biosphère

Une transgression téthysienne généralise la mousson au cœur des terres émergées. Le climat des zones atteintes est donc dès lors chaud et humide, matérialisé par la répartition mondiale des Fougères. En bordure du Pacifique et du golfe du Mexique, à l'ouest du Groenland, des zones marécageuses sont semées de forêts dans lesquelles se développent les plantes à fleurs. La couche aquatique qui recouvre d'immenses territoires aplanis est souvent extrêmement mince, par exemple sur l'Afrique où elle se réduit fréquemment à des lagunes évaporatoires peuplées d'Huîtres. La Mésogée équatoriale reste au contraire limitée : les récifs de Coraux et de Rudistes lui sont restreints, ainsi que la répartition de grands Foraminifères, les Orbitolines. D'un autre côté le courant alpin a disparu sans laisser de traces, avec ses faunes endémiques et son caractère d'eau plus froide.

On peut toutefois distinguer une province africaine de la province européenne. La province africaine à Huîtres, et dont la mer commence à se retirer au Turonien, comprend l'Afrique du Nord, la Sicile et la Calabre. Elle dessine un arc, peut-être géosynclinal, ouvert vers l'ouest - nord-ouest autour du massif ancien calabro-péloritain (M. A. Moroni, 1967), mais c'est elle aussi qui s'étend sur le nord du continent africain jusqu'en Nigeria et au Zululand. La province européenne à faune appauvrie ne contient qu'un petit nombre d'espèces communes avec la précédente.

La présence définitive d'une mer encore peu profonde entre l'Amérique du Sud et l'Afrique entraîne certains isolements mais laisse subsister des traits biologiques communs qui ne sont pas encore effacés à l'époque actuelle. Telle est la répartition amphiatlantique (c'est-à-dire de part et d'autre de l'Atlantique) des différents genres de Vers de terre (Lumbricidés). Ceux-ci constituent en effet trois groupes bien distincts, groupés en un bassin septentrional (Appalaches-Eurasie), un bassin central (Guinée-Brésil) et un bassin austral (Argentine, Falkland, Afrique du Sud), chacun chevauchant les deux continents, reconstituant ainsi un enjambement initial comme si l'actuelle barrière océanique, totalement infranchissable, n'existait pas aujourd'hui (Omodeo, 1952 à 1955). On peut penser que cette coupure biologique est à peine postérieure au Cénomanien puisque c'est alors que s'est installé l'océan; les espèces sont endémiques. L'actuelle répartition amphiatlantique de certaines Tortues (les Péloméduses), de certaines Grenouilles *(Pipa)* et de certains Poissons d'eau douce (Characidés, Ostéoglosses, Cyprinodontes) de part et d'autre de l'Atlantique, en Afrique et en Amérique du Sud, remonterait à la même époque (Hall, 1967).

C'est à la base de l'Albien, il y a environ 110 millions d'années, que se séparent définitivement l'Afrique et l'Antarctide.

Au bord de la Mésogée, la mer qui couvrait l'Europe semble avoir été beaucoup moins chaude; il commence de s'y déposer la craie, roche calcaire friable et même pulvérulente parce que non recristallisée, essentiellement composée, comme une vase, de zooplankton (Globigérines) et de phytoplankton (Coccolithophoridées). On y rencontre une faune d'Ammonites et d'Echinodermes, généralement fouisseurs, ainsi que de nombreux silex provenant de la solidification immédiate de gels siliceux dont la prise momifia des Phytoflagellés. Les Spongiaires Lithistides indiquent une profondeur moyenne.

Sur les continents, juste après la transgression cénomanienne, les climats n'ont pas changé de façon notable, chauds et humides sur le pourtour de la Mésogée, toujours favorables à l'érosion karstique pour ce qui concerne les calcaires et à la latéritisation pour les roches cristallines. Ainsi la zone adriatique (Istrie, Italie orientale, Dalmatie et Grèce), qui avait été l'objet de dépôts calcaires au Cénomanien, se retrouve dans la même situation que pendant le Crétacé inférieur. Mais dans l'ensemble on constate un retour à l'aridité et déjà un léger refroidissement, bien qu'il y ait encore des Palmiers au Groenland et dans le sud de l'Alaska comme en bordure de la Mésogée.

La mesure des températures moyennes pour les fonds océaniques indique une chute de 22 °C à 16 °C environ entre l'Aptien et le Cénomanien (il y a 100 millions d'années) et une remontée jusqu'à 20 °C entre le Cénomanien et le Turonien (il y a 90 millions d'années). Après quoi cette température est retombée à peu près à 16 °C à la fin du Crétacé. Mais il s'agit là des fonds océaniques alors qu'en surface (où les variations sont plus rapides) la mer de la craie est déjà plus froide (13 à 14 °C). Ces divers chiffres sont plus élevés que leurs homologues des mers modernes qui conservent des séquelles des glaciations quaternaires. La tendance à la baisse de la température qui s'indique au Crétacé supérieur ne doit cependant pas être sous-estimée. Sauf remontées épisodiques, elle va continuer assez régulièrement jusqu'au Quaternaire.

Dans ce contexte apparaissaient, il y a 63 millions d'années, dans la craie danienne du Danemark (Fakse), les premiers fonds dits « coralligènes », connus aujourd'hui à environ 200 m sous la surface de la mer et sur le talus bathyal des continents. C'est une faune de mer plutôt froide, hors de l'action de la lumière et des zones d'énergie, où des Polypiers, dépourvus de la symbioses de xanthelles, ne construisent pas de récifs.

Fig. 43 *a* - La Gondwanie au Crétacé supérieur
(Sénonien - XLI)

Fig. 43 *b* - Le Pacifique à l'époque du « Bombement de Darwin »

Fig. 43 *c* - Schéma de l'état structural du globe au Crétacé supérieur
(hémisphère continental)

Fig. 43 *d* - Quelques « Reptiles » de la craie du Kansas

— A gauche sur la figure : l'*Elasmosaurus* (Plésiosaure) (13 m de long), à corps semblable à celui d'une Tortue et cou démesurément long, pouvant assumer des mouvements de serpent.

— A droite sur la figure : le *Tylosaurus*, qui est un Mosasaure (11 m de long).

— Aérien : le Pteranodon, grand voilier dont l'envergure atteignait 12 m.

Fig. 43 *a* - Il y a 85 millions d'années, l'Atlantique était bien établi sauf au niveau de la province thuléenne, reste du continent nord-atlantique. La transgression téthysienne, surtout importante un peu plus tôt, au Cénomanien (il y a de 100 à 90 millions d'années), a recouvert d'une mer très peu profonde (lagunes à Huîtres) une grande partie du nord de l'Afrique. La distance entre Afrique et Amérique du Sud atteindra 3 000 km au Campanien (il y a environ 75 millions d'années).

Fig. 43 *e* - Deux « Reptiles » du Sénonien de Mongolie

— A droite, *Styracosaurus*, Cératopsidé portant une corne sur le nez comme un Rhinocéros et une collerette nucale également hérissée de cornes.

— A gauche, *Saurolophus*, voisin des Iguanodontes à bec de carnard, dont la tête portait une sorte de crête prolongeant vers le haut les os nasaux et pouvant servir à emmagasiner de l'air pendant la plongée (inspiré de dessins de Flérov).

Fig. 43 *b* - Vue du Pacifique à l'époque du « Bombement de Darwin » qui fit émerger des chaînes de volcans, lesquels sont aujourd'hui des « guyots » à sommet plat.

Fig. 43 *c* - On passe de la symétrie de la Pangée, avec ses deux supercontinents, à la symétrie moderne. Il faut noter que deux aires (ou plaques) privilégiées vont demeurer fixes : le Pacifique (craton inférieur) et l'Afrique (craton supérieur), lesquels sont situés aux antipodes l'un de l'autre. Cette relation est l'héritage d'une relation analogue entre Gondwanie et Eopacifique, qui a duré depuis la révolution hudsonienne jusqu'à la fin du Paléozoïque inférieur (fig. 11 *a*). C'est d'une Afrique fixe que se détachent progressivement des « plaques » (ou « sous-plaques ») nouvelles, mobiles et plus petites, à la faveur de l'expansion des fonds océaniques : Amérique du Sud, Antarctide, Australie, auxquelles s'ajoutent les plaques issues de la Laurasie. A la différence de l'époque du Paléozoïque inférieur où l'axe de rotation de la Terre coïncidait pratiquement avec un axe perforant l'Afrique et le Pacifique, le nouveau modèle qui s'ébauche possède un axe de rotation différent, perpendiculaire à l'axe Afrique-Pacifique.

Qu'était l'océan Pacifique au Crétacé ? *Fig. 43 c*

L'océan Pacifique fut interprété par Stille (1944, 1948) comme un craton inférieur s'opposant aux cratons supérieurs que sont les continents.

L'histoire du Pacifique a subi des vicissitudes qui en ont parfois altéré la stabilité et sont perceptibles à partir du Crétacé, si bien que l'on pourrait même suggérer que ce craton inférieur a été disloqué par les mêmes forces qui ont écartelé les supercontinents. Dans le Pacifique central, entre les Mariannes et les Tuamotou, une aire de 10 000 km sur 4 000 km englobe la Micronésie, la Polynésie, la chaîne Mid-Pacifique et frôle les Hawaï occidentales. Cet ensemble constitue une zone de bombement, pratiquement couverte d'épanchements basaltiques, et qui daterait du Crétacé, il y a plus de 100 millions d'années, le bombement Darwin (H. W. Menard, 1965). De nombreux archipels volcaniques y auraient pris naissance pendant le Cénomanien en même temps que s'ouvrait l'Atlantique. Situés à peu près entièrement dans la zone équatoriale, les volcans les moins profonds du bombement Darwin furent finalement soumis à l'érosion subaérienne. A la fin du Crétacé, cependant, cette topographie plus ou moins continue a été le théâtre d'un volcanisme fissural intense ayant pour effet l'enfoncement progressif de l'ensemble sous le poids des laves. Tout l'Eopacifique s'est alors affaissé. Les montagnes à sommet aplani par l'érosion devenaient les supports d'édifices récifaux : ainsi sont nés les guyots, montagnes sous-marines à sommet plat qui, sous une couche d'eau océanique de quelque 1 600 m, offrent d'anciens caractères littoraux et même des traces d'émersion. Il a été suggéré que le bombement Darwin avait subi une expansion du fond océanique, une structure rappelant une crête médio-océanique désormais inactive, ayant été alors l'axe de cette expansion. Ce rift correspondrait alors à la rupture du « Continent Pacifica » (Melville, 1966) (voir p. 101). Aujourd'hui le bombement Darwin, proprement océanique, représente la zone stable du craton Pacifique demeurant sillonné de fissures volcanisées (Hawaï, chaîne de l'Emperor, Marshall) qui sont le siège du volcanisme pacifique caractérisé par l'exclusivité du magma basaltique.

La mer de la craie

Sur une partie des continents laurasiens, les mers épicontinentales s'approfondissent. La « mer de la craie » correspond à un dépôt dans la zone coralligène, juste au-dessus de la limite supérieure de la zone bathyale. Elle s'étend sur une partie de l'ouest de l'Amérique du Nord, en Angleterre et sur l'emplacement de la mer du Nord, le Danemark, l'Allemagne septentrionale, la partie nord de la France. La craie est un sédiment pélagique, une vase à « Globigérines » et à Coccolithophoridées rendue très peu cohérente par de faibles cémentations diagénétiques. Elle renferme des Céphalopodes de haute mer (Ammonites, Nautiles, Bélemnites), des Echinides irréguliers, des Bivalves et des Coraux de profondeur (ahermatypiques, par exemple à Fakse au Danemark). Elle contient aussi des silex, accidents dus à une précipitation chimique, qui ont emballé et préservé des microorganismes même dépourvus de parties dures (Flagellés par exemple). Les températures mesurées pour la mer de la craie indiquent un climat tempéré (12-13 °C) en surface et un refroidissement en profondeur, début d'une tendance qui, en moyenne, continuera jusqu'aux glaciations quaternaires. Cependant des récifs riches en Algues, localisés comme celui de Vigny (au nord-ouest de Paris), se montrent encore assez normaux, sur la bordure sud de la mer de la craie. Ils témoignent à coup sûr de surélévations locales du fond tandis que la présence de Polypiers récifaux (hermatypiques) suggère une température subtropicale.

Bibliographie

Belmonte Y., Hirtz P. et Wenger R., 1965 – The salt basins of the Gabon and the Congo (Brazzaville). *Int. Petr. Salt Bas. around Africa*, p. 55-74.

Carey S. W., 1970 – Australia, New Guinea and Melanesia in the current revolution in concepts of the evolution of the earth. *Search*, *1* (5), p. 178-189.

Carey S. W., 1971 – *Advances in the Study of the Sydney Basin.*

Collignon M., 1966 – Les Céphalopodes crétacés du bassin côtier de Tarfaya. *Mém. Serv. Géol. Maroc*, *175*.

Dartevelle E. et Freineix S., 1957 – Mollusques fossiles du Crétacé de la côte occidentale d'Afrique, du Cameroun à l'Angola. II. Lamellibranches. *Ann. Mus. roy. Congo belge*, *20*, 271 p.

Freineix S., 1966 – Faunes de Bivalves et corrélation des formations marines du Crétacé des bassins côtiers de l'Ouest africain. 1. Littoral atlantique. *Ass. Serv. Géol. Africains*, Symp. New Delhi, 1964, p. 52-78.

Freineix S., 1972 – Les Mollusques bivalves crétacés du bassin côtier de Tarfaya (Maroc méridional). Le bassin côtier de Tarfaya. III. *Notes et Mém. Serv. Géol. Maroc.*

Gaskin D. E., 1975 – Reconsideration of New Zealand Biogeographical problems, with special reference to the Mesozoic. *Mem. Mus. Nat. Hist. Nat.*, A, Zool., *88*, p. 87-97.

Heezen B. C. et Sheridan R. E., 1966 – Lower Cretaceous Rocks (Neocomian-Albian), Dredged from Blake Escarpment. *Science*, *154* (3757), p. 1644-1647, 3 fig.

Jardine N. et Mac Kenzie D., 1972 – Continental drift and the dispersal and evolution of organisms. *Nature*, *235*, p. 20-24.

Kennedy W. J. et Cobban W. A., 1976 – Aspects of Ammonite Biology, Biogeography and Biostratigraphy. *Sp. Pap. Palaeont.*, *17*, 94 p., 24 fig.

Kumpera O., 1969 – Geological evolution of the Sierra de Nipe Mountains with regard to the geological history of the block of Oriente (Cuba). *Sborn. Vys. Skol. Ostrave*, XV, 3, 251, p. 101-120.

Menard H. W., 1965 – *Marine Geology of the Pacific.* McGraw-Hill, 271 p.

Omodeo P., 1952 – Particolarita della Zoogeografia dei Lombrichi. *Boll. Zool.*, XIX (4, 6), p. 349-369.

Omodeo P., 1954 – Problemi faunistici riguardanti gli Oligocheti terricoli della Sardegna. *Att. Soc. Tosc. Sc. Nat.*, LXI, p. 1-15.

OMODEO P., 1954 – Aspetti biogeografici della speciazione. *Bol. Zool.*, XXI (II), p. 1-56.
OMODEO P., 1955 – Nuove specie dei generi a distribuzione amfiatlantica *Wegeneriella e Neogaster* (Acanthodrillidae, Oligochaeta). *Ann. Ist. Mus. zool. Univ. Napoli*, VII (3), p. 1-29.
PRATT R. M. et HEEZEN B. C., 1964 – Topography of the Blake Plateau. *Deep Sea Research*, *11*, p. 721-728.
REYMENT R. A., 1969 – Ammonite biostratigraphy, continental drift and oscillatory transgressions. *Nature*, *224* (5215), p. 137-140.
REYMENT R. A., 1971 – Experimental studies of Cretaceous transgressions for Africa. *Geol. Soc. Amer. Bull.*, *82*, p. 1063-1072.
REYRE D., 1966 – Bassins sédimentaires du littoral africain. *Ass. Serv. Géol. Africains*, Paris.
RUNCORN J. K., 1962 – *Continental Drift.*
STILLE H., 1944 – Geotektonische Probleme des pazifischen Erdraumes. *Preus. Ak. Wiss. Jahr.*, *M.N.Kl.*, nº 11.
STILLE H., 1948 – Ur- und Neuozeane. *Abh. Deutsch. Ak. Wiss. Berlin Math.-Nat. Kl.*, nº 6.
VANDEL A., 1972 – La répartition des Oniscoïdes (Crustacés, Isopodes terrestres) et la dérive des continents. *CRAS*, *275*, p. 2069-2072.
VAN HINTE J. E., 1976 – A Cretaceous time scale. *Amer. Ass. Petrol. Geol. Bull.*, *60* (4), p. 498-516.
VINE F. J., 1966 – Spreading of the ocean-floor : new evidence. *Science*, *154*, p. 1405-1415.

4 Une grande phase de la tectonique globale

A la limite du Crétacé et de l'Eocène, on constate que toute la croûte terrestre, océanique et continentale, bouge. L'Eopacifique, extrêmement volcanisé, s'affaisse. Les continents se disjoignent, une couronne externe (Amériques-Antarctide-Australie) se décolle de l'Afrique en direction centrifuge au moment où naît le système moderne des crêtes médio-océaniques.

La surrection des chaînes Laramides sur la bordure occidentale toujours très mobile de l'Amérique du Nord et de chaînes analogues sur la bordure orientale de l'Asie, par exemple au nord du Japon, dans les îles de Yeso et de Sakhalin, fait suite à une série assez continue de mouvements qui ont eu lieu en bordure du Sud-Est asiatique et jusqu'en Nouvelle-Zélande à partir du Crétacé moyen. Ces orogenèses sont contemporaines de surrections nombreuses mais locales dans la zone alpine (Pyrénées, Dévoluy, Autriche, Carpathes) et jusqu'en Birmanie où une chaîne s'élève en bordure du plateau de Shan et dans l'Arakan Yoma. Ces mouvements vont de pair avec l'ouverture de nouveaux hiatus en Extrême-Orient : la mer du Japon et celles du

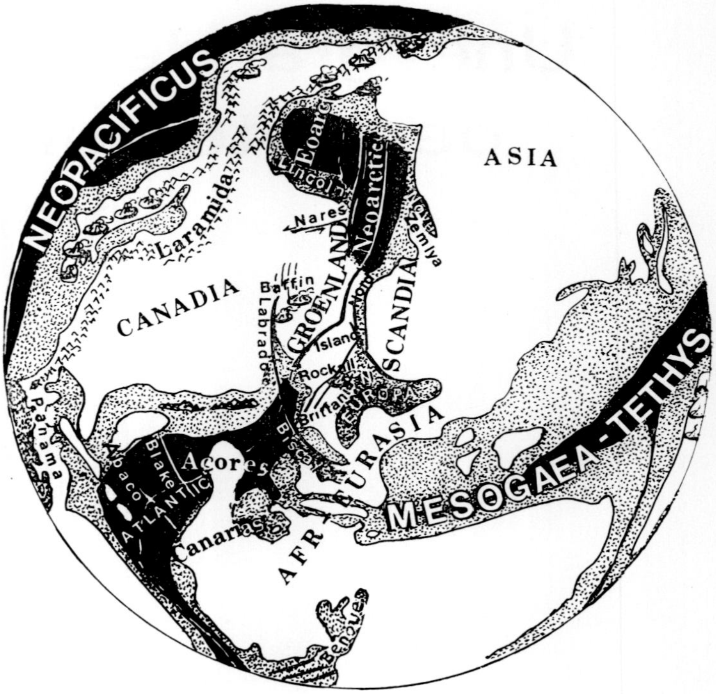

Fig. 44 *a* - La Laurasie à la limite Crétacé-Paléocène

Ce schéma est essentiellement destiné à montrer la disposition des terres et des mers, il y a 65 millions d'années, en particulier au niveau de l'Atlantique Nord et de l'Arctique. Le Néo-Arctique, contemporain de l'ouverture de l'Atlantique, se situe dans le prolongement de celui-ci. Du continent nord-atlantique en pleine dislocation demeure la province Thuléenne, comptant le Groenland, l'Islande, Rockall, les Iles Britanniques, le tout fissuré par des fractures et des « rifts » accompagnés d'un puissant volcanisme fissural. Les grandes lignes de la structure atlantique sont acquises. Les continents émergés (Afrique, Eurasie) communiquent facilement entre eux (Afreurasie). Les deux Amériques, reliées par l'isthme panaméen, sont encore en relation avec l'Antarctide et l'Australie (Améraustralie, incomplètement visible sur cette carte). Les plissements laramides affectent le pourtour de l'océan Pacifique.

Quelques linéaments importants sont situés : décrochement de Nares (près du Néo-Arcticus), faille transformante d'Abaco (Atlantique moyen), entre autres.

Fig. 44 *b*

Schéma de la disposition crustale de la Terre à la limite du Crétacé et du Paléocène.

sud de la Chine et des Riu-Kyu, qui acquerront des fonds océaniques, les plaines abyssales d'Okhotsk et de Bering, qui prendront naissance peu à peu en décollant de leur avant-pays, le craton asiatique, et en écartant sous forme d'arcs insulaires les chaînes élaborées pendant le Paléozoïque supérieur et l'ère secondaire.

La plate-forme téthysienne sur la bordure septentrionale de la Gondwanie, à la charnière du Proche-Orient, de l'Arabie et de l'océan Téthysien, subit à partir du Maestrichtien une tectonique violente se traduisant par une nouvelle montée d'ophiolites et par des charriages vers le sud. Cette structure, que nous connaissons depuis le Trias, dont la longueur atteint 3 000 km, part du Hatay (Syrie et sud de la Turquie), se suit dans les nappes tauriques, Chypre, le Kurdistan, la région de Neyriz et celle d'Oman. Indépendamment du fait qu'elle est plus longue que ne le sont aujourd'hui les Alpes (2 000 km entre Nice et Vienne), elle marque la limite de la Gondwanie qui englobait, outre la Syrie et l'Irak, l'Iran au sud du Zagros. Dans cette zone tectonique, d'importants mouvements mettant en cause le manteau, se perpétuent donc et continueront pendant la plus grande partie de l'ère tertiaire.

Autre élément de cette phase circumpacifique et circumgondwane, une nouvelle mise en œuvre de la chaîne gondwane comprenant les Andes occidentales de l'Amérique du Sud et de l'Antarctide voit la mise en place d'énormes massifs de plutonites granitiques et l'effusion des laves du complexe « andin », particulièrement développé en Patagonie, dans la presqu'île antarctique et dans les Shetland du Sud. Là aussi, il s'agit d'un magmatisme inauguré au Trias (fig. 37 et p. 243).

Fonctionnement et calendrier du système des crêtes médio-océaniques depuis 90 millions d'années. *Fig. 45-48*

La géographie moderne est en majeure partie fondée sur un système de crêtes médio-océaniques qui délimitent de grandes plaques composées à la fois par les continents et par les portions océaniques attenantes (voir p. 33). Etant donné que la grande phase de dislocation qui a divisé les supercontinents a subi son évolution décisive il y a une centaine de millions d'années, on peut être sûr que le système actuel est postérieur à cette date.

Tout a commencé de fonctionner dans son ensemble à partir de 90 millions d'années, c'est-à-dire au Crétacé supérieur. Les résultats essentiels sont l'ouverture de nouveaux bassins et le largage successif des amarres entre les divers continents qui en découle. Diverses étapes ont été reconnues dans ce processus, les plus importantes se situant au Paléocène, il y a environ 60 millions d'années, puis au Messinien, il y a environ 6,6 millions d'années.

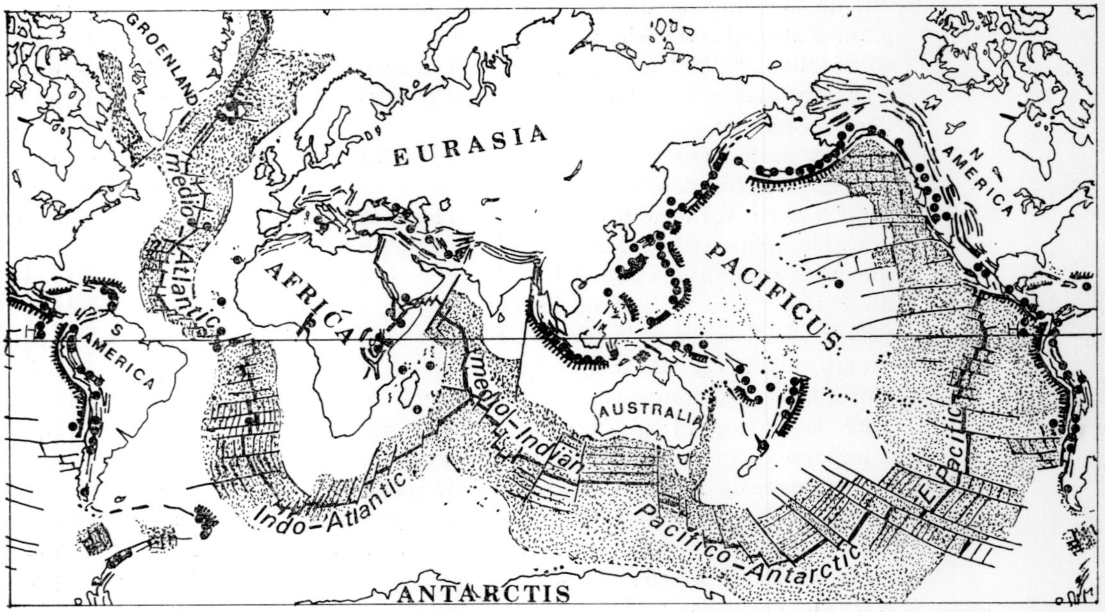

Fig. 45 - Traces sur la surface terrestre de l'activité de la lithosphère et du manteau

Le découpage en continents des terres émergées, tel qu'on l'observe aujourd'hui, s'est effectué pendant les ères secondaire et tertiaire, surtout depuis 80 millions d'années. Succédant à un assemblage continental, la Pangée (fig. 11 *b*), il impose des conditions géographiques nouvelles lesquelles ont eu une influence considérable sur les faunes et les flores en supprimant des connexions continentales, ce qui créait des aires d'isolement.

Sur un planisphère en projection Mercator équatoriale ont été portés les éléments *actuels* qui témoignent d'une activité intense de la lithosphère ; les contours des terres émergées servent de référence. On distingue :

1) les « rifts » médio-océaniques, avec leurs failles transformantes ,
2) les volcans actifs (en gros points noirs) ;
3) les plissements récents (alpins), en lignes parallèles, les fosses océaniques profondes (traits en hachurés).

En grisé, les surfaces de la lithosphère océanique acquises depuis 65 millions d'années (c'est-à-dire pendant les ères tertiaire et quaternaire). Il n'y a pas de preuve qu'une surface équivalente de fond océanique ait été détruite par subduction, mais cela est admis par plusieurs géophysiciens.

Fig. 46 - Structure de l'Arctique, de l'Atlantique et de son raccord avec l'océan Indien
(les parties émergées sont figurées en noir)

Sur ce schéma, qui montre les connexions du système de rifts médio-océaniques, figurent également les failles transformantes, ainsi que les grands seuils : en Amérique du Sud, Rio Grande ; en Afrique, Walvis, Cameroun, Sierra Leone. (La liaison Amérique du Sud - Antarctide est figurée en détail fig. 14.) Noter que les îles Malouines (= Malvines = Falkland) font partie du socle.

Fig. 47 - Détail de la crête médio-atlantique : l'Islande

La figure 46 montre la position de l'Islande par rapport aux parties émergées des continents. C'est l'un des restes de la province Thuléenne qui prit la suite d'une partie de l'Atlantis (continent nord-atlantique) pendant l'ère Tertiaire.

figure 47 permet de constater, sud-ouest, la présence de crête médio-atlantique active andes alternées noires (magnéme positif), et blanches (magnéme négatif)). Cette crête tyque du système des « rifts » édio-océaniques se prolonge rs l'Islande par des « rifts » enre actifs également mais émers et caractérisés par un volnisme fissural avec quelques ntres : parmi eux, celui de eykjanes, y compris la crête du ème nom qui continue au nord rs Jan Mayen. Un autre « rift » cèle le célèbre volcan Hekla, nsi que le Myvatn.

L'Atlantique. *Fig. 46-47*

Dès l'abord, l'océan actuel est divisé en deux parties, l'Atlantique Sud s'est ouvert entre l'Amérique du Sud et l'Afrique (deux fractions de la Gondwanie), l'Atlantique Nord entre l'Amérique du Nord et l'Europe (deux morceaux de la Laurasie). La crête Açores-Gibraltar désigne la limite entre les deux; elle est suivie par un système de failles Est-Ouest continu sur 400 km, la faille Gloria, impliquant pour l'ensemble du linéament un mouvement transcurrent (Laughton, Whitmash *et al.*, 1972). Des traces d'ouverture de l'Atlantique Sud sont reconnaissables dès le Crétacé supérieur : par exemple, la séparation entre d'une part le plateau des Falkland et la crête du Rio Grande, d'autre part la crête de Walvis qui n'existe peut-être que depuis environ 5 millions d'années; de même, la séparation entre d'une part la crête de Trinidad, liée au continent brésilien, d'autre part, celle de Guinée et du mont Kelvin. Les taux d'expansion calculés au sud de l'équateur sont de 1,9 cm par an au niveau du 30e degré de latitude sud. L'ouverture du bassin argentin date de 75 millions d'années.

Dans le Nord, la crête de Terre-Neuve est également ancienne. Mais surtout postérieurement à l'apparition des bassins abyssaux, la crête médio-atlantique a dû s'organiser progressivement durant l'ère tertiaire à partir de segments séparés. Ce compartimentage est rendu manifeste par le rejeu d'anciens grands linéaments transverses comme l'accident sud-atlasien, l'accident téthysien (Gibraltar-Açores), l'accident du Guadalquivir, l'accident de Nazarée (Portugal) et l'accident de Biscaye. Ces linéaments antécambriens ont rejoué à divers moments, en particulier à la fin du Cénomanien.

Les segments de l'Atlantique central et méridional semblent les plus vieux (amorcés au Trias, accentués à partir du Jurassique supérieur-Crétacé inférieur). Au niveau du 30e parallèle, où l'Atlantique est large aujourd'hui de 6 500 km, Maxwell *et al.* (1970) estiment que sa largeur atteignait déjà 3 000 km au Campanien. Si le rythme d'ouverture était de 2 cm par an, ce qui est vraisemblable, l'écartement aurait commencé au Crétacé inférieur (130 millions d'années) et la séparation aurait été effective dès l'Albien (100 millions d'années). Les segments de l'Atlantique Nord, liés à la dislocation de l'énorme continent nord-Atlantique, sont plus récents. Ce continent devient, à partir du Danien, une aire volcanique, la province thuléenne, hachée par des fissures parallèles aux charriages calédoniens qui sont encore visibles en Islande (prolongée au sud par le banc de Rockall) où le volcanisme fissural continue de fonctionner, et au Groënland où l'épaisseur totale des coulées peut atteindre 10 000 m, enfin au Spitzberg. De part et d'autre de la crête de Reykjanes (sud de l'Islande), l'expansion du fond océanique commencée à la fin du Crétacé s'est poursuivie à un taux moyen de 2 cm par an. Dans ce cadre, le détroit de Davis entre le Groënland et la Terre de Baffin s'ouvre au Sénonien sous la forme de *rifts*, puis d'un bassin subsident, et enfin reçoit des laves abondantes à la base du Paléocène (Clarke et Upton, 1971).

La crête médio-atlantique se prolongeait dans l'Arctique par la cordillère Nansen entre la Crête Lomonosov (délimitant l'Eo-Arctique paléozoïque) et la ligne Spitzberg - François Joseph - Severnaya Zemlya, c'est-à-dire les plateaux des mers de Barents et de Kara jusqu'à la mer de Laptev. En même temps que l'expansion du fond océanique va ouvrir l'Atlantique, elle dégagera aussi la partie récente de l'océan Arctique (Néo-Arctique) ; ce dernier événement, accompagné d'éruptions basaltiques, se situant il y a 60 millions d'années, au Paléocène. En même temps, la mer du Labrador disjoignait l'ensemble Groenland-Eurasie de l'Amérique du Nord (voir p. 102, fig. 20).

Le sphénochasme de la mer des Caraïbes semble s'être ouvert il y a une cinquantaine de millions d'années.

Le Pacifique. Fig. 48

Une crête à peu près parallèle à la crête médio-atlantique s'allongeait entre les Amériques et le craton Pacifique (Eopacifique) correspondant au bombement Darwin du Crétacé et faisant naître un nouveau bassin du Pacifique (Néo-Pacifique).

Il y a 90 millions d'années s'amorça la crête médio-océanique indo-antarctique séparant le domaine antarctique du domaine australasien au niveau du plateau Campbell (fig. 15, p. 89). Cette crête avait alors des caractéristiques proches de celles des fossés africains actuels, c'est-à-dire qu'elle modifiait peu la position relative des deux continents, l'expansion initiale plus grande vers l'Est se traduisant par une rotation. L'expansion océanique qui les sépara définitivement ne remonte qu'à 50-45 millions d'années, c'est-à-dire à l'Eocène moyen-supérieur. La mer Tasmane s'ouvrait alors en « sphénochasme ». La « Faille alpine » de Nouvelle-Zélande permettait un déplacement de grande ampleur entre le plateau Campbell et le haut-fond de Lord Howe, ainsi qu'entre l'île nord de la Nouvelle-Zélande et le haut-fond de Three Kings ; et ce fut la naissance du bassin de Nouvelle-Calédonie.

L'océan Indien. Fig. 18 b, p. 97.

L'océan Indien occidental, à l'ouest du golfe du Bengale et de la chaîne sous-marine « Ninety-East », s'élargit à partir d'une crête médio-océanique en Y dont la base, la crête Carlsberg, débute au sud de l'Arabie et partage l'ancien bloc dit « Lémurien » en une « plaque indienne » et une « plaque malgache » ; chacun de ces microcontinents conservait un cortège insulaire ; un volcanisme profond (*traps* du Dekkan, kimberlites) sanctionnait ce déchirement. A sa naissance, la crête Carlsberg ne se raccordait pas comme aujourd'hui à la crête médiane du golfe d'Aden et de la mer Rouge car ces structures sont très récentes, ainsi que nous le verrons, mais il nous semble hautement probable qu'elle se raccordait au croissant ophiolitique péri-arabe du Crétacé supérieur, c'est-à-dire à la bordure océanique de la Gondwanie.

Fig. 48 - Un trait durable de la structure circumpacifique : la zone orogénique cordillérienne

Entre l'Alaska et la côte mexicaine, cette zone correspond à un linéament et à une succession de structures actives depuis les temps antécambriens : le *Belt*, par exemple, le bras de mer du Montana, et le *Grand Canyon du Colorado* y sont inclus. Depuis près de 800 millions d'années, c'est une des régions les plus magmatisées et encore mobiles de la croûte terrestre, une ligne chaude issue probablement des profondeurs de l'asthénophère, avec la *chaîne plissée de la Coast Range* et le *système de la faille de San Andreas*. Au Paléozoïque, son histoire correspond à celle des *Montagnes Rocheuses*, à évolution océanique, qui se prolongent jusque dans l'Alaska, chaîne émergée au Pennsylvanien-Permien après avoir subi une évolution comparable à celle des arcs d'îles. A partir du Trias, l'activité, sur le même territoire, se manifeste par de nombreuses phases de plissement et par des venues magmatiques pratiquement continues entre 225 et 25 millions d'années (fig. 48 *a*) : ces magmas comprennent d'importantes masses de granite et de granodiorite (croûte continentale) mais aussi des laves de type simique (océanique). Ce magmatisme, très propice à la minéralisation, explique la richesse minière de ce vaste ensemble. Une telle disposition constamment active suggère l'affrontement continu entre deux plaques, la Laurasie occidentale — Amérique du Nord et le Pacifique.

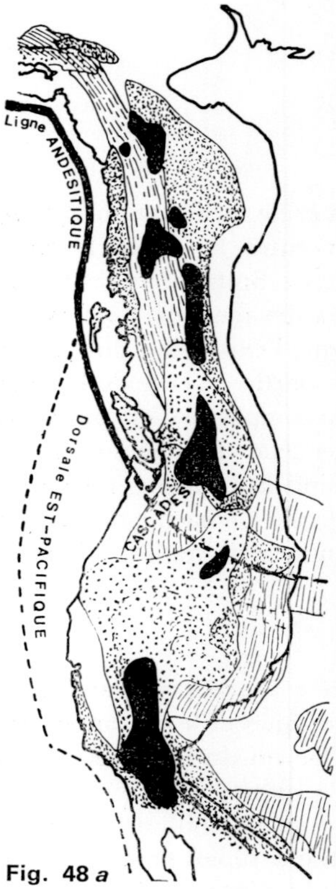

Fig. 48 *a*

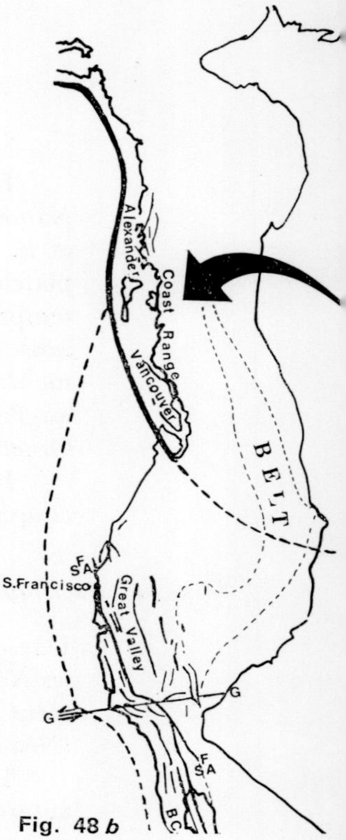

Fig. 48 *b*

Jusqu'au Trias, au nord du *craton du Pacifique* océanique qui correspond à ce que nous appelons *Eo-Pacifique*, le continent *Pacifica* incluait l'Alaska et la Coast Range. A partir du Trias, on voit apparaître les plaques du Pacifique oriental (Juan de Fuca, Gorda, Farallon, Cocos, etc.) dont le fond océanique est issu à l'est de la dorsale du Pacifique oriental. Ce mouvement d'expansion aura pour antagoniste celui de la plaque de l'Amérique du Nord, poussée vers l'ouest par l'ouverture de l'océan Atlantique. A partir de l'Eocène, la rupture progressive de l'Atlantis (province Thuléenne) coïncide avec la rotation de l'Amérique du Nord dont la partie septentrionale se meut plus vite vers l'ouest (fig. 48 *b*). A l'Oligocène, cette partie septentrionale, bordée à l'est par l'orogène cordillérien, chevauche le fond océanique du Pacifique oriental ainsi que le prolongement de la limite du Pacifique matérialisée par la ligne andésitique (fig. 48 *a*), laquelle n'est plus apparente au sud de l'île de Vancouver où la dorsale est-pacifique bute sur elle. A ce niveau, par conséquent, en bordure Amérique du Nord/Est-Pacifique, il n'y a ni fosse ni plan de Bénioff, ni subduction, mais un « rift », c'est-à-dire une structure d'expansion. On pourrait cependant concevoir un certain type de subduction de la croûte océanique et du « rift » est-pacifique sous la zone cordillérienne, au sud-est de l'île de Vancouver. L'extrême mobilité de la Californie, où des séismes souvent catastrophiques se produisent chaque année (San Francisco, 1906), peut être attribuée à ce phénomène. Quant à la limite même du craton pacifique (ligne andésitique), il est intéressant de rechercher la trace, en surface de la plaque, de son prolongement. Il est possible de lui attribuer certaines émissions magmatiques récentes (les basaltes des monts des Cascades, issus il y a 25 millions d'années, par exemple). D'un autre côté, la ligne de partage des eaux antéglaciaire sur le Bouclier canadien constitue, entre le bassin des Grands Lacs et celui du Mississippi, une boursouflure à laquelle elle pourrait être sous-jacente.

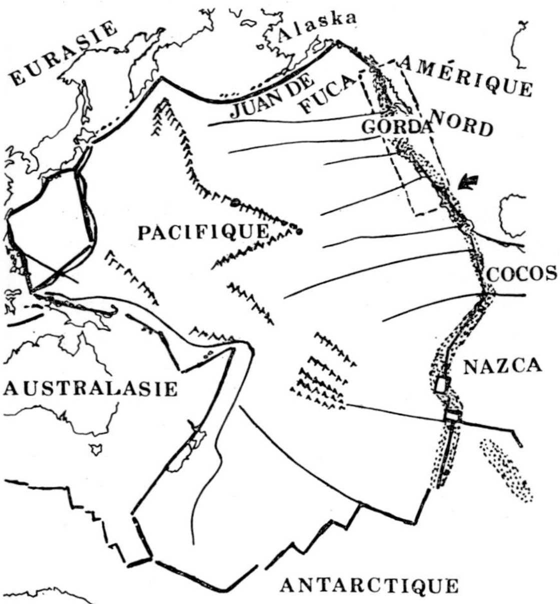

Fig. 48 *c*

a - Magmatisme cordillérien entre 225 et 25 millions d'années : en noir, intrusions du Trias supérieur - Lias (225-195 millions d'années, en points serrés) ; en points espacés, intrusions du Jurassique - Crétacé inférieur (195-135 millions d'années) ; en traits discontinus et flexueux, intrusions d'âge Tertiaire (65 à 25 millions d'années) (données graphiques *in* R. L. Armstrong, 1975).

b - Principales failles actuelles (vivantes) : FSA = faille de San Andreas ; G = décrochement de Garlock.

c - Schéma de l'océan Pacifique permettant de situer les figures *a* et *b* (cadre tireté au nord-est).

Des deux branches de l'Y, l'une va se raccorder à la crête de l'océan Indien oriental, l'autre va contourner le sud de l'Afrique et se raccorder à la crête médio-atlantique. La plaque centrale (Inde péninsulaire) et la plaque méridionale (Australie-Broken) de l'océan Indien dérivant vers le Nord à des vitesses différentes, il s'érige alors une crête sous-marine, aujourd'hui rigoureusement méridienne, la crête « Ninety-East » (Le Pichon et Heirtzler, 1968) : partant du delta du Gange-Bramapoutre et dépassant un peu la fosse Diamantina, celle-ci étant doublée sur son trajet sud-ouest par la zone de failles en échelons d'Amsterdam. Des basaltes datés de l'Eocène (60 millions d'années) ont été dragués sur la crête Ninety-East.

Dans le système des crêtes médio-océaniques tel qu'on peut l'imaginer à l'orée de l'ère tertiaire, avant l'élargissement des océans, on doit noter la permanence déjà signalée des connexions intercontinentales qui demeurent solides encore aujourd'hui : la liaison entre l'Amérique du Nord et l'Asie par le détroit de Bering; la liaison entre les deux Amériques par l'isthme de Panama; la liaison entre l'Amérique du Sud et l'Antarctide par le plateau des Falkland, les îles Sandwich et l'Arc Scotia; la liaison entre l'Asie et l'Australie par la Terre de la Sonde (fig. 56); la liaison entre l'Europe et l'Afrique par l'isthme de Gibraltar, l'isthme Pélagonien (Sicile) et le Proche-Orient. Ces isthmes correspondront, lors des phases de régression ou d'épeirogenèse, à des *ponts continentaux* qui seront plus ou moins coupés lors des transgressions. Cette disposition modulée va commander toute la répartition des Vertébrés terrestres et, par voie de conséquence, leur évolution pendant l'ère tertiaire.

Conséquences de la rupture de la Gondwanie sur la distribution des climats et la répartition des êtres vivants

Le supercontinent gondwanien a dès lors fini d'exister et les conséquences de cette succession d'événements planétaires vont s'accumuler. L'unité climatique qui fut la sienne, par exemple au Carbonifère et au Permien, avait été l'un des facteurs de l'homogénéisation de son peuplement. La dispersion des fragments, qui va les porter sous des climats divers pendant l'ère tertiaire, a disjoint les habitats d'animaux et de végétaux continentaux, permis de nombreuses évolutions en anachorèse et, aussi, par de nouveaux affrontements, provoqué l'envahissement des terres laurasiennes, encore que des connexions presque constantes aient existé entre les deux supercontinents.

Etat de la Biosphère au Crétacé supérieur

Revenons un peu en arrière pour nous occuper du monde vivant. Pendant tout le Crétacé supérieur, les faunes sont demeurées dans le cadre auquel elles répondaient depuis le Crétacé moyen : les faunes marines se répartissaient entre la Mésogée, comptant la province indo-pacifique naissante et la province africaine; la province européenne; et enfin une province australe. Ces deux dernières provinces sont moins chaudes et dépourvues de récifs, mais possèdent quelques groupes particuliers de Mollusques : Gastéropodes (Nérinées) et Bivalves (Rudistes).

La province marine du Pacifique septentrional englobe la côte occidentale de l'Amérique du Nord entre le sud de l'Alaska et la Californie, et la côte orientale de l'Asie jusqu'au Japon; en liaison avec la province européenne, elle est caractérisée par une faune d'Ammonites et de Bivalves (Inocérames). Cette province est complètement distincte d'une autre province comprenant le nord de l'Alaska et l'emplacement du « Far West » américain.

Avec l'invasion marine de l'Atlantique central et méridional, des échanges d'Ammonites se produisaient avec les mers américaines. Certaines faunes indo-pacifiques gagnaient l'Amérique du Sud et le Texas et, inversement, en faisant le tour de l'Afrique : c'est le cas des Texanitidés de Madagascar, tandis que des relais permettaient des échanges plus directs entre l'Amérique centrale et l'Afrique, par la Mauritanie, ainsi qu'entre l'Amérique centrale et le sud de l'Europe par l'Espagne. Ces relations sont même plus faciles qu'entre l'Afrique saharienne et l'Europe, séparées par les orogenèses en cours (Collignon, 1966, 1967, 1968, 1970). Certaines Ammonites cependant, telles les Kossmaticératidés, restées presque exclusivement australes (Antarctide, Nouvelle-Zélande, Madagascar, Chili), gagnent le nord du Pacifique (fig. 49).

Au Crétacé supérieur, la craie du Kansas donne l'idée d'un biotope de mer tempérée avec sa riche faune d'Invertébrés marins (parmi lesquels des Crinoïdes rappelant par leur écologie libre ceux de la lagune de Solnhofen au Jurassique supérieur), de Reptiles nageurs de type « Serpents de mer » comme les Mosasaures *(Tylosaurus)*, et de Vertébrés volants ayant fait naufrage dans une mer qui leur fournissait normalement leur nourriture. En effet, on y trouve le plus grand des Reptiles volants (*Pteranodon*, plus de 7 m d'envergure pour un poids de 12 kg) et des Oiseaux pourvus de dents mais rappelant les Frégates et les Plongeons *(Ichthyornis, Hesperornis)*. Ce ne sont d'ailleurs pas les seuls Oiseaux : des Hiboux (*Bradycneme* et *Heptasteornis*) ont été signalés dans le Crétacé supérieur de Roumanie (Harrison et Walker, 1975).

Le Crétacé est l'époque où se sont différenciées les principales flores d'Angiospermes, liées essentiellement aux divers climats dans un univers où les continents étaient encore attachés les uns aux autres. D'après E. Plumstead (1969), elles pourraient avoir une origine gondwane à partir des Glossoptéridophytes.

La Gondwanie possédait en effet une flore abondante, en particulier d'Araucariées : de véritables forêts de futaie sont représentées par leurs troncs aujourd'hui couchés dans le sable du Sahara, non loin d'In Salah par exemple. Il est vraisemblable qu'à la fin du Crétacé, une végétation florissante de type équatorial s'était établie tout au long de la Mésogée. Mis à part une interruption au niveau de l'Atlantique central déjà large, elle s'étendait de la Malaisie aux Antilles par le nord de l'Afrique. Cette zone forestière a servi

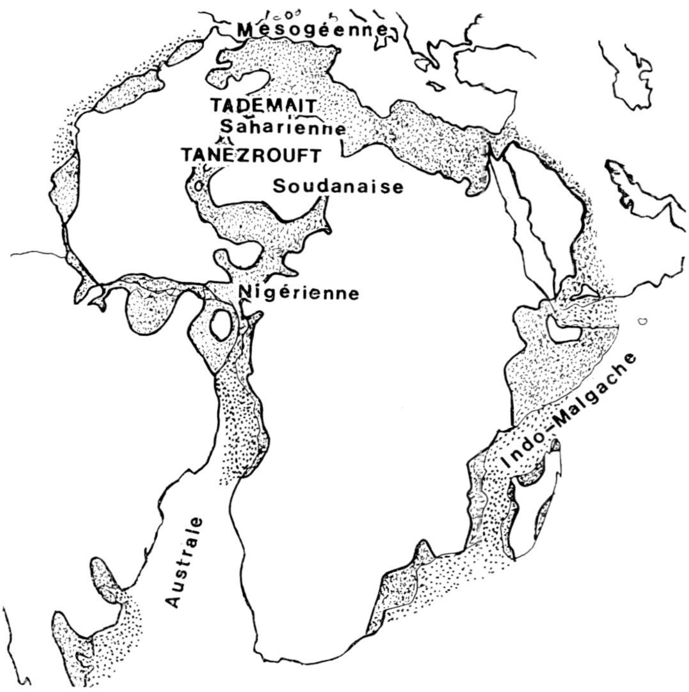

Fig. 49 *a*
Provinces biogéographiques marines autour de l'Afrique au Crétacé supérieur, vers 90 millions d'années
(inspiré de M. Collignon)

Cette figure permet de constater que dès cette époque, et même là où les liaisons intercontinentales demeuraient (par exemple entre le Cameroun et Recife), les relations entre les espaces subaériens furent souvent précaires, du fait des transgressions marines (ici la province Nigérienne). Cependant, lors de phases régressives telles qu'il s'en est produit au Paléocène, la disjonction continentale encore incomplète permit à des chapelets d'îles d'assurer la transmission des végétaux ainsi que celle des Vertébrés continentaux.

Fig. 49 *b* - Provinces mammaliennes au Crétacé moyen-supérieur

Autour de la Mésogée, les grandes provinces continentales et les possibilités de migrations des divers types de Mammifères primitifs.

de centre de dispersion aux flores différenciées plus tard, après la séparation des continents. On peut supposer avec Aubréville (1969) qu'aux familles archaïques de base de cette flore tropicale étaient mêlées les familles originelles de ces flores endémiques. Ainsi les ancêtres des Hêtres et des Hamamélidacées, qui devaient ensuite peupler la zone tempérée de l'hémisphère Nord, seraient nés dans la zone africaine de cette forêt mésogéenne; les ancêtres des Myrtacées de l'Amérique du Sud seraient issus de la zone occidentale de la même forêt; et les ancêtres des Leptospermacées d'Australasie seraient issus de sa zone orientale. D'un autre côté, la flore gondwane de climat froid ou tempéré continuait plus au Sud, gagnant depuis l'Australasie jusqu'en Amérique du Sud.

Le Hêtre *Nothofagus* est toujours représenté par son espèce ancestrale *(N. brassii)* dans le Crétacé supérieur d'Australie, de Nouvelle-Zélande et d'Amérique du Sud. Notons que les Pucerons qui le parasitent aujourd'hui étaient déjà présents, ainsi que leurs propres parasites. L'absence de *Nothofagus* en Afrique permet de dater son apparition de l'époque où déjà s'en était éloignée l'Améraustralie (Schlinger, 1974).

En Afrique du Sud, les couches d'Umzamba (Pondoland oriental), datées du Sénonien, ont fourni 76 espèces de Gymnospermes et 72 d'Angiospermes, parmi lesquelles 59 Monimiacées, représentées de nos jours par le seul genre *Xymalos*, et les 3 premières Euphorbiacées, famille prospère aujourd'hui dans toute l'Afrique (y compris Madagascar et les Canaries) (Muller-Stoll et Mädel, 1962).

Dans la zone chaude aride, on suivra jusqu'à la fin du Paléogène un ruban de végétation xérophylle d'origines diverses allant de la Californie et du sud-ouest des Etats-Unis au nord du Mexique, aux Appalaches, aux Canaries et jusqu'en Méditerranée.

Le devenir de l'Inde (Dekkan), microcontinent perdu de la Gondwanie, commence aussi à la limite du Crétacé et du Paléocène, c'est-à-dire après les derniers Dinosauriens sauropodes (par ex. *Titanosaurus*). Elle portait alors une riche végétation d'Araucariées tempérées, ainsi que de Musacées, de Palmiers, Nypacées, Tiliacées, Burseracées, Sapindacées, Myrtacées, Lauracées, Myricacées entre autres, c'est-à-dire une flore tropicale. Des Leptodactyles (Amphibiens Anoures) y étaient également présents.

Les Dinosauriens ont atteint au Crétacé supérieur leur maximum pour la répartition mondiale et la variété des formes. Leurs migrations semblent avoir été faciles, surtout après la fin de la transgression cénomanienne; les ponts continentaux que nous avons signalés plus haut fonctionnaient déjà : l'Amérique centrale entre les deux Amériques, l'isthme de Bering entre Amérique du Nord et Sibérie orientale. D'autres jonctions, aujourd'hui disparues, étaient encore présentes : les restes du continent nord-atlantique entre l'Europe et l'Amérique du Nord, et un passage sans doute au niveau des Comores entre l'Afrique, Madagascar et l'Inde.

Ainsi s'explique l'homogénéité des faunes de Dinosauriens, par exemple entre l'Asie (Mongolie) et l'Amérique du Nord, ces affinités étant même plus étroites qu'entre l'Amérique du Nord et tous les autres continents : présence du carnivore gigantesque *Tyrannosaurus* et d'autres types; ubiquité des Cératopsidés, grands Dinosauriens cornus dont l'aspect était un peu celui des Rhinocéros. La découverte d'œufs fossiles en Asie et dans le sud de la France montre leur présence un peu partout, comme de nos jours en Afrique, les coquilles d'œufs d'Autruche. D'ailleurs ces œufs rapportés à des Dinosauriens sont souvent associés à des œufs d'Oiseaux (Beetschen, Dughi et Sirugue, 1977).

Des disparitions qui posent des problèmes

Un fait brutal se présente quand on se penche sur la biosphère du Crétacé supérieur : d'un grand nombre d'animaux terrestres et marins qui sont les plus caractéristiques de cette époque, rien ne restera, aussitôt franchie la limite de l'ère tertiaire. Parmi les animaux marins, il s'agit de l'ensemble des Ammonites, des Rudistes et des Nérinées, Mollusques typiquement mésogéens. Cependant, les grands Foraminifères que l'on trouvait dans les mêmes biotopes au Crétacé, les Orbitoïdes et les Alvéolines, ne subiront pas le même sort et s'épanouiront au contraire dans la Mésogée du Tertiaire. Comme les Rudistes et les Nérinées supportaient certainement les variations de salinité, on ne peut guère se référer qu'à une chute de potentiel interne, une dégénérescence liée peut-être à un développement exagéré, voire anarchique, de la sécrétion calcaire qui finit par restreindre au-delà des limites de la viabilité la place dévolue à l'animal fonctionnel. On peut donc penser que les conditions plus sévères de la fin du Crétacé ont donné le coup de grâce à un destin par ailleurs inéluctable.

En ce qui concerne les Ammonites, le phénomène est sans doute du même ordre. En effet, des signes de dégénérescence ont été donnés par ce groupe dès le début du Crétacé; les coquilles montrent des enroulements aberrants et plus tard les cloisons tendent à reprendre le dessin simple qu'elles avaient au Trias. Enfin il nous semble qu'elles se retrouvent peu à peu liées plus étroitement à certains milieux littoraux que durant leur expansion au Jurassique. Lors de l'épeirogenèse universelle qui termine le Crétacé, la régression, qui atteint en premier lieu les Invertébrés littoraux, a sonné le glas pour les Ammonites. Au contraire, les Nautiles, dont le mode de vie comme la forme doivent avoir été les mêmes qu'aujourd'hui, n'ont pas été affectés, sans doute parce que, passant sans inconvénient de la zone littorale à la zone bathyale, ils ont toujours disposé de refuges.

La fin du Crétacé, époque de continentalisation, devrait avoir été favorable au développement et à l'expansion des faunes et des flores terrestres. La disparition de tous les grands « Reptiles » qui furent l'orgueil de l'ère secondaire, aussi bien des Dinosaures terrestres que des Plésiosaures et Mosasaures marins et des Ptériosauriens volants, pose donc un problème. On sait que les Reptiles dans leur ensemble ont besoin d'un climat chaud; mais les plus grands types de l'ère secondaire disposaient d'une thermorégulation comparable à celle des Vertébrés supérieurs. Le refroidissement certain qui a affecté la fin du Crétacé n'explique donc qu'en partie seulement la disparition de toutes ces formes. D'autre part, beaucoup de Dinosauriens vivaient dans des marécages; leur vie amphibie explique d'ailleurs leurs grandes dimensions parce que leur densité apparente était plus faible dans l'eau. Or la régression de la fin du Crétacé a entraîné des assèchements et ces lourdes bêtes étaient à peu près incapables d'accomplir de longues marches à sec à la recherche d'autres nappes d'eau. Derniers Sauropodes, les Titanosaures sont connus dans le Crétacé supérieur des continents gondwans, en Amérique du Sud, en Afrique du Sud, à Madagascar et dans le Dekkan, pays qui souffraient peut-être un peu moins de cette aridité parce que sous climat tempéré.

Refroidissement et asséchement furent certainement parmi les causes les plus importantes de ces disparitions dans la faune continentale. Mais il faut aussi ajouter les nombreux signes de dégénérescence qui affectaient ces monstres dont la vie demeurait en équilibre fragile; un cerveau minuscule leur interdisait toute initiative salvatrice et leur masse prodigieuse exigeant un squelette d'un robustesse inusuelle, donc très pesant, nécessitait une nourriture abondante (on a dit que les herbivores ne devaient pratiquement pas s'arrêter de brouter). Or la sécheresse jouait encore contre eux en raréfiant les pâturages. Les grands Dinosauriens étaient d'énormes consommateurs d'énergie et de nourriture. Ils avaient besoin de chaleur, de fourrage et d'humidité. A notre avis, dans les conditions peu clémentes de l'époque, ils en sont venus à détruire leur propre biotope, à le rendre invivable parce que les végétaux étaient broutés avant même d'avoir pu se reproduire. Nous connaissons une telle évolution de nos jours dans les pâturages mal contrôlés des zones arides. Les modifications de la végétation ont d'ailleurs certainement déconcerté les herbivores, généralement liés à un substrat bien défini.

Des explications ont été fournies pour l'extinction des groupes fossiles (Newell, 1963, 1965; Mac Alester, 1970). Les plus vraisemblables sont le défaut de nourriture qui, dans la mer, pourrait être dû au manque de nutrients (sels minéraux nécessaires à la prolifération du phytoplankton) et le déficit en oxygène de l'atmosphère. Superposés aux signes de dégénérescence cités plus haut, de tels manques pourraient être à l'origine de la coupure biologique fini-crétacée.

On a pensé que dans le déclin et la disparition des grands « Reptiles » de l'ère secondaire, le rôle des Mammifères qui allaient en prendre le relais à l'ère tertiaire avait été important : par exemple, on a dit que les Mammifères avaient dévoré les œufs des « Reptiles ». Evidemment cette conjoncture a pu se présenter mais de nos jours, sur les côtes de l'océan Indien, les Oiseaux consomment beaucoup de petites Tortues de mer à leur sortie de l'œuf et les Tortues de mer ne s'éteignent pas... La concurrence entre grands « Reptiles » et petits Mammifères à la fin du Crétacé ne nous semble pas avoir été tangible; c'est un phénomène plus subtil mais inéluctable qui ne mit en jeu ni le cerveau ni les muscles de ces animaux.

La montée mammalienne

La continentalisation du Crétacé supérieur a donc promu d'autres Vertébrés terrestres : l'heure a sonné pour les Mammifères qui occupaient une place mineure dans les faunes depuis la limite entre le Trias et le Jurassique. Connus depuis le Trias, les Multituberculés laurasiens à dents de rongeurs et régime végétarien, qui s'éteindront à l'Eocène, se rencontrent jusqu'en Asie; ils ont subi en Amérique du Nord pendant le Crétacé supérieur une évolution assez lente mais notable, s'étendant sur 25 millions d'années. Ils ébauchent une « radiation », c'est-à-dire que les genres s'orientaient vers des modes de vie ou des régimes différents (Cox, 1970). C'est la souche des Thériens, apparus au Rhétien avec les Pantothériens, qui s'est développée dès le Jurassique supérieur, en tout cas entre 150 et 100 millions d'années. Pourquoi le développement de ce groupe qui végétait depuis les Théropsidés permiens ? L'introduction de zones océaniques permanentes disloquant les supercontinents a généralisé les climats de mousson, même lors des phases de régression, et a donné aux Mammifères, dont le métabolisme requiert une forte quantité d'eau, les meilleures conditions de vie.

Au Crétacé inférieur (Wealdien), un ancêtre commun encore Pantothérien *(Aegialodon)* avait acquis des molaires d'un type particulier et un émail dentaire prismatique. A l'Albien, des types pour lesquels il est difficile de faire la distinction entre Marsupiaux et Placentaires se rencontrent au Texas et en Asie *(Endotherium)*.

A partir du Cénomanien, la nouvelle géographie comportant l'ouverture progressive de l'Atlantique Sud et de son prolongement vers l'océan Indien établit deux provinces continentales. L'une d'elles qu'on pourrait nommer *Ameraustralia* comprend les Amériques, l'Antarctide et l'Australie. La certitude d'un passage précaire entre l'Amérique du Sud et l'Australie dirige les conjectures en ce qui concerne la position de l'Antarctide, définitivement séparée de l'Afrique mais encore attachée à l'Australie. Certaines répartitions actuelles telles que celle des Cloportes (Vandel, 1971) appuient d'ailleurs cette reconstitution et montrent en outre que cette province améraustralienne restait tempérée ou froide, prenant en quelque sorte le relais de l'ancienne Gondwanie. La seconde province continentale du Crétacé supérieur, que nous appellerons *Afreurasie*, comprenait l'Afrique, l'Europe et l'Asie, et une bonne partie était dans la zone chaude et humide autour de la Mésogée. Elle communiquait avec l'Améraustralie jusqu'à la fin du Crétacé, sans doute par quelques points de contact demeurés entre Brésil et Afrique, puis au niveau du continent nord-Atlantique et de l'isthme de Béring, plus rarement au niveau de la Sonde. A ces deux provinces correspondent deux groupes de Mammifères Thériens qui ont pu justement se développer parallèlement parce qu'ils ne cohabitaient pas : ceci est presque une règle générale.

Chez les Mammifères pris dans leur ensemble, le nombre des os constituant l'axe de la base du crâne permet de distinguer deux grands groupes (Broom, 1936; Hoffstetter, 1970) : les « Paléothérides » ont trois os comme les Reptiles Théropsidés qui en sont les ancêtres (basi-occipital, basisphénoïde et présphénoïde) ; les « Néothérides » en ont acquis un quatrième (le mésethmoïde). Or au Crétacé, les « Paléothérides » sont améraustraliens, tandis que les « Néothérides » sont afreurasiens.

Les Marsupiaux (Métathériens) semblent apparus dès l'Albien, il y a 105 millions d'années : *Clemensia* d'Amérique du Nord serait un premier Didelphidé, c'est-à-dire une Sarigue; mais la distinction avec les Placentaires est encore difficile. Ajoutons que *tous* les Marsupiaux vivant aujourd'hui ont des réactions immunologiques identiques quant aux protéines du sang et descendent donc d'une seule et même lignée (Hayman, Kirsch, Martin et Waller, 1971). Ils ont donné dans le Crétacé supérieur (Campanien-Maestrichtien) d'Amérique du Nord une radiation de quatre lignées divergentes dont une seule passa dans le Tertiaire : *Didelphodon*, carnivore de la taille d'un Chien, *Pediomys*, rappelant une Souris, entre autres. L'une de ces lignées a atteint l'Amérique du Sud au Crétacé supérieur. Ces Marsupiaux sont des Insectivores et même des Carnivores en puissance. Toujours parmi les « Paléothérides », les premiers Ongulés sont des Condylarthres, connus aussi dans le Crétacé supérieur de l'Amérique du Nord (Férungulés, *Protungulatum* et les Palaeanodontes) et du Sud *(Perutherium)*. Il faut souligner que dans l'état actuel de nos connaissances, les plus anciens fossiles de Marsupiaux en Australie datent de l'Oligocène supérieur (environ 30 millions d'années) : il s'agit de *Wvnyardia* qui présente des caractères de Didelphidé primitif. Comme il semble bien que le pont continental de l'Arc Scotia ait été coupé pendant la fin du Crétacé et le début de l'ère tertiaire, l'arrivée des Marsupiaux en Antarctide, qui demeure conjecturale, serait antérieure à la fin du Crétacé. D'Antarctide ils seraient passés en Australie pendant l'Eocène supérieur, avant la rupture entre ces deux continents (datée d'il y a 45 à 43 millions d'années). Certes, les Marsupiaux auraient pu passer en Australasie par la liaison de la Sonde. Cependant la séparation de l'Antarctide et de l'Australie datant seulement de l'Eocène supérieur, l'itinéraire Amérique du Sud - Antarctide - Australie reste le plus vraisemblable.

Les Monotrèmes ovipares (Protothériens), très archaïques mais encore inconnus à l'état fossile et sans répondants dans les autres continents (leurs affinités étant avec les Docodontes du Rhétien d'Europe), pourraient s'être implantés beaucoup plus tôt en Australie.

Les « Néothérides » crétacés sont déjà des Placentaires. Les plus anciens semblent avoir été asiatiques : *Endotherium*, de Chine, remonte peut-être au Jurassique supérieur ou au moins au Crétacé inférieur. Dans l'Albien en tout cas, l'un d'eux, *Pappotherium* est présent au Texas. Au Crétacé supérieur, les faunes de Mongolie et d'Amérique du Nord comptent des Insectivores voisins des Musaraignes et des Tenrecs ainsi que des carnivores (Deltathéridés). Aux Etats-Unis s'y ajoute un Primate, *Purgatorius*. L'Amérique du Nord se présente donc alors comme un carrefour où se superposent les deux provinces envisagées.

La distribution des Mammifères sur les terres émergées d'aujourd'hui est un élément de plus pour jalonner les étapes de la dislocation de la Pangée : l'Australasie, avec sa faune archaïque de Protothériens (Monotrèmes) et de Métathériens (Marsupiaux), pourrait avoir été isolée dès la limite Jurassique-Crétacé; l'Amérique du Sud, avec des Métathériens et des Euthériens, au Crétacé moyen-supérieur; Madagascar, avec seulement des Euthériens, au Paléocène ou à l'Eocène (Fooden, 1972). En fait l'isolement de l'Australasie est bien postérieur à l'état évolutif de sa faune mammalienne (voir p. 350).

Le peuplement de l'Afrique reste encore mal connu. On y a cité des Marsupiaux. Le peuplement tertiaire et actuel de ce continent est en tout cas essentiellement lié à celui de l'Europe et de l'Asie. L'originalité de l'Afrique, à savoir le développement des Primates, est indiquée dès le Paléocène par un Prosimien (accompagné d'Hyracoïdes) au Sahara (Gevin, 1975).

Ce qui caractérise les Mammifères de cette époque, c'est leur sobriété. De petite taille, ils mangeaient peu mais se déplaçaient aisément. Leur mécanisme thermorégulateur, bien moins perfectionné que ne sera celui des Mammifères supérieurs, leur permettait néanmoins de résister à la saison froide mais entraînait une assez forte dépense d'énergie. Enfin ils n'étaient pas liés au milieu aquatique. De fait, ce qui caractérise le comportement des Mammifères est leur disponibilité pour émigrer dès que le milieu n'est plus favorable, quitte à revenir saisonnièrement à la même place. Ils sont adaptables psychiquement autant que physiquement. En outre, la protection des jeunes atteint un maximum puisque chez les Placentaires, qui comptent aussi bien des « Paléothérides » que des « Néothérides », le développement embryonnaire se fait à l'intérieur du corps de la mère.

Ainsi la répartition des Mammifères Paléothéridés dès le Crétacé supérieur nous suggère que, ne dépendant guère des variations de température qui sévissaient alors, ils se déplaçaient sans problème depuis l'Amérique du Sud peut-être jusqu'à l'Australie à travers l'Antarctide, c'est-à-dire hors de la zone chaude. Ils étaient capables aussi de se confronter avec les « Néothérides » en Amérique du Nord, mais ici, dans la zone chaude, la concurrence n'était plus du même ordre : l'excellence des structures et la variété des possibilités l'emportaient.

Bibliographie

AUBRÉVILLE A., 1969 – Essai sur la distribution et l'histoire des Angiospermes tropicales dans le monde. *Adansonia, 2*, 9 (2), p. 189-247.

AXELROD D. I., 1972 – Plate tectonics in relation to the history of the Angiosperm flora of India. *The Paleobotanist*, Silver Jub. vol. (1971).

BEETSCHEN J. C., DUGHI R. et SIRUGUE F., 1977 – Sur la présence de coquilles d'œufs d'Oiseaux dans le Crétacé supérieur des Corbières occidentales. *CRAS, 284*, p. 2491-2494, 1 pl.

COLLIGNON M., 1966 – Les Céphalopodes crétacés du bassin côtier de Tarfaya. *Mém. Serv. Géol. Maroc, 175*.

COLLIGNON M., 1967 – Les Ammonites crétacées du bassin côtier de Tarfaya, Sud marocain. *CRAS*, *264*, p. 1390-1392.

COLLIGNON M., 1968 – Ammonites crétacées des rides prérifaines (région du Dahar-en-Nsour). *Notes Serv. Géol. Maroc*, *28*, p. 19-28.

COLLIGNON M., 1968 – Le Crétacé supérieur de Madagascar. *Crét. Tert. Form. South India*, p. 320-334.

COLLIGNON M., 1970 – Une série turonienne type dans le nord du Sahara : les formations à l'ouest de Fort-Michel (Algérie). *CRAS*, *270*, p. 3014-3016.

COX C. B., 1970 – Migrating Marsupials and drifting continents. *Nature*, *226*, p. 767-770.

FOODEN J., 1972 – Break-up of Pangea and isolation of relict Mammals in Australia, South America and Madagascar. *Science*, *175*, p. 894-898.

GALTON P. M. et JENSEN J. A., 1975 – *Hypsolophodon* and *Iguanodon* from the Lower Cretaceous of North America. *Nature*, *257*, p. 668-669.

GEVIN P., LAVOCAT R., MONGEREAU N. et SUDRE J., 1975 – Découverte de Mammifères dans la moitié inférieure de l'Eocène continental du Nord-Ouest du Sahara. *CRAS*, *280*, p. 967-968.

HARRISON C. J. O. et WALKER C. A., 1975 – The Bradycnemidae, a new family of owes from the upper Cretaceous of Romania. *Palaeontology*, *18* (3), p. 563-570, pl. 65-66.

HOFFSTETTER R., 1970 – Radiations initiales des Mammifères placentaires et biogéographie. *CRAS*, *270*, p. 3027-3030.

HOFFSTETTER R., 1970 – L'histoire biogéographique des Marsupiaux et la dichotomie Marsupiaux-Placentaires. *Ibid.*, *271*, p. 388-391.

JORDAN R. et STAHL W., 1970 – Isotopische Paläotemperatur. Bestimmungen an jurassischen Ammoniten und gründsätzliche Voraussetzungen für diese Methode. *Geol. Jb.*, *89*, p. 33-62.

LAUGHTON A. S., WHITMARSH R. B., RUSBY J. S. M., SOMERS M. L., REVIE J., MCCARTNEY B. S. et NAFE J. E., 1972 – A continuous East-West Fault on the Azores-Gibraltar Ridge. *Nature*, *237* (5352), p. 217-220.

LE PICHON X. et HEIRTZLER J. R., 1968 – Magnetic anomalies in the Indian Ocean and sea-floor spreading. *J. Geophys. Res.*, *73*, 6, p. 2101-2117.

MAC ALESTER A. L., 1970 – Animal extinctions, oxygen consumption and atmospheric history. *Journ. of Pal.*, *44*, 3, p. 405-409.

MAXWELL A. E., von HERZEN R. P., JUNGHWA HSU K., ANDREWS J. E., SAITO Ts., PERCIVAL S. F., MILOW E. D. et BOYCE R. E., 1970 – Deep sea drilling in the South Atlantic. *Science*, *168* (3955), p. 1047-1059.

MÜLLER-STOLL W. R. et MÄDEL E., 1962 – Fossil woods of Monimiaceae and Euphorbiaceae from the Upper Cretaceous Umzamba Beds of East Pondoland. *C. P. Trans. Geol. Soc. S. Afr.*, *62* (1), p. 93-104.

NEWELL N. D., 1963 – Crises in the history of Life. *Sci. Amer.*, *208* (76), p. 77-88.

NEWELL N. D., 1965 – Mass extinctions at the end of the Cretaceous Period. *Science*, *149* (3687), p. 922-924.

PLUMSTEAD E. P., 1969 – Voir p. 208.

SCHLINGER E. I., 1974 – Continental Drift, *Nothofagus* and some ecologically associated Insects. *Ann. Rev. Entomology*, *19*, p. 323-343.

VANDEL A., 1972 – De l'utilisation des données biogéographiques dans la reconstitution des anciens rivages du globe terrestre. *CRAS*, *274*, p. 38-41.

Quatrième partie

Le monde moderne

1 Les débuts de l'ère tertiaire et du monde moderne

LE PALÉOCÈNE (XLII)

Si l'on considère les conditions régnant au Paléocène, on ne peut que constater qu'elles sont la suite logique de l'évolution structurale à la fin du Crétacé. Les grandes lignes sont en effet les crêtes médio-océaniques dont le système se complète et qui fonctionnent désormais selon le « planning » de l'expansion océanique. Cependant la position des continents n'a pas beaucoup changé. C'est le cas surtout pour les abords européens et africains de la Téthys qui seront pratiquement stables pendant encore quelques millions d'années. Rappelons que les situations respectives de l'Afrique et de l'Antarctide sont définitivement fixées. Le Paléocène marque probablement le début de la torsion de la chaîne ando-antarctique (Arc Scotia, fig. 14), torsion dont le dessin s'imprime dans le sud des Andes et en Géorgie du Sud, entre le môle stable constitué par la plate-forme des Falkland et la crête North Scotia. Mais il n'y avait certainement pas encore rupture à ce niveau. Venant après la surrection et la granitisation de la chaîne ando-antarctique de la fin du

Tableau 18. — *Chronologie de l'ère tertiaire*

	Période	Étage	Événements	m. a.	*Etages géomagnétiques (fonds océaniques)*
			Transgression plaisancienne	5 m. a.	
XLVI	Néogène = Miocène s.l.	Messinien (formation de la Méditerranée)	Subsidence des bassins méditerranéens		
			Olisthostromes (cône de Messine, crête de Médit. E)		
			Evaporites : phase régressive et évaporatoire.	5,2	— 3
			Dépôt du Tripoli (Sahélien)	6,6	
XLV	Néogène = Miocène s.l. / Miocène s.s.	Tortonien — Turolien	Soudure du Dekkan à l'Asie (fin) charriage Amérique Nord sur Pacifique ; sous-charriage himalayen	8	
		Vallesien (Pontien s.l.)		10	
		Maremmien (Sarmatien)	lagunes de la Parathétys	11	
		Serravallien (Volhynien)	Surrection de l'Apennin	12	
		Langhien (Volhynien)		13	— 5
				14	
				15	
		Burdigalien (Volhynien)	Début Parathétys (marine)	19	
			Oreopithecus		
		Aquitanien	Affrontement Dinarides-Dekkan avec le Sud de l'Eurasie. Ligne tonalitique (Alpes). Extension du golfe de Biscaye.		— 6
			Ouverture mer du Japon	22,5	
XLIV	Oligocène		Rupture de l'arc Scotia	25	7
		Chattien		30	— 8
				32	9
		Rupélien			— 10
			Poussée du Dekkan vers N. 35° E.	35	
		Lattorfien			11
			Orogenèse pyrénéenne		— 12
				38	
XLIII	Eocène	Priabonien (Pacifique)	Chaîne des Hawaï		13
			Changement de direction du mouvement du Pacifique	40	— 15
					16
				42	— 17
		(Atlantique Nord)	Changement de direction du mouvement de la crête Reykjanes		18
			Collision himalayenne (granite du Ladakh)	45	— 19
		Biarritzien	Petites failles transformantes entre Groenland et Europe	47	
		Ilerdien-Lutétien		50	
		Cuisien		52	20
			Arrêt momentané de la translation du Dekkan		
				55	— 21
XLII	Paléocène	Thanétien		60	
		Montien	Nappes de basaltes (traps) du Dekkan	62-64	22
			Rotation et déplacement N. - N.-E. du Dekkan		— 23
		Danien	Fin des Dinosauriens		
			Orogenèse laramide	64-65	

Crétacé, cette torsion paraît matérialiser l'antagonisme de l'expansion du Pacifique oriental (Néo-Pacifique) et de celle de l'Atlantique Sud.

Dans les Alpes, une première phase de contraction à laquelle s'ajoute une surrection fait émerger la majeure partie du domaine alpin, sauf en de rares points du Briançonnais.

L'Australie subissait pendant ce temps-là un déplacement vers le Nord qui devait atteindre finalement entre 10° et 15° de latitude sud, et l'océan Indien méridional, à fond abyssal, commençait d'exister. Ses eaux avançaient dans cette brèche tout le long de la Grande Baie australienne en une transgression qui atteignit son maximum au début du Miocène; une transgression semblable submergea en grande partie le socle néo-zélandais à partir de l'Oligocène.

La flore de l'île Seymour montre que l'Antarctide jouissait alors d'un climat tempéré frais comparable à celui de certaines parties de la Nouvelle-Zélande actuelle (Cranwell, 1959).

Un climat semi-aride (à saisons alternantes sèches et humides) règne sur le bassin de Paris, tandis que des mangroves commencent de border la Mésogée et ses diverticules en France (Plaziat, 1970) avec, dans la mer proche, quelques « pâtés » récifaux à Scléractinies coloniales représentant les seules tentatives de récifs à cette latitude. Un peu plus au sud, les fleuves déposent des limons lors des crues, signe d'un couvert végétal clairsemé dans l'arrière-pays; tandis que l'emplacement de la Montagne Noire semble avoir été en partie couvert d'une forêt marécageuse bordée de lacs. Le long du sillon alpin, les chaînons élevés pendant le Crétacé continuent d'être attaqués par le ruissellement : les énormes masses de détritus qui en résultent sont des flysch.

Dans le Grand Nord, des forêts à *Metasequoia* et *Credneria* habillent la Terre de Baffin et l'ouest du Groenland.

Le règne des Mammifères

Il y a 60 millions d'années, les Marsupiaux n'offrent déjà plus de progrès en Amérique du Nord; on peut même parler de régression. Cependant une lignée (les descendants d'*Alphadon*) traverse la province thuléenne, arrive en Europe occidentale à l'Eocène inférieur *(Peratherium)* et passe en même temps en Amérique du Sud. Il s'y produit alors une grande radiation de Marsupiaux qui se rangeront en deux nouveaux groupes, les Cœnolestoïdes, insectivores, et les Boryhyaenoïdes, carnivores. Ils commencent une migration de l'Amérique du Sud vers l'Australie où ils constitueront plus tard, au Miocène, une « radiation » encore plus complète, puisque ce continent offre des Marsupiaux non seulement insectivores et carnivores, mais aussi herbivores spécialisés pour la course, le saut et la vie arboricole. Les Mammifères australiens (uniquement Monotrèmes et Marsupiaux) sont d'ailleurs infestés des mêmes Vers Cestodes spécifiques *(Cinstowia)* que les Marsupiaux de l'Amérique tropicale.

Tableau 19. — *Schéma simplifié du développement des Mammifères*

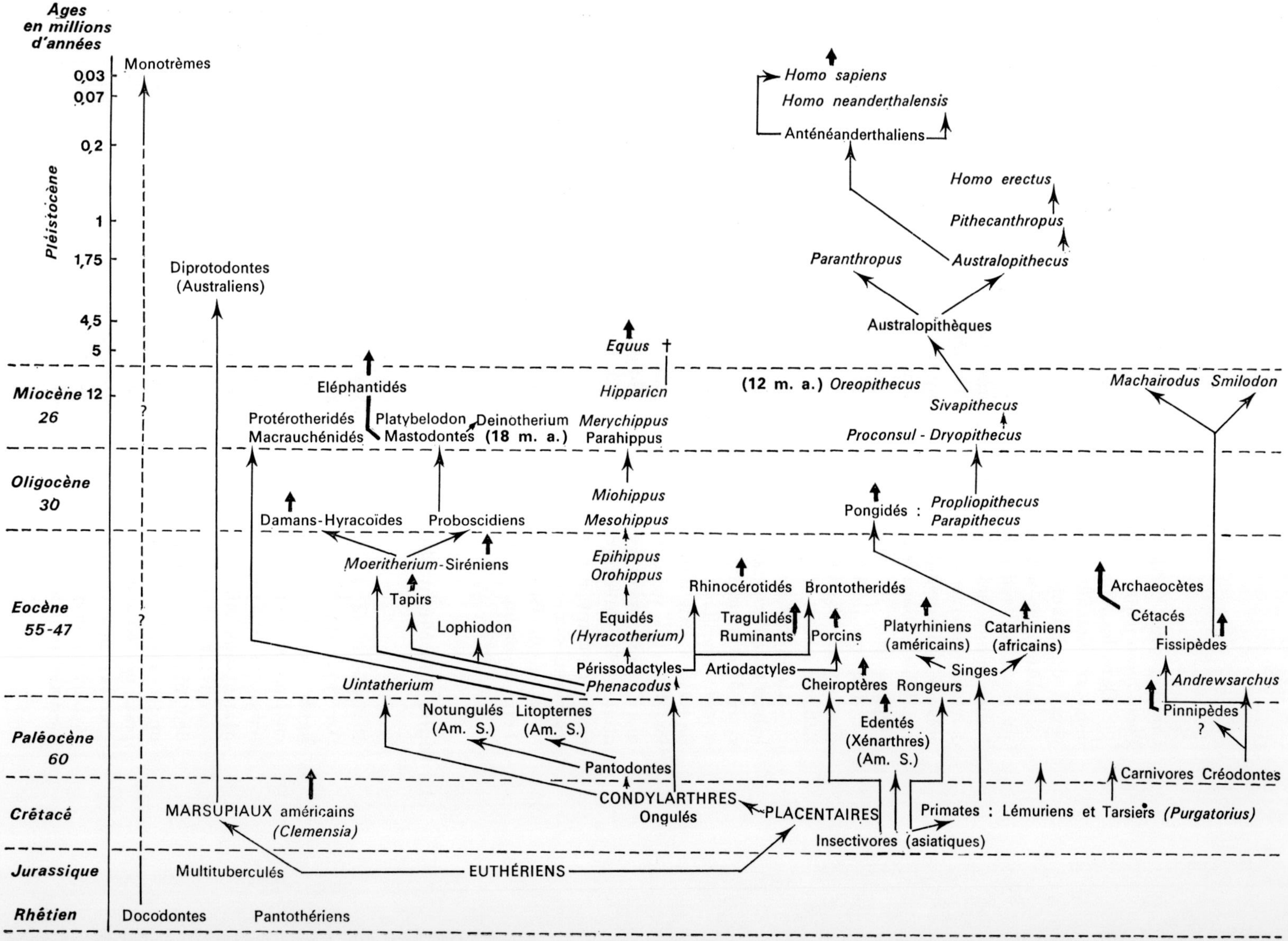

Cette migration peut avoir profité d'une phase de douceur climatique, éocène, qui avait fait défaut pendant tout le Crétacé supérieur et, de ce fait, avait interdit le voyage à travers l'Antarctide. Elle est antérieure à 45 millions d'années (p. 298).

Les autres « Paléothérides » sud-américains constituent une belle radiation dès le Paléocène. Il s'agit cette fois d'Euthériens : Ongulés (les Litopternes et les Notungulés), Edentés Xénarthres dérivés des Palaeanodontes (Paresseux, Fourmiliers et Tatous). Profitant sans doute d'émersions temporaires de l'isthme de Panama ou de radeaux flottants, certains auraient déjà émigré en Amérique du Nord (Hoffstetter, 1970). A cette époque, les relations entre les deux continents sont coupées brutalement par le large bras de mer vénézuélo-colombien et caraïbe. La province sud-américaine est totalement isolée tandis que l'Amérique du Nord reste unie à l'Europe occidentale. En Amérique du Sud, les « Paléothérides » vont demeurer complètement isolés jusqu'à la fin de l'ère tertiaire. En évoluant sur place, ils fourniront le plus bel exemple d'isolement géographique que l'on connaisse. Dans l'ensemble, le régime carnivore y est abandonné aux Marsupiaux tandis que les Edentés Xénarthres fournissent des insectivores et des herbivores arboricoles, et que les Condylarthres, les Notungulés, les Pyrothériens, les Litopternes et les Xénongulés jouent le rôle de nos Artiodactyles, c'est-à-dire celui de tous les herbivores et des Rongeurs.

Les immigrants arrivant en Amérique du Nord concurrenceront les derniers Multituberculés qui seront immédiatement éliminés; les Condylarthres pourvus de sabots ne tarderont pas à s'y développer, avec leurs voisins, les Pantodontes à cerveau minuscule, tandis que les Notungulés y végéteront. Les Edentés (Palaeanodontes) s'y maintiendront avec peine.

L'Eurasie se trouve alors coupée en deux, une fois de plus, par le bras de mer russe, si bien que les communications se font d'une part entre l'Amérique du Nord et l'Europe par la province thuléenne, et d'autre part entre l'Amérique du Nord et l'Asie par l'isthme de Béring. La province thuléenne encore émergée, dernier vestige du continent nord-atlantique, prend les proportions d'un pont continental unissant alors le Groenland, l'Islande, Jan Mayen, les Feroe, les bancs de Rockall et de Porcupine, le Spitzberg, une partie de l'Irlande (Slieve Gullion, Mourne) et l'Ecosse occidentale (Skye, Rhum, Ardnamurchan, Mull et Arran sur les linéaments calédoniens toujours actifs). Elle est marquée par un volcanisme basaltique intense que l'on voit affleurer encore sur 260 000 km^2 de l'Ecosse à la Terre de Baffin.

Les voies de communication sont assez étroites, situées dans des variétés différentes du climat tempéré. Sous ce climat, d'autres fractions de la faune tertiaire, en particulier les Néothérides, se développent. Déjà en Amérique du Nord et en Europe, les Insectivores, devenus insignifiants sont relayés par de proches parents, les Créodontes, qui sont les premiers Carnivores, mais avec des dents moins spécialisées et parfois des pattes terminées par des sabots. Les Primates ont déjà abouti à des Tarsiers et à des Lémuriens.

L'Eocène (XLIII) : transgression téthysienne et mouvements planétaires

Débutant il y a environ 60 millions d'années et durant 22 millions d'années, l'Eocène *(s. l.)* est dans son ensemble une période chaude correspondant à une transgression téthysienne. La relative proximité temporelle de cette période nous permet de collecter des renseignements nombreux et précis provenant de toutes sortes de données. Celles-ci convergent pour indiquer que, à la fin du Paléocène et à l'Eocène inférieur, un climat subtropical et tropical a envahi largement l'Europe et l'Amérique du Nord, au sud respectivement de la Scandinavie et de l'Amérique arctique dont le climat est tempéré. Dans les zones subtropicale et tropicale, les continents se couvrent de forêts, de palmeraies et de mangroves au bord de lacs et de lagunes côtières. La vie végétale est maintenant assez riche pour qu'on observe l'étagement des flores suivant l'altitude dans les zones élevées : les flores de Menat (Auvergne) montrent ainsi la juxtaposition de la forêt-galerie, de la savane, de la forêt de pente et de la forêt d'altitude.

Tandis que la Mésogée déborde et envoie des courants chauds qui tendent à uniformiser les faunes, dans l'ancien monde c'est la mer dite à Nummulites, ainsi nommée parce que dans sa zone littorale vivent de nombreux grands Foraminifères, parmi lesquels les Nummulites en forme de pièce de monnaie. Ces Foraminifères sont ainsi transportés au sud jusqu'à Tuléar (Madagascar), alors à 30° de latitude sud, et en Australie occidentale; au nord jusque dans les bassins de Paris et de Londres et même dans la partie septentrionale de la Belgique. Mais ils parviennent (parcimonieusement et avec des espèces endémiques) en Amérique où apparaissent d'autres genres de même habitat, les Lépidocyclines, au Texas.

La mer du Nord, après le dépôt de la craie danienne, devient un bassin plus ou moins envahi d'éléments détritiques provenant de la dégradation des continents qui l'entourent : sables, vases, passées calcaires et dolomitiques s'y déposent calmement tandis que la profondeur s'amoindrit.

Cependant la faune de Mollusques indique que la Mésogée de l'Europe occidentale (Espagne, Pyrénées, bassin de Paris) et de l'Europe centrale s'étend depuis l'île de Bonin (Japon) et la Birmanie, par l'Inde, l'Asie, l'Afrique orientale, le Soudan, l'Egypte, la Macédoine et la Suisse, vers les Antilles et la Floride et, passant le détroit de Panama, atteint la Californie dès l'Eocène; c'est la province à *Velates*, Néritacé de l'Eocène inférieur. Une autre province est caractérisée par *Venericardia planicosta*, Bivalve Carditacé de l'Eocène moyen (Lutétien) dans le bassin de Paris où il accompagne une faune de mer tropicale ou subtropicale; elle s'étend en Afrique jusqu'au Sénégal, en Amérique du Nord sur la côte orientale jusqu'au golfe du Mexique, passe également le détroit de Panama et atteint le Pérou.

Dans sa partie équatoriale, mésogéenne, l'océan Atlantique est suffisam-

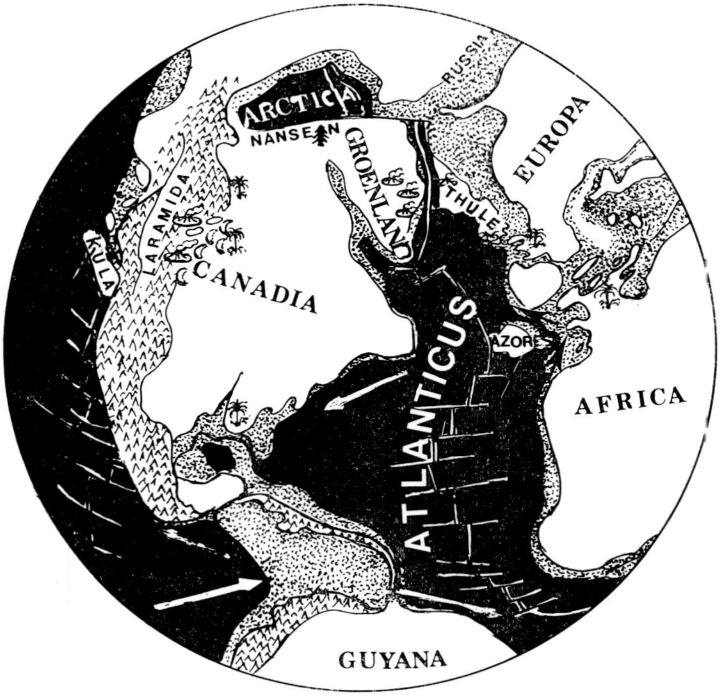

Fig. 50 *a* - La Terre à l'Eocène supérieur

Cette époque correspond à une phase critique de l'histoire de la Terre : collision himalayenne où se termine l'orogenèse du Transhimalaya (voir fig. 52) ; rotation de l'Espagne ouvrant davantage le golfe de Gascogne et s'accompagnant des plissements pyrénéens ; rotation sénestre de l'Amérique du Nord qui chevauche le « rift » du Pacifique oriental ; isolement de l'Amérique du Sud par l'ouverture d'un détroit panaméen au sud des Caraïbes.

Le schéma ci-contre montre la zone arctico-atlantique. Sur l'Amérique du Nord, l'Europe et l'Afrique du Nord règne un climat chaud (présence de Palmiers). L'ouest de l'Amérique du Nord est occupé par la grande chaîne plissée des Laramides. L'Atlantique Nord commence à s'ouvrir par dislocation de la province Thuléenne.

Fig. 50 *b* - Uintatherium

Ongulé éocène d'Amérique du Nord caractérisé par une tête ornée de nombreuses cornes. Le cerveau (en haut à droite) est le plus petit de tous les Mammifères.

ment élargi maintenant pour que certaines faunes soient différentes sur ses deux rives. D'un autre côté, le détroit de Panama, flanqué du bassin vénézuélien, isole pour longtemps l'Amérique du Sud.

Bien que dominé par une transgression téthysienne, l'Eocène subit des variations sensibles de climat. Une courte phase de refroidissement atteint l'Eocène moyen, marqué par des mers tempérées, entre autres au large de la Californie où la limite des eaux chaudes et tièdes subit un déplacement vers le sud d'au moins 15° de latitude (Steineck, 1971). Cette phase de refroidissement a été suivie dès l'Eocène supérieur par une nouvelle poussée de chaleur.

L'Atlantique Sud n'est encore, par place, qu'un chenal marin, sans doute encombré d'îles. On en vient à cette conclusion en étudiant une nouvelle répartition « amphi-atlantique » : celle des Siréniens. Ce sont des Mammifères aquatiques à corps pisciforme, bassin et nageoires réduits, qui semblent s'être différenciés à l'Eocène inférieur, avant le Lutétien, à partir d'une souche *Protosiren*, elle-même voisine de celle des Eléphants (le Proboscidien *Moeritherium*). Les Lamantins sont strictement liés aux herbiers littoraux ou fluviaux. Or le genre *Trichechus* compte aujourd'hui plusieurs espèces très voisines sur les côtes et dans les fleuves d'Afrique (entre le Sénégal et la Cuenza) et d'Amérique (entre la Floride et l'Amazonie). On est donc amené à penser qu'une largeur de l'Atlantique suffisante pour les empêcher de traverser n'exista pas avant l'Eocène moyen.

A l'Eocène inférieur se produit un soulèvement général de l'emplacement de la mer Rouge et du golfe d'Aden, préparant l'isolement de l'Arabie par rapport à l'Afrique. A l'Eocène supérieur (anomalie 18 de Heinzeler = 45 millions d'années), l'Australie et l'Antarctide se séparent définitivement. L'entrée des Marsupiaux Didelphidés en Australie doit donc être antérieure à cette date.

L'Eocène supérieur est la grande époque de formation de l'océan Indien et le début de l'érection himalayenne. Par rapport aux *rifts* médio-océaniques en Y du système de la crête Carlsberg, l'expansion du fond océanique est importante. Il s'y associe une rotation de l'Inde péninsulaire et des plates-formes insulaires qui lui sont encore liées aujourd'hui : cette rotation se fait autour d'un centre virtuel situé vers l'emplacement actuel de Nairobi (Kenya) et d'une crête médio-océanique est-ouest, aujourd'hui disparue mais dont il reste encore d'importantes anomalies magnétiques, rejoignant le sud de la fosse de Java.

Ce décrochement vers le nord-est de l'Inde péninsulaire repoussée par l'expansion de la croûte océanique à partir de la crête Carlsberg laisse une traînée de vestiges depuis la fosse de Chagos, en particulier le haut fond sous-marin, vieille aire continentale qui porte l'archipel de Chagos, les Maldives et les Laquedives. Le plateau des Laquedives pourrait être le prolongement des coulées de basaltes, ou *traps*, qui constituent un plateau volcanique subaérien d'âge éocène reposant sur la vieille plate-forme de l'Inde péninsulaire. Une autre rotation commençait, celle de la zone d'Aden et de la mer Rouge par rapport à un centre virtuel situé en Libye (26 °N-21° E).

Entre les Appalaches et Gibraltar, brisé par un effluent du *rift* médio-océanique qui se dirige vers l'emplacement de Gibraltar, le vieux plateau des Açores se maintient et se soulève même en un bombement tectonique. L'Atlantique Sud continue de s'élargir : à l'Eocène inférieur, l'île volcanique de Sainte-Hélène était incluse dans la crête médio-océanique; elle commença de s'en écarter il y a de 45 à 50 millions d'années, c'est-à-dire à l'Eocène moyen ou supérieur.

La poussée de l'Afrique vers l'Europe continue inéluctablement. L'ouverture du golfe de Gascogne se poursuit. En contrepartie on voit s'esquisser l'arc de Gibraltar et débuter la surrection des chaînes bétiques et rifaines au sein de détroits presque permanents (subbétique, nord-rifain) unissant l'Atlantique aux zones méditerranéennes, tandis que s'élève une chaîne pyrénéo-provençale à partir de l'ancien socle varisque, recouvert par des sédiments mésozoïques. A la fin de l'Eocène supérieur, l'ensemble des massifs anciens se trouve saisi dans cette poussée et bloque les expansions océaniques, du sillon alpin entre autres. La mer Tyrrhénienne, à fond océanique, se trouve ainsi coincée entre le massif corso-sarde, le massif péloritain (Sicile) et la Toscane. Des soulèvements se produisent dans l'Atlas qui émerge. Nous retrouvons ici, mais plus près de nous, donc ayant conservé plus de traces, des phénomènes comparables à ceux que nous avait montrés la zone calédonienne au Silurien, à savoir l'affrontement de deux blocs continentaux poussés l'un vers l'autre.

Provinces à Mammifères

Il ne reste pas grand-chose, à l'Eocène moyen-supérieur, de l'Améraustralie et de l'Afreurasie du Crétacé. L'Améraustralie est scindée en plusieurs tronçons : l'Amérique du Sud et l'Australie sont complètement isolées. L'Afrique conserve quelques contacts avec les continents les plus proches : l'Europe, l'Amérique du Sud, la Lémurie. Mais il s'agit de ponts et de relais car l'expansion océanique éloigne de plus en plus les continents les uns des autres. Si bien que certains auteurs (Hoffstetter, 1972) reconstituent pour divers groupes une distribution étrangement semblable à celle des vieux supercontinents, Laurasie et Gondwanie.

Une nouvelle radiation de Mammifères se produit sur l'ensemble de la Laurasie, Amérique du Nord et Europe étant encore reliées entre elles. La plupart des genres paléocènes sont en voie d'extinction, sauf l'Opossum (Sarigue) qui reste florissant. La denture souligne le caractère « adaptatif » de cette nouvelle radiation en évoluant vers les divers régimes alimentaires. Les molaires des Rongeurs et des Equidés archaïques portent des tubercules. Il y a encore peu de distance de ce type primitif à celui des Primates et des plus archaïques des Artiodactyles, les Bunodontes. Chez les Rongeurs, les Equidés et les Artiodactyles évolués, les tubercules fusionnent entre eux en formant des crêtes. Le second grand trait de l'évolution mammalienne est le développement de l'intelligence, matérialisé par les progrès du néo-cortex cérébral. Ce néo-cortex, qui chez l'Homme devient la « matière grise », est presque absent chez les Mammifères archaïques. Chez les Sarigues et les Hérissons, il est pratiquement réduit à trois aires sensorielles : l'aire visuelle, l'aire auditive et l'aire sensorio-motrice dont les fibres sensorielles viennent directement d'un relais thalamique[1].

Pendant l'Eocène, on voit apparaître les Cheiroptères, les Rongeurs Simplicidentés qui viennent de souches laurasiennes, les Périssodactyles (Tapirs, Rhinocéros, Chevaux) et les Artiodactyles (Cochons, Ruminants, Proboscidiens), plutôt de souche américaine. Les Primates s'étendent à l'Europe en demeurant au stade des Lémuriens et des Tarsiers. Les migrations se sont produites surtout à la base de l'Eocène entre l'Amérique du Nord et l'Europe par la province thuléenne, puis tout à fait à la fin de l'Eocène, principalement par le détroit de Béring entre l'Amérique du Nord et l'Asie, dont les faunes se ressemblent alors étrangement. Notons que ces périodes correspondent aux moments les plus chauds de l'Eocène.

Pour deux groupes au moins de Mammifères, une ségrégation s'est produite vers l'Eocène moyen de part et d'autre de la Téthys, matérialisant l'indépendance d'un ensemble gondwan déjà morcelé mais conservant sans doute quelques liaisons par relais entre l'Afrique et le Brésil, analogues à ceux qui pouvaient subsister entre les Amériques à travers le détroit panaméen. Il s'agit des Rongeurs et des Singes. En ce qui concerne les Rongeurs, R. Hoffstetter (1972) montre qu'au nord de la Téthys, l'aire des Sciurognathes (Ecureuils, Rats, Hamsters, Castors) coïncide avec la Laurasie tandis que l'aire des Hystricognathes (Caviomorphes et Phiomorphes) coïncide avec la Gondwanie (Eocène supérieur du Pakistan occidental, d'Afrique, d'Amérique du Sud). Les Caviomorphes (Cobayes, Cabiais, Chinchillas, etc.) sont spéciaux à l'Amérique du Sud, et une hypothèse classique les faisait venir d'Amérique du Nord à l'Eocène; pour Hoffstetter et Lavocat (1970), ils se seraient différenciés en Afrique, d'où ils auraient passé directement en Amérique du Sud. Quelle que soit l'hypothèse, il faut admettre une liaison terrestre temporaire entre ces continents gondwans. En tout cas, la parasitologie montre que les mêmes familles de Nématodes infestent les Phiomorphes africains et les Caviomorphes sud-américains (Durette-Desset, 1971).

Les Singes, limités à la zone chaude, sont encore inconnus au nord de la Téthys pendant l'Eocène. Leur place était alors tenue en Laurasie par les Prosimiens Tarsiformes. Aussi est-il possible, selon Hoffstetter (1972), de penser qu'ils sont d'origine africaine, leurs premiers représentants connus venant de l'Oligocène d'Egypte. Or ces fossiles justement sont très voisins des Platyrhiniens, Singes endémiques de l'Amérique du Sud (connus aussi

1. Chez les Primates supérieurs comme l'Homme, le néo-cortex se développe considérablement. Mis à part ces trois régions sensorielles qu'il continue à assumer, il devient essentiellement le lieu de réception des fibres issues des centres sensoriels et moteurs, lesquelles assurent les *associations* de messages (Diamond et Hall, 1969).

depuis l'Oligocène). Un passage entre l'Afrique et l'Amérique du Sud à l'Eocène supérieur, époque où il est vraisemblable de les croire déjà présents, est donc probable alors qu'il n'existe plus de liaison continentale à l'est entre l'Afrique et la Lémurie.

A la fin de l'Eocène, le blocage méditerranéen fut aussi un événement paléobiogéographique. Il reconstituait d'ailleurs, entre l'Europe et l'Afrique, la liaison continentale perdue depuis le Trias. Entièrement dans la zone intertropicale où les Mammifères vivent heureux, il devenait possible à ceux-ci d'enjamber les hiatus de la future Méditerranée. Ainsi furent-ils nombreux à atteindre l'Egypte à la fin de l'Eocène, tandis que l'Afrique orientale restait un bassin de spéciation, par exemple pour les Proboscidiens et les Simiens.

Bibliographie

Cranwell L. M., 1959 – Fossil Pollen from Seymour Island, Antarctica. *Nature, 184*, p. 1782-1785.

Diamond I. T. et Hall W. C., 1969 – Evolution of neocortex. *Science, 3877*, p. 251-262.

Durette-Desset M.-C., 1971 – Thèse, Univ. Paris-Sud.

Hoffstetter R., 1970 – Radiations initiales des Mammifères placentaires et biogéographie. *CRAS, 270*, p. 3027-3030.

Hoffstetter, 1972 – Données et hypothèses concernant l'origine et l'histoire biogéographique des Marsupiaux. *CRAS, 274*, p. 2635-2638.

Hoffstetter R., 1972 – Origine et dispersion des Rongeurs Hystricognathes. *Ibid.*, p. 2867-2870.

Plaziat J.-C., 1970 – Huîtres de mangrove et peuplements littoraux de l'Eocène inférieur des Corbières. *Géobios, 3*, 1, p. 7-27.

Plaziat J.-C., 1975 – *Les mangroves anciennes. Discussion de leurs critères de reconnaissance et de leurs significations paléoclimatologiques.* IXe Congr. Int. Sed.

Steineck P. L., 1971 – *Middle Eocene refrigeration. New evidence from California.*

2 Mise en place des chaînes alpines

La révolution oligocène (XLIV). *Fig. 51*

Il y a de 38 à 22 millions d'années, c'est-à-dire en 16 millions d'années, la géographie moderne va être mise en place.

L'expansion des fonds océaniques se poursuit. A la fin de l'Eocène (fig. 50), la crête médio-atlantique était bien distincte mais l'océan n'était pas assez profond pour que s'y dépose l'argile rouge des grands fonds : les vases qui vont se sédimenter pendant tout l'Oligocène sont calcaires, voire crayeuses, et reposent sur une jeune croûte océanique de basalte. Le taux d'expansion du fond océanique est très variable, de 0,4 à 4 cm par an, avec des arrêts pouvant atteindre plusieurs millions d'années.

De part et d'autre de la crête du Pacifique méridional, l'expansion est alors de 4 à 6 cm par an. Tout autour de l'océan Pacifique, entre 30 et 25 millions d'années, une grande phase tectonique affecte les arcs insulaires (île

Fig. 51 - La Terre à l'Oligocène

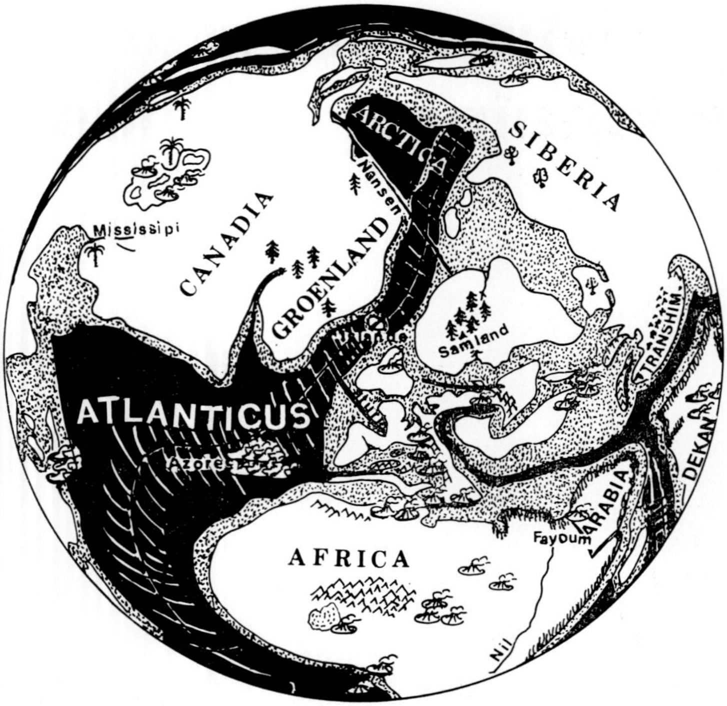

Fig. 51 *a*
Vue de l'hémisphère Nord

L'Atlantique Nord est complètement ouvert. Les chaînes alpines sont pratiquement en place ainsi que l'Himalaya proprement dit. L'ensemble continuera à jouer, à se plisser et surtout à s'élever. La Téthys est en train de disparaître.

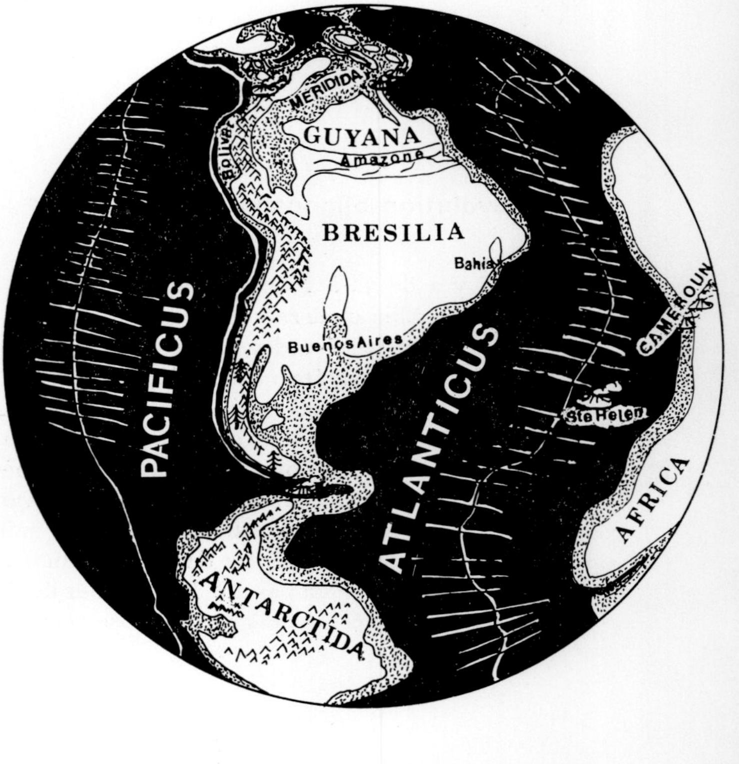

Fig. 51 *b*
Amérique du Sud

Coupée de l'Amérique du Nord par le détroit de Panama, l'Amérique du Sud est également séparée de l'Antarctide par la mise en place de la structure en boucle des Antilles australes, interrompue au niveau du détroit de Drake.

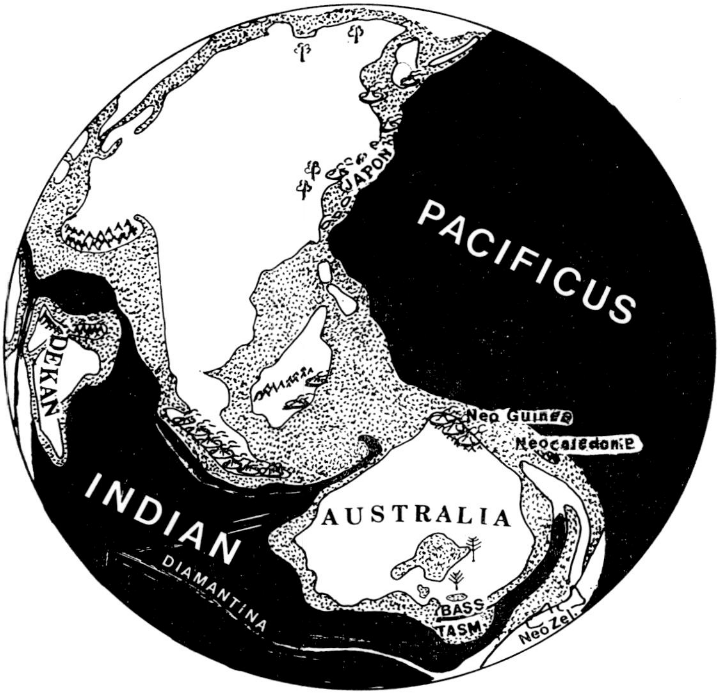

Fig. 51 *c*
Liaison Asie-Australie

L'océan Indien méridional sépare définitivement l'Antarctide de l'Australie.

Les zones en pointillé représentent les mers épicontinentales.

Fig. 51 *d* - Deux Mammifères de l'Oligocène inférieur d'Egypte (Fayoun)

A gauche : *Arsinoitherium*, gros ongulé voisin du Daman, à deux grosses cornes sur les nasaux. A droite : *Moeritherium*, ancêtre des Eléphants, entre autres.

de Honshu au Japon, et Nouvelle-Zélande), poussée de fièvre qui s'accompagne d'un fort accroissement du volcanisme, de soulèvements, de failles et de montées granitiques.

C'est l'âge du jeu maximum des failles transcurrentes comme la « grande Faille alpine » de Nouvelle-Zélande (fig. 15) et le début de l'important système de la « faille de San Andreas » (fig. 48) en Californie.

Donc, jusqu'à la période Eocène supérieur - Oligocène, une zone continue d'expansion du fond pacifique jouxte l'ouest de l'Amérique du Nord dont la bordure devient une zone de subduction, c'est-à-dire d'enfoncemnt de la croûte océanique sous le continent.

La faille de San Andreas, partie de l'ensemble des linéaments qui séparent deux plaques, celle de l'Amérique du Nord et celle du Pacifique Nord, présente la particularité de disjoindre aussi le sud-ouest de la Californie du reste de l'Amérique du Nord. Elle met, en outre, en évidence un mouvement de rotation de la plaque du Pacifique Nord et du morceau de Californie qu'elle entraîne vers le nord-ouest par rapport à l'Amérique. Ce déplacement selon la faille de San Andreas est de l'ordre de 5 à 7,5 cm par an; le décrochement total atteindrait 1 158 km. Or, il y a 30 millions d'années, en plein Oligocène, l'Amérique du Nord poussée vers l'ouest, en particulier par l'expansion du fond de l'océan Atlantique, a été conduite à chevaucher une partie du Pacifique oriental, et d'abord des fosses géosynclinales semblables à celles qui bordent encore aujourd'hui la côte occidentale de l'Amérique du Sud et qui peuvent être considérées comme traces d'une zone de subduction, puis le bombement du Pacifique oriental, occupé par une crête de type médio-océanique. Il se produit alors une inversion du relief des fosses, soulevant les sédiments de caractère géosynclinal qui s'y étaient accumulés et qui se trouvent déformés, broyés et entraînés avec la Californie septentrionale dans une rotation du Pacifique Nord. Ce phénomène a eu lieu au niveau de la future presqu'île de Baja California, alors accolée au continent. Il est d'ailleurs facile de voir sur la carte à l'est de l'océan Pacifique (fig. 19 *b*) la crête du Pacifique oriental buter contre la côte mexicaine du continent américain, sous lequel elle s'enfonce au sud de la Californie. Au bout de 5 millions d'années, vers la limite supérieure de l'Oligocène, la Californie septentrionale, entraînée par la plaque du Pacifique Nord, avait ainsi parcouru environ 200 km (Anderson, 1971). Ces convulsions sont accompagnées d'un intense volcanisme continental depuis l'Etat de Washington jusqu'au Mexique. La profondeur des réservoirs magmatiques de ce volcanisme est évaluée à 175-200 km, en pleine asthénosphère, et la montée des magmas provient d'une zone de subduction (Lipman, Protka et Christiansen, 1971). La paléogéographie et l'étude des ensembles de faunes peu profondes de l'Oligocène de ces régions confirment ce déplacement.

A la limite de l'Oligocène et du Miocène, il y a un peu plus de 22,5 millions d'années, se produit la rupture de l'Arc Scotia, accompagnée de l'expansion du fond océanique dans le passage de Drake, en même temps sans doute qu'une subduction au niveau des fosses du nord de la crête Scotia Sud et au sud de la crête Scotia Nord.

Sur la rive occidentale de l'océan Pacifique s'ouvre la mer du Japon, donnant à celui-ci son statut d'arc insulaire. De la Nouvelle-Guinée à la Nouvelle-Calédonie et au nord-ouest de la Nouvelle-Zélande se produit le charriage (post-Miocène) de nappes ophiolitiques sur le continent Australasien en même temps que s'ouvrent (fig. 15) la mer de Tasmanie et la mer de Corail (Aubouin, Mattauer, Allègre, 1977). Bien que plus tardif ce phénomène complète le déversement de nappes analogues sur l'Afrique et l'Arabie (voir p. 275).

Dans les Alpes franco-italiennes se produit une nouvelle phase de contraction accompagnée de chevauchements et de métamorphisme ainsi que de mouvements de surrection et de faible volcanisme. Dans la zone méditerranéenne, les blocs européen et gondwan sont en contact et l'on constate les effets de cet affrontement : « la première phase étrusque ». Le massif corso-sarde, la Toscane, ainsi que les emplacements des mers Ligure, Hespérique, Alboran et Tyrrhénienne se soulèvent, les failles anciennes rejouent, de nouvelles failles se produisent. Un volcanisme intense commence de s'épancher (roches vertes de Calabre, volcans de Kabylie). Un massif de granite s'élève dans l'île d'Elbe. Une très forte érosion attaque la Tyrrhénide et la Toscane et dépose vers l'Est les sédiments qui seront les premiers éléments de la chaîne apennine. En Europe moyenne débute aussi une phase volcanique (Allemagne orientale, Basse-Silésie, Pologne, nord de la Bohême).

La dernière phase de l'ouverture du golfe de Gascogne, portant sur un angle de 12°, se produit également pendant l'Oligocène. La disposition actuelle sera acquise avant le Miocène moyen.

L'Oligocène se présente donc bien comme une révolution tectonique à partir de laquelle plus rien sur la Terre ne fut tout à fait comme avant. Cette révolution a eu des répercussions superficielles sur les climats ainsi que sur la répartition des faunes et des flores.

A la fin de l'Oligocène, un affrontement se prépare à nouveau dans le secteur de l'océan Indien, affrontement contemporain du paroxysme orogénique de l'Himalaya qui amène une partie de la bordure continentale de l'Inde péninsulaire à s'enfoncer sous le bâti asiatique (fig. 52). A ce moment, la « plaque arabe », comprenant la mer Rouge, et la « plaque centrale », comportant la zone fracturée de l'île d'Amsterdam, sont coincées et l'extension du fond océanique se trouve freinée à leur niveau. L'ensemble de l'expansion de l'océan Indien est bloquée pour une dizaine de millions d'années : au centre de l'océan Indien, elle sera totalement interrompue durant un million d'années, entre 6 et 5 millions d'années. En ce qui concerne la « plaque arabe », la région de Suez émergeait au début de l'Oligocène; à la fin de cette période se produisait une fissuration par laquelle montaient des coulées de laves, et dont la direction préfigurait le futur *rift* clysmique (golfe de Suez).

La température de l'eau au contact des fonds océaniques, calculée par Emiliani (1954, 1956, 1968), accuse une chute qui continuera jusqu'aux glaciations quaternaires. Au cours de l'Oligocène, cette température tombera de 13° à 9°, chute correspondant, pour la surface des continents, à des modifi-

Fig. 52 - « Collision » du bloc indien avec le Sud asiatique : fin de l'océan Téthysien

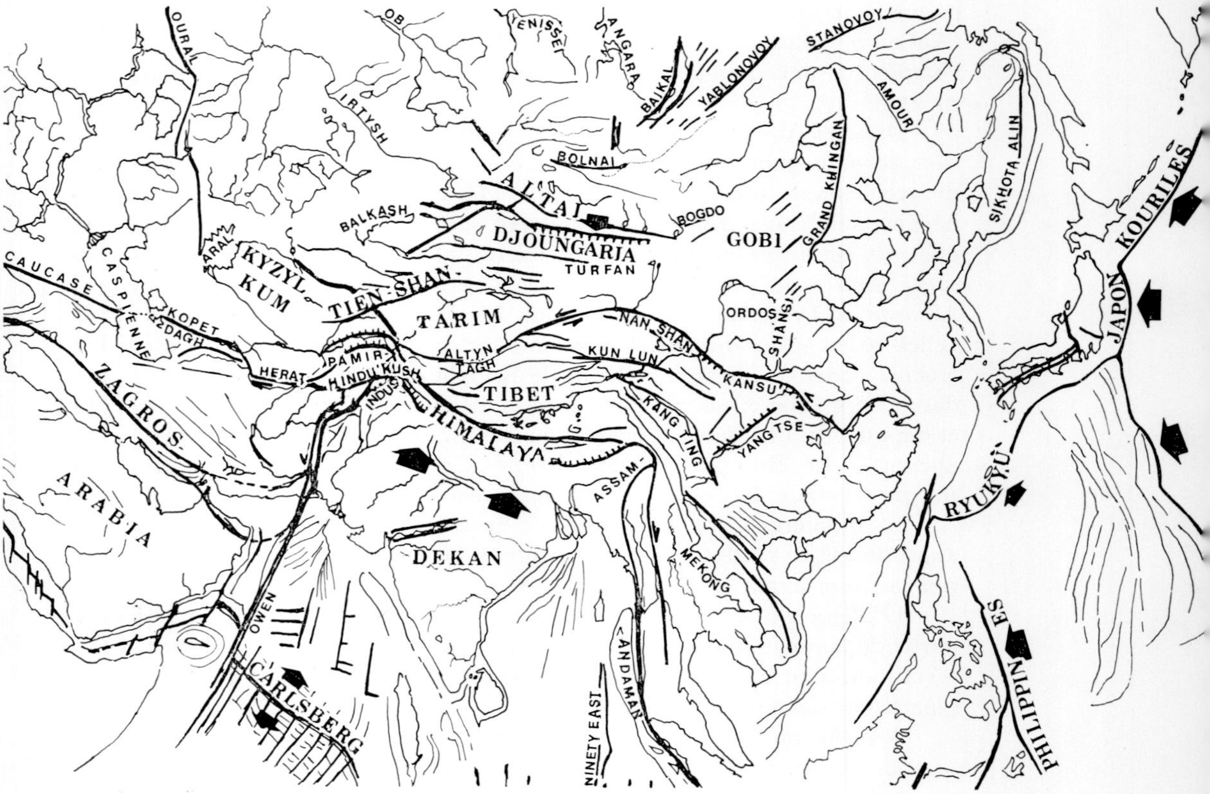

Fig. 52 *a* - Position actuelle de l'Himalaya par rapport aux chaînes de l'Asie centrale et orientale, d'une part à l'Inde et à l'océan Indien, d'autre part

La séparation était consommée depuis longtemps entre l'Australie (encore accolée à l'Antarctide) et la Lémurie. Au nord de l' « océan » Indus-Tsangpo se placent le Transhimalaya et les massifs du Tarim et du Tien Shan.

Depuis le début du Crétacé, un rift médio-océanique, la crête Carlsberg, a coupé la Lémurie : l'ensemble de l'Inde péninsulaire (Dekan) est écarté de Madagascar et l'expansion du fond océanique indien a pour effet de pousser Madagascar vers le sud - sud-ouest et l'Inde vers le nord - nord-ouest.

Le déplacement total de près de 5 000 km (pour une Terre à volume constant un peu moindre si l'on admet l'expansion de la Terre), accompagné d'une légère rotation sénestre (6° 5) du Dekan, se décompose de la façon suivante : 2 200 km environ pendant le Crétacé supérieur (depuis 71 millions d'années, soit 184 mm par an) jusqu'à l'Eocène (55 millions d'années, soit 112 mm par an). Après un arrêt, il fut ensuite de 1 665 km pendant l'Oligocène (entre 55 et 38 millions d'années, soit 64 mm par an). La « collision » avec le bouclier chinois se place il y a 45 millions d'années. C'est le nord du bloc (Transhimalaya) qui a subi jusque-là les principales actions orogéniques tandis que, au sud de l'océan, les zones himalayennes étaient occupées par une mer tranquille. Freiné alors, le Dekan va encore parcourir 1 100 km au Miocène (entre 38 et 10 millions d'années, soit 45 mm par an), et les zones himalayennes proprement dites sont plissées.

L'ensemble du déplacement a laissé des traces sur le fond océanique (les crêtes Owen et Ninetyeast). Les hautes altitudes atteintes par la chaîne semblent récentes et d'ordre épeirogénique.

La collision avec ce qui était alors le sud de la Laurasie et la Chine affecta d'abord les marges et les massifs intermédiaires poussés comme par un bulldozer. Le Tibet, séparé depuis le Trias par un océan (Indus-Tsangpo) assez étroit, s'est donc trouvé soudé au bloc indien au niveau du haut Indus, les restes de ce fond océanique étant un complexe ophiolitique. L'Himalaya correspond à un énorme bourrelet déplacé vers le nord jusqu'à passer, à la fin du processus, sous la « dalle du Tibet ». Le Tarim et les éléments du Tien Shan sont plissés. Du côté septentrional de la Téthys, cependant, les déversements proviennent de l'Altaï et de la Djoungarie déplacés vers le sud.

La translation du bloc indien n'était pas la seule action affectant l'Asie au cours de la même période. Au niveau des arcs d'îles, des pressions énormes se faisaient sentir si bien qu'une contention maintenait depuis le Trias le bloc indien par des chaînes perpendiculaires à l'Himalaya (celles de Birmanie à l'est, du Tadjikistan à l'ouest), et l'on peut expliquer de cette manière aussi les deux môles arqués (syntaxiques) extrêmes de l'Himalaya, à l'ouest le Pamir charrié vers le nord, et à l'est, l'Assam. Dans l'Eurasie cette direction non himalayenne prédomine, avec des chaînes plissées et des rifts tels que celui du Baïkal.

Les directions téthysiennes se retrouvent dans les décrochements qui prolongent les zones d'ophiolites de la région méditerranéenne (Zagros, Oman, sud de l'Hindou-Kouch, suture de l'Indus), plus au nord, avec une ligne Caucase-Kopet Dagh-Herat-Pamir-Altyn Dagh-Nan Shan-Kansu qui semble indiquer une divergence des mouvements de la bordure nord du bloc indien à partir du Pamir vers l'est et l'ouest.

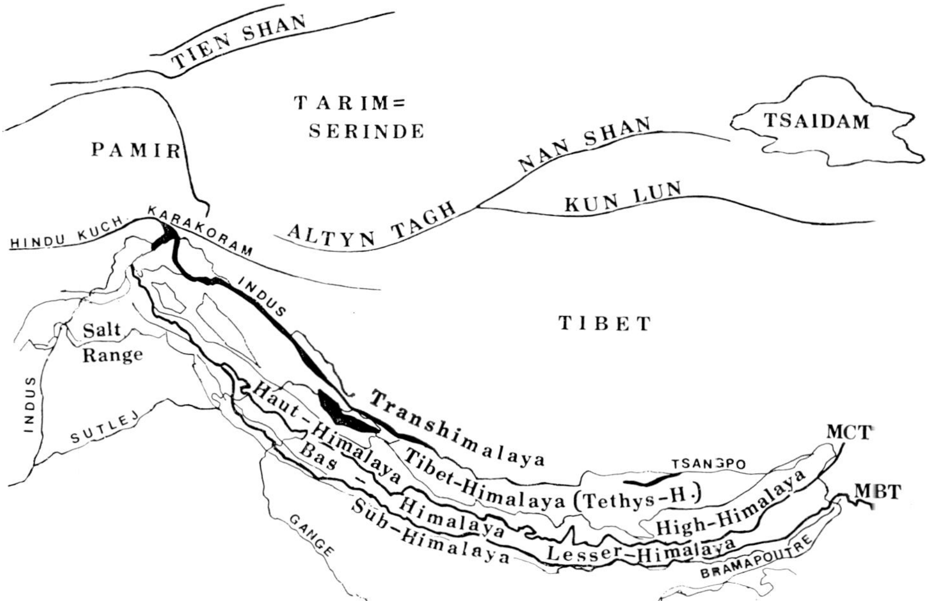

Fig. 52 *b* - Structure de la chaîne himalayenne

Un grand arc situé au sud de la zone Indus-Tsangpo, que la présence d'ophiolites fait considérer comme un ancien océan ouvert au Trias inférieur, fermé à la fin du Crétacé. Le *Tibet-Himalaya* (ou Téthys-Himalaya), situé contre cette « suture », est composé d'éléments considérés comme tibétains, sédiments d'une part, sur lesquels repose la « dalle du Tibet » constituée de terrains métamorphisés pendant l'ère Tertiaire et déformés en grands plis couchés. Le *Haut-Himalaya* (High Himalaya), riche en leuco-granites d'âge oligocène, a été exhaussé récemment par épeirogenèse. Le *Bas-Himalaya* (Lesser Himalaya), dans lequel on connaît des faunes paléozoïques marines, semble peu différent dans sa structure originelle du précédent. Le *Sub-Himalaya* est essentiellement sédimentaire.

Deux fronts de charriage séparent respectivement : 1) le Bas-Himalaya du Sub-Himalaya sur lequel il repose (limite principale : MBT = *main boundary thrust*) ; 2) le Haut-Himalaya du Bas-Himalaya sur lequel il repose (charriage central principal : MCT = *main central thrust*).

Au nord de la suture Indus-Tsangpo, le *Trans-Himalaya*, étroitement lié au Tibet, a subi son évolution orogénique en avance sur l'Himalaya proprement dit, du fait de sa précédence lors du mouvement de l'Inde et de la première « collision ».

cations de zonalité. Ainsi l'Europe occidentale et l'ouest des Etats-Unis passent-ils en partie du climat subtropical de l'Eocène à un climat tempéré chaud. Le sud de la Scandinavie se couvre d'une immense forêt de Pins allant jusqu'à la mer du Nord, laquelle s'étend largement sur l'Allemagne septentrionale. De ces arbres coule une résine épaisse qui deviendra l'*ambre de la Baltique* et dans laquelle a été emprisonnée une faune très riche d'Invertébrés terrestres, en particulier d'Insectes (2 000 espèces) et une flore comptant, outre les Pins, 100 espèces de Dicotylédones.

Restreinte par rapport à l'Eocène, la Mésogée continue de desservir les zones subtropicale et tropicale jalonnées par des Palmiers dans le sud de l'Alaska, en Californie, dans le centre des Etats-Unis, en Louisiane, dans les Alpes et en Egypte. Il faut noter l'établissement d'une zone aride où les lagunes peu profondes devenaient d'immenses cuvettes dans lesquelles cristallisaient les évaporites. Ce style a débuté dans le bassin de Paris à l'Eocène supérieur (Ludien) avec les « gypses de Montmartre », suivi à l'Oligocène par un véritable climat « tchadien » créateur de dunes; on le retrouve en Alsace où s'élaborent les grands gîtes de potasse, dans le Jura, et près des deux rives de la Caspienne.

La zone tempérée méridionale est encore jalonnée par des plantes, Araucariées, Protéacés et les trois espèces actuelles de *Nothofagus*, dans le sud de l'Amérique du Sud (Chili, Argentine), l'Antarctide, l'Australie occidentale et la Nouvelle-Zélande, témoins de l'ancienne province gondwane depuis longtemps disjointe. En Nouvelle-Zélande, les températures calculées pour le climat de l'Oligocène sont les mêmes que celles qui régneront pendant le Pléistocène.

La Mésogée est devenue un ruban continu dont les parties se tiennent entre elles et qui enjambe l'Atlantique. Elle est caractérisée par la répartition de grands Foraminifères benthoniques, les Lépidocyclines qui, malgré le refroidissement, descendent jusqu'en Afrique australe, au canal de Mozambique et au sud de l'Australie, c'est-à-dire autant au sud que les Nummulites d'un Eocène plus chaud, mais elles remontent dans l'hémisphère Nord sans atteindre le bassin de Paris. C'est une preuve que le déplacement de l'ensemble continental par rapport à l'axe des pôles n'a pas cessé. L'équateur devait donc passer alors à peu près au niveau du lac Tchad.

Cependant le jeu de la dérive continentale accentuait la distance entre l'Afrique et l'Antarctide. Cette dernière retourne à des latitudes polaires et il en résulte que le pont continental qu'elle constitue devient une barrière climatique, un désert froid, avec la longue nuit continue de l'hiver. La plupart des plantes n'ont pas résisté : la Terre de Feu et la Nouvelle-Zélande s'ignoreront désormais.

Enfin l'individualisation de la province indo-pacifique se précise. Les côtes septentrionales de l'Egypte, de l'Arabie et du Dekkan, ainsi que celles de l'est de l'Afrique, sont ourlées par une mangrove à *Sonneratia* (Aubréville, 1969). Le sud de l'Asie et déjà le Dekkan sont alors dans la zone subtropicale sèche où les flores évoluent vers des forêts xérophylles.

L'emplacement de la Méditerranée continuait à faire partie de la Mésogée tropicale mais le sillon alpin n'en était plus que la frange. Dans le nord du Caucase, près de Vladicaucase, la mer de Maïkop a laissé des dépôts fini-oligocènes qui contiennent un ensemble flottant presque identique à celui de l'actuelle mer des Sargasses. On y trouve des Poissons, parmi lesquels des Requins et des Syngnathes, des Tortues, des Crabes (Portunidés nageurs et types à longues pattes), enfin des Algues brunes voisines des Sargasses (Hekker et Merklin, 1946, *in litt.*). Non loin de là, et à un niveau voisin, des vases à Ptéropodes confirment qu'il s'agissait bien de mers chaudes.

Les couches à ménilite[1] du flysch carpathique sont d'ailleurs également interprétées comme de type « sargassique » (Jerzmanska et Kotlarczyk, 1976), d'après la présence d'Algues brunes à flotteurs *(Lepidopus)*, associées à des Syngnathes, Poissons caractéristiques de ce biotope, ainsi qu'à des Poissons de mer profonde.

La certitude que le biotope des Sargasses existait dès l'Oligocène tel qu'il est aujourd'hui nous amène à penser que sa répartition actuelle s'est préparée dès cette date, avec un correctif : proche des côtes dans le Caucase, il en fut ainsi à l'Oligocène pour l'ancêtre de son célèbre représentant actuel, situé au centre calme de l'anticyclone de l'Atlantique Nord, entre les Açores et la côte orientale de l'Amérique du Nord.

Aujourd'hui, les Anguilles d'Amérique et d'Europe vont toutes se reproduire dans la mer des Sargasses, à une profondeur d'environ 1 000 m. Les Anguilles, apparues à la fin du Crétacé ou au Paléocène dans la province indo-pacifique, n'avaient pas encore atteint l'Atlantique nord à l'Eocène. Leur entrée dans la mer des Sargasses n'est donc pas antérieure à l'Oligocène, et l'Atlantique était encore étroit. En effet, les deux espèces géographiques actuelles, *A. anguilla* qui retourne dans l'Ancien Monde pour se métamorphoser, et *A. rostrata* qui doit atteindre l'Amérique, se différencient essentiellement par leur temps de développement, lequel s'accomplit pendant le voyage et s'achève au contact du continent. Il dure de deux à trois mois pour l'espèce américaine, deux ans et demi pour l'espèce européenne. Il semble logique de penser que, initialement, à l'Oligocène, époque où il n'y avait probablement qu'une seule espèce ancestrale, les distances étaient les mêmes, la mer des Sargasses s'étendant peut-être sur toute la largeur de l'Atlantique Nord alors que le régime moderne des courants, Gulf Stream et courant des Canaries, les a repoussés vers l'Ouest.

Toujours à l'Oligocène et dans les mêmes régions, des Siréniens différents des Lamantins cités plus haut, les Dugongs représentés par le genre *Halitherium* vivaient encore aussi bien au Mexique qu'en Afrique et en Europe, alors que leur habitat s'est restreint à l'Ancien Monde dès le Néogène (fig. 55 *d*).

La faune de Mammifères terrestres de l'Oligocène, débarrassée de presque tous les archaïsmes, s'est d'abord homogénéisée à la faveur d'une possibilité exceptionnelle de migrations grâce à tous les ponts continentaux,

1. La ménilite est une opale magnésienne (7 à 10 % MgO) en rognons concrétionnés.

à l'exception de l'Amérique centrale qui, couverte par la mer, continue de séparer l'Amérique du Sud de celle du Nord. Les échanges à partir de l'Asie deviennent faciles avec l'Europe à travers le bras de mer russe en voie d'assèchement, avec l'Inde péninsulaire dont la course à travers l'océan Indien est pratiquement achevée, et même avec l'Afrique, enfin avec l'Amérique du Nord par le détroit de Béring. Ces migrations amènent les Rhinocéros de types très divers et qui atteignent une taille monstrueuse (*Baluchitherium* d'Asie : 7,50 m de long, 5,40 m de haut, crâne de 1,30 m) dans toutes les parties de la zone tropicale. Au contraire, les Chevaux, dont la patte compte encore trois doigts, sont restreints à l'Amérique du Nord. Presque tous les groupes actuels sont présents en quelque point du monde. Les grottes, fréquentes dans les karsts comme celui du Quercy, renferment un grand nombre de Mammifères de petite taille qui y trouvèrent un abri temporaire et y moururent. Pour les Carnivores, l'événement est l'apparition des Fissipèdes (Chats, Chiens, Ours, Putois) : obligés à trouver leurs proies dans des territoires sans cesse plus grands, ils eurent tôt fait de conquérir le monde entier, à l'exception de l'Amérique du Sud et de l'Australie. Peu à peu se différencient des provinces mammaliennes : les Sarigues demeurent limitées à l'Amérique; à côté d'une foule de groupes endémiques, l'Amérique du Sud renferme deux rongeurs spéciaux (Caviomorphes), les Cobayes et les Cabiais, et les Singes y sont devenus les Céboïdes à narines écartées. En Egypte se développent les Eléphants et les Singes Cercopithèques à nez mince. Les premiers Pongidés, Singes supérieurs, ont d'ailleurs été trouvés en Egypte dans l'ancien delta du Nil (Fayoum) : *Parapithecus* (trou occipital inférieur au crâne) et l'ancêtre des Gibbons, *Propliopithecus*. Les Eléphants et les Anthropoïdes se sont développés en Afrique exclusivement, à la fin de l'Oligocène, dans des conditions d'isolement géographique dues au climat plus chaud et à l'élévation des barrières montagneuses alpines et dinariques sur l'emplacement de la Méditerranée. En Australie arrivaient les premiers Marsupiaux dont on connaisse les fossiles.

Le grand affrontement alpin du Miocène

La géographie topologique mondiale du Miocène est peu différente de la géographie actuelle. Cependant la croûte terrestre ne reste pas inactive, bien au contraire. La dérive gondwane reprend de plus belle si bien que l'équateur donne l'impression d'avoir glissé vers sa position actuelle, nettement au sud de celle qu'il occupait en Afrique à l'Oligocène.

De la province thuléenne, dernier vestige du continent nord-atlantique, ne demeurent que le plateau islandais, d'ailleurs largement démantelé, et le banc de Rockall, qui se sont écartés par rotation, ainsi que les îles Féroé. Cet ensemble Groenland-Féroé, émergé jusqu'au Miocène supérieur, constituera encore aujourd'hui un seuil infranchissable aux eaux profondes, le seuil

Wyville-Thomson. Un volcanisme important, de style fissural, continue en Islande et en bordure de l'océan dans les îles comprises entre l'Ecosse et l'Irlande.

Dès le début du Miocène, l'expansion du fond océanique de l'Atlantique Nord s'accentue, repoussant encore l'Amérique du Nord vers l'ouest, ce qui aggrave le charriage de ce continent sur le Pacifique oriental. Ce mouvement s'accompagne d'ailleurs d'une rotation, dans le sens des aiguilles d'une montre, de l'ensemble de l'Amérique du Nord qui se redresse et d'une giration de l'Eurasie vers la Gondwanie qui supprime progressivement tout jeu téthysien dans la zone alpine.

La rencontre matérielle du sud-ouest de l'Asie et de l'Arabie a commencé il y a de 20 à 18 millions d'années. En ce qui concerne l'Europe proprement dite, cet affrontement titanesque est daté de 16 à 14 millions d'années : la Téthys occidentale se trouva alors pratiquement anéantie au niveau du sillon alpin jusqu'à Gibraltar, ce qui eut pour corollaire un arrêt probable des dépôts marins en Europe occidentale, entre le sommet du Chattien et l'Aquitanien, c'est-à-dire à la limite entre l'Oligocène et le Miocène, il y a environ 22 millions d'années : en Méditerranée, l'orogenèse alpine atteint un paroxysme. C'est la phase majeure de la surrection des rides de l'Apennin qui déferlent en vagues de l'ouest vers l'est à partir de la « Tyrrhénide » (massif toscano-sarde en voie de cratonisation) sous l'action de coins de socle (*cunei composti*, C. Migliorini, 1948; G. Merla, 1952) successivement soulevés (deuxième phase étrusque) et vers le craton apulien. De part et d'autre du massif bético-rifain, de grandes masses rocheuses s'écoulent aussi pendant le Miocène inférieur : au Maroc, la nappe du Prérif, d'âge burdigalien, qui atteint Moulay Idriss, au nord de Meknès, en Andalousie les mouvements intravindoboniens de Montefrio. En Italie, les rides apennines continuent de se succéder vers l'est et maintenant une vague analogue d'orogenèse affecte la Sicile, prolongeant en fait les chaînes rifo-kabyles.

Les nappes bétiques et rifaines se suivent d'ailleurs jusque sur le fond océanique abyssal de l'Atlantique (par 4 500 m de fond) à l'ouest du détroit de Gibraltar jusqu'à 500 km au-delà de celui-ci (Lajat, Gonnard et Letouzey, 1974; Bonnin, Olivet et Auzende, 1975).

Déjà en 1924, E. Argand écrivait : « Le socle ancien du pays dinarique, tel qu'il se rencontre par exemple dans la haute Italie (zone insubrienne), est un fragment de l'Indo-Afrique », et encore : « Dans le segment de chaînes qui comprend les Alpes, l'Afrique est montée sur l'Europe, le continent de Gondwana sur l'Eurasie. » Cette vision n'est pas très loin de celle mise en œuvre par les conceptions mobilistes modernes.

Entre les Alpes et les Dinarides, l'affrontement atteint un paroxysme lors du charriage des Alpes bergamasques et provoque la montée de plutonites sur la ligne de contact (ligne insubrienne, zone tonalitique et giudicarienne) : ainsi s'élèvent les massifs « granitiques » de l'Adamello, du Monzoni, du Tonale, le pourtour de l'Adriatique et le massif toscano-sarde (au Miocène supérieur). Une émersion pendant le Langhien affecte l'est de la Corse, le

Fig. 53 - La Terre au Miocène supérieur (Messinien s.l.)

Fig. 53 *a*
L'hémisphère nord

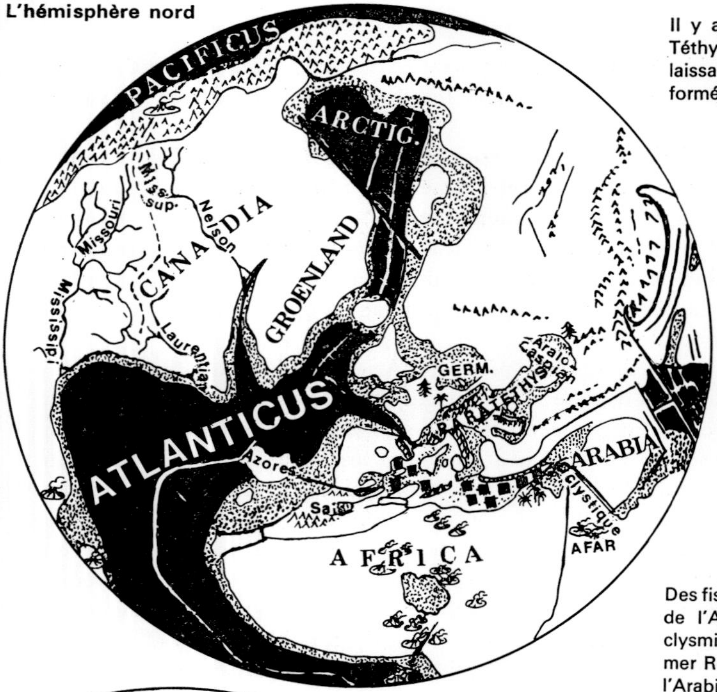

Il y a environ 6 millions d'années, l'emplacement de la Téthys occidentale a été obstrué par l'orogenèse alpine laissant au nord la Paratéthys saumâtre ou dulcicole, formée de grands bassins peu profonds entre la Suisse et la Caspienne. Le Miocène supérieur se présente comme une phase régressive pendant laquelle la Méditerranée fut complètement isolée, du côté du détroit de Gibraltar par exemple. Ainsi fut-elle comme les terres qui l'entourent (Espagne, Sicile, Egypte) sous un régime lagunaire. La profondeur du fond des lagunes, où s'évaporent le gypse et le sel des bassins intra-méditerranéens, est l'objet de discussions, les effondrements qui leur ont donné naissance ayant été antérieurs, contemporains ou postérieurs au dépôt des évaporites. Tout à fait à la fin de la période considérée, le niveau de la mer s'est élevé (eustatisme?), le détroit de Gibraltar s'est ouvert, la Méditerranée a été mise en eau, ses grandes dépressions évaporatoires centrales devenant des fonds océaniques par effondrement. La mer pénétrait aussi profondément dans les bas cours des fleuves (estuaires, rias) : ce fut le cas par exemple du Rhône jusqu'à Lyon (fig. 53 *e*). Des fissures et des rifts découpent des morceaux en bordure de l'Afrique. A l'ouest, les Canaries ; à l'est, le fossé clysmique et la dépression des Afars, ainsi que le rift de la mer Rouge qui a débuté vers 11 millions d'années, isolant l'Arabie.

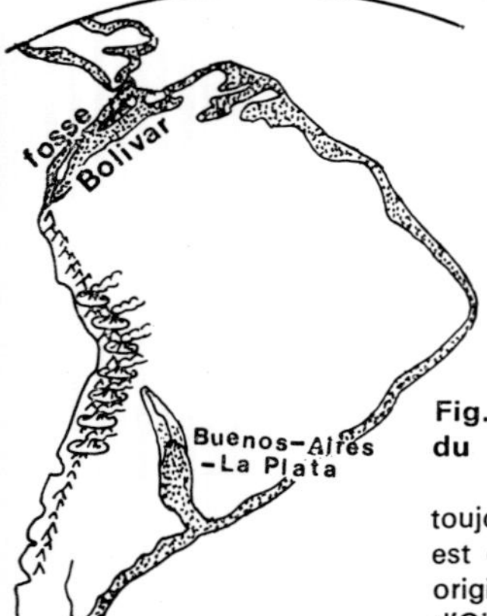

Fig. 53 *b* - L'Amérique du Sud,

toujours isolée et exondée, est occupée par des faunes originales de Mammifères et d'Oiseaux, différenciées sur place à partir des occupants de l'Eocène supérieur.

Fig. 53 *c*

Le genre *Taxodium*, apparu dans les régions arctiques au début de l'ère Tertiaire, s'est ensuite répandu sur les continents laurasiens. En Europe, il a subsisté jusqu'au Pliocène. Les marécages à *Taxodium* de l'Europe centrale alpine ont évolué au cours de la fin du Tertiaire et du Quaternaire en d'énormes gîtes de lignite (braun-kohle) exploités par exemple dans le nord de la Tchécoslovaquie. Le même biotope (à *Taxodium distichum* = bald Cypress) est limité de nos jours au sud des Etats-Unis (Grand Lake de Louisiane, Lake Eloise de Floride, Dismal Swamp de Caroline et de Virginie). Ce biotope présente l'adaptation d'un Conifère à un milieu aquatique d'eau douce, comparable à celle des mangroves au milieu aquatique marin tidal. On y observe en particulier le développement de racines à la base du tronc, au-dessus de la surface de l'eau.

Fig. 53 *d* - L'aire méditerranéenne (cf. fig. 54 *c*)

Au Messinien, la connexion entre Dinarides (bordure méridionale de la Téthys) et Alpes (bordure septentrionale de la Téthys) et la suturation de la Téthys sont des faits acquis. C'est aussi une période régressive et de zone aride. Les futurs bassins océaniques sont alors occupés par d'immenses salines. Les grands effondrements composant l'actuelle Méditerranée se produiront plus tard.

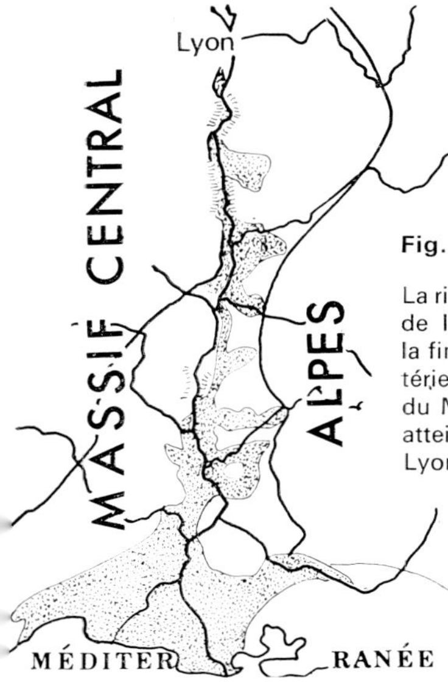

Fig. 53 *e*

La ria du Rhône, témoin de la transgression de la fin du Miocène, postérieure à la phase aride du Messinien. Cette ria atteignait le sud de Lyon.

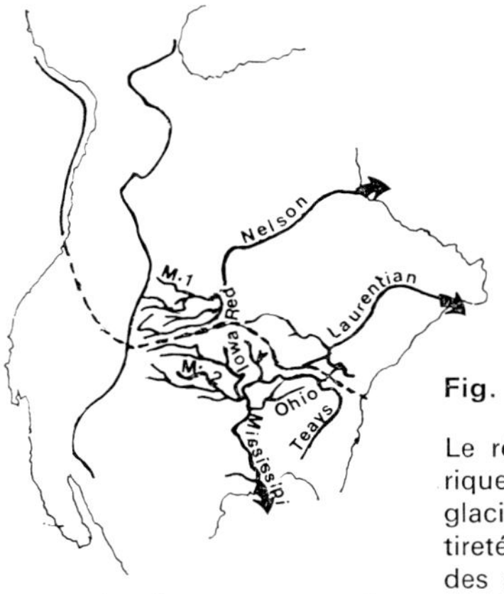

Fig. 53 *f*

Le réseau fluvial de l'Amérique du Nord avant les glaciations pléistocènes. En tireté, la ligne de partage des eaux. M1 et M2 indiquent les deux segments du cours du Missouri, alors totalement indépendants : M1 se jetait dans le Nelson qui s'écoulait vers le nord ; M2, dans le Missisipi, vers le sud.

Fig. 53 *g*

Schéma d'ensemble des grands linéaments de direction « subtéthysienne » au confluent de l'ancien emplacement de la Téthys et de l'Atlantique oriental entre le linéament Biscaye-Pyrénées, celui des Açores-Gibraltar et celui des Canaries (accident sud-atlasien). Ces linéaments semblent très anciens (antécambriens?).

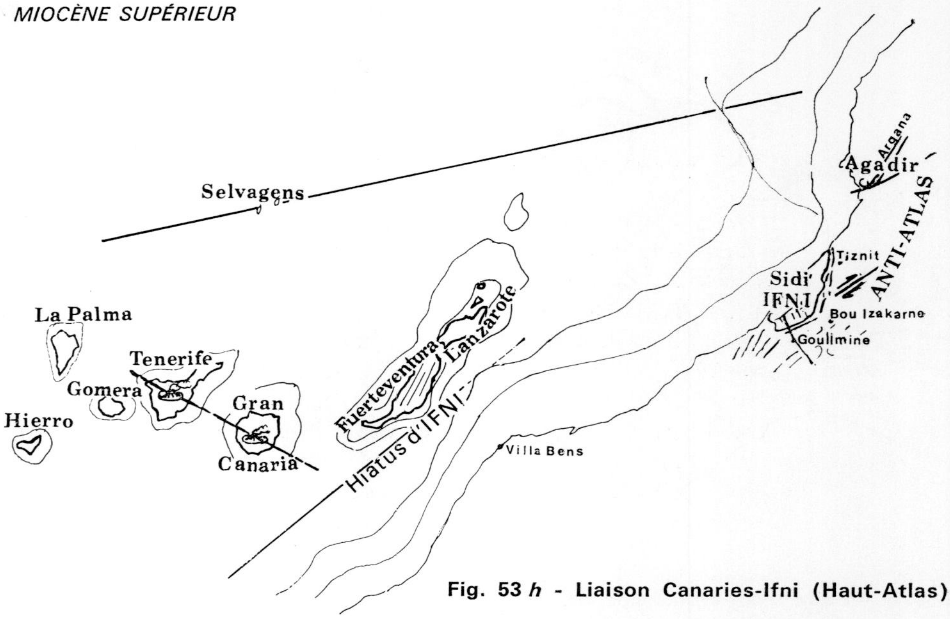

Fig. 53 *h* - Liaison Canaries-Ifni (Haut-Atlas)

Parmi les îles atlantiques, les Canaries, situées aujourd'hui au sud-est de Madère, sont à rapporter au continent africain. Un socle de roches cristallines dont l'âge n'est malheureusement pas connu a été mis en évidence dans les îles Fuerteventura et La Palma ; de telles roches sont également remontées par les laves des volcans. En outre, dans l'île Lanzarote ont été recueillis des fragments d'œufs de Ratites (Autruche et Æpyornis) d'âge Miocène qui confirment la persistance d'une liaison terrestre, un isthme, jusqu'à 6 millions d'années et peut-être plus tard encore. Ainsi, bien que le « hiatus d'Ifni » ait eu déjà une longue histoire (ouverture d'un rift au Crétacé supérieur, voire au Trias où des dykes nord - nord-est ont traversé Fuerteventura), la séparation définitive est récente. Les Canaries orientales, au moins, firent probablement partie de l'ensemble anti-atlasique. De nos jours les deux volcans Pico de Pozos (Gran Canaria) et Pico de Teide (Tenerife) s'alignent sur une fissure perpendiculaire au rivage africain, ce qui n'est pas sans rappeler la disposition de l'alignement du Cameroun.

Fig. 53 *i* - La rhegmagenèse méditerranéenne

La rhegmagenèse méditerranéenne, telle qu'on peut la mettre en évidence d'après les photographies prises par satellites, montre dans ses grandes lignes des tendances orthogonales pour les décrochements principaux : en général, les décrochements est-ouest ont décalé les décrochements subméridiens plus anciens. (Simplifié d'après Gočev, 1976, complété pour la péninsule Ibérique en utilisant Parga, 1969.)

nord de la Sardaigne, Majorque et le nord-est de l'Espagne (Orszag-Sperber, 1974).

Ainsi le Miocène est l'époque paroxysmale d'un phénomène planétaire que nous suivons dans ses causes, le déplacement gondwan vers la Laurasie depuis la base du Dévonien, et dans ses effets, l'affrontement des deux supercontinents depuis le Permien. Il se traduit par la surrection et le déversement de nappes [olisthostromes et plis couchés sur la bordure septentrionale de la Gondwanie : Himalaya, Zagrides, Taurides, Dinarides, Alpes méridionales (Apennin), Kabylie, Bético-Rifain]. Ce matériel allochtone issu des derniers bassins bordiers de la Téthys succède aux charriages d'ophiolites provenant de la suturation de celle-ci pendant le Crétacé (voir p. 275). Ce trait planétaire, distinct sur 10 000 km!, semble devoir être prolongé par des relais jusqu'en Nouvelle-Zélande (voir p. 309), où il serait plus récent.

Dans les Alpes franco-italiennes, la phase « ponto-pliocène » se compose d'une série de contractions successives jusqu'à la fin du Messinien.

En contrecoup de ces mouvements violents, le Jura glisse sur son substratum et se plisse; il est charrié sur la Bresse (Buxtorf, 1916). Cette tectonique a vu ses conséquences amplifiées par un élément antérieur, purement sédimentologique et climatique : les phases évaporatoires du Trias supérieur avaient couvert cette région, alors sous climat aride, d'énormes dépôts de sel et de gypse accompagnés d'argile. Ces sédiments solubles, malléables, ont constitué une couche glissante et lubrifiante au niveau de laquelle ils se sont décollés. Mieux encore, ces évaporites, plus légères que ce qui les entoure, montaient à travers les fissures ou soulevaient les couches qui les recouvraient (diapirisme) : le plissement de la « couverture » du Jura est l'un des exemples de cette « tectonique du sel ». Une activité volcanique intense continue en Bohême et en Slovaquie pendant tout le Miocène. Ce sont des laves andésitiques et rhyolitiques venant du socle. En Allemagne, le Vogelsberg (bordure nord-est du bassin de Mayence) est un volcan basaltique plus grand que l'Etna.

Autre contrecoup, à la fin du Miocène (Messinien), les communications des eaux du bassin méditerranéen avec l'Atlantique sont modifiées au niveau des détroits nord-bétique et sud-rifain, mais furent-elles coupées ? Une importante phase orogénique, entre le Miocène inférieur-moyen (Langhien-Serravallien) et le Tortonien, met en place le front des nappes subbétiques, et au milieu du Tortonien, le domaine prébétique est exondé et plissé. A partir du Tortonien supérieur s'est produite une vaste transgression marine sur les reliefs des chaînes bétiques, qui instaura de nombreux bassins dont une partie demeurèrent marins, et subsidents (Vera, Murcia) (Montenat, 1973, Bizon, Bizon et Montenat, 1975).

La mer, qui avait provisoirement quitté le sillon de la « molasse » au nord des Alpes, sillon ainsi nommé parce qu'il recevait de grandes quantités de sédiments (molasses), tels par exemple le célèbre poudingue du Righi en Suisse, y revient pendant un temps très court pour s'en retirer définitivement au Tortonien également, au profit d'un chapelet de lacs. Dans le sud de l'Allemagne orientale et les Sudètes s'étendent des lagunes plantées de Conifères à racines-échasses, *Taxodium*, genre vivant aujourd'hui dans certaines régions du delta du Mississipi. Ce biotope a donné alors naissance à d'importants dépôts de lignite. Vers l'est, ce sillon passe à une suite de bassins suivant une évolution semblable à la sienne, qui se prolongent jusqu'en Asie centrale parallèlement à l'actuelle Méditerranée, laquelle n'existait pas encore : c'est la *Paratéthys*, vestige de la Téthys. De Vienne vers la mer d'Aral et même plus loin que le lac Balkash, ces bassins ne sont pas encore isolés les uns des autres pendant le Miocène. Au Miocène inférieur et moyen, c'était une mer offrant à peu près les dimensions de la Méditerranée actuelle et dont les divers segments communiquaient largement les uns avec les autres. A partir du Tortonien, elle se transforme en une série de lagunes qui devait être divisée en un chapelet de cuvettes saumâtres, séparées les unes des autres par des hauts-fonds devenus des seuils. Depuis Vienne, on dénombre ainsi : le Bassin pannonique sur l'emplacement de la plaine hongroise et dont reste le lac Balaton; le Bassin pontique dont sont issues la mer Noire et la mer de Marmara; le bassin aralo-caspien, vestige du bras de mer russe et dont subsisteront la Caspienne et la mer d'Aral. Ces bassins étaient promptement coupés de la mer franche et les faunes de Mollusques qu'ils renfermaient ont pu évoluer en isolement géographique et donner ainsi très rapidement des espèces et des genres endémiques, tels des Bivalves (Congéries). Il faut insister sur le fait que le grand ensemble sarmato-pontique saumâtre étendait son influence vers l'ouest jusqu'à la côte toscane et en Sicile (Syracuse) au début du phénomène (Volhynien) ; il était bordé par des terres émergées occupant alors la mer Egée et l'Adriatique. De fugitifs rétablissements des communications avec la mer ouverte sur l'emplacement de la Méditerranée orientale se sont produits deux fois pendant le Miocène supérieur, faisant entrer dans le bassin de nouvelles faunes à cachet marin. Entre ces phases marines, les passages de faunes terrestres (Mammifères et Insectes) étaient facilités : d'abord les Eléphants qui, d'Afrique, entrent en Europe au Burdigalien, il y a 18 millions d'années, suivis par les Singes, il y a 16 millions d'années.

Des lacs parsemaient alors le sud de l'Europe orientale (Thrace) et centrale (Franconie), le nord de la Turquie (Anatolie), l'Espagne. Il en existe aussi en Afrique du Nord : au Maroc, le lac du Saïs s'étend sur toute la plaine de Meknès. Lacs riches en faune (par exemple le petit Gastéropode *Bithynia*) et en flore algaire d'Algues bleues donnant des Stromatolithes (Sarmatien de la région d'Öttingen en Franconie) et d'Algues rouges oncolithiques (Nemalionales du Miocène d'Eubée, Adolphe, 1975).

Entre 11 et 5 millions d'années, l'emplacement de la future Méditerranée occidentale est sous le *régime messinien*, d'abord transgressif sur son pourtour (voir plus haut), Le détroit de Gibraltar est presque fermé. Cette semi-clôture aurait débuté il y a 7,5 millions d'années, âge du Sahélien pendant lequel se sont déposées des marnes pyriteuses témoignant des conditions euxiniques (analogues à celles de la mer Noire actuelle) (M. B. Cita et W. B. F. Ryan, 1973). C'est l'époque où se déposent des diatomites (tripolis) à Poissons bathypélagiques à Oran et en Sicile. Cependant la continuité marine dans le domaine bétique (Montenat, 1973) et dans l'ouest de la mer d'Alboran (Bizon, Bizon et Montenat, 1971) suggère un détroit bético-rifain. Un seuil émergé comprenant la Sicile et la Tunisie (seuil siculo-tunisien) délimite un bassin occidental et un bassin oriental qui constitueront la future Méditerranée.

La future Méditerranée et ses abords sont sous un climat aride. Cette aridité s'explique en partie par la position de l'équateur, un peu au nord de sa situation actuelle : les pays que nous venons de citer étaient alors en pleine zone subtropicale. Cette phase aride se continue en Espagne par le gypse de la région de Catalayud (Aragon), dans le bassin du Tage et dans la zone bétique (Lorca) ; elle est prouvée dans le nord-ouest de l'Apennin et en Sicile par le faciès Gessoso-Solfifero, déposé sous forme de gypse dans des sebkhas; c'est de ce faciès qu'est issu le soufre d'Agrigente. Des sondages en mer profonde entre le massif corso-sarde, les Baléares, la Catalogne, dans la mer ligure, le golfe du Lion et la côte algérienne ont montré qu'une couche de sel messinien, dont l'épaisseur atteint plus de 2 000 m, tapisse cette zone aujourd'hui plaine abyssale baléare entre 3 500 et 2 500 m de profondeur, sous le Pliocène. La Méditerranée occidentale était donc une mer fermée qui s'est évaporée comme un bassin endoréique. Pour Cita, Ryan et l'école américaine, le niveau de la surface de l'eau au fond de la Méditerranée aurait été alors de plusieurs milliers de mètres au-dessous du niveau de l'océan Atlantique (Ryan, Hsü, *et al.*, 1973).

On n'observe pas de terres émergées à une telle profondeur au-dessous du niveau de la mer dans la nature actuelle. Le Pichon, Pautot, Auzende et Olivet (1972) pensent que la Méditerranée s'est desséchée en un temps qui pourrait n'avoir pas dépassé 2,6 millions d'années. Le phénomène fut d'ailleurs coupé par une petite transgression de haute mer à zooplankton. Cette phase, assez courte, semble avoir terminé la période continentale de la zone méditerranéenne.

Dans la future Méditerranée orientale, un ensemble très épais (jusqu'à 3 000 m) d'évaporites gypseuses termine aussi le Miocène de la région subsidente du golfe clysmique (Suez); sur ses parties hautes, il est associé à des calcaires côtiers à Lithothamniées. Cette série marine se prolonge jusqu'au sud de la mer Rouge le long de la côte du Soudan et de l'Erythrée. Des évaporites de même âge, indiquant la clôture des conditions de mer ouverte, sont connues au Yémen. Une barrière émergée séparait alors cette mer du golfe d'Aden qui communiquait avec la province indo-pacifique (Heybroek, 1965).

Pendant le Messinien, époque cruciale de l'évolution méditerranéenne, les continents circumméditerranéens subissent une érosion et un creusement par les rivières qu'impose un niveau de base inférieur au niveau de base actuel. Leurs eaux se jetaient dans le Bassin méditerranéen. Il s'agit d'un phénomène planétaire : le façonnement du plateau continental. En effet, un relief subaérien récent est présent de nos jours dans presque toutes les mers du monde sur la marge continentale qui, suivant les lieux, se trouve aujourd'hui entre 200 et 400 m de profondeur. Cette marge continentale porte un chevelu fluvial aboutissant normalement aux bassins océaniques abyssaux auxquels elle se raccorde par l'intermédiaire du talus continental formant la zone bathyale. De la même façon, pendant le Messinien, le pourtour de la Méditerranée occidentale voit se former des karsts sur l'emplacement de l'Adriatique prolongée par l'Istrie, sillonnée alors par des fleuves moins souterrains qu'ils ne le sont devenus; des vallées s'observent en Méditerranée, aujourd'hui au large des côtes de France (Bourcart, 1964); le massif toscan sous-marin, émergé et aplani, a conservé les traces de ces vallées anciennes. Privée d'apports fluviaux, la mer Noire devient un lac presque sec.

Hors de la zone méditerranéenne, le fond de la Manche prouve que l'Angleterre et l'Europe occidentale formaient un même continent émergé, la Tamise se jetant dans le Rhin qui débouchait à la latitude du Jutland, tandis que la Seine se déversait au Sud-Ouest, à peu près à l'aplomb du Finistère. Aux antipodes, le plateau continental australien offre les mêmes caractères, et il nous paraît raisonnable de penser que les plateaux continentaux aujourd'hui peu profonds, sillonnés par les traces de réseaux fluviaux, comme celui qui relie l'Australie à la Nouvelle-Guinée (plateau d'Arafura) ou comme la plate-forme de la Sonde qui relie Bornéo, Java et Sumatra à la Malaisie, furent des terres émergées au Messinien. Ils portent un relief et des lits fluviaux qui confèrent une signification nouvelle aux fleuves distincts qui furent autrefois leurs affluents. Ils expliquent aussi la parenté des Poissons actuels des fleuves de l'ouest de Bornéo avec ceux de Sumatra qui, à l'évidence, proviennent d'un bassin commun aux deux groupes dont l'axe ne pouvait être que le fleuve Sunda. Le lit de ce fleuve qui se jetait dans la mer de Chine, aujourd'hui recouvert par une cinquantaine de mètres d'eau, occupe l'axe de la plate-forme de la Sonde (Weber, 1919).

Enfin, descendant bien plus profondément sur le talus bathyal, des canyons sous-marins, couloirs de décharge de courants de densité, déversent des sédiments plus ou moins calibrés, parfois même en séquence graduée dans les dimensions des grains *(graded bedding)* : ce sont des turbidites. Beaucoup de ces canyons, qui se situent souvent au droit de l'embouchure des grands fleuves, sont d'âge messinien. D'autres, beaucoup plus anciens, ont été remis en service (Whitaker, 1974).

L'aridité a été immédiatement suivie par une phase d'affaissement que l'on peut appeler la phase des fossés messiniens : les fossés du Permien ont rejoué et on assiste ainsi à la renaissance de la vallée du Rhin, de celle du Doubs (la dénivellation de la Bresse dépasse 500 m), de celle du Rhône, et aux effondrements des Limagnes morcelant le Massif central. Il semble logique de penser que l'enfoncement de la Méditerranée occidentale appartient à cette période, que les bassins évaporatoires messiniens de la Méditerranée occidentale n'étaient pas aussi profonds qu'il a été dit, mais que l'épaisseur des dépôts est due à une très forte *subsidence* comme en Méditerranée orientale. L'épaisseur des évaporites, étant de 2 000 m, correspondrait à une subsidence de 2 000 m en 2 millions d'années, ce que l'école de Ryan (1974) repousse comme trop grande : 1 mm par an, comme pour la mer Morte (voir p. 193) correspond plutôt à un effondrement, peut-être à partir d'un graben initial.

En tout cas, il n'y a guère de différence entre les évaporites du bassin et celles des terres émergées. Cette phase correspond à la formation de la « flexure continentale » (J. Bourcart) qui s'est terminée avec le début du Pliocène. D'ailleurs c'est à cette époque, et en 2 à 3 millions d'années, que la mer d'Alboran a pris naissance à partir d'une zone qui avait atteint une altitude maximale à la fin du Tortonien (Glangeaud, Fernex et Szep, 1971). Probablement la rotation du massif corso-sarde séparé des Baléares s'est produite peu avant, le fond de la mer Ligure étant tapissé de sel messinien (Mascle et Mascle, 1975). A cette tectonique méditerranéenne doit être associé le volcanisme méditerranéen, en particulier les volcans tyrrhéniques d'Italie et ceux du sud de l'Espagne.

La soudure définitive du Dekkan au sud de l'Asie se produit à la même époque : c'est un continent appauvri par un long voyage sous des climats divers ayant détruit la plus grande partie de la flore tropicale gondwane qui le couvrait. La sécheresse n'épargne que les plantes les plus résistantes. La savane même, éliminée des provinces de l'Ouest (Kutch et Rajasthan), est restreinte au Centre et à l'Est. La forêt tropicale humide du Centre sera poussée vers l'Est en Assam, où elle est d'ailleurs dominée par un peuplement venu du sud-est asiatique et peut-être aussi d'Asie centrale. Les Mammifères asiatiques pénètrent dans l'Inde par le même chemin.

La première rotation de la région mer Rouge - golfe d'Aden se termine au début du Miocène : le décor était prêt pour l'ouverture de la mer Rouge qui devait avoir lieu une dizaine de millions d'années plus tard. Il se produit en effet une importante pétrogenèse aux bords de la mer Rouge et du golfe d'Aden ainsi qu'en Ethiopie (Afar), à la jonction entre ces *rifts* et les *rifts* éthiopiens qui sont à leur stade initial : en premier lieu se mettent en place des granites hyperalcalins datés de 24 à 22 millions d'années, c'est-à-dire du début du Miocène. Puis viennent des basaltes de plateau (basaltes stratoïdes) associés à des tufs (ignimbrites) hyperalcalins, ensemble daté de 11,1 ± 0,30 millions d'années (Black, Morton, Rex et Shackleton, 1972). De fait, à la fin du Miocène, l'expansion reprend de part et d'autre des crêtes de l'océan Indien. Il y a 10 à 11 millions d'années, c'est-à-dire au début du Messinien, s'ouvrent les hiatus à fond océanique du centre de la mer Rouge et du golfe d'Aden. Le taux d'expansion est de 1,5 cm par an de part et d'autre de la crête Carlsberg, et de 3 cm par an de part et d'autre de la crête sud de l'océan Indien.

Dans le nord du continent africain (Libye) des volcans apparaissent entre 12,3 et 10,5 millions d'années (Jebel Soda) et entre 5,7 et 3,5 millions d'années (Garian) (Ade-Hall *et al.* 1975 *a* et *b*). D'autres volcans dessinent le tracé des fossés de l'Afrique orientale.

Dans l'ouest de l'Afrique, la fracturation devenait intense. De nombreux restes d'œufs d'*Æpyornis*, comparables à ceux de Madagascar, et de *Struthio* (l'Autruche africaine) dans l'une des îles Canaries, Lanzarote, ont été trouvés au sein de sédiments datés de 12 à 6 millions d'années (Sauer et Rothe, 1972), donc d'âge Tortonien ou Messinien. Il est inconcevable que des Oiseaux

Ratites comme l'*Æpyornis* ou l'Autruche aient pu traverser un bras de mer d'au moins 150 km, distance minimale aujourd'hui entre les Canaries et le point de la côte africaine qui en est le plus proche. La séparation des Canaries orientales de l'Afrique (zone d'Ifni) par un fossé tectonique (l'hiatus d'Ifni) qui a dû commencer dès le Crétacé supérieur et même plus tôt, au Trias (p. 242), par des fissures volcanisées ayant laissé des dykes dirigés nord - nord-est à Fuerteventura, n'a donc été parfaite qu'après le Messinien.

Le charriage de l'Amérique du Nord sur le Pacifique septentrional s'est accentué. Nous nous trouvons au Miocène devant une limite littorale qui ressemble à ce qu'elle est aujourd'hui, avec sa Coast Range fraîchement plissée, le long de laquelle se poursuit le décrochement rotationnel de la faille de San Andreas; mais la cassure s'allonge parce que la zone de recouvrement s'agrandit. Au sud du décrochement Murray-Garlock, au niveau du Mexique septentrional, elle affecte un nouveau panneau qui devient la basse Californie, coupée du continent par les fossés du lac Salton et du golfe de Californie, initialement du même style que le système faillé de San Andreas. Et la basse Californie suit maintenant la rotation générale du Pacifique Nord.

Le mouvement de translation de l'Amérique sur le Pacifique est un mouvement général qui oblitère peu à peu l'expansion du fond océanique à l'est de la crête du Pacifique oriental. Le taux de ce mouvement, qui implique la rotation du continent dans le sens inverse des aiguilles d'une montre, est de plus en plus rapide au fur et à mesure que l'on va du sud vers le nord : il n'y a qu'à regarder une carte de l'océan Pacifique actuel pour s'apercevoir que la crête du Pacifique oriental est d'autant plus distincte ou plus éloignée de la côte américaine que l'on va vers le sud. Or la limite entre la croûte océanique et la croûte continentale, là où le charriage n'oblitère pas la crête, est matérialisée par des fosses océaniques et, encore plus profond, par de grandes failles atteignant le manteau supérieur jusqu'à une distance de 700 km : les plans de Bénioff. L'existence du décrochement de San Andreas dès l'Oligocène et celle des Coast Range dès la base du Miocène indiquent la présence d'un plan de Bénioff dès cette époque dans cette zone. Soulignons que ce type de structure est généralement interprété comme une subduction entraînant le retour du fond océanique au manteau par le jeu de l'expansion océanique et des courants de convection.

Au niveau de l'Amérique centrale, le passage dans les deux sens des eaux du Pacifique et de celles de l'Atlantique reste facile au début du Miocène par le détroit de Panama, assez instable, et surtout par la fosse de Bolivar (nord-ouest de la Colombie), tandis que l'isthme de Panama était souvent réduit à une poussière changeante d'îles volcaniques attachées à l'une ou l'autre des Amériques. Cette terre d'Amérique centrale, dont l'unité était temporaire, devenait le foyer de spéciations duquel devait partir le peuplement des Antilles, par exemple des Rongeurs Hystricomorphes issus de types nord-américains au Miocène moyen, phase de continentalité. La zone du canal de Panama était d'ailleurs peuplée d'Equidés, de Rhinocérotidés, de Mérycoidontidés et de Protocératidés, tous Mammifères Ongulés d'appartenance nord-américaine (Whitmore et Stewart, 1965). En ce qui concerne les liaisons marines, le passage dans les deux sens des eaux du Pacifique et de celles de l'Atlantique s'étrécissait à la fin par la disparition du détroit de Panama. Les faunes marines avaient eu le temps de s'homogénéiser : la province marine de l'Amérique centrale reste amphiaméricaine, c'est-à-dire que les faunes sont, depuis lors, restées identiques de part et d'autre de l'actuel isthme de Panama.

De l'autre côté de l'océan Pacifique, les structures sont moins récentes et toute la zone de l'ancien bombement de Darwin a subi une certaine induration qui l'a figée. Cependant au Miocène, l'hiatus de la mer du Japon subit probablement une expansion du fond océanique d'ampleur limitée. Des fosses très profondes existent de ce côté du Pacifique : Aléoutiennes, Kouriles, Mariannes, Yap, Vityaz, Tonga, Kermadec; et plus à l'ouest encore, Philippines et Java. Pour une partie au moins de ces fosses a pu être mise en évidence l'existence de plans de Bénioff, et il est possible que, là aussi, le fond océanique aille se perdre dans le manteau, sous les continents. Mais son mouvement récent paraît moins évident que dans le Pacifique oriental, alors que les fosses sont pourtant plus profondes. D'autre part, la disposition en guirlandes insulaires de l'Extrême-Orient est différente du bourrelet montagneux de l'Ouest américain. Argand (1924) parlait à leur propos de « traînards », ce qui n'est pas prouvé, étant donné le sens des mouvements de l'Eurasie. En ce qui concerne les guirlandes récentes comme les Mariannes, les Salomon et l'arc de Banda, elles subissent aujourd'hui une évolution orogénique indiquant des affrontements entre des plaques continentales et le fond du Pacifique, mais les parties les plus mobiles sont les chaînes anciennes comme le Japon ou la Nouvelle-Zélande, qui se sont décollées des continents le long desquels elles se sont formées et ont migré vers le Pacifique depuis l'ère secondaire.

En fait, on est obligé de concevoir les zones actives du Pacifique occidental comme des structures différentes de celles qui sont dominées symétriquement par les *rifts* médio-océaniques. Ce sont des structures actives asymétriques (Evison, 1968) évoluant entre les bordures continentales et des arcs d'îles.

Les climats du Miocène montrent la progression des phénomènes précédents. En Alaska, des conditions glaciaires se sont installées il y a 10 à 9 millions d'années, c'est dire qu'elles sont contemporaines du début du Messinien. On peut voir là une corrélation climatique entre un épisode glaciaire important et la présence d'une large zone subtropicale évaporatoire. Les fonds océaniques continuent de se refroidir, passant de 9 à 4 °C, c'est-à-dire au voisinage finalement de leur température actuelle. D'ailleurs les faunes marines du Miocène ressemblaient beaucoup à celles d'aujourd'hui, avec cette différence que la zone chaude débordait sur l'Europe : ainsi certains Mollusques tropicaux, comme les Strombes, abondaient sur la bordure du golfe de Gascogne; il y avait encore des Palmiers dans le « sillon de la molasse » au nord des Alpes. Une faune de Reptiles (Tortues, Lézards, Serpents, Crocodiles) du Saskatchewan indique, autour d'un étang de haute terre, cerné d'une prairie et de buissons clairsemés, un climat semi-aride bien plus chaud qu'aujourd'hui à la même latitude, mais admettant de fortes pluies saisonnières et quelques jours de gel. Cette faune a déjà des affinités avec la faune récente du sud des Etats-Unis; elle compte des immigrants venant d'Europe (Holman, 1970). La forêt de Feuillus s'étend sur la province eurasiatique. Dans les lignites de Primorye (ouest de la mer du Japon) les Chênes, les Hêtres, les Châtaigniers, les Noisetiers, les Aulnes, les Bouleaux, les Saules, les Tilleuls l'emportent sur les Conifères *(Pinus, Picea, Sequoia)*. L'Afrique centrale-orientale conservait un climat tropical ainsi qu'en témoigne la flore de Rusinga, île du Lac Victoria, qui a fourni des Anonacées, Menispermacées, Sapindacées, Cucurbitacées et Euphorbiacées de type parfaitement austral (Chesters, 1957).

Des Mammifères miocènes

Proches de la faune actuelle, les Mammifères du Miocène européen ont beaucoup de ressemblance avec ceux du continent africain d'aujourd'hui, ce qui peut également être attribué à un climat comparable. On assiste alors à une véritable explosion évolutive des Artiodactyles (Ruminants, Porcins) dans tout l'Ancien Monde et à de nombreuses migrations de ceux-ci à travers les zones émergées à la suture de la Gondwanie et de la Laurasie. Par l'isthme de Béring émergé il y a 16 millions d'années, passent d'Asie en Amérique du Nord des Proboscidiens, les Mastodontes. Les steppes de Graminées qui se développent en Amérique du Nord permettent aux Chevaux de parvenir au moment crucial de leur évolution. Il y a 12 millions d'années, ils donnent leur première belle réussite, un petit Cheval dont la patte possède encore trois doigts, *Hipparion*, qui parcourra alors tous les continents laurasiens. C'est le signe d'un climat commun de zone steppique, parfois déjà coupée de déserts (bassin du Nebraska).

Quant aux Primates, ils évoluent surtout en Afrique orientale où se différencient la lignée des Gibbons, celle des Chimpanzés et celle des Orang-Outang. Ils profitent aussi des steppes, auxquelles ils sont mieux adaptés que les Singes actuels, pour gagner des terres lointaines. *Dryopithecus* est le plus largement réparti (Afrique, Inde, Europe), l'Orang *Sivapithecus* passe du Kenya à l'Inde. Enfin dans les lignites miocènes d'Afrique et d'Italie, *Oreopithecus*, à face courte, canines basses, molaires humaines, ressemblerait déjà beaucoup aux Hommes si ses longs bras ne rappelaient ceux d'un arboricole comme le Gibbon. Des hypothèses récentes fondées sur la durée des générations et les différences immunologiques suggèrent d'ailleurs une date minimale de 14 millions d'années pour la divergence des Hominidés et des Pongidés (Lovejoy, Burstein et Heiple, 1972).

Préparation du monde moderne

Après la phase aride du Messinien s'est produite une transgression qui, dans la zone eurafricaine, a eu d'importantes conséquences telles que le rétablissement ou l'élargissement des détroits nord-bétique et sud-rifain, la mer s'engouffrant dans la Méditerranée occidentale subsidente ainsi remise en eau[1], inondant complètement le plateau continental et même pénétrant dans les embouchures des grands fleuves. Ainsi se sont formés des golfes qui étaient plutôt des rias, de basses vallées submergées. La ria du Rhône est alors un golfe marin atteignant Lyon. Il en est ainsi pour les basses vallées de tous les petits fleuves du golfe du Lion. Ce phénomène s'étend à la plaine du Pô, submergée, et en Méditerranée orientale. Ici le sud de l'Egéide est envahi par la mer et, en basse Egypte, celle-ci remonte la vallée du Nil jusqu'à Assouan.

Le peuplement de l'Amérique du Nord comme celui de l'Europe a vu disparaître les Marsupiaux, écrasés par la concurrence des Placentaires en plein développement dès l'orée du Miocène. Il n'en va pas de même en Amérique du Sud. En Australie où ils se développent en anachorèse, ils se partagent alors en Phalangéroïdes et Dasyuroïdes et acquièrent, par leur évolution en isolement rigoureux, des caractéristiques les distinguant de leurs homologues sud-américains, par exemple la forme et le développement de leurs spermatozoïdes et les Poux qui les parasitent.

Le début des temps modernes

Il y a 5 ou 6 millions d'années, les grandes lignes de la géographie moderne étaient donc mises en place à la manière de l'ébauche d'un sculpteur, dont les proportions sont au point mais qui ne comporte pas tous les détails. Les grands mouvements du Miocène ont encore des répercussions dans les principaux systèmes tectoniques sans en modifier l'essence ni l'existence. Certes, les nappes de charriage helvétiques déferlaient lentement vers l'Ouest Mais la chaîne alpine était plus indurée dans son ensemble et, comme dans toutes les évolutions d'orogènes atteignant leur terme, ce sont les mouvements verticaux qui reprennent le pas sur les autres : les massifs anciens, datant surtout de l'époque varisque, tendent à se soulever. Il y a des jeux et des rejeux; constamment des failles se produisent et des fossés se creusent. Bref, les chaînes alpines commencent à se fracturer. Ainsi voit-on naître d'étroites vallées en coup de sabre comme celle de Chamonix, tandis que le volcanisme installé depuis l'Oligocène continue et s'étend à l'intérieur de l'arc carpathique.

1. Si les lagunes messiniennes étaient à plusieurs milliers de mètres au-dessous du niveau des mers, il faut penser que d'énormes cascades ont effectué leur remplissage (Cita et Ryan, 1972).

De l'autre côté de l'ensemble méditerranéen, les chaînes nord-africaines sont aussi en pleine tectonique cassante. Ces phénomènes se retrouvent non seulement dans l'aire méditerranéenne, aussi bien alpine que dinarique (Crète, Zagros), l'Himalaya, d'autres chaînes (Appalaches, Andes et Cordillère), mais aussi dans les aires continentales depuis longtemps cratonisées. C'est le début d'un phénomène planétaire, suite de la phase des fossés messiniens, que nous nommerons l'*épeirogenèse plio-quaternaire* parce qu'elle est étroitement liée aux 3 ou 4 millions d'années suivantes, pendant lesquelles se sont produites les glaciations quaternaires. En effet, à la limite du Pliocène, nous verrons se soulever l'ensemble du bouclier africain pénéplané ainsi que le bouclier brésilien. L'Europe moyenne (dont la France) et la Scandinavie sont également exhaussées. Cette épeirogenèse est en tous points comparable à celle du Méso-carbonifère : elle soulève aussi l'ensemble des chaînes plissées qui atteignent seulement alors leurs altitudes actuelles (Himalaya, Alpes, Andes).

Il s'ensuivra également, au Pliocène supérieur, l'émersion définitive de l'isthme d'Amérique centrale, rétablissant les communications terrestres entre les deux Amériques. La conséquence en est la confrontation de deux faunes ayant évolué indépendamment l'une de l'autre et qui ont donné des réponses physiologiques différentes à des problèmes similaires. Par exemple, en Amérique du Sud, les Carnivores sont des Marsupiaux, tandis qu'en Amérique du Nord, en Eurasie et en Afrique, ce sont des Placentaires Fissipèdes (Chats, Chiens, Ours). La rencontre, à la fin du Pliocène, se termine par l'anéantissement presque total des Marsupiaux dont les structures étaient de beaucoup les plus archaïques. Cette concurrence est comparable à celle qui opposa les Indiens armés de flèches aux conquistadors munis de fusils.

L'épeirogenèse plio-quaternaire conserve tout de même des bassins, mers résiduelles, sur les aires continentales. Sans doute fut-ce le cas, en Afrique, des bassins du grand Tchad et du Congo, probablement aussi en Australie, du lac Eyre. Mais ces vastes lacs, dont l'évolution allait scander l'histoire du Quaternaire autant que l'évolution des glaciers, se sont transformés, au moins en partie, en playas parce qu'ils se situaient loin des côtes, à l'intérieur des terres (Termier et Termier, 1961).

En tout cas, la phase principale de la formation d'une partie au moins des fossés africains (*rift-valley* de Gregory) appartient à cette période.

Au Plio-Quaternaire, dans l'ouest de l'Amérique du Nord, le blocage du processus de subduction aurait entraîné la formation d'un système de failles transformantes est-ouest qui tronçonnent la plaque du Pacifique oriental, dont certains segments demeurent actifs quant à l'expansion de la croûte océanique, tandis que d'autres deviennent des plaques figées : celle de Juan de Fuca, au sud-ouest de l'île de Vancouver, et celle de Cocos, au sud-ouest de Panama. Au droit de ces deux plaques, sur le continent, s'épanchent des laves andésitiques (de type circumpacifique). Entre les deux, au niveau de la subduction et du système de la faille de San Andreas, les épanchements de laves sont basaltiques. En même temps s'effondrent grâce à de nombreuses failles, le « Great Basin » entre la Sierra Nevada et la Coast Range. L'expansion du Fond du Pacifique, de part et d'autre de la crête de Juan de Fuca, fut encore de 2,9 cm par an pendant les cinq derniers millions d'années, tandis que l'écartement total de part et d'autre de la crête du Pacifique oriental est de 9 cm par an. L'émersion de l'isthme d'Amérique centrale et celle de la Floride se situent, semble-t-il, vers 5,7 millions d'années. Une confirmation de cette datation est fournie par la réduction de la sédimentation marine sur le plateau sous-marin de Blake, à l'est de la Floride, tandis que la plate-forme des Bahamas continuait de s'enfoncer (Emiliani, Gartner et Lidz, 1972). De plus, cette sédimentation et la faune de Foraminifères indiquent un réchauffement progressif de la mer des Antilles, laquelle acquérait graduellement la salinité supérieure qu'elle a aujourd'hui (2 à 3/1 000 de plus que le Pacifique). La zone Caraïbe était donc, comme aujourd'hui les Bahamas, une plate-forme de dépôt pour les carbonates. En même temps, les eaux du Pacifique oriental, privées de l'apport d'eau chaude provenant de la mer des Antilles et de l'Atlantique intertropical, mais en revanche alimentées par celles de plus en plus froides originaires des glaciations des régions circumarctiques et antarctiques, se refroidissaient rapidement jusqu'à perdre 10 °C juste au-dessous de la surface : dans cette région, les calcaires ne se déposèrent plus. Il y a 5 millions d'années, ainsi qu'en témoignent les faunes de Foraminifères, les eaux chaudes issues de la mer des Antilles se répandaient vers l'Atlantique Nord et atteignaient l'Arctique selon un mouvement préfigurant l'actuel Gulf Stream. Ce réchauffement, entraînant une forte évaporation et les précipitations qui en étaient la conséquence logique, aurait provoqué le début de la glaciation au Groenland et peut-être dans d'autres terres circumarctiques.

L'Arctique restera libre de glaces, au moins partiellement, jusqu'à moins d'1 million d'années (700 000 ans), mais les continents qui l'entourent se couvriront d'inlandsis avant — 3 millions d'années (Y. Herman, 1970, 1971).

Au sud, la rupture de l'Arc Scotia était consommée il y a 4 millions d'années, ainsi que le montre l'apparition du volcanisme sur l'arc des Sandwich méridionales. Une rapide dérive vers l'est de la Géorgie du Sud et des rochers Black et Shag accompagna ce mouvement (voir p. 88).

En Afrique orientale, le grand événement est l'élaboration des fossés africains *(rift-valleys)* situés à l'est du bouclier congolais. Ebauchés par une dépression au début du Tertiaire sur des linéaments antécambriens (voir p. 81), ils ne sont devenus fossés qu'à la fin du Pliocène. Leur structure qui se raccorde à l'ensemble : vallée du Jourdain - mer Morte - Bekaa, dont l'âge est crétacé, est comparable à celle des crêtes médio-océaniques, lesquelles sont généralement fendues en leur milieu par un *rift*. Aussi peut-on considérer que leur existence récente préfigure une nouvelle dislocation de l'Afrique gondwane, l'ébauche d'un océan qui isolerait alors, non plus l'Inde ou Madagascar, ou encore l'Arabie, mais cette fois l'Ethiopie, le Kenya, le Tanganyika et une partie du Mozambique. Pendant ce temps, autour d'un nouveau centre de rotation situé en Cyrénaïque, au sud de Darnah, l'Arabie pivote à nouveau et cette rotation a pour conséquence le charriage du Zagros et un cisaillement le long de certains fossés africains (la *rift-valley* éthiopienne et la vallée du

Jourdain) : ce cisaillement pousse la lèvre ouest vers le Nord-Est, la lèvre est vers le Sud-Ouest. Quant à la mer Morte, déjà profonde, il s'y effectue une sédimentation rapide, atteignant 3 600 m en 4 millions d'années, dans laquelle dominent les évaporites (Neev et Emery, 1967). De nos jours, le niveau de l'eau de la mer Morte est à 392 m, son fond à 790 m, au-dessous du niveau de la Méditerranée. Le taux de sédimentation est du même ordre que celui du Messinien en Méditerranée occidentale et dans le golfe de Suez. Le *rift* clysmique (golfe de Suez) se complète alors sur des linéaments préétablis dès l'Antécambrien dans des directions hésitant entre celle du golfe d'Akaba et celle du golfe de Suez, mais où cette dernière finit par l'emporter. Le rejet des failles majeures de cette zone peut atteindre 2 000 m.

Enfin, les grandes lignes du réseau hydrographique moderne sont installées : au Congo, la tectonique récente a laissé intacts les cours d'eau dirigés vers le nord, le nord-est et le nord - nord-est, ainsi que vers le nord-ouest. Dans la zone nouvellement brisée des *rift-valleys*, le réseau hydrographique conserve même pour base une partie des cours d'eau nés de la glaciation du Carbonifère supérieur, la direction des écoulements pouvant être modifiée. Le haut bassin du Nil reçut longtemps les eaux du Lualaba avec lequel il possède en commun, aujourd'hui encore (alors que les deux bassins sont totalement distincts), divers Poissons des genres *Polypterus*, *Ichthyobonus* et *Anabas*. Le drainage de la cuvette congolaise située entre l'aire soulevée dans laquelle sont creusées les *rift-valleys* et la formation d'une nouvelle crête entre Mayumbe et Thysville, se dirigeait au nord vers le bassin du Tchad. Celui-ci était alors beaucoup plus vaste qu'aujourd'hui, où ne demeurent que des résidus sous la forme du lac Tchad relié à la dépression du Bodelé par le chenal du Bahr el Ghazal.

Dans l'ensemble sur les boucliers antécambriens, le Pliocène est si proche de notre époque que sa morphogenèse est peu différente de l'actuelle. Les seules modifications géographiques apparentes sont d'ordre strictement climatique. Or, non seulement les climats seront de plus en plus contrastés, mais ils vont subir d'énormes variations en très rapides alternances. Les continents pliocènes, hors des zones devenues définitivement glacées, diffèrent de ce qu'ils sont aujourd'hui par leur peuplement beaucoup plus riche, par leur hydrographie plus abondante et par l'altitude de leurs rivages.

Des continents pliocènes, la zone chaude de l'époque actuelle a hérité une faune ancienne comptant les relictes les plus archaïques (Péripates, Poissons Dipneustes, Amphibiens et Reptiles), les Monotrèmes et les Marsupiaux d'Australie, qui évoquent l'ère secondaire, les Edentés d'Amérique du Sud, les Lémuriens et les grands Artiodactyles d'Afrique, qui rappellent les beaux jours de la première partie de l'ère tertiaire. Au Pliocène, la faune et la flore de la province Holarctique (les continents qui furent ensuite touchés par les glaciations quaternaires) n'offraient pas autant de différences qu'aujourd'hui avec celles des continents restés constamment dans la zone chaude. Cependant leur dérive vers le Nord, la fermeture du bassin arctique, l'accentuation du froid et de la sécheresse, isolaient peu à peu les forêts de la zone tempérée. Elles seront détruites ou très appauvries par les grands froids pléistocènes.

Bibliographie

Ablaev Alb. G. et Gorovoi P. G., 1974 – Fossil oaks of Primorye, USSR, and the origin of oak forests. *Lethaia*, *7*, p. 163-169.

Ade-Hall J. M., Reynolds P. H., Dagley P., Mussett A. E. et Hubbard T. P., 1975 – Geophysical studies of North African Cenozoic volcanic areas : II. Jebel Soda, Libya. *Can. J. Earth Sci.*, *12*, p. 1257-1263.

Ade-Hall J. M., Gerstein S. et Gerstein E., Reynolds P. H., Dagley P., Mussett A. E. et Hubbard T. P., 1975 – Geophysical studies of North African Cenozoic Volcanic areas. III. Garian, Libya. *Ibid.*, p. 1264-1271.

Adolphe J. P., 1975 – Découverte du cycle d'une Algue Rouge oncolithique (Némalionale) du Miocène lacustre d'Eubée (Grèce). *Int. Sym.* fossil Algae. Erlangen, p. 199-201.

Anderson D. L., 1971 – The San Andreas Fault. *Scient. Amer.*, p. 55-66.

Argand E., 1924 – *La tectonique de l'Asie.* (Congrès Géologique International, Bruxelles, 1922.)

Aubouin J., Mattauer M. et Allègre C., 1977 – La couronne ophiolitique périaustralienne : un charriage océanique représentatif des stades précoces de l'évolution alpine. *CRAS*, *285*, p. 953-956.

Aubréville A., 1970 – Voir p. 289.

Bizon G., Bizon J. J. et Montenat C., 1971 – *Le Miocène terminal dans le Levant espagnol (Provinces d'Alicante et Murcie)*. Proc. V. Sess. Medit. Strat. Neog., Lyon.

Black R., Morton W. H., Rex D. C. et Shackleton R. M., 1972 – Sur la découverte en Afar (Ethiopie) d'un granite hyperalcalin miocène : le massif de Limmo. *CRAS*, *274*, p. 1453-1456.

Bonnin J., Olivet J. L. et Auzende J. M., 1975 – *CRAS*, *280*, p. 559-562.

Bourcart J., 1964 – Morphologie de la Méditerranée occidentale. *Geol. Rundschau.*, *53*, 1, p. 1-8.

Buxtorf A., 1916 – Prognosen und Befunde beim Hauenstein basis- und Grenchenbergtunnel und die Bedeutung der betzteren für die Geologie des Juragebirges. *Verh. NG*, Basel, *24*.

Chesters K. I. M., 1957 – The miocene Flora of Rusinga Island, Lake Victoria, Kenya. *Palaeontographica*, B. 101, p. 30-71.

Cita M. B. et Ryan W. B. F., 1972 – The Pliocene record in Deep-Sea Mediterranean Sediments. *Inst. Geol. e Pal. Univ. stud. Milano*, NS, 124, p. 1341-1405.

Clauzon G., 1975 – Preuves et implications de la régression endoréique messinienne au niveau des plaines abyssales : l'exemple du Midi méditerranéen français. *Bull. Ass. Géogr. Franç.* (429-430), p. 317-333.

Emiliani C., 1954 – Temperatures of Pacific bottom waters and polar superficial waters during the Tertiary. *Science*, *119* (3103), p. 853-855.

Emiliani C., 1955 – Pleistocene temperatures. *J. of Geol.*, *63* (6), p. 538-578.

Emiliani C., 1956 – Oligocene and Miocene temperatures of the equatorial and subtropical Atlantic ocean. *Ibid.*, *64* (3), p. 281-288.

Emiliani C., Gartner S. et Lidz B., 1972 – Neogene sedimentation on the Blake Plateau and the emergence of Central American Isthmus. *Palaeogeogr.*, *Palaeocl.*, *Palaeoecol.*, *11*, p. 1-10.

Evison F. F., 1968 – Active regions of the Southwest Pacific. *Can. J. of Earth Sci.*, *5*, p. 1045-1049.

Glangeaud L., Fernex F. et Szep B., 1971 – Néotectonique. La mer d'Alboran et ses bordures européenne et africaine. *CRAS*, *273*, p. 2048-2051.

Gočev P. M., 1976 – New Data on the Fault Tectonics of Bulgaria and Part of the Balkan Peninsula obtained from the ERTS-1 Space Photographs. *Geol. Balcanica*, *6-4*, p. 57-76.

Hekker R. F. et Merklin P. L., 1946 – Peculiarities of fish burial in Maikop clayey shales in Northern Ossetia. *Bull. Acad. Sci. USSR*, *Div. Biol. Sci.*, nº 6.

Herman Y., 1970 – Arctic Paleo-oceanography in Late Cenozoic times. *Science*, *169*, p. 474.

Herman Y., 1971 – *Ibid.*, *174*, p. 962-963.
Heybroek F., 1965 – The Red Sea miocene evaporite basin. In *Salt basins around Africa*. Inst. Petrol. London, p. 17-40.
Holman J. A., 1970 – Herpetofauna of the Wood Mountain formation (Upper Miocene) of Saskatchewan. *Can. J. Earth Sci.*, *7*, p. 1317-1325.
Hsü K. J., 1978 – When the Black Sea was Drained. *Sc. Amer.*, *338* (5), p. 53-63.
Jerzmanska A. et Kotlarzyk J., 1976 – The beginnings of the Sargasso assemblage in the Tethys ? *Palaeogeogr.-climat.-ecol.*, *20*, p. 297-306.
Lajat D., Gonnard R. et Letouzey J., 1974 – Prolongement dans l'Atlantique de nappes liées à l'arc bético-rifain. *CRSSGF*, p. 158.
Le Fort P., 1971 – La chaîne himalayenne et la dérive des continents. *Rev. Géogr. Phys. et Géol. Dyn.*, *13*, p. 5-12.
Le Fort P., 1975 – Himalayas : the collided Range. Present Knowledge of the Continental arc. *Am. Journ. Sc.*, *275 A*, p. 1-44.
Le Pichon X., Pautot G., Auzende J.-M. et Olivet J.-L., 1972 – La Méditerranée occidentale depuis l'Oligocène : schéma d'évolution. *Earth Plan. Sci. Lett.*, *13*, p. 145-152.
Lipman P. W., Protka H. J. et Christiansen R. L., 1971 – Evolving subduction zones in the Western United States, as interpreted from igneous rocks. *Science*, *174*, p. 821-825.
Lovejoy C. O., Burstein A. H. et Heiple K. G., 1972 – Primate phylogeny and immunological distance. *Science*, *176*, p. 803-805.
Merla G., 1952 – Geologie dell'Appenino settentrionale. *Boll. Soc. Geol. Ital.*, *70*.
Migliorini C., 1948 – I cunei composti nell'orogenesi. *Pub. Cent. Stud. Geol. App.*, *1* (1-4), p. 29-142.
Molnar P. et Tapponnier P., 1975 – Cenozoic tectonics of Asia : effects of a continental collision. *Science*, 9 fig.
Montenat C., 1973 – *Les formations néogènes et quaternaires du Levant espagnol*. Thèse, Orsay, 1 170 pages.
Neev D. et Emery K. O., 1967 – The Dead Sea. *Geol. Surv. Israel Bull.*, *41*, 147 p.
Orszag-Sperber F., 1974 – Existence d'une phase de régression dans le Langhien de la plaine orientale corse : son extension probable en Méditerranée occidentale. *R. Sem. Fac. Sc. Cagliari, Paleog. Terz. Sardo nell amb. Med. Occid.*, p. 301-304.
Ryan W. B. F., Hsü K. J. *et al.*, 1972 – *Init. Rep. of the Deep Sea Drilling Project*, *13* (sur le Messinien).
Ryan W. B. F., Cita M. B., Dreyfus Rawson M., Burckle L. H et Saito T., 1974 – A paleomagnetic assignment of Neogene stage boundaries and the development of isochronous datum planes between the Mediterranean, the Pacific and Indian oceans in order to investigate the response of the world ocean to the Mediterranean « salinity crisis ». *Riv. Ital. Pal.*, *80* (4), p. 631-688.
Sauer E. G. F. et Rothe P., 1972 – Ratite eggshells from Lanzarote Canary Islands. *Science*, *176*, p. 43-45.
Termier H. et Termier G., 1961 – *Glyptogenèse*. Masson éd.
Weber M., 1913 – Die Fische der Siboga-Expedition. *Siboga-Exp.*, *57*.
Whitaker J. H. McD., 1974 – Ancient submarine canyons and fan valleys. *Mod. and Anc. Geos. Sed. Sc. Ec. Pal. and Min.*, Sp.P., *19*, p. 106-125.
Whitmore F. C. et Stewart R. M., 1965 – Miocene Mammals and central American Seaways. *Science*, *148*, 3667, p. 180-185.

Nombreux auteurs (Drooger ed.), 1973 – Messinian events in the Mediterranean. *Kon. Ned. Akad. v. Wetenschappen*, Rep. 7, coll. « Utrecht », 272 p.

3 Les glaciations pléistocènes

Nous avons vu s'installer sur la terre un régime de climats contrastés avec des inlandsis sur les continents entourant l'océan Arctique et le pôle Nord. Ce changement de climat, contemporain de l'épeirogenèse plio-quaternaire, entraîne un *glacial control* (Daly) : une partie de l'hydrosphère étant devenue solide à la surface des continents, le niveau moyen des océans s'en est trouvé abaissé. La descente du niveau de la mer s'ajoutant à un soulèvement des vieux continents (épeirogenèse), il s'est ensuivi une très forte différence des reliefs, suscitant un ruissellement et une érosion intenses sur les continents, en même temps que l'émersion de tous les ponts continentaux. Le refroidissement réduisit finalement l'influence du rayonnement solaire et entraîna, après une période préparatoire qui dura plusieurs millions d'années, une première glaciation *universelle* (laquelle se situerait il y a 700 000 ans, à la limite Brunhes-Matuyama, voir tableau 20) et la séquence d'oscillations entre phases glaciaires et phases interglaciaires.

C'est seulement alors que l'océan Arctique demeura glacé en permanence comme il l'est encore aujourd'hui.

Tableau 20. — *Chronologie du Pléistocène*

Amérique du Nord			*Europe*	*M.A.*	*Etages géomagnétiques (inversions magnét.)*	
		Homo sapiens		0		
				0,39		
	Paléanthrope		Würm II	0,59	Brunhes (normal)	
			Würm I	0,64		
				0,1		
Sangamon		Europe, Carmel *Homo neandertalensis*	Riss-Würm Intergl. Eemien			
				0,15		
Illinois			Riss			
				0,2		
Yarmouth		H. de Swanscombe	Intergl. Mindel-Riss = Hoxnien			
				0,35		
Kansan			Mindel = Elster			
				0,5		
Aftonien	Archanthrope = Pithécanthrope	*Homo heidelbergensis*	Intergl. cromérien = Günz-Mindel			
				0,7		
Nebraskan			Günz			Matuyama (inverse)
				1	Jaramillo	
Sierrien			Interglaciaire Donau-Günz = Tiglien	1,6	Gilsa	
			?	1,7		
				1,85	Olduway	
			Donau = Pretiglien	2		
		Tanzanie, Afrique du Sud	érupt. Mont-Dore			
				2,2		
	Australopithèques		Reuvérien (Biber)	2,4		
			B chaud (Biber-Donau)	2,5		Gauss (normal)
				2,75		
				2,85	Kaena	
				3		
				3,1	Mammoth	
				3,31		
				3,65		Gilbert (inverse)
				3,75	Cochiti	
				4		
				4,05		
		Kénya		4,15	Nuniwak	
		Omo				
		Astien supérieur	A froid	5		

M.A. : millions d'années.

Les zones glacées

Les zones glacées du Pléistocène dépassaient largement leurs limites d'aujourd'hui. Les sédiments, même marins, carottés au fond de l'Océan Arctique et qui représentent les onze derniers millénaires, montrent que la faune pélagique et benthonique s'appauvrissait pendant les phases glaciaires (Ericson et Wollin, 1959). Les terres circumarctiques, soumises au même climat et homogénéisées par les glaciations, gardent les traces de cette unification. Mis à part les inlandsis, l'époque actuelle a conservé des aires où, même en l'absence de glaciers, la terre est gelée en permanence; cet ensemble est entouré par une zone à gelées temporaires. De grands bassins drainent vers l'Arctique les eaux sibériennes d'un côté, celles de l'Alaska et du nord de la chaîne cordillérienne de l'autre.

Dans l'hémisphère Nord, les glaciations quaternaires comptaient deux vastes systèmes d'inlandsis communiquant avec l'Arctique : l'inlandsis scandinave (environ 6 millions de kilomètres carrés) qui couvrait la Scandinavie et s'étendait au-delà de la presqu'île du Jutland jusque sur la plaine d'Allemagne du Nord et le nord de la plate-forme russe; l'inlandsis canadien (environ 10 millions de kilomètres carrés) descendait jusqu'au sud des Grands lacs et du cours supérieur du Missouri, recouvrant alors ceux du fleuve Laurentien, de la Teays et de la rivière Nelson (fig. 53 *f*).

Une reconstitution quantitative de la surface terrestre il y a 18 000 ans, c'est-à-dire lors du maximum de la glaciation würmienne, a été publiée (Climap proj.) : dans l'hémisphère boréal, les inlandsis installés sur les aires continentales atteignaient 3 km d'épaisseur, tandis que dans l'hémisphère austral s'étendaient d'immenses banquises sur les océans. La végétation perdait les forêts au bénéfice des prairies, des steppes et des déserts. Le niveau de la mer avait baissé d'au moins 85 m. Dans les océans, les gradients thermiques, au niveau des fronts polaires en Atlantique Nord et en Antarctique, étaient plus rapides, ces fronts se déplaçant vers l'équateur. La température superficielle des eaux baissait de 2,3 °C, refroidissant d'autant celle des terres émergées et favorisant les courants ascendants froids le long des divergences équatoriales dans le Pacifique et l'Atlantique. Enfin l'accroissement des surfaces émergées et des aires couvertes de glaces augmentait considérablement l'albedo de notre planète.

Les deux inlandsis ont été soumis aux déglaciations des périodes interglaciaires. L'époque récente, qui répond à la définition d'une telle déglaciation, montre un retrait par étapes, laissant de vastes plans d'eau tels que les Grands lacs américains, demeurés non salés, ou, en Europe, le lac à *Ancylus* qui devint plus tard la Baltique. La baie d'Hudson résulte également du recul de l'inlandsis canadien.

Le retrait des inlandsis aboutit donc à l'accumulation de masses aqueuses dont le creux matérialise l'affaissement des boucliers sous le poids des glaces.

On a pu mesurer l'épaisseur de l'inlandsis groenlandais actuel : sa fusion totale ferait naître sur place deux mers atteignant environ 1 500 m de profondeur. Il semble que la Baltique ait atteint en son centre 760 m de profondeur. Après la fonte des inlandsis, le socle déchargé s'exhausse, ce relèvement isostatique prouvant la plasticité du manteau au-dessous des boucliers. Le relèvement de la Scandinavie, commencé il y a 13 000 ans, atteignit 3 m par siècle; il est aujourd'hui de 1 m. La Baltique devient ainsi de moins en moins profonde : on a calculé que dans 2 600 ans, si le phénomène se poursuit, le golfe de Bothnie sera complètement exondé (Wegmann, 1955).

Les zones libres de glace

Les inlandsis quaternaires s'étendaient sur une partie de la zone tempérée actuelle. La zone intertropicale et les zones aujourd'hui subtropicales ont beaucoup moins souffert du froid. Entre ces deux grands ensembles, la toundra, comme aujourd'hui, bordait les glaces. Un glissement des climats s'est donc produit. Les grandes régressions des périodes glaciaires faisaient émerger des terres vierges qui constituaient des passages nouveaux et temporaires entre les continents.

Au moment des glaciations, la neige ensevelissait les aires glacées des continents tandis que de grandes chutes de pluies transformaient les aires tropicales où aux phases glaciaires correspondaient des phases pluviales, et aux interglaciaires, des interpluviaux à dominante plus sèche. Si l'on prend comme exemple le nord de l'Afrique, où se trouve le Sahara, le plus grand désert du monde, l'aridité, accentuée dès le début des temps fossilifères par l'abondance des sables, atteignit un maximum au cours du Pléistocène, pendant l'interglaciaire Mindel-Riss, aboutissant à un type « tchadien », moins désertique que le grand erg actuel. Avant l'ère chrétienne, il passa par un climat de steppe comparable à celui de l'Egypte d'aujourd'hui : jalonné de gigantesques oasis établies le long de grands fleuves descendant de l'Ahaggar, la Saoura, l'Igharghar et le Tafassasset, il était parcouru par d'énormes troupeaux d'Autruches. L'introduction du Dromadaire, produit d'élevage asiatique, domestiqué et parfaitement adapté à l'aridité, ne remonte guère à plus de 2 000 ans.

Pendant que des fleurs poussaient au Sahara, les pluviaux accumulaient de vastes nappes aquatiques sous la forme de grands lacs dans la zone « tchadienne » ou « sahélienne » située plus au sud, qui jouit aujourd'hui d'un climat semi-aride. On peut suivre cette zone sur tous les continents, au nord et au sud de l'équateur.

Nombre de lacs, approvisionnés médiocrement aujourd'hui encore, possédaient alors une superficie environ dix fois plus grande que l'actuelle. Tel est le cas du Tchad qui remplissait la vaste dépression Tchad-Bahr el Gazal-Bodelé. En fait, les aires pluviales contemporaines des glaciations pléistocènes sont devenues aujourd'hui, comme pendant les interpluviaux, des systèmes évaporatoires occupés par des playas, grands bassins soit anciennement marins, soit purement d'eau douce, en déficit d'humidité, dans lesquels s'accumulent du sel et surtout du gypse. En Amérique, abritée des vents humides du Pacifique par la Cordillère au nord et par les Andes au sud, la zone de playas prend le relais des lacs postglaciaires du Nord et forme une longue bande subméridienne, comprenant le « Great Basin », avec par exemple le Great Salt Lake, résidu du lac Bonneville, bien plus vaste, les bolsones du nord du Mexique, puis, au-delà de l'Amérique centrale, ceux des hauts plateaux des Andes et du Chili. En Afrique, les zones pluviales débordaient le Sahara : au nord, playa d'Oran en Algérie, dépression de Melkir à 30 m au-dessous du niveau de la mer, alimentée par l'Igharghar en Tunisie, sebkhas sahariennes du Chott el Hodna, du Djoua, du Gourara, du Touat, du Tidikelt, bassin du Fayoum en Egypte dont les restes, irrigués par un bras du Nil, sont aujourd'hui à 44 m au-dessous du niveau de la mer. Au sud du Sahara, la région soudanaise se range dans cette zone avec le bassin tchadien, où le Niger recevait de nombreux affluents venus de l'Aïr dont les vallées sèches sont maintenant remontées par les eaux du Niger. Au-delà de l'équateur, qui traversait comme aujourd'hui une étendue forestière, une bonne partie de l'Afrique du Sud, dans la région du Kalahari où se rencontrent des playas de même origine, les pans, appartient à la ceinture méridionale des playas.

Les lacs d'Afrique orientale, dont l'histoire est si bien connue qu'elle sert de base à la stratigraphie du Quaternaire de toute l'Afrique, sont l'une des conséquences de la fracturation du continent par les fossés africains à partir du Miocène inférieur. Leur extension fut plus grande pendant le Quaternaire que de nos jours; certains d'entre eux qui initialement confluaient furent séparés par des volcans, puis par l'abaissement de leur niveau d'eau qui a parfois atteint l'assèchement. Plus au nord, un grand lac unique occupait la mer Morte (Bahr Lut, aujourd'hui son niveau est à 392 m au-dessous du niveau moyen des mers) et la vallée du Jourdain.

La zone des playas d'origine fluviale s'étend encore à toutes les dépressions du plateau iranien (Dasht-i-Kévir, Dasht-i-Lout, Machkel, Seistan) et de l'Asie Mineure (lac Urmia) ainsi qu'à l'Asie centrale (le lac Balkash et, dans l'actuel désert de Tarim, Lop Nor, Turfan, Issyl-Kul, Adshi-Dara).

En Australie, aujourd'hui aride sauf dans ses montagnes orientales, la zone pluviale compta de nombreux lacs, actuellement transformés en playas : parmi eux, l'ancienne dépression de la mer de Tambo devenue le lac Diéri, puis la playa du lac Eyre. Aux temps pluviaux, ses abords étaient occupés par une végétation luxuriante abritant des crocodiles et des Marsupiaux herbivores géants *(Diprotodon)*.

Tous ces bassins pluviaux installés dans des dépressions se sont, au cours des interglaciaires, facilement transformés en playas tels qu'ils sont aujourd'hui.

La vie à l'orée de la glaciation pléistocène

L'ère tertiaire a été le temps des Mammifères. Nous les avons vus se développer, migrer en suivant les possibilités fournies par la dislocation des continents, se transformer dans des provinces isolées. Aucun autre événement ne les atteignit avant les glaciations. Il s'ensuit que le monde animal que nous connaissons aujourd'hui dans les régions épargnées par le froid, le continent africain surtout, est comparable à la faune néogène. Cependant le développement des vrais Eléphants à molaires lophodontes peut être considéré comme caractéristique d'une nouvelle zone. Quant à l'apparition de l'Homme, elle marque une nouvelle ère. Après les Singes Hominoïdes dont nous avons suivi l'histoire, on ne s'étonnera pas que des types humains archaïques soient apparus et aient évolué en Afrique. Les Australopithèques sont connus avec certitude depuis 3 millions d'années en Afrique orientale (Omo, Tanganyika) et plus tard en Afrique du Sud. Mais, du même âge, on cite aussi dans le sud-ouest de la Chine un « Homme de Yuanmo » qui connaissait le feu et se taillait des armes de pierre.

Il y a 2 millions d'années (voir tableau 20), l'évolution des Hominidés passa, avec l'acquisition du langage, aux Pithécanthropiens (ou Sinanthropiens), connus en de nombreux points de l'Afrique, dans le Sud-Est asiatique (Java) et en Chine (Lantien, 600 000 ans; Pékin, 350 000 ans). Ils ont atteint également l'Europe occidentale (l'Homme de Heidelberg) : cette première expansion d'Hommes au cerveau plus développé que celui des Singes les plus intelligents s'est produite pendant un interglaciaire, quand les conditions étaient clémentes sur la Laurasie.

Interférence des alternances climatiques avec la vie

Dans les zones glacées, la vie devenait négligeable. Les longues phases interglaciaires ramenaient des climats meilleurs et, avec eux, un peuplement normal, cependant de plus en plus appauvri par les difficultés consécutives au retour des glaces. L'exemple de l'actuel peuplement animal et végétal de l'Europe, comparé à celui du Pliocène dont le climat devait être peu différent, montre cette dégradation issue de la répétition d'épisodes mortels. Dans les zones non glacées, l'alternance des épisodes arides et humides, en ce qu'elle ne favorise par continûment un ensemble mais tantôt l'un, tantôt l'autre, a eu des conséquences analogues. Le phénomène est plus frappant dans les zones les plus défavorisées, comme le sud de la Cordillère des Andes et la Patagonie, par exemple, que leur altitude et leur latitude ont condamnées à se trouver presque perpétuellement glacées.

A la limite des grands déserts blancs, une zone périglaciaire continue, balayée par les vents qui transportaient des sables ou des poussières impalpables (dont le dépôt composera les lœss fertiles d'Alsace, du sud de la Pologne et de la Chine), se couvre par places d'une toundra de plantes, rase mais dense. Cette toundra est habitable, et elle se peuple, même durant les fortes glaciations. C'est là que vont vivre des Mammifères légendaires comme le Mammouth et le Rhinocéros à narines cloisonnées, bien adaptés à subsister dans ces zones inclémentes grâce à une fourrure laineuse, longue et épaisse. Un peu plus tard, dans la même région arrive le Renne, encore strictement lié à la toundra nordique par des adaptations du pied lui facilitant la marche sur la neige, et par l'assujettissement à une nourriture spéciale, un Lichen de la toundra, *Cladonia rangiferina*.

Quant à l'Homme, l'absence de fourrure lui interdit les abords de l'inlandsis jusqu'à ce que son psychisme lui fournisse les moyens de lutter contre le froid intense. Le feu, il l'utilise (l'invente peut-être) depuis bien longtemps. Les vêtements, sans doute, sont plus malaisés à adapter. Enfin, il découvre les abris sous roche et les grottes où établir ses quartiers d'hiver. C'est au genre *Homo*, avec ses deux espèces *H. neandertalensis* et *H. sapiens*, que revient ce rôle de pionnier. Sans doute un type originel mixte apparut-il dans la zone tempérée ou chaude, par exemple au mont Carmel en Palestine. Mais *H. neandertalensis* installe des têtes de pont en Europe occidentale pendant la glaciation würmienne (l'Homme de la Chapelle-aux-Saints, l'Homme de Néanderthal), il y a une centaine de milliers d'années. 50 000 ans plus tard, au Périgordien, il est relayé par l'*Homo sapiens*. Ce sont des descendants de ce dernier qui chasseront le Mammouth en Europe centrale (Předmost, il y a 20 000 ans).

Peu à peu l'Homme va progresser et son aptitude à se protéger du froid va atteindre une telle perfection qu'à la fin de la dernière glaciation, les Magdaléniens suivront les Rennes et la toundra en régression jusqu'aux places qu'elle occupe actuellement.

Dans les mers, aussi bien le benthos que le plankton sont concernés par les alternances climatiques du Pléistocène. La productivité du plankton s'était accrue au début du Pléistocène : celui de mer chaude étant le plus sensible au froid, une grande partie des Coccolithophoridées du Tertiaire disparaissent. Les limites entre provinces marines se déplacent périodiquement. Les Mollusques de mer chaude se replient et les Mollusques boréaux gagnent du terrain : par exemple, *Cyprina islandica* pénètre en Méditerranée dès le début des glaciations.

Pour les animaux continentaux, les migrations facilitées

Le stockage d'énormes masses d'eau sous la forme de glace pendant les phases glaciaires a fait émerger la totalité du plateau continental et la plus grande partie des « ponts continentaux ». Cette disposition paléogéographique a facilité, voire provoqué, les migrations. Mais étant donné les contrastes, ces migrations se sont effectuées plutôt parallèlement aux zones climatiques.

Fig. 54 - Pléistocène

Au cours d'une glaciation majeure, distribution des principaux inlandsis et centres glaciaires. De grandes masses d'eau étaient bloquées sous forme de glace ; la régression fut très forte.

Sur la figure 54 *b* on note le passage continental entre Alaska et Sibérie par la Beringia, de même que les rapports entre Rhin, Tamise et Seine. E = Egéide ; T = Turquie.

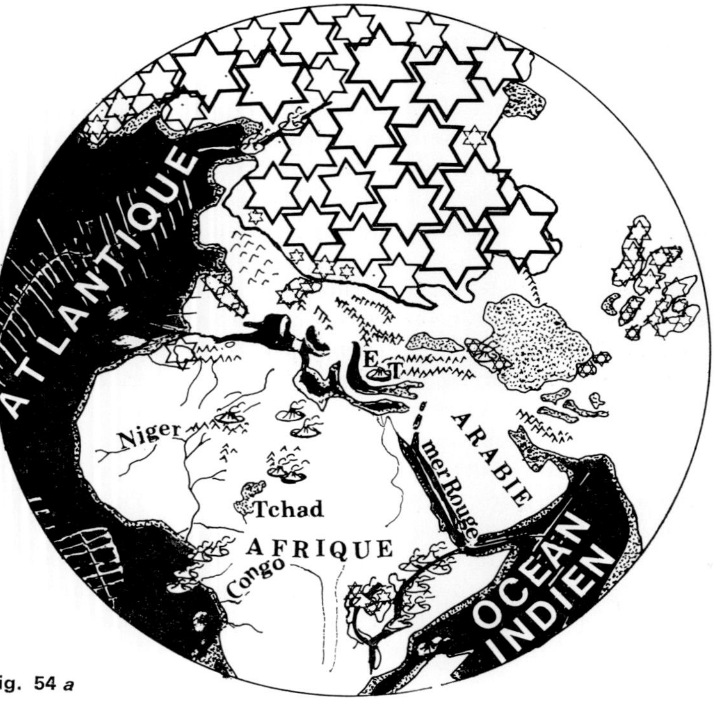

Fig. 54 *a*

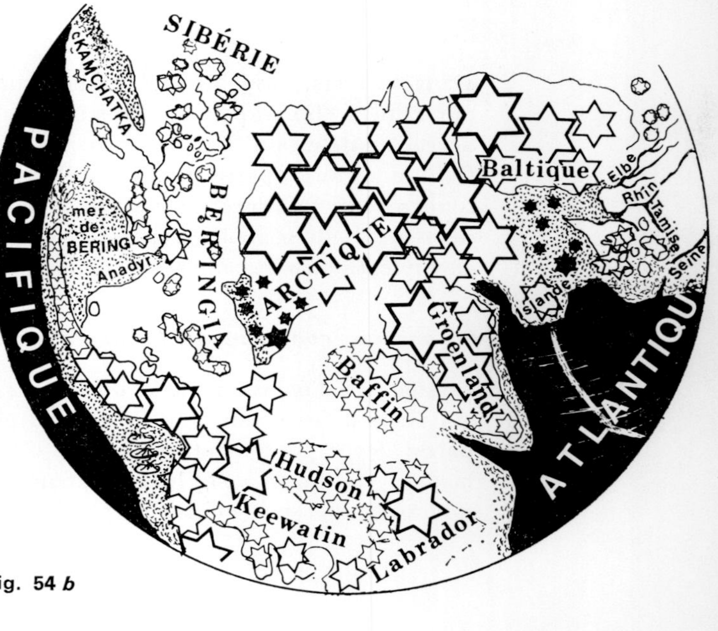

Fig. 54 *b*

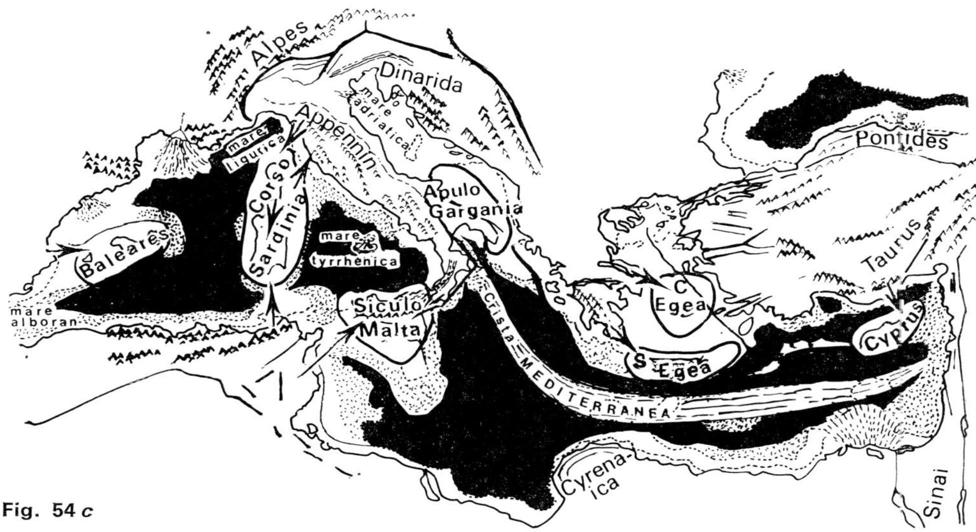

Fig. 54 ***c***

L'aire et les îles méditerranéennes pendant les premières grandes glaciations pléistocènes : les positions aujourd'hui observables des chaînes circum-méditerranéennes, des blocs méditerranéens et des bassins océaniques sont reconnaissables ici, mais la régression marine due aux glaciations permettait des passages d'animaux continentaux dans les îles méditerranéennes. En outre l'Adriatique et l'Egéide étaient encore en grande partie continentales. Comparer avec la fig. 53 *b*.

Fig. 54 ***d***

Deux grands Mammifères de la toundra : le Mammouth *(Mammuthus primigenius)* et le Rhinocéros à narines cloisonnées *(Coelodonta antiquitatis)*.

Fig. 54 ***e***

Mammifères des périodes chaudes du Pléistocène.

— En haut : *Palaeoloxodon antiquus*, très grand, dont les représentants nains vécurent dans les îles méditerranéennes.

— En bas : *Machairodus*, grand félidé caractérisé par la longueur de ses canines, minces et en forme de sabre. On ne sait s'il pouvait tuer lui-même ses proies ou seulement ouvrir et dépecer des cadavres.

C'est ce qui s'est produit, par exemple, au niveau de l'isthme de Béring, devenu temporairement la terre *Beringia* au moment des glaciations.

Voyons quelques exemples. Dans la zone de toundras périglaciaires, le Bœuf musqué *Ovibos*, apparu en Allemagne pendant le Mindel, passa de là en Sibérie où on le connaît à partir du Riss en même temps qu'il gagnait l'Alaska (à l'Illinoien) en traversant la Béringia (Harington, 1970).

La Béringia continua de servir au passage des animaux d'Asie en Amérique jusqu'à la fin du Pléistocène. Un voisin du Lion des cavernes, *Panthera atrox*, fit le voyage vers la fin de la glaciation illinoienne (= Riss). Lors de son extinction, à la fin du Würm (= Wisconsin), son aire s'était étendue aux grandes plaines où il côtoyait le Mammouth et un Ane; il avait atteint l'Amérique du Sud (Pérou).

Transgressions eustatiques

Pendant les interglaciaires, la fonte des glaces faisait remonter le niveau de la mer : chacun correspond à une transgression eustatique. Entre les glaciations du Riss et du Würm, la transgression *tyrrhénienne* (interglaciaire Eemien) monta jusqu'à 30 m au-dessus du niveau actuel des mers (si elle se reproduisait aujourd'hui, elle envahirait le cours de la Seine jusqu'à Paris). Des eaux chaudes pénétrèrent en Méditerranée par le détroit de Gibraltar et y apportèrent une faune de Mollusques des côtes africaines de l'Atlantique (par exemple *Strombus bubonius*), faune plus chaude que celle d'aujourd'hui. Après le dernier ensemble de phases glaciaires qui constitue la glaciation du Würm (= Wisconsin), la déglaciation finale s'est produite il y a environ 10 000 ans. Elle a donné naissance à une nouvelle transgression eustatique, la transgression *flandrienne* dont le niveau ne paraît pas avoir atteint plus de 3 m au-dessus du niveau actuel des mers. Nous vivons aujourd'hui encore en pleine transgression flandrienne et les côtes actuelles en sont l'une des preuves, les eaux océaniques pénétrant largement dans le lit des fleuves en créant des estuaires : ainsi se sont formés les fjords norvégiens, les abers bretons, les rias espagnoles. La transgression flandrienne n'a jamais atteint la cote de la transgression tyrrhénienne et d'ailleurs la faune méditerranéenne récente est plus proche de la faune des côtes atlantiques d'Europe que de celles d'Afrique.

Bibliographie

Climap Project Members, 1976 – The Surface of the Ice-Age Earth. *Science*, *191*, p. 1131-1137.

DALY R. A., 1934 – *The Changing World of the Ice Age*. Yale Univ. Press.

ERICSON et WOLLIN, 1959 – Micropaleontology and lithology of Arctic sediment cores. *Geophys. Res. Pap.*, *63*, Sc. St. Fletcher's Ice Island, III (1) (1952-1955).

HARINGTON C. R., 1970 – A Pleistocene muskox (*Ovibos moschatus*) from gravels of Illinois age near Nome, Alaska. *Can. J. Earth Sci.*, *7*, p. 1326-1331.

WEGMANN E., 1955 – Lebendige Tektonik. *Geol. Rundschau*, *43*, 1.

4 Le découpage moderne en continents et en provinces biologiques terrestres

La dérive alpino-atlantique qui, à partir des supercontinents condensés de l'ère primaire, a conduit à la disposition actuelle, très éparpillée, de continents plus petits et même de microcontinents, a réalisé progressivement des isolements de plus en plus complets, qui ont eu des répercussions remarquables sur la biosphère. Ces isolements ne sont pas restreints au peuplement continental mais s'étendent au monde océanique. Chaque fois que l'avancement de nos connaissances a permis de mettre en évidence la date de l'apparition d'une province biogéographique, nous l'avons noté au fur et à mesure de notre récit. Il semble pourtant utile de faire le point d'une manière plus explicite.

Les continents actuels

Les supercontinents qui constituèrent la Pangée jusqu'à la fin de l'ère primaire ont été les grandes victimes de la dérive alpino-atlantique. Leurs fragments épars sont devenus les continents actuels.

Tableau 21. — *Les derniers milliers d'années avant notre ère*

Années			
0			
1 000	Subatlantique		Flandrien
2 000	Chute de température de 2 °C dans les mers		
	Optimum climatique dans l'hémisphère Sud		
2 300		Début des Mégalithes	
2 400		Fin de la mer à Littorines (Baltique)	
3 000	Subboréal	Agriculture dans le sud de l'Europe	
4 000	Climat atlantique chaud et humide	Erteböllien	
	Atlantique	Mer à Littorines (Baltique)	
5 000	Optimum climatique : insolation maxima		Postglacial
	Climat boréal chaud et sec	Mésolithique	
6 000			
		Formation de la Manche et de l'Irish Channel	Finiglacial
6 839		Varve 0 (zéro). Lac à *Ancylus* (Baltique) Maglemose	
6 900	Préboréal	Mer à *Yoldia* (Baltique)	Fennoscandien
7 000		Billingen	
		Fin du lac glaciaire Baltique	
	Extension des glaces	Retour du froid	
		La forêt balkanique envahit l'Allemagne	
9 000	Oscillation chaude	Début du lac glaciaire Baltique	Alleröd
9 400			
10 000			
	Extension des glaces	Début des varves glaciaires	Poméranien = Würm III
	Climat glacial		
12 000	Réchauffement général		
15 000	Lascaux-Altamira		

Considérant l'ancienne Laurasie, des liens circumarctiques intermittents (Béringia, seuil Wyville-Thompson) ont été conservés jusqu'au Quaternaire. Mais le découpage s'est modifié par la soudure du Verkhoiansk à l'Asie à la fin du Jurassique et l'ouverture progressive de l'Atlantique Nord. Ce dernier n'a cependant fait que déclore un linéament ancien; le continent nord-atlantique, progressivement dissocié, fut toujours composé du continent nord-américain (bouclier canadien entouré d'orogènes charriés vers lui) et du continent européen (Eo-Europe ou Fennosarmatie, flanquée d'une

Fig. 55 - L'époque actuelle

Schémas de la Terre telle qu'elle se présente aujourd'hui. Deux aires stables, l'Afrique et le Pacifique, s'opposent tandis que le reste des continents et des mers offrent des parties sinueuses et mouvantes.

Fig. 55 ***a***

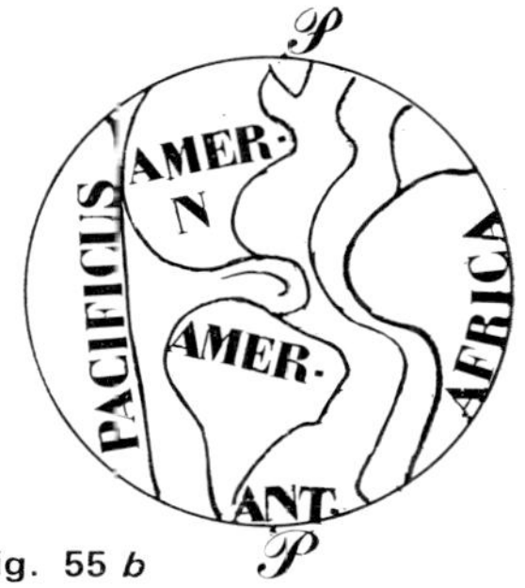

Fig. 55 ***b***

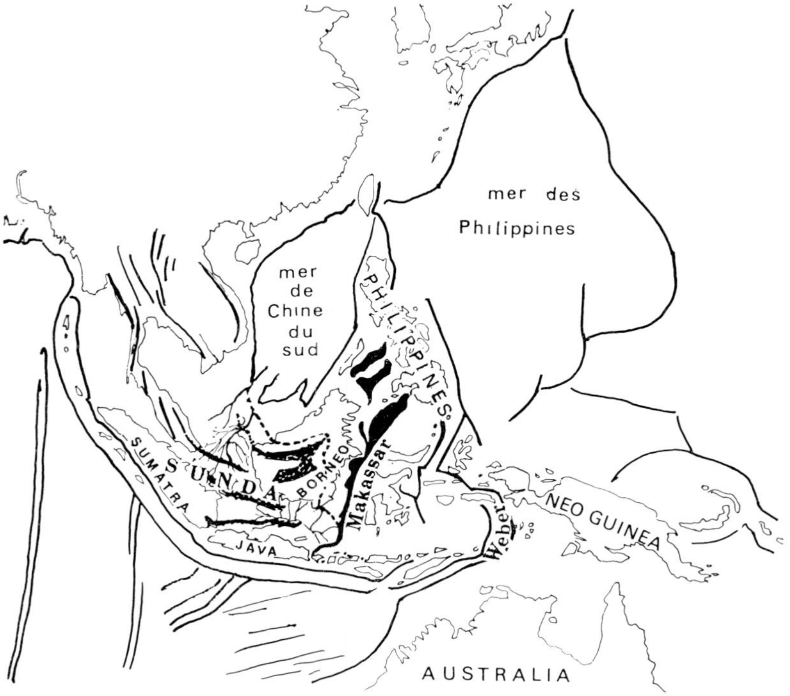

Fig. 55 ***c***

La zone de l'Insulinde et de la Sonde. On a figuré ici Sunda, la Terre de la Sonde, émergée au Pléistocène, avec ses montagnes et ses fleuves, disloquée ensuite, donc très récemment, par la transgression post-glaciaire : la répartition des Poissons d'eau douce entre Sumatra et Bornéo en fait foi. Le détroit de Makassar constitue la partie la mieux visible d'une limite biogéographique, la ligne Wallace qui sépare la faune australasienne de la faune asiatique. La ligne Weber est une autre limite biogéographique.

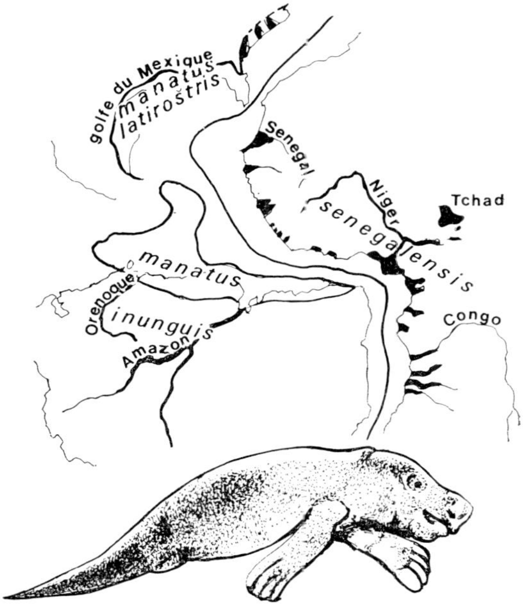

Fig. 55 ***d***

La répartition actuelle des Lamantins *(Trichechus)* dans les cours des fleuves de part et d'autre de l'Atlantique indique que cette disjonction date définitivement d'une époque postérieure à l'apparition de l'espèce d'où sont issues les diverses espèces actuelles *(Manatus latirostris, inunguis, senegalensis)*.

Paléo-Europe calédonienne et d'une Méso-Europe varisque). Les divers boucliers asiatiques (Turgaï, Angara, Mongolie, Mandchourie, Corée) constituaient alors un ensemble virtuellement séparé de l'Eo-Europe par un Oural montagneux ou une plate-forme russe marine.

L'unité de la Gondwanie s'est pratiquement maintenue jusqu'au Crétacé moyen, bien que les linéaments selon lesquels elle s'est fractionnée datent de l'Antécambrien.

Ce sont les événements téthysiens (alpins) qui ont le plus troublé le schéma ancien. En effet, la Téthys opéra la séparation naturelle entre les supercontinents jusqu'à la fin du Permien, la ligne de démarcation passant au nord de la bordure orogénique du Gondwana inentamé. Entre la Méso-Europe varisque et cette bordure, depuis la presqu'île hispanique liée à la Moghrabia jusqu'à l'Iran, la Téthys est restée fracturale, linéamentaire jusqu'au Permo-Trias; après quoi, la bordure gondwane fut soudée à la Néo-Europe alpine. Il y a 5 millions d'années environ, une partie de cette Néo-Europe gondwane, les Dinarides, se serait trouvée définitivement séparée de l'Afrique par les effondrements méditerranéens.

A la fin de l'ère secondaire, un phénomène d'ampleur gigantesque avait affecté des esquilles (microcontinents) gondwanes de bien plus grande échelle; l'Iran, l'Afghanistan central et le Dekkan constituent ainsi une Asie gondwane, née du même processus que celui qui a fait naître l'océan Indien aux dépens de la Téthys.

Les liens entre les deux Amériques par l'isthme de Panama et la zone Caraïbe, entre l'Europe et l'Afrique par la région de Gibraltar (péninsule Ibérique - Maroc), entre l'Australasie et l'Asie par l'Indonésie et la Sonde, se sont certainement modifiés mais, comme nous l'avons dit, ils comptent parmi les structures pérennes des géographies successives.

Le fait paléogéographique le plus saillant de la tectonique globale récente est la disparition pratiquement totale de la Mésogée, c'est-à-dire d'une ceinture marine téthysienne. De la Téthys demeurent des substituts partiels comme l'océan Indien et la Méditerranée et des linéaments que l'on peut croire anciens mais qui ont conservé ou retrouvé une activité. Parmi ceux-ci doit être citée la faille transformante est-ouest connue sur 400 km depuis l'île Santa Maria (Açores) et qui emprunte la faille Gloria (fig. 53*f*). Plus à l'est, avec des expressions topographiques variées, cet accident peut être suivi vers Gibraltar, avec la crête Açores-Gibraltar. L'ensemble fractural qui atteindrait ainsi 1 100 km est interprété dans la « théorie des plaques » comme la limite entre la plaque eurasienne (y compris l'Atlantique au nord de 38° N.) et la plaque africaine (y compris l'Atlantique nord-est au sud de 36° N.) (Laughton, Whitmarsh, Rusby, Revie, McCartney et Nafe, 1972). On peut noter cependant que la dérive alpino-atlantique a pu, là aussi, modifier des appartenances : c'est le cas de la zone Caraïbe, initialement en litige entre Iapetus et Téthys, mésogéenne pendant le Trias et le Jurassique, puis atlantique lors de l'ouverture de la partie centrale de l'océan, pour devenir, au moins en partie, une annexe du Pacifique oriental sous la forme d'une mer intérieure ceinte de charriages, coupée de grandes failles et partiellement volcanisée (arc des Petites Antilles).

Dans le même contexte, l'orogenèse dite « alpine » n'est terminée ni dans les Alpes où continuent de s'élever les Caravanques, ni dans l'Himalaya toujours poussé par l'expansion de l'océan Indien au taux de 4 à 5 cm par an.

Les provinces biologiques aujourd'hui

PROVINCES HÉRITÉES DE LA GONDWANIE

L'alternance de phases humides et sèches qui, parallèlement à l'alternance des phases glaciaires et interglaciaires, caractérise l'histoire climatique du Pléistocène, a eu sur l'évolution organique des divers continents une importance d'autant plus grande que la dérive alpino-atlantique les avait isolés les uns des autres.

Les travaux écologiques sur l'Afrique, l'Insulinde, l'Australie, la Tasmanie et l'Amérique du Sud montrent bien cette importance.

De la Gondwanie unique restent des relictes précieux, comme les Péripates d'Afrique du Sud, bien distincts de ceux de l'Amérique du Sud; et des Poissons Dipneustes restreints aux lacs sous climat semi-aride, qui ont aussi des cousins en Amérique du Sud et en Australie. Ce sont des restes de la faune de l'ère primaire. Plus tardive, la répartition de certains Mammifères, comme les Marsupiaux dont nous avons longuement parlé (p. 298), et d'arbres comme *Nothofagus*, aujourd'hui connu en Nouvelle-Guinée, sur la côte sud de l'Australie, en Nouvelle-Calédonie, en Nouvelle-Zélande et dans une partie du Chili et de l'Argentine (Terre de Feu), nous remémore la personnalité de la province améraustralienne du Crétacé supérieur (p. 287).

Bien d'autres organismes sont restés gondwans tout en développant les endémismes plus ou moins poussés selon l'époque relative de leur apparition par rapport au morcellement de la Gondwanie.

A la condition de considérer des êtres préexistant à l'expansion atlantique de l'Oligocène, les liens biologiques sont demeurés étroits entre l'Amérique du Sud et les autres continents gondwans. Si bien que les Mammifères Placentaires et quelques Oiseaux sont presque seuls à être radicalement distincts d'un continent à l'autre. Avec l'Afrique pourtant, l'Amérique du Sud partage les Ratites plus récents (Eocène supérieur) en Afrique, qui demeurent très proches par leur biochimie et leur immunologie, et les Trogonidés. Les Perroquets (Psittacidés), encore présents pendant le Miocène en Europe et en Amérique du Nord, se sont localisés depuis en Amérique du Sud, en Afrique, en Inde et en Australie. Des Tortues (Pélomédusidés) et des Grenouilles (Pipidés) sont propres à l'Amérique du Sud et à l'Afrique; c'est aussi le cas des Poissons cypriniformes primitifs, strictement dulçaquicoles, les Characoïdes. Rappelons la répartition amphi-atlantique des Oligochètes (Vers de terre) : *Chilota-Parachilota* d'une part, *Microscolex-Eodrilus*, également connus en Australie, d'autre part (Omodeo, 1963). De nombreux exemples peuvent être cités parmi les Insectes, par exemple les Plécoptères et des Diptères Chironomides. Certains Invertébrés primitifs sont communs à l'Amérique du Sud, à l'Australie et à la Nouvelle-Zélande (on peut citer des Plécoptères, des Chironomes, des Vers de terre et des Arachnides) ; la chose est également vraie pour 77 espèces de plantes communes à ces continents. *Nothofagus* reste inconnu en Afrique : la séparation de l'Afrique et des autres continents gondwans à la fin du Crétacé semble pouvoir expliquer cette exclusive tandis que l'Afrique, rapprochée de l'Europe par les mouvements alpins, va échanger ses faunes avec elle chaque fois que ce sera possible.

Citons encore la répartition de l'Arganier *(Argania sideroxylon)*, Sapotacée du sud-ouest marocain (Sous, flanc sud du Haut-Atlas, Anti-Atlas jusqu'à 1 500 m d'altitude), encore connu au Sahara jusqu'au 26e parallèle. C'est un reste de la flore tropicale; son bois est très résistant et ses amandes renferment une huile très appréciée. Il atteignait la région de Rabat avant les glaciations; mais il existe aussi au Brésil. De même, *Djeteryia*, arbre du Sahara, est présent à Cuba (rens. P. Gevin).

Amérique du Sud

La cordillère des Andes a subi une atteinte considérable de la glaciation. Depuis le Sénonien et surtout l'Oligocène, une hêtraie à *Nothofagus*, spéciale à la zone tempérée de l'hémisphère gondwan, était implantée dans les Andes et la Patagonie. Lors de l'expansion glaciaire du Pléistocène, cette hêtraie régressa vers le nord et il n'en reste que des traces au Chili, vers 30° de latitude sud. D'un autre côté, la distribution des espèces récentes dans la forêt montre que, entre 36° et 45° S., les langues glaciaires y jouaient le rôle de barrières séparant complètement des populations végétales mutantes; au contraire, bien des animaux (les Grenouilles et les Oiseaux par exemple) ne subissaient aucun isolement mais suivaient les substrats végétaux de leur biotope, à des altitudes de plus en plus basses pendant les glaciations, remontant vers les sommets lors des interglaciaires (Simpson, Vuillaumier, 1971).

Plus au sud, le plateau patagonien n'était pas toujours couvert de glace pendant les périodes froides mais s'accroissait alors d'une bonne partie du plateau des Falklands exondé, se couvrant de tourbières et de lacs mais jamais de forêts. Les faunes et les flores actuelles sont toutefois un peu différentes d'une île à l'autre, ce qui indique une ségrégation imputable à leur caractère de refuge par rapport au continent soumis à des conditions plus rigoureuses.

La géographie créée par les glaciers formateurs de barrières et par l'abaissement des étages de végétation facilitant les communications au niveau des prairies peut être suivie loin vers le nord dans les Andes du Pérou et de la Bolivie. L'extension des prairies aux régions basses permettait aux animaux de se répandre à travers le nord-est de l'Argentine et le sud du Paraguay et de l'Uruguay, alors que pendant les phases interglaciaires comme aujourd'hui l'humidité et les verts pâturages étaient restreints aux montagnes élevées, les zones basses étant steppiques ou même arides. L'emplacement des « neiges éternelles » du Pléistocène est aujourd'hui couvert de pâturages. Ainsi se trouvent réalisés des îlots écologiques (les paramos) comptant des plantes et des oiseaux qui, provenant des hautes Andes centrales, ont subi des évolutions particulières et demeurent encore isolés de nos jours. En revanche, la faune et la flore des hauts plateaux du sud du Brésil sont pratiquement identiques à ceux des Andes, ce qui permet de conclure qu'un couloir favorisait les passages le long des Andes et, de là, vers l'Est.

Sur les pentes occidentales de la cordillère, le long du Pacifique, il existe au nord de Lima de petites forêts isolées dans des canyons où se sont produites des spéciations, en particulier celles d'une Rosacée *(Polylepsis)* et d'Oiseaux qui pourraient s'être développés sous une alternance de climats arides et humides. La répartition actuelle d'un Lézard, *Anolis chrysolepis*, laquelle suit d'une façon continue le pied oriental des Andes entre le Pérou et la Colombie, donc dans la zone tropicale, indique un isolement du même ordre que ceux qui, pendant les variations climatiques du Pléistocène, ont fait naître à plusieurs reprises des discontinuités génétiques quand l'aridité fragmentait la forêt. On pourrait même penser que ces alternances furent parfois inversées entre les pentes ouest et est des Andes. En plaine, par exemple en Amazonie, on rencontre aussi une répartition parcellaire de certains Oiseaux forestiers (Perroquets, Cracidés, Toucans, Cotinga, Manakins et un petit Passereau fourmilier Formicarridé) ainsi que du même Lézard *(Anolis chrysolepis)* dont l'habitat est morcelé en des sortes de refuges respectés par les transgressions eustatiques. Haffer (1969, 1970, 1971) ainsi que Vanzolini et Williams (1970) pensent que lors des périodes arides (interglaciaires) du Pléistocène, la forêt tropicale avec sa faune étaient réduites à des taches correspondant à ce morcellement, lequel entraîna des spéciations (d'après Moreau, 1966, une telle spéciation pour les Passereaux tropicaux ne demanderait que 20 ou 30 000 ans). Mais le caractère temporaire de ce morcellement fit que, lors des glaciations, les phases humides permirent fréquemment un rebrassage des races. Ceci doit être vrai aussi pour les Insectes et les Mammifères. De plus, les faunes non forestières du Brésil central, chassées par le froid, émigraient alors vers ces refuges.

Les Marsupiaux restent présents, encore que devenus peu importants dans la faune de l'Amérique du Sud, avec des Didelphoïdes très proches de types archaïques, et des Caenolestoïdes (Rat-Opossum).

Ajoutons que peu d'essences de la zone holarctique nord-américaine ont pénétré en Amérique du Sud : on peut citer l'Aulne et le Chêne.

Les liaisons continentales de l'Australie

Après la séparation d'avec l'Afrique, la rupture entre l'Antarctide et l'Australie n'a été consommée qu'à l'Eocène supérieur, c'est-à-dire tardivement. Jusqu'à cette époque, le peuplement continental de l'Australie lui vint donc, au moins pour une part importante [à travers l'Antarctide par l'Arc Scotia émergé jusqu'à l'Oligocène (Barker, 1970; Dalziel et Elliott, 1971)] de l'Amérique du Sud coupée de l'Amérique du Nord à la fin de l'Eocène. Cela expliquerait l'archaïsme de la faune australienne qui peut être considérée comme relicte des faunes mésozoïques. L'absence de Placentaires archaïques dans une telle migration pourrait être due à l'écologie de ceux-ci (Condylarthres) davantage liés à un biotope de steppes que les Marsupiaux, et capables de vivre, semble-t-il, dans les forêts de *Nothofagus* et d'*Araucaria* qui couvraient la Patagonie et une partie de la presqu'île antarctique, et que des radeaux naturels peuvent avoir transportés. Ainsi que nous l'avons souligné (p. 288), la très ancienne liaison de l'Australasie (Australie - Nouvelle-Guinée) avec le Sud-Est asiatique par l'intermédiaire de l'Insulinde a servi au passage de certains animaux. Mais cette liaison a surtout été insulaire, défavorable aux Vertébrés terrestres non volants. Ce n'est qu'aux moments de grande régression que des échanges ont pu s'effectuer par cette voie. Pendant l'ère tertiaire, une date de 10 millions d'années est donnée par Jardine et Mac Kenzie (1972) pour le début de tels échanges, marqué par l'arrivée de Placentaires avec des Souris (Muridés) en Australie, tandis qu'à l'inverse, des Marsupiaux à régime de Rongeurs pénétraient dans les îles voisines de la Nouvelle-Guinée. Cette première phase correspond au Messinien, époque d'abaissement du niveau marin, favorisant donc les liaisons continentales. D'autres périodes régressives ont suivi le Messinien, et les plus importantes ont été contemporaines des phases glaciaires. La répartition actuelle des animaux continentaux rend compte de cette géographie intermittente depuis une dizaine de millions d'années, période pendant laquelle des espèces endémiques de Mammifères Placentaires sont nées sur le territoire australasien tandis que des espèces nouvelles de Marsupiaux naissaient sur les îles marginales qui, récemment émergées, étaient des places encore libres d'occupants. Ainsi est née une « province des Marsupiaux australasiens » qui s'étend jusqu'aux îles Salomon au nord-est, à l'île de Talaut au nord et à celle des Célèbes à l'ouest (Simpson, 1961). La limite occidentale de cette province, la « ligne Wallace » (fig. 55 *c*), coïncide en partie avec le détroit de Makassar lequel, profond aujourd'hui de 1 800 m, était et est resté une séparation infranchissable d'avec la Terre de Sunda et le Sud-Est asiatique, même en période régressive. La date de formation du détroit de Makassar semble récente (Quaternaire ancien), le pont continental Asie-Australie ayant subsisté au moins du Trias au Tertiaire. Le rivage sud-oriental de la Terre de Sunda qu'il longe semble d'ailleurs s'être déplacé si l'on en juge par la répartition actuelle des Scorpions (Vachon, 1953).

L'Australie est isolée depuis l'Eocène. Son peuplement endémique n'a guère souffert des glaciations mais a durement ressenti l'aridité des interglaciaires et de l'époque actuelle. Elle compte une riche flore xérophytique. Il y reste encore 170 espèces de Marsupiaux très spécialisés dans les diverses niches écologiques occupées ailleurs par des Placentaires Herbivores : Phalangers (Kangourous, Wombats, Opossums), Péraméloïdes (Bandicoots); et Carnivores : Dasyuroïdes (Loup de Tasmanie, Fourmilier, Taupe marsupiale).

Nouvelle-Zélande

Cet ensemble d'îles est très différent par l'histoire de son peuplement récent : pas de Mammifères (sauf des Chéiroptères) ; pas de Tortues ni de Serpents, mais les derniers Rhynchocéphales, proches de ceux du Trias, quelques Grenouilles primitives *(Leiopelma)* et aussi, curieusement, des Ratites. De telles données suggèrent que toute liaison continentale avec l'Australie a cessé dès l'Eocène. Sa forêt, demeurée sous un climat tempéré, est riche en essences relictes des flores tertiaires de l'Améraustralie, mais elle s'est encore augmentée des migrations récentes venues des archipels des Salomon et des Nouvelles-Hébrides, situés dans la zone chaude plus au nord, en empruntant un trajet de terres aujourd'hui submergées (Lord Howe, Norfolk) (Axelrod, 1974).

L'Afrique

L'Afrique a été séparée des autres continents gondwans d'une façon suffisamment nette pour que soient rarefiés les échanges fauniques et floraux à partir du Crétacé, c'est-à-dire juste au moment où l'évolution végétale avait trouvé un nouveau souffle avec le développement des Angiospermes Dicotylédones, les « feuillus ». Ce fait pèse lourdement sur son peuplement actuel. En outre, les climats la découpent en régions souvent peu miscibles : forêt tropicale de part et d'autre de l'équateur, zones tropicales humides, semi-arides, à forêt xérophytique, enfin zones arides à peu près symétriques.

La flore du sud de l'Afrique et de Madagascar est strictement gondwane, son origine remontant avant la coupure du Crétacé supérieur (absence de *Nothofagus*, p. 347). Ainsi les Gymnospermes sont rares : les Araucariacées ont disparu depuis longtemps, le genre *Podocarpus* et la Cupressacée *Widdringtonia* sont endémiques. Les Cycadales *(Encephalartos, Stangeria)* sont également endémiques. La Chlamydosperme *Welwitschia*, monotypique, est endémique en Afrique australe. Une flore proprement africaine d'Angiospermes se maintient après avoir régressé depuis la zone plus septentrionale comptant le Cameroun et l'Ethiopie. Les familles les plus caractéristiques sont : 1 / les Euphorbiacées (environ 1 000 espèces) qui traversent le canal de Mozambique (Madagascar, Dekkan) et montent jusqu'aux Canaries et au Maroc, avec, entre autres, des formes « cactoïdes » adaptées à l'aridité ; 2 / les Bombacacées ou Baobabs *(Adansonia)* dont l'habitat aujourd'hui disjoint et réparti entre l'Afrique (Transvaal, Sahara), Madagascar et le nord du Queensland indique l'ancienneté ; 3 / les Protéacées (plus de 2 600 espèces), de climat tempéré, très archaïques, dont l'origine remonte peut-être au début de la flore à *Glossopteris*, aujourd'hui confinées à la presqu'île du Cap et aux refuges que constituent les hautes montagnes africaines (Cameroun, Fernando Po, Kilimandjaro, Kenya, Ruwenzori, Ethiopie). Il faut ajouter encore les *Aloe* et des Bruyères *(Erica)* ainsi que des plantes connues pour leur floraison *(Pelargonium, Lobelia)*.

La flore et la faune de l'Afrique du Nord ont été en constant échange avec celles de l'Europe méditerranéenne par l'intermédiaire de Gibraltar. Les rapports avec la flore gondwane sont relativement rares.

Il reste à la faune africaine un cachet d'ancienneté qui consacre la position centrale qu'occupa ce continent depuis les débuts de l'histoire de la Terre. Mis à part ce qui a été dit à propos de l'ensemble du peuplement gondwan, citons les Scorpions dont la répartition (Vachon, 1951) permet de distinguer d'abord une faune septentrionale ancienne (saharo-indienne), homogène de Dakar à la Mésopotamie et Aden, qui rend compte d'une continuité paléogéographique, depuis le Trias jusqu'au Crétacé inférieur. En second lieu, au Sahara, conséquence possible de la jonction marine entre la Mésogée et le golfe de la Bénoué au Crétacé supérieur, une coupure de même emplacement sépare encore la faune du massif mauritano-guinéen de celle du massif du Hoggar (genre *Cicileus*) et crée des espèces endémiques (du genre *Androctonus*). Il s'y est ajouté tardivement deux genres européens passés en Afrique sans doute lors de l'assèchement messinien (*Buthus* et *Euscorpius*).

L'ensemble du continent africain offre un peuplement mammalien homogène depuis le Pliocène parce que, même pendant les glaciations quaternaires, il n'a pas subi de modifications climatiques importantes.

Le peuplement de Madagascar en Mammifères est assez difficile à expliquer. Il est probable que ce microcontinent, comme de plus petites îles de l'océan Indien, fut lié à l'Inde jusqu'au Crétacé supérieur (c'était la Lémurie). Des faunes africaines y pénétrèrent à travers le géosynclinal mozambique (généralement ouvert depuis le Permien supérieur), qui a laissé passer de gros Dinosauriens et probablement des radeaux naturels. La faune endémique de Madagascar est aujourd'hui composée de Placentaires (Lémuriens, Tenrec, Cryptoprocte) de types assez archaïques (Eocène ?).

Si l'on fait le bilan actuel, on constate un appauvrissement progressif, encore bien marqué depuis le début de notre ère par la disparition, de Berbérie, de l'Eléphant « Gétule » et, bien plus tard, du Lion de l'Atlas (vers 1937 au Maroc).

Entre le début du Pliocène (5 millions d'années) et la disparition des Australopithèques, on distingue en Afrique orientale huit zones de Mammifères dont certaines se suivent en Afrique Australe, en Afrique centrale et en Berbérie, zones d'Hommes, d'Eléphants, de Sangliers et de Chevaux (Coppens, 1972).

L'Inde

Le Dekkan n'est pas resté gondwan après sa soudure au sud de l'Asie au cours du Miocène. De sa belle forêt gondwane de départ, seule l'Angiosperme archaïque *Hortonia* persiste encore à Ceylan. Mais l'aridité de plus en plus forte qu'elle a subie depuis l'Oligocène a surtout appauvri la flore, et la naissance de l'Himalaya, barrière infranchissable, a interdit un repeuplement venu du nord. A l'extrême est, l'Assam acquit une forêt tropicale compatible avec la mousson et une pluviosité qui est peut-être la plus forte du monde : on peut considérer qu'il s'agit d'un don du Sud-Est asiatique (Malaisie). C'est de là aussi que provient l'essentiel de la faune, en particulier des éléments gondwans d'époque tertiaire. Le Tigre asiatique est l'un des animaux étrangers venus de l'est ou du nord-est. L'Eléphant d'Asie, différent de celui d'Afrique, est proche de ceux de la Laurasie. Un Rhinocéros est endémique à l'Assam et à de rares points du Sud-Est asiatique *(Rh. unicornis)*. L'Himalaya fait partie, floristiquement, d'un ensemble montagneux comprenant une zone latitudinale, partant des Atlas de Berbérie, qui compte en particulier un peuplement de Cèdres et de Genévriers. Cette zone originale coïncide assez bien avec la bordure sud de l'ancienne Téthys.

L'Antarctide

L'Antarctide d'aujourd'hui est un continent couvert de glace dont seule la bordure, bien exposée aux rayons du Soleil, se couvre d'une maigre végétation de Lichens, de Mousses, d'Algues et d'Hépatiques, toutes les flores anciennes ayant été tuées par le froid. On y rencontre quelques Crustacés d'eau douce (Copépodes, Branchiopodes, Ostracodes) et, dans les sols, des Nématodes, des Tardigrades, des Diptères. Enfin des Vertébrés vivant de Poissons de mer (Manchots, Pétrels, Albatros, Phoques) viennent s'y reproduire.

Sur le continent lui-même, la Terre Victoria Sud offre quelques vallées sèches où règne une aridité complète, la moyenne annuelle de température étant de — 20° à — 25 °C et la température maximale ne montant guère au-dessus de 0 °C. Le sol et les lacs y sont gelés en permanence, sauf quelques bassins riches en sel dans lesquels se déposent les évaporites. Les sols des vallées, parfois rendus toxiques par manque de lessivage aqueux, sont pratiquement stériles; la concentration en êtres vivants (Bactéries et surtout Levures) ne s'élève qu'auprès des sources d'eau. Cette écologie à l'extrême limite des possibilités de la vie donne une idée de l'environnement que l'on est susceptible de rencontrer sur la planète Mars où les conditions seraient même encore plus défavorables aux formes de vie que nous connaissons sur la Terre (Horowitz, Cameron et Hubbard, 1972).

PROVINCES HÉRITÉES DE LA LAURASIE

Les glaciations quaternaires ont été sévères pour ces provinces et ont accentué leur personnalité. Cependant la flore de la Laurasie, particularisée en deux temps, les Conifères à la fin de l'ère primaire et les arbres à feuilles caduques au Crétacé, est restée très vivante : elle a édifié d'immenses forêts, génératrices de sols fertiles.

Groenland

Le Groenland est encore glacé, et la carte dressée récemment montre que, sous les glaces, le socle rocheux dessine une mer ouverte sur la baie de Baffin dont la profondeur atteint 500 m. La côte orientale est sèche et toujours froide (température de — 27,4 °C en février, de — 4,4 °C en juillet). Cette région est désertique partout où elle est totalement sèche; ailleurs s'installent des steppes, des herbages, des prairies et des toundras à Bruyère ou à Saules (où la flore se dispose en taches nivales), des marécages d'eau douce et aussi des lagunes côtières salées, enfin des lacs dont le peuplement de base est surtout composé de Cyanophycées. La faune des sols comprend des Acariens et des Collemboles capables de supporter une dessication durant de longs mois.

Province holarctique

Dans le nord de la Laurasie qui fut recouvert dans sa plus grande partie par des inlandsis pléistocènes, les forêts ont régressé, laissant s'étendre la toundra caractérisée par la miniaturisation des végétaux. Des refuges délimités permirent à certaines espèces de subsister durant la glaciation et de supporter le climat interglaciaire (Mammouth, Rhinocéros à narines cloisonnées). Depuis la dernière déglaciation, les terres holarctiques ont vu de tels refuges disparaître peu à peu (il est probable que des Mammouths ont continué de vivre en Sibérie à la période historique puisqu'on a trouvé des individus entiers conservés dans la glace avec leur chair et leurs poils). On a vu les Rennes fuir la douceur des nouveaux climats et remonter vers le Nord sans quitter la toundra jusqu'en Laponie, dans le nord de la Sibérie et du Canada ainsi qu'au Groenland.

Dans les pays scandinaves, on a pu suivre pas à pas les progrès de la flore continentale. Au moment du retrait des glaces, la toundra à Dryas couvrait le Danemark. Il y a 9 000 ans, la douceur du climat (étage d'Allerød) avait apporté le Bouleau et le Pin, une flore tempérée; en Suède et en Finlande, le lac glaciaire Baltique remplaçait l'inlandsis scandinave.

Malgré des récurrences froides, le climat continuait de s'améliorer. Le lac glaciaire Baltique, se déversant dans la mer du Nord à travers le Grand Belt, le Kattegat et le Skagerrak, devenait la mer à *Portlandia*, puis se retransformait en un lac (lac à *Ancylus*), enfin aboutissait à une mer nouvelle, la mer à Littorines qui devait donner naissance à l'actuelle Baltique. Ces oscillations n'étaient pas dues seulement au climat mais bien aussi au relèvement isostatique du bouclier scandinave déchargé du poids de l'inlandsis pléistocène. En 6900 av. J.-C., l'inlandsis avait totalement disparu et, tandis que des couches saisonnières (varves) continuaient de se déposer dans les lacs glaciaires, la Scandinavie entrait dans le stade *postglaciaire*. En — 5000, un optimum climatique chaud et sec voit arriver au Danemark le Noisetier tandis que le Pin s'avance jusqu'en Norvège. Puis, le climat restant chaud, mais plus humide (étage Atlantique), la forêt danoise acquiert l'Orme, le Chêne et le Tilleul. Un peu plus tard, le temps étant encore chaud mais plus sec, arrive le Frêne; mais alors les Hommes ont appris à défricher les forêts. En — 2000, le climat danois s'est rafraîchi et redevient humide. C'est l'étage subatlantique dans lequel nous sommes encore : au Bouleau et au Chêne s'ajoute la Bruyère.

Pendant ce temps, au sud de l'Europe, on pourrait s'attendre à la montée correspondante d'essences de pays quasi tropicaux. Seuls les Balkans ont conservé une flore de zone chaude (le Platane). Ailleurs, la Méditerranée a constitué une barrière infranchissable.

Autre fraction de la province holarctique, la partie méridionale de l'Amérique du Nord a été repeuplée par un réservoir de faune et de flore beaucoup plus riche, provenant de l'Amérique centrale, la province sonorienne avec ses Cactées, ses Reptiles et ses Rongeurs.

LE CAS DE LA MÉDITERRANÉE

De structure récente, presque coupée de l'Atlantique jusqu'à la fin du Messinien et des restes de la Téthys jusqu'à aujourd'hui, la Méditerranée doit son peuplement marin surtout à des apports plio-quaternaires. Ses bordures continentales ont subi les péripéties de multiples phases orogéniques alpines et les îles qu'elle renferme ont été ensemencées grâce à des migrations qui pourraient bien avoir été pratiquement aléatoires. Même au plus fort des glaciations quaternaires, les climats ont été assez stables sur l'aire méditerranéenne : jamais les glaces éternelles ne l'atteignirent; la côte septentrionale, soit en Provence, soit en Grèce, varie de la forêt de feuillus (chênaie, hêtraie) ou de résineux *(Pinus, Epicea)*, au maquis à Pistachier et même à la steppe plus sèche, à Armoise et Composées (J. Rigaud-Miskovsky, 1972). Comme la péninsule hellénique atteignait des latitudes plus méridionales que la Ligurie, son peuplement s'enrichissait d'espèces téthysiennes comme le Platane qui abonde en Turquie et dans l'Alborz. Le rivage méridional de la Méditerranée est africain, c'est dire qu'il jouit de la plus grande stabilité climatique du Quaternaire.

Les îles

Le peuplement en Mammifères des îles méditerranéennes permet, par les problèmes qu'il pose, de résoudre certaines questions paléogéographiques. Ces problèmes sont dus aux modalités des migrations nécessaires pour assurer ces investissements et aux spéciations endémiques qui se sont ensuivies. La faune quaternaire de Sicile est instructive à ces points de vue (Thaler, 1972) : en effet, une famille de Rongeurs, les Cténodactylidés, venant d'Asie, gagne le Nord de l'Afrique au Miocène. La présence dans la faune du Monte Pellegrino d'un de leurs représentants, *Pellegrinia*, indique qu'ils sont passés d'Afrique en Sicile par l'isthme siculo-tunisien, soit lors de la grande épeirogenèse de la limite Pliocène-Pléistocène, soit antérieurement. En tout cas, *Pellegrinia* n'arriva pas en Europe dont la Sicile était alors coupée. La même faune du Monte Pellegrino renferme *Apodemus*, Mulot différencié au Pliocène inférieur mais venu d'Europe par l'isthme siculo-européen, d'âge Sicilien (entre 700 000 et 650 000 ans), par lequel passaient d'autres membres de la faune européenne, par exemple un voisin d'*Elephas antiquus*. Mais déjà à l'époque où vivait la faune du Monte Pellegrino, les deux isthmes avaient cessé de fonctionner et les genres que nous venons de citer avaient subi une spéciation en anachorèse : *Pellegrinia panormensis* est le plus grand des Cténodactylidés et *Apodemus maximus* le géant des Mulots; ceci pour le gigantisme. Quant aux descendants de l'*Elephas antiquus*, ce sont des Eléphants nains; une telle évolution vers le nanisme se rencontre aussi à Malte. Gigantisme ou nanisme liés à l'isolement sont l'essentiel de l'évolution des Mammifères dans les îles méditerranéennes.

Le peuplement actuel de ces îles en Mammifères a perdu toute référence africaine; il est franchement européen.

Gibraltar

On ne peut pas en dire autant de la région de Gibraltar, aujourd'hui détroit, naguère isthme, car de part et d'autre de la coupure marine un Singe africain, le Magot *(Macaca sylvanus)*, vit encore bien qu'il soit en voie de disparition. C'est probablement l'indice que l'isthme de Gibraltar a fonctionné au moins temporairement il y a peu de temps.

LES ILES ATLANTIQUES

Jalons dans l'histoire de l'Atlantique et de la dérive à partir de la crête médio-atlantique, les îles nous intéressent par leur population. Sauf les rares exceptions des blocs insérés dans les zones fracturales de l'Atlantique équatorial (Bonnatti et Honnorez, 1971), tout ce qui fut sur cette crête semble avoir été déplacé, les îles aussi par conséquent. Pourtant l'Islande et les Açores, restées carrefours géologiques, et les îles volcaniques récentes qui jalonnent la crête demeurent pratiquement à égale distance des deux rives de l'Atlantique. Nous avons relaté l'histoire de l'île Sainte-Hélène qui dériva à partir de la crête dès l'Oligocène (p. 301). Les Canaries ont toujours fait partie du domaine africain (voir p. 324) et leur séparation pendant le Messinien n'en a modifié le peuplement que par un appauvrissement incontestable. Les Bermudes, au contraire, sont américaines et doivent leur peuplement de mer chaude aux Antilles par le truchement du Gulf Stream.

GRANDS BASSINS EURASIATIQUES

La plupart de ces bassins sont issus de la Paratéthys d'abord marine; ensuite, séparés les uns des autres, ils sont devenus des aires de spéciation en milieu saumâtre ou d'eau douce : c'est le cas du bassin Aralo-Ponto-Caspien du Tertiaire supérieur à nos jours. Le cas du Baïkal est différent car, depuis le Crétacé, on n'y connaît pas de faciès marin. Sa faune, presque entièrement endémique, s'est différenciée en étapes qui peuvent être datées : 1 / au

Crétacé, Oligochètes, Comephorides, Mollusques *(Benedictiina)*, et des Turbellariés connus aussi dans l'Angara et l'Yénisséi; 2 / au Tertiaire, *Asellus* et *Calanoidea* de type nord-américain; 3 / au Tertiaire supérieur, une faune chaude apparentée à la Chine méridionale, à l'Inde et à l'Indochine; 4 / une faune froide à Diatomées marquant l'influence des glaciations pléistocènes; c'est alors sans doute que, à travers le système fluvial Yénisséi-Angara, une faune arctique pénétra dans le Baïkal et y évolua en anachorèse : il s'agit d'un phoque, *Phoca (Pusa) sibirica* Gmelin, et de Poissons tels que *Coregonus autumnalis migratorius* Georgi (Kozhov, 1963).

Bibliographie

AXELROD D. I., 1970 – Mesozoic palaeogeography and early Angiosperm history. *Bot. Rev.*, *36*, p. 277-319.

AXELROD D. I., 1975 – Plate tectonics and problems of Angiosperm history. *Mem. Mus. Nat. Hist. Nat.*, A, Zoo., *88*, p. 72-85.

BARKER P. F., 1970 – Plate tectonics of the Scotia Sea region. *Nature*, *228*, p. 1293-1296.

BERNOULLI D., 1972 – North Atlantic and Mediterranean Mesozoic facies : a Comparison, *in* C. D. HOLLISTER, J. I. EWING *et al. Initial Reports of the deep sea drilling project*, *11* (28), p. 801-871.

BONATTI E. et HONNOREZ J., 1971 – Nonspreading crustal blocks at the Mid-Atlantic Ridge. *Science*, *174*, p. 1329-1331.

COPPENS Y., 1972 – Tentative de zonation du Pliocène et du Pléistocène d'Afrique par les grands Mammifères. *CRAS*, *274*, p. 181-184.

DALZIEL I. W. et ELLIOTT D. H., 1971 – Evolution of the Scotia Arc. *Nature*, *233*, p. 246-252.

HAFFER J., 1969 – Speciation in Amazonian forest birds. *Science*, *165*, 3889, p. 131-137.

HAFFER J., 1970 – Geologic climatic history and zoogeographic significance of the Uraba region in Northwestern Colombia. *Caldasia*, *10*, p. 603-636.

HOROWITZ N. H., CAMERON R. E. et HUBBARD J. S., 1972 – Microbiology of the dry valleys of Antarctica. *Science*, *176*, p. 242-245.

JARDINE N. et MAC KENZIE D., 1972 – Continental drift and the dispersal and evolution of organisms. *Nature*, *235*, p. 20-24.

KOZHOV M., 1963 – *Lake Baikal and its Life*. La Haye, Junk.

LAUGHTON A. S., WHITMARSH R. B., RUSBY J. S. M., SOMERS M. L., REVIE J., MAC CARTNEY B. et NAFE J. E., 1972 – A continuous East-West fault of the Azores-Gibraltar Ridge. *Nature*, *237* (5352), p. 217-220.

OMODEO P., 1963 – Distribution of the terricolous Oligochaetes on the two shores of the Atlantic. *North Atlantic Biota and their History* (Ed. Löve & Löve).

RIGAUD-MISKOVSKY J., 1972 – Thèse, Paris.

SIMPSON G. G., 1961 – Historical zoogeography of Australian Mammals. *Evolution*, *15*, p. 431-446.

SIMPSON-VUILLEUMIER B., 1971 – Pleistocene changes in the fauna and flora of South America. Present speciations patterns of the South American biota resulted from Pleistocene climatic changes. *Science*, *173*, 3999, p. 771-780.

THALER L., 1972 – Les Rongeurs (*Rodentia* et *Lagomorpha*) du Monte Pellegrino et la question des anciens isthmes de la Sicile. *CRAS*, *274*, p. 188-190.

VACHON M., 1951 – Biogéographie des Scorpions du nord de l'Afrique. *CR Som. Séances Soc. Biogéographie*, *241*, p. 61-65.

VACHON M., 1953 – Quelques remarques sur les frontières en biogéographie à propos de la ligne Wallace et des Scorpions indonésiens. *Ibid.*, *257*, p. 6.

5 Provinces marines

L'héritage de la Mésogée

Jusqu'à il y a 5 à 6 millions d'années, nous savons que la dispersion alpino-atlantique des continents n'a pas rencontré de véritable glaciation. Malgré une chute pratiquement régulière de la température des mers, le peuplement intertropical domina largement. Déjà pourtant la délimitation de provinces y témoignait de la présence de seuils, voire de « ponts continentaux », mais aussi de la répartition des courants océaniques modifiée au fur et à mesure des grands événements tectoniques. Aujourd'hui, les mers chaudes s'étendent d'un tropique à l'autre (zone intertropicale) avec des indentations récentes et temporaires jusqu'aux Bermudes (33° de latitude nord), grâce à la « transgression » chaude du Gulf Stream sur la côte ouest de l'Atlantique qui en fait une dépendance de la province caraïbe (Bahamas). Dans le Pacifique, un phénomène analogue intéresse Ryu Kyu (entre 23° et 30° de latitude nord). Au sens biologique du terme, l'actuelle zone intertropicale est l'héritière de la Mésogée, elle-même avatar de la Téthys, à partir du moment où celle-ci est devenue l'enveloppe de l'équateur terrestre, c'est-à-dire à partir de la fin de l'ère primaire. Par rapport à sa position pendant l'ère secondaire et l'ère tertiaire, l'axe de la Mésogée s'est trouvé décalé de plus en plus vers le sud jusqu'à la position actuelle de l'équateur, si bien qu'à partir de la fin du Miocène, la zone intertropicale ne toucha plus l'Europe que par sa limite nord.

De cette phase mésogéenne unifiée, qui fut surtout notable du Trias au Jurassique moyen, c'est-à-dire pendant l'expansion du sillon alpin, restent encore aujourd'hui quelques souvenirs, tels que certains Echinodermes *(Ophiactus savignyi, Holothuria difficilis)* et quelques Alcyonaires qui jalonnent tout ce qui demeure de la Mésogée. Il y a aussi des fossiles vivants ou relictes. C'est le cas des Limules, Arthropodes dont l'histoire évolutive s'est déroulée pendant l'ère primaire et dont le style s'est trouvé fixé dans ses moindres détails dès le début du Trias. Les Limules vivent dans des bassins très peu profonds en bordure des continents. On en rencontre aujourd'hui cinq espèces réparties en deux groupes correspondant à deux aires absolument distinctes : les Tachypleinés dans la province indo-pacifique, et les Limulinés dans la province caraïbe.

Le tronçonnement de la Mésogée se marque par de grandes barrières que seuls peuvent franchir des organismes bénéficiant d'une longue vie larvaire pélagique.

L'ouverture de l'océan Atlantique, dont nous avons suivi les étapes, réalise l'une des plus importantes de ces barrières à partir de l'Oligocène, barrière qui a marqué un seuil de non-retour pour les larves à courte vie de nombreux Invertébrés abandonnés aux courants. Entre les deux rivages on trouve quelques similitudes établies soit à partir du centre de l'Atlantique au niveau de la mer des Sargasses, par exemple les Anguilles dont nous avons parlé plus haut, soit lorsque les échanges étaient encore possibles, c'est-à-dire avant la fin de l'Oligocène ainsi qu'en témoigne la répartition des Lamantins et de nombreux Mollusques. Les genres communs sont rares aujourd'hui (quelques Crustacés et Procordés).

La province maure, individualisée dès le Miocène, où elle allait du Sénégal au Maroc, reste dépourvue de récifs coralliens du fait de l'existence de courants froids et de la rareté des fonds rocheux. Aujourd'hui restreinte au Sénégal, elle inclut toujours les Canaries, les îles du Cap-Vert, Madère et les Açores. Des Echinides plats et lobés *(Rotula, Heliophora)* et le Bivalve *Cardium hians*, abondant au Maroc pendant le Miocène supérieur (Tortonien), la caractérisent.

Les côtes des îles proches de l'Afrique, comme l'alignement camerounais, ont été peuplées à partir du littoral africain. Les plus lointaines ont conservé des traces d'un peuplement mixte comptant des émigrants américains : c'est le cas de l'île Sainte-Hélène, encore sur la crête médio-atlantique il y a 40 millions d'années, qui possède toujours des Mollusques et des Annélides d'origine caraïbe.

Les traces de la province amphi-américaine, de part et d'autre de l'isthme de Panama, sont encore très apparentes : 76 % des Crabes et 74 % des Echinodermes sont communs; des Oursins plats et troués *(Encope, Melitta)* ainsi que l'Huître *Crassostrea virginica*, constructrice de « récifs » dans les deltas du golfe du Mexique, caractérisent cette province. Elle s'étend d'ailleurs au Pacifique oriental (Néo-Pacifique), ce qui n'a rien d'étonnant si l'on remarque que l'Amérique du Nord et du Centre n'a cessé de se rapprocher de la crête médio-océanique du Pacifique oriental. La faune marine des Galapagos, comprise entre les deux, appartient à cette province; au contraire, elle est totalement distincte du peuplement du reste de l'océan Pacifique (Eo-Pacifique) dont elle est séparée par de grands fonds dépourvus d'îles.

La distinction entre les faunes de la côte orientale et de la côte occidentale de l'Amérique centrale ne s'affirme que grâce à la différence de température que nous avons signalée pour l'âge d'environ 5,7 millions d'années, lors de l'émersion de l'isthme de Panama. Comme la côte occidentale de l'Afrique, la côte occidentale de l'Amérique centrale, refroidie par les courants marins et les vents alizés, ne porte pas de constructions coralliennes alors que la côte orientale de la même Amérique centrale, baignée par une mer chaude, est devenue la province Caraïbe, conservatrice du climat mésogéen et peuplée de récifs. De cette province part encore vers le Nord l'ensemble de courants constituant le « Gulf Stream » qui a permis d'essaimer, lors d'un optimum climatique de la fin du Quaternaire, aux éléments du peuplement des Bermudes, aujourd'hui en régression.

Le reste de l'héritage mésogéen est la province indo-pacifique, de laquelle est exclu le Pacifique oriental (américain) et à laquelle appartenait la zone « méditerranéenne » jusqu'à l'apparition au Miocène de l'isthme de Suez qui l'a définitivement isolée à l'est. Les glaciations quaternaires, en abaissant la température de ses eaux et en asséchant une bonne partie de son littoral, ont détruit totalement les restes de cette faune que pouvaient encore contenir les bassins méditerranéens.

La province indo-pacifique est ce qui ressemble le plus aujourd'hui à la Mésogée de l'ère tertiaire, encore qu'elle soit liée à l'océan Indien dont l'âge, également peu ancien, suppose de grands bouleversements écologiques. Intertropicale et vaste, la province indo-pacifique est riche en récifs coralliens où les principaux genres de constructeurs animaux sont strictement endémiques et bien différenciés de ceux des récifs caraïbes. On peut citer ainsi des Cnidaires *(Heliopora, Isis, Fungia, Seriatopora, Goniopora)* et des Bivalves spéciaux (*Hippopus* et *Tridacna* d'une part, descendants de formes de l'Eocène du bassin de Paris; la Perne *Malleus* d'autre part). On y trouve aussi certains « fossiles vivants » : le Cœlacanthe *Latimeria*, les Pleurotomaires et les Nautiloïdes, un Spongiaire Sphinctozoaire et surtout les Lingulides, Brachiopodes inarticulés restés inchangés depuis 500 millions d'années. Une statistique due à Eckman (1953) montre que 30 % des Crabes sont communs à la mer Rouge et aux Hawaï, c'est-à-dire aux points les plus éloignés de la province indo-pacifique. On s'approche de ce pourcentage en ce qui concerne les Echinodermes : l'Oursin *Diadema setosum* et le redoutable *Acanthaster planci,* Etoile de mer carnivore dont l'aire de dispersion s'est terriblement étendue depuis 1963, détruisant la vie des Coraux récifaux sur le passage de ses hordes.

Les grandes lignes de la province indo-pacifique étant esquissées, elle se partage dans le détail en sous-provinces. L'Indo-Malaisie (Indonésie, Philippines, sud de la Chine, Ryu-Kyu méridionales), unie par son climat franchement intertropical, peut être considérée comme typique de la province indo-pacifique. La Polynésie, correspondant aux innombrables îles du Pacifique central, est privée par l'éloignement d'un ensemencement continu que seuls les courants lui apportent. Au plus loin, les Hawaï manquent de nombreuses familles de Coraux.

Hors de la zone intertropicale, le Japon méridional, situé à la limite d'un courant chaud venant du sud, le Kuro Shivo, et du courant froid des Kouriles, subit des variations saisonnières de 10 à 14 °C et des apports de plankton productif qui diffèrent selon la température du courant. Il a acquis une faune originale à la suite de diverses sortes d'isolements à partir du stock indo-pacifique. Ici, la partie supérieure de la zone bathyale pouvant conserver une température de 15 °C, la faune entre 100 et 200 m de profondeur est riche et renferme encore des fossiles vivants (Eponges Hexactinellides, Pectinidés lisses, Pleurotomaires).

Dans l'hémisphère Sud, l'Australie est aussi sur la limite de la zone intertropicale. En outre, avec sa liaison Nouvelle-Guinée - Terre de la Sonde, ce continent forme une barrière entre deux domaines. Sur la côte occidentale, les plus méridionaux des récifs sont ceux des îles Houtman-Abrolhos, au large de Geraldton, entre 28 et 29° de latitude sud, ils marquent la limite méridionale de la sous-province Dampierrienne. Au large de la côte orientale, la Grande Barrière règne sur la province Solandérienne dont l'endémisme est différent, puis s'articule avec la province Péronienne, sous climat tempéré jusqu'en Tasmanie.

La dernière acquisition de la province indo-pacifique se situe à l'ouest : c'est la mer Rouge, ouverte au Messinien vers — 11 millions d'années, qui, fermée du côté méditerranéen, ne reçoit son peuplement que du sud. C'est une mer chaude dont la température nous donne un aperçu de ce que furent sans doute certaines mers hors de toutes les glaciations : 25 °C à 200 m de profondeur. Il s'ensuit une forte évaporation et une salinité particulièrement élevée, laquelle a engendré pendant le Quaternaire la naissance de nombreuses formes endémiques de Crustacés et d'Echinodermes. La haute température, jointe à des courants d'ascendance riches en nutrients, y favorise le développement des « fleurs d'eau » de Dinoflagellés.

Le canal de Mozambique, bien plus ancien (puisqu'il a débuté au Permien) sépare de l'Afrique orientale Madagascar qui a glissé le long de ce linéament comme le long d'un rail vers le sud en même temps que l'Inde péninsulaire subissait une translation vers le nord pour finalement aller se souder au sud de l'Asie. Le peuplement actuel du canal de Mozambique comme celui des îles qui font cortège à l'Inde (Andaman, Maldives et Laquedives) est typiquement indo-pacifique et peut être compté comme mésogéen. Rappelons que son ancienneté peut être tenue pour cause de la présence de relictes telles que le Crossoptérygien *Latimeria chalumnae* et le Sphinctozoaire *Neocoelia* (J. Vacelet, 1977).

Les mers tempérées et froides

L'originalité du peuplement des zones tempérées et froides leur vient du fait qu'elles se sont installées en des lieux primitivement plus chauds, depuis le refroidissement des mers et les glaciations.

Les mers de la zone arctique constituent un ensemble dont le peuplement périphérique surtout est bien connu. L'océan Arctique lui-même a subi des fluctuations de température : pendant les glaciations comme le Würmien, les êtres vivants furent rares tandis que depuis la déglaciation est connue une faune de Foraminifères pélagiques et benthoniques, associés à des Algues.

L'unité des terres arctiques se répercute sur le peuplement des mers qui les baignent. Mais ce peuplement est récent car, pendant le Pléistocène, leur écologie devait être tout à fait comparable à celle de l'Antarctide actuelle. C'est le cas de la mer Baltique, tantôt lacustre (lac à *Ancylus*), tantôt marine (mer à *Portlandia arctica*, mer à *Zirphaea*, mer à Littorines), qui est née de la dernière glaciation.

Au Groenland, la zone littorale renferme de petits Crustacés (Amphipodes, Ostracodes, Copépodes), des Vers (Oligochètes, Nématodes, Turbellariés). Les vases argileuses sont peuplées de la même *Portlandia arctica* qui caractérise un stade de la Baltique. Le haut des plages est couvert d'Algues parmi lesquelles vivent des Collemboles. Plus loin de la mer s'ajoutent des Mousses et des plantes halophiles. Mais le fond des lagunes est occupé en permanence par une plaque de glace recouverte de sable sur lequel vivent des Cyanophycées qui donnent naissance à une boue riche en sulfure de fer.

Les mers encerclant l'Antarctide sont dominées par le régime très particulier de la « convergence antarctique ». Les eaux froides venant du continent polaire (divergence antarctique) s'enfoncent sous les eaux chaudes venant des tropiques et au niveau de cette rencontre (convergence ou front polaire) se produit un ensemble de courants d'ascendance apportant du fond des masses de nutrients. Ce phénomène produit un courant profond circulaire entourant largement l'Antarctide, le courant circumpolaire antarctique, délimitant les eaux antarctiques qui tournent dans le sens des aiguilles d'une montre (à environ 25 cm/s). La productivité en plankton est tributaire de ce régime, le phytoplankton étant évidemment favorisé par les courants d'ascendance.

Dans les eaux froides, on notera comme un fait général la reproduction par des œufs riches en réserves vitellines desquels naissent des jeunes déjà évolués, les stades larvaires étant réduits, voire annulés.

Bibliographie

Axelrod D. I., 1975 – Plate tectonics and problems of Angiosperm history. *Mem. Mus. Nat. Hist. Nat.*, NS, A, *88*, p. 72-86.

Eckman S., 1953 – *Zoogeography of the Sea*. Londres, Sidgwick & Jackson.

Vacelet J., 1977 – Une nouvelle relique du Secondaire : un représentant actuel des Eponges fossiles Sphinctozoaires. *CRAS*, *285*, p. 509-511.

Coup d'œil vers l'avenir Essai de prospective

Depuis la naissance de la Terre, ses couches externes n'ont cessé de se modifier et les êtres vivants qu'elles portent d'évoluer. Notre planète ne donne pas encore de signes avant-coureurs de sa mort et, si des animaux et des végétaux sont en voie de disparition, ce semble pour les uns parce qu'ils étaient adaptés à des conditions qui ne sont plus celles d'aujourd'hui, pour les autres par la faute de l'homme qui se livre à de stupides massacres.

Tentant une extrapolation vers l'avenir, nous allons examiner successivement les tendances de la lithosphère, de l'atmosphère et de l'hydrosphère, ainsi que celles de la biosphère.

Tendances de la lithosphère

Bordures des continents à la limite de l'océan Pacifique

Les zones concussives, séismiques, groupent des points faibles de la croûte sur la bordure du Pacifique où des pays comme la Californie, le Mexique, le Chili, le Japon, entre autres, subissent des secousses presque quotidiennes. On y observe aussi un fort volcanisme explosif à laves andésitiques et une tendance à la constitution d'arcs insulaires. Ces éléments, qui révèlent la fragilité de la croûte, coïncident avec de grands *plans de Bénioff*, failles inverses s'enfonçant profondément dans le manteau supérieur, et suggèrent qu'il y a *subduction* du fond océanique appartenant au craton Pacifique sous les continents qui l'entourent. Il est possible que les fosses hadales qui soulignent ces structures du côté de l'océan (Aléoutiennes, Kouriles, Japon, Ryu Kyu, Philippines, Nouvelle-Zélande) soient les marques réelles de cette subduction récente.

L'ensemble circumpacifique correspond à des zones orogéniques (géosynclinaux) encore actives dont l'évolution atteint des stades différents selon les régions.

Bordures des continents dans la zone post-téthysienne

Depuis les diverses phases de l'orogenèse alpine, certains pays de la zone méditerranéenne (arc siculo-calabrais, zone égéenne et turque) ont subi des phénomènes séismiques fréquents ainsi que des effondrements (ovales méditerranéens) comme celui très récent de l'Egéide qui s'est accompagné de volcanisme (Santorin-Thera) et du développement d'un système de failles très nombreuses, bien visibles dans la coupe du canal de Corinthe. L'arc siculo-calabrais et l'arc égéen sont des arcs insulaires au même titre que les arcs circumpacifiques; ils sont soumis à un volcanisme parfois *explosif*, souvent aussi avec des laves complexes indiquant une contamination par les terrains encaissants. Des *plans de Benioff* y sont repérés localement ainsi que les séismes profonds qui accompagnent ce genre d'accident. On peut donc penser aussi à des systèmes orogéniques (géosynclinaux).

Cependant, de Gibraltar à l'arc de Banda[1], l'emplacement de l'ancienne Téthys conserve de nombreuses traces de matériel palléal issu de fonds océaniques élevés tectoniquement au-dessus du niveau de la mer et généralement déplacés à la suite de mouvements horizontaux. Ce phénomène est attribué à une *subduction* mais cette fois celle-ci a entraîné la disparition de fonds océaniques, sans doute assez étroits, et a été suivie par la collision des marges des deux supercontinents : Laurasie et Gondwanie, voire à l'*obduction* des

1. En Indonésie.

terrains soulevés. Cette disparition de fonds océaniques successifs a presque abouti à celle de l'ensemble téthysien, mais des sutures anciennes sont encore déchiffrables (Gibraltar, arc siculo-calabrais, zone sud-anatolienne, Zagros, Indus).

Une zone vivante, parallèle aux précédentes, est l'accident sud-atlasien qui délimite le sud de l'Afrique du Nord par rapport au continent saharien et sur lequel sont situées des villes rendues célèbres par des séismes récents comme Agadir et Laghouat. Cet accident sud-atlasien, dont les mouvements sont à la fois verticaux (flexure, faille) et horizontaux (décrochement), s'arrête vers l'est au niveau de la Grande Syrte dont la bordure reste très faillée (Cyrénaïque).

Les zones de points chauds, ou panaches thermiques, les lignes chaudes et les carrefours triples sont des éléments de la surface terrestre marqués par une forte élévation du flux thermique, s'accompagnant souvent de volcanisme. La formation des « rifts » médio-océaniques, et par conséquent la délimitation des « plaques » paraissent leur être liées. Les alignements ainsi repérés pourraient bien être induits par les limites des courants de convection de l'asthénosphère, et la détection de ceux qui n'ont pas atteint un stade océanique suggère qu'ils pourraient plus tard évoluer en ce sens.

« Rifts » médio-océaniques

Les *rifts*, dont le fonctionnement remonte à plus de 80 millions d'années, sont le siège de l'accroissement des océans, lequel a pu être chiffré encore que des blocages temporaires interviennent parfois. Les fractures de l'Afrique orientale font partie de cet ensemble et ont commencé, surtout depuis le Quaternaire, à évoluer par écartement comme les fonds océaniques. Ils suivent l'exemple de la mer Rouge (depuis 11 millions d'années) et des Afars qui exhibent à l'air libre un fond océanique de basaltes tholéitiques (voir p. 55).

Les trois paragraphes précédents suggèrent que la mobilité des continents (ou des plaques continentales) pourrait encore s'exercer en exagérant les mouvements commencés. Ainsi l'Atlantique de s'élargir, le Pacifique occidental de se rétrécir, la Méditerranée de se restreindre. Dans ce cas de figure, il est logique de s'attendre à l'agrandissement de certains compartiments de l'océan Indien et à l'ouverture de fonds océaniques dans l'est de l'Afrique. Cette disposition entraînerait finalement une répartition plus équilibrée des aires continentales autour de l'axe des pôles et une tendance à la division de l'Afrique orientale en bandes nord-sud dérivant vers l'est.

On peut aussi penser que, de la même façon qu'au Trias, des écartements se sont produits entre la Laurasie et la Gondwanie *(sensu lato)*, de nouveaux fonds océaniques de direction téthysienne s'ouvriront, par exemple entre l'Afrique du Nord et le bouclier saharien, au niveau de l'accident sud-atlasien, à partir du Sous déjà subsident à l'ouest et vers le golfe de Gabès à l'est, parfaisant alors le tracé Grande Syrte-Egypte. Cependant, une telle conjoncture ne semble pas devoir être attendue avant les événements d'Afrique orientale.

Tendances liées à l'hydrosphère

Sédimentation

L'érosion des terres émergées exhaussées par les orogenèses alpines et les dernières épeirogenèses entraîne le transport et le dépôt de matériaux sur la marge continentale, en particulier au niveau des deltas de grands fleuves (Missisipi, Amazone, Congo, Zambèze, Gange, Indus, Rhône) ainsi qu'autour des terres dont les sols ne sont pas ou plus retenus par des forêts, comme c'est le cas pour la plus grande partie de Madagascar.

Le phénomène est d'autant plus important quand les sédiments sont déposés dans des golfes étroits; par exemple ceux du Tigre et de l'Euphrate rejetés dans le golfe Persique peuvent avoir un taux de dépôt plus grand que le taux de subsidence du fond de ce golfe : il y a gain des terres sur les mers. De cette manière, souvent aidée aujourd'hui par l'Homme, la surface des terres émergées peut s'accroître, comme c'est le cas pour les Pays-Bas.

Un tel phénomène est la contrepartie du nivellement des terres émergées, bien connu dans les époques géologiques durant lesquelles l'orogenèse a été faible. Les reliefs ont peu à peu été effacés et les aires ainsi que les marges continentales aplanies furent le domaine du va-et-vient des mers épicontinentales en transgressions et régressions. Ce fut le cas, par exemple, de l'Europe moyenne au Jurassique et du bouclier saharien au Crétacé.

La surface terrestre est encore modelée par les plissements alpins. Après les derniers soubresauts de ceux-ci, leur nivellement pourrait intervenir en quelques millions d'années ou en quelques centaines de millénaires, en l'absence d'exhaussements épeirogéniques. Selon la périodicité que l'on rencontre au cours des temps géologiques, la zone post-téthysienne devrait retrouver de nouvelles détentes aboutissant à des écartements nord-sud et à la formation de nouveaux fonds océaniques est-ouest. Corrélativement l'expansion est-ouest de continents nord-sud serait freinée et tendrait même à s'annuler. Ce serait le retour à une géographie de « type calédonien ». On retrouve ici l'antagonisme de la Téthys et de l'Atlantique qui a scandé l'histoire des temps fossilifères (Termier et Termier, 1977).

De possibles actions de l'Homme sur l'hydrosphère ?

L'Homme est déjà parvenu très localement à influer sur l'hydrosphère en établissant des barrages nombreux et de plus en plus importants et en draguant des ports ensablés. D'urgents problèmes se posent cependant avec le développement de l'ère industrielle. Les pays de la zone tempérée, qui sont aussi les plus développés dans ce domaine, emploient de plus en plus d'eau et, en passe d'en manquer, commencent à envisager d'adoucir l'eau de mer.

La tentation pourrait devenir grande aussi d'agir sur les inlandsis polaires, formidables réserves de glace en partie composée d'eau douce. Une telle action pourrait avoir pour corollaire bénéfique la régularisation des saisons. Mais la libération d'eau à partir des glaces polaires devrait alors ne pas déclencher de phénomène irréversible, à savoir la fusion complète, laquelle s'est produite plusieurs fois au cours des temps géologiques en donnant naissance à des transgressions eustatiques. En fait, les périodes géologiques sans glaciations ont été beaucoup plus longues que les phases glaciaires : moins de 1/30 pour les époques glaciaires dans leur ensemble.

Le problème des glaciations

Le Pléistocène a été une période de cycle climatique, à savoir une alternance de glaciations courtes et de longs interglaciaires. La dernière poussée glaciaire du Würm remonte à environ 10 000 ans. Elle a été suivie de la transgression eustatique flandrienne qui a fait monter le niveau moyen des mers et qui persiste aujourd'hui. Cependant les calottes glaciaires des régions polaires ont subsisté aussi. La question se pose donc de savoir ce qui, en dehors de toute intervention humaine, doit advenir dans le futur immédiat. Sommes-nous au début d'un long interglaciaire qui, par fusion des glaces polaires, doit amener une transgression recouvrant une grande partie des aires continentales ? Une telle transgression s'est produite par exemple au Tyrrhénien (30 m), il y a 80 000 ans. Sommes-nous proches d'une nouvelle poussée glaciaire ? d'un Würm non encore fini ? Ou bien, enfin, le cycle glaciations-interglaciaires est-il terminé et la transgression sur les plates-formes continentales inéluctable ?

Dans le cas d'une clôture des phases glaciaires, la transgression s'accompagnerait d'une évaporation assez intense mettant aussi en circulation beaucoup d'eau dans l'atmosphère.

Pour le moment, comme on le voit, on en est réduit aux hypothèses car les causes de glaciations sont mal connues : certaines sont des faits terrestres mais d'autres sont liées à l'évolution solaire et même au cosmos. Il est probable que nos calottes glaciaires fondront et qu'une vaste transgression envahira les plates-formes continentales aplanies : le terme reste inconnu, le processus pouvant soit durer encore des centaines de milliers d'années, soit s'engager dans un proche avenir. Certains géophysiciens insistent sur le fait que toutes les grandes périodes glaciaires de l'histoire de la Terre sont intervenues quand au moins l'un des pôles était entouré de terres émergées. Dans ce cas, il pourrait être impossible d'obtenir aujourd'hui une fusion durable des glaces polaires, les millions d'années nécessaires à une nouvelle configuration de l'emplacement des pôles différant cette possibilité.

Conclusions

A long terme, c'est-à-dire vraisemblablement dans plus de 5 millions d'années, on peut admettre que d'une façon concomitante se produiront l'ouverture de certains *rifts* africains en nouveaux fonds océaniques ainsi qu'une fusion durable des glaces polaires. On doit s'attendre alors que sur les aires continentales presque complètement arasées se produisent de vastes transgressions, le niveau de la mer s'élevant de 100 à 200 m. L'Europe occidentale, à savoir l'Allemagne du Nord, les Pays-Bas, les bassins de Paris et de Londres, ainsi que la région des grands lacs américains seront submergées avec, en corollaire, la disparition des principales capitales du monde civilisé.

Cependant la pénétration de la mer sur les bassins continentaux et la fragmentation d'une partie du continent africain amèneront des climats différents du système actuel. Des climats de mousson, chauds, humides et réguliers, s'installeront, l'atmosphère devenant nuageuse presque en permanence. La végétation en sera favorisée.

Tendances du monde vivant

Parce que l'évolution organique est un phénomène lent, parce que l'un des animaux d'expérience le plus prolifique en mutations, la Drosophile, n'a guère changé depuis 40 millions d'années, parce que l'Homme, incontestablement au sommet de la pyramide de l'Evolution, a conquis pratiquement tous les biotopes de la Terre, beaucoup pensent qu'il n'y a plus rien à attendre de l'Evolution, qu'elle est terminée. Cependant des modifications atmosphériques, l'accentuation du rayonnement ultraviolet, par exemple, pourraient apporter des modifications imprévisibles.

A la fin de l'ère primaire, un observateur aurait pu imaginer que l'Evolution était achevée sans présumer que pendant le Trias la vie allait subir de nouvelles différenciations et suivre de nouveaux chemins, vers les Vertébrés à sang chaud, vers les récifs modernes de Scléractinies entre autres.

Si l'on en reste à ce que l'on constate aujourd'hui, en dehors de l'Homme, dominant, s'imposent les Rongeurs et les Insectes. L'Homme protège à sa manière les animaux domestiques (Bovins, Ovins, volailles pour sa nourriture) ; Chats, Chiens, Chevaux et quelques Oiseaux pour leur compagnie, et les animaux à chasser (Faisans, Cerfs, Sangliers). Il enlèvera sans doute sa protection aux Renards, sujets à la rage et qu'il n'a pas la patience de vacciner, et peut-être aux Chèvres, destructrices des forêts et des sols, surtout en pays aride.

Bien d'autres animaux sont depuis longtemps condamnés. Les uns ont été chassés abusivement pour ce qu'ils donnent : Baleines, Eléphants, grands Félins (pour leur fourrure somptueuse), Crocodiles (pour leur peau). D'autre part, venimeux ou non, les Serpents n'inspirent la pitié qu'à bien peu d'humains. Il faut ajouter à ce tableau les animaux rares et confiants comme le Dodo de la Réunion, gros Canard réputé stupide parce qu'il se laissait caresser et qui finit dans la casserole des occupants.

Enfin, il y a ceux que l'Homme n'a pas eu besoin d'exterminer. Devenus inadaptés par les progrès de l'Evolution, ils n'ont subsisté que dans des lieux bien délimités car ils ne supportent pas de modifications à leurs conditions de vie. Le Koala, Marsupial australien aux réflexes très lents, ne vit que dans les réserves en mangeant exclusivement les feuilles de certaines espèces d'Eucalyptus.

La pollution

En utilisant les produits chimiques, l'Homme atteint plus profondément encore le monde vivant. L'action des défoliants dans la guerre du Vietnam a délibérément attaqué les forêts comme si on lançait des bombes atomiques. L'Homme détruit non seulement ses semblables mais encore la plupart des êtres vivants. Les plus résistants dans ces guerres entre Hommes sont les Scorpions, fort archaïques pourtant : ils ne semblent pas souffrir des Röntgen accumulés.

La guerre chimique aux Insectes, malgré ses aspects positifs, a des effets déplorables car les Mammifères et les Oiseaux (Corbeaux, Rapaces) sont à la longue bien plus sensibles aux insecticides que les Insectes eux-mêmes. Les Rapaces diurnes et nocturnes, grands protecteurs des récoltes puisqu'ils détruisent les Rongeurs, sont décimés. Il faut s'attendre à leur raréfaction, probablement à leur disparition.

Les détergents ne font en principe la guerre qu'à la saleté. En fait leur introduction dans l'eau des fleuves et des océans devient aussi catastrophique. Dans les fleuves ils sont responsables de la disparition des Poissons dont ne demeurent que les plus résistants. Dans les mers de la province indo-pacifique, ils détruisent les Poissons des îles habitées. Or nombre de ces Poissons, carnivores, assuraient un équilibre biologique en décimant certaines espèces d'Invertébrés. L'Etoile de mer épineuse *Acanthaster planci* était l'une de leurs victimes; la disparition des Poissons prédateurs lui a laissé le champ libre pour dévorer à une vitesse très grande les Polypes de la plupart des récifs. On peut s'attendre à la disparition des récifs vivants.

Les « marées noires » et les dégazages de grands pétroliers sont connus pour leurs conséquences désastreuses sur la vie marine (mort des Oiseaux de mer et des organismes des zones littorales). En outre, le film « huileux » qui couvre une surface de plus en plus grande des eaux douces ou océaniques constitue un écran aux échanges entre l'hydrosphère et l'atmosphère. Certes, à court terme, les larves de Moustiques qui ne peuvent respirer en surface vont devenir moins nombreuses et peut-être disparaître; mais aussi l'évaporation des grandes masses d'eau est freinée : moins de vapeur, partant moins de nuages. On entre probablement dans une phase de sécheresse en partie provoquée; ce fait est tragiquement illustré par l'assèchement récent du Sahel.

La couche protectrice d'ozone O_3, qui résulte d'un équilibre fragile avec l'oxygène O_2 dans la haute atmosphère, a permis, par son apparition, l'exposition directe des êtres vivants aux rayons solaires, les rayons UV les plus durs étant absorbés par l'ozone. On constate aujourd'hui que les fumées des usines et les trajets des avions supersoniques ont pour effet de diminuer sensiblement l'épaisseur de la couche d'ozone (4 % entre 1970 et 1971). Ce phénomène est grave car si aucun écran n'arrête les UV solaires durs, ceux-ci risquent d'attaquer la peau humaine et de provoquer des cancers.

Les usines atomiques, en échauffant l'eau des rivières, vont tuer leur population, mais il est possible, si la température atteinte peut demeurer constante, qu'une population nouvelle s'y acclimate.

L'action de l'Homme sur lui-même

Les progrès de la biologie et de la biochimie permettent à l'Homme d'agir sur lui-même, dans une proportion encore faible. Dans un monde dont la population s'accroît en progression géométrique, des questions sont posées par le maintien en vie des vieillards et des handicapés mentaux. Le recul de la mort devrait s'accompagner d'une prolongation de la vie active et utile à la société.

L'amélioration de la capacité et du rendement cérébraux peut correspondre à la tendance générale de l'humanité. Une possibilité serait de rendre efficaces de nombreux neurones (près de la moitié) qui dans chaque individu demeurent sans emploi.

Conclusions

L'action humaine, si elle devient de plus en plus manifeste, coïncide très souvent avec des tendances terrestres connues mais dont la date d'arrivée à terme n'est pas fixée, par exemple la sécheresse. L'effroyable prédominance de l'Homme tend à balayer un grand nombre d'animaux. Les Sauropsidés semblent menacés au premier chef, les grands Mammifères aussi. Peut-être se prépare-t-il un monde de Rats, de Fourmis et de Scorpions, sans chants d'Oiseaux, vivant dans des savanes de pays semi-arides, un monde en renouvellement comme il y en eut déjà au Permien supérieur et à la fin du Crétacé.

Que deviendra l'Homme dans tout cela ? On lui prédit la guerre et la mort atomiques. Peut-être faut-il s'attendre plutôt à de vastes épidémies et à l'appauvrissement de son potentiel génétique à la suite des manipulations auxquelles il se livre, à la suite aussi des modifications intervenues dans la haute atmosphère. Au mieux peut-on présumer, après un chiffre maximal du nombre d'habitants de la planète atteint dans fort peu d'années, une diminution spectaculaire, puis une stagnation du nombre des humains qui appliqueront, un peu plus tard, tous leurs soins à maintenir une population active et soucieuse de conserver les équilibres les meilleurs (celui entre les forêts et les cultures par exemple), de préserver et reconstituer les réserves d'eau douce, d'exploiter les énergies naturelles (solaire, géothermique), bref de sauvegarder de la biosphère ce qui peut l'être encore.

L'humanité pourra-t-elle attendre ainsi la géographie nouvelle, transgressive, chaude et humide qui se prépare dans quelques millions d'années ? Il lui faudra pour cela non seulement faire des bilans mais encore avoir la patience d'en tenir compte en situant à l'arrière-plan les intérêts personnels et nationaux. L'idéal serait la constitution d'un gouvernement de la planète, sachant gérer ses ressources sans opprimer les faibles. A l'heure actuelle c'est une utopie, mais de dures réalités contraindront peut-être les peuples à devenir raisonnables, c'est-à-dire à accepter les disciplines indispensables.

Synopsis

Tentons de présenter au lecteur en quelques pages comment, dans l'état actuel de nos connaissances, se sont succédé les événements majeurs de l'histoire de la Terre.

Il y a 4,5 milliards d'années, c'était une petite planète chaude et dense attirant une foule de météorites, comme en témoignent aujourd'hui encore les autres planètes terrestres telles que Mercure, la Lune et Mars, couvertes de traces d'impacts. La planète Terre était entourée d'une sphère gazeuse qu'elle a perdue par la faute des vents solaires.

Entre 4 et 1,9 milliard d'années, la période archéenne est marquée par le développement d'un volcanisme réparti sans ordre sur la planète et qui a eu deux conséquences très importantes : 1) par dégazéification, l'éta-

blissement d'une atmosphère lourde sans oxygène libre qui peut avoir eu une composition voisine de celle des gaz des volcans actuels, à savoir essentiellement deux oxydes : la vapeur d'eau et le gaz carbonique, du cyanogène, de l'ammoniac, des gaz sulfurés (H_2S; SO_2), des halogènes (chlore, fluor), etc.; 2) par différenciation gravitationnelle, la solidification d'une croûte dont la nature, d'abord basaltique, comme l'actuelle croûte océanique, recevait en certaines aires des apports plus légers (alcalins) tendant à la différenciation de lentilles silico-alumineuses de type continental : cette couche vieille de plus de 3 milliards d'années est souvent composée de diorite quartzique.
Le refroidissement de la Terre archéenne provoqua la précipitation de l'eau atmosphérique en une hydrosphère avec laquelle s'instaurait le cycle érosion-sédimentation. Et les sédiments déposés s'intégraient aux bordures des amorces continentales, en séries épaisses qui se transformèrent en roches métamorphiques sous l'effet d'un gradient thermique très élevé, avec ou sans pression. Ainsi la croûte continentale s'épaississait, d'une part sous l'effet de ce métamorphisme, d'autre part de la continuation du processus d'accrétion par différenciation gravitationnelle au sein du manteau (asthénosphère). De plus cette croûte se plissait régulièrement d'un pôle à l'autre, sur toute sa surface, les plis devenant sinueux vers l'équateur. Pendant ce temps, dans la basse atmosphère et en surface de l'hydrosphère, le rayonnement solaire et cosmique, les décharges électriques et tous les phénomènes actifs qu'atténue aujourd'hui l'écran d'ozone, produisaient des synthèses de composés organiques, ce qu'on a pu appeler la « soupe primitive ». Ces composés prenant appui sur des substrats sédimentaires où ils trouvaient les cations nécessaires donnaient naissance aux 20 acides aminés de la Vie, à des chaînes peptidiques, à des acides nucléiques et à des pigments tels que la chlorophylle : là se situe l'origine de la Vie.

Il y a 2,6 milliards d'années, époque de la *chélogenèse du lac Supérieur*, de véritables protocontinents, ou *boucliers*, étaient formés, conservant des traces de plissements et volcanisés; dans des points bas confluant en sillons sinueux se déposaient en milieu aqueux les minerais de fer rubanés, très riches en êtres vivants (Protocaryotes) ainsi que les premières concrétions calcaires, dues à des Cyanoschizophytes, les Stromatolites.

Entre 2 et 1,9 milliard d'années, des traces glaciaires encore conservées de nos jours montrent que, sur la géographie précédente, s'était installée une importante glaciation indiquant deux pôles climatiques (du froid) : l'un perce le bouclier canadien, l'autre le Transvaal.

Il y a 1,7 milliard d'années se produit la *révolution hudsonienne*. On peut considérer que la croûte continentale et la croûte océanique occupaient déjà des surfaces sensiblement équivalentes. D'autre part, la croûte continentale semble avoir déjà été divisée en deux supercontinents pratiquement égaux, Laurasia et Gondwana, séparés par un linéament, la Téthys. La disposition de ces deux supercontinents, eu égard à l'axe des pôles, est modifiée par rapport à la période précédente : l'un des pôles oscillera en Afrique, le plus souvent entre les Canaries et l'Ahaggar, disposition qui durera plus de 1 milliard d'années. L'équateur correspond à peu près à la limite des ensembles continental et océanique.
A cette époque la végétation de Protocaryotes était devenue assez importante pour dégager une quantité non négligeable d'*oxygène libre*, lequel sera utilisé plus tard par des êtres vivants d'un niveau plus élevé. Pour ce stade on reconnaît la présence de sédiments oxydés.

Il y a 1,4 milliard d'années, de grands accidents pourraient représenter le début d'une évolution de type océanique. Ils ont été suturés par des anorthosites.

Il y a de 1 à 0,8 milliard d'années, les conditions de l'évolution de la croûte terrestre semblent avoir abouti à un nouveau seuil : celui du passage, en profondeur des marges continentales, du gabbro à l'éclogite, lequel marquerait le point de départ de l'évolution de la lithosphère connue sous le nom de « tectonique des plaques », où l'un des rôles importants est celui de l'accrétion des fonds océaniques au niveau de rifts médians et de leur retour au manteau par subductions marginales. La disposition des deux supercontinents constituant la Pangée, laquelle se modifiera peu pendant 800 millions d'années, est la *chélogenèse du Grenville*. C'est à la fin de cette période qu'apparaît la vie animale.

Entre 0,7 et 0,2 milliard d'années, c'est-à-dire pendant le Paléozoïque, la Gondwanie constitue un ensemble cohérent presque complètement induré, comportant vraisemblablement deux grands linéaments qui seront activés ultérieurement (Atlantique Sud, Mozambique) esquissant la séparation de l'Amérique du Sud (Brésil) et de l'Afrique-Arabie-Lémurie. La Laurasie constitue un ensemble moins unifié parce que découpé par quatre linéaments en étoile (Iapetus; Oural; Verkhoiansk-Labidides; Belt-Nevada) en quatre aires continentales *qui pourraient constituer les noyaux de véritables « plaques »* : Europa; Siberia; Pacifica; Canadia. On peut considérer ces linéaments, qui ne furent pas tous actifs en même temps, comme des alignements de points chauds situés à la limite de deux rouleaux de convection orientés, dans l'asthénosphère, parallèlement au mouvement des plaques. De fait, l'activité océanique en Laurasie débuta, il y a 800 millions d'années, avec l'ouverture du Belt, fermé il y a 500 millions d'années. Elle se poursuivit, il y a 500 millions d'années, avec l'ouverture de l'Iapetus, fermé il y a 400 millions d'années; puis avec l'ouverture de l'Oural, fermé il y a 260 millions d'années; et enfin, il y a environ 260 millions d'années, avec l'ouverture du Verkhoiansk et des orogènes labidiens, fermés entre 200 et 140 millions d'années.

La Gondwanie demeura pendant tout ce temps un supercontinent inactif.

Entre Laurasie et Gondwanie, la Téthys était une plate-forme gondwane fracturée, offrant peut-être une zone océanique au sud de l'Altaï, longée par l'orogène varisco-altaïde qui occupait le sud laurasien, et qui fut plissé et exondé à la fin de l'ère primaire. La Téthys, méridienne il y a 600 millions d'années, devint équatoriale il y a 200 millions d'années.

Il y a 450 millions d'années, le pôle continental était encore situé entre les Canaries et l'Ahaggar, et une glaciation s'étendit largement sur l'Afrique saharienne, tandis que des faunes marines chaudes appartenant à la zone tropico-équatoriale s'étendaient des régions circumarctiques (d'où elles essaimaient par les quatre bras de mer laurasiens vers la Téthys) au Pacifique occidental. Ces données paléo-géographiques supposent qu'un équilibre de la planète avait perduré depuis la révolution hudsonienne avec, pratiquement, un hémisphère continental et un hémisphère océanique.

Entre 450 et 290 millions d'années, la Gondwanie s'est déplacée par rapport au pôle qui la traversait, lequel était situé en Afrique du Sud il y a 400 millions d'années, époque de la fermeture de l'Iapetus et de l'érection de la chaîne calédonienne. Le pôle atteint la limite Afrique-Antarctide il y a environ 300 millions d'années.

Il y a environ 290 millions d'années, au Carbonifère supérieur, se produisit une glaciation essentiellement gondwane. La zone tropico-équatoriale, prenant en écharpe la Téthys en Afrique du Nord, passait au nord de la Thaïlande et en Californie.

Il y a 200 millions d'années (époque triasique), la Téthys était devenue tout à fait équatoriale : c'est la Mésogée qui fait le tour de la Terre.

Entre 260 et 140 millions d'années, la Téthys, jusque-là surtout plate-forme fracturale, voyait certains de ses linéaments s'ouvrir et donner naissance à des océans qui semblent bien être restés limités en longueur et en largeur : parmi eux le sillon alpin et le Zagros, entre lesquels les zones ophiolitiques que l'on suit à travers la Dalmatie, la Grèce, la Turquie et le Hatay assurent une continuité sur 5 000 km de long, et beaucoup plus si l'on y ajoute la zone himalayienne de l'Indus. La fermeture (suturation) de cet ensemble se traduisit par le déversement du matériel océanique sur la bordure gondwane mais ne se fit pas partout en même temps : elle débuta il y a 200 millions d'années (Trias) mais continua il y a 140 millions d'années (Jurassique) en même temps que surgissaient les chaînes névado-andines et que se fermait le Verkhoiansk, et encore il y a 100 millions d'années (Crétacé moyen). Si l'on suit ce phénomène jusqu'à il y a une dizaine de millions d'années, on peut y inclure un événement similaire au niveau de l'arc papou (Nouvelle-Guinée - Nouvelle-Calédonie - Nouvelle-Zélande).

Cependant dès 240 millions d'années s'ouvrait, avec le canal de Mozambique, un préambule à l'océan Indien, lequel se substitua peu à peu à la Téthys lors de la suturation ophiolitique. Il y a 140 millions d'années, le déplacement de la Lémurie, bientôt scindée entre le Dekan et Madagascar, complétait cet océan.

Depuis 140 millions d'années, a commencé la grande dérive des « plaques » qui a édifié la géographie moderne. Il s'agit essentiellement d'une dérive des continents gondwans à partir de l'Afrique, laquelle devient presque une base de référence, encore que continuant elle-même de dériver vers le nord. De la même manière, l'Amérique septentrionale s'éloigne de l'Europe et un fond océanique nouveau, le Pacifique oriental, élargit également cet océan (il a débuté il y a environ 180 millions d'années).

Les pôles occupent alors à peu près leurs places actuelles. On dispose aujourd'hui d'un hémisphère océanique, le Pacifique; tous les continents sont groupés dans l'autre hémisphère, l'Atlantique séparant le « Nouveau Monde » de l' « Ancien ». L'Afrique conserve une position privilégiée, centrale, approximativement antipode du centre du Pacifique. L'Antarctide et l'océan Arctique occupent, autour des deux pôles, des positions d'équilibre antagonistes.

L'effet de la rotation de la Terre a abouti à des phénomènes évidents tels qu'une torsion « téthysienne » avec décalage vers l'est des continents de l'hémisphère Sud. En outre l'équilibrage dynamique autour de l'axe de rotation du globe pourrait contribuer à l'écartement des continents.

D'un autre côté, phénomène planétaire, la fin de l'orogenèse alpine pendant l'ère tertiaire s'est traduite par la collision de l'ensemble gondwan avec l'ensemble laurasien, le long de la Téthys, laquelle est amenée à disparaître tandis que s'élèvent les Alpes et que le matériel océanique et marin expulsé est charrié en nappes sur la Gondwanie. Sur une distance d'au moins 10 000 km depuis 500 km à l'ouest de Gibraltar jusqu'à l'Himalaya et même au-delà, peuvent être observées les traces de ce dispositif.

Pour un temps indéterminé, la lithosphère continentale semble avoir atteint un nouvel équilibre. La translation sud → nord a été freinée. Mais les mouvements est ⇄ ouest continuent de s'exercer selon le même rythme de part et d'autre des rifts médio-océaniques et au niveau des fossés de l'Afrique orientale.

Liste des figures et tableaux

Liste des figures

Liste des tableaux

Index général glossaire

N.B. : Dans cet index, l'explication (glossaire) de certains termes techniques ou mal connus figure entre crochets et en italiques ; parmi les pages citées, celles en italiques renvoient aux passages essentiels.

Imprimé en France, à Vendôme
Imprimerie des Presses Universitaires de France
1978 — N° 26 230